U0396809

国家出版基金项目

“十三五”国家重点图书出版规划项目

“十四五”时期国家重点出版物出版专项规划项目

中国水电关键技术丛书

膨胀土水泥改性机理及技术

龚壁卫 胡波 等 著

·北京·

内 容 提 要

本书系国家出版基金项目《中国水电关键技术丛书》之一。本书以南水北调中线工程为背景，论述了膨胀土水泥改性施工技术的基础理论、工程特点和工程应用等各个方面的内容。全书共分为9章，主要包括膨胀土水泥改性机理，水泥改性效果及影响因素、膨胀土改性评价标准，改性土的力学性能及强度、变形和渗透特性，水泥掺量检测方法、改性土料粒径控制标准及施工技术，水泥改性土施工质量检测及质量控制、水泥改性土施工质量技术要求，膨胀土水泥改性防护材料等。在突出重点的同时，比较系统地论述了水泥改性土在膨胀土工程中的最新应用。

本书主要面向膨胀土渠道工程设计、施工和工程管理方面的工程技术人员，对从事膨胀土理论研究的科研技术人员以及中等、高等专业院校相关专业的师生，以及从事相关规程、规范的编制人员也具有重要的参考价值和现实指导意义，可供从事水利水电工程建设的科研、设计、施工人员，尤其是涉及膨胀土工程的相关人员，以及相关高等院校的师生参考使用。

图书在版编目（CIP）数据

膨胀土水泥改性机理及技术 / 龚壁卫等著. -- 北京：中国水利水电出版社，2023.11
（中国水电关键技术丛书）
ISBN 978-7-5170-9232-2

Ⅰ. ①膨… Ⅱ. ①龚… Ⅲ. ①膨胀水泥—改性—研究 Ⅳ. ①TQ172.74

中国版本图书馆CIP数据核字(2021)第037319号

书 名	中国水电关键技术丛书 **膨胀土水泥改性机理及技术** PENGZHANGTU SHUINI GAIXING JILI JI JISHU
作 者	龚壁卫 胡波 等 著
出版发行	中国水利水电出版社 （北京市海淀区玉渊潭南路1号D座 100038） 网址：www.waterpub.com.cn E-mail：sales@mwr.gov.cn 电话：(010) 68545888（营销中心）
经 售	北京科水图书销售有限公司 电话：(010) 68545874、63202643 全国各地新华书店和相关出版物销售网点
排 版	中国水利水电出版社微机排版中心
印 刷	北京印匠彩色印刷有限公司
规 格	184mm×260mm 16开本 22.5印张 548千字
版 次	2023年11月第1版 2023年11月第1次印刷
定 价	**198.00** 元

凡购买我社图书，如有缺页、倒页、脱页的，本社营销中心负责调换

版权所有·侵权必究

《中国水电关键技术丛书》编撰委员会

主　　任　汪恕诚　张基尧
常务副主任　周建平　郑声安
副 主 任　贾金生　营幼峰　陈生水　孙志禹　吴义航
委　　员　（以姓氏笔画为序）
王小毛　王仁坤　王继敏　艾永平　石清华
卢红伟　卢金友　白俊光　冯树荣　吕明治
许唯临　严　军　李　云　李文伟　杨启贵
肖　峰　吴关叶　余　挺　汪小刚　宋胜武
张国新　张宗亮　张春生　张燎军　陈云华
陈东明　陈国庆　范福平　和孙文　金　峰
周　伟　周厚贵　郑璀莹　宗敦峰　胡　斌
胡亚安　胡昌支　侯　靖　姚栓喜　顾洪宾
徐锦才　涂扬举　涂怀健　彭　程　温彦锋
温续余　潘江洋　潘继录
主　　编　周建平　郑声安
副 主 编　贾金生　陈生水　孙志禹　陈东明　吴义航
钱钢粮

编委会办公室

主　　任　刘　娟　彭烁君　黄会明
副 主 任　袁玉兰　王志媛　刘向杰
成　　员　杜　刚　宁传新　王照瑜

《中国水电关键技术丛书》组织单位

中国大坝工程学会
中国水力发电工程学会
水电水利规划设计总院
中国水利水电出版社

丛书序

历经70年发展，特别是改革开放40年，中国水电建设取得了举世瞩目的伟大成就，一批世界级的高坝大库在中国建成投产，水电工程技术取得新的突破和进展。在推动世界水电工程技术发展的历程中，世界各国都作出了自己的贡献，而中国，成为继欧美发达国家之后，21世纪世界水电工程技术的主要推动者和引领者。

截至2018年年底，中国水库大坝总数达9.8万座，水库总库容约9000亿m^3，水电装机容量达350GW。中国是世界上大坝数量最多的国家，也是高坝数量最多的国家：60m以上的高坝近1000座，100m以上的高坝223座，200m以上的特高坝23座；千万千瓦级的特大型水电站4座，其中，三峡水电站装机容量22500MW，为世界第一大水电站。中国水电开发始终以促进国民经济发展和满足社会需求为动力，以战略规划和科技创新为引领，以科技成果工程化促进工程建设，突破了工程建设与管理中的一系列难题，实现了安全发展和绿色发展。中国水电工程在大江大河治理、防洪减灾、兴利惠民、促进国家经济社会发展方面发挥了不可替代的重要作用。

总结中国水电发展的成功经验，我认为，最为重要也是特别值得借鉴的有以下几个方面：一是需求导向与目标导向相结合，始终服务国家和区域经济社会的发展；二是科学规划河流梯级格局，合理利用水资源和水能资源；三是建立健全水电投资开发和建设管理体制，加快水电开发进程；四是依托重大工程，持续开展科学技术攻关，破解工程建设难题，降低工程风险；五是在妥善安置移民和保护生态的前提下，统筹兼顾各方利益，实现共商共建共享。

在水利部原任领导汪恕诚、张基尧的关心支持下，2016年，中国大坝工程学会、中国水力发电工程学会、水电水利规划设计总院、中国水利水电出版社联合发起编撰出版《中国水电关键技术丛书》，得到水电行业的积极响应，数百位工程实践经验丰富的学科带头人和专业技术负责人等水电科技工作者，基于自身专业研究成果和工程实践经验，精心选题，着手编撰水电工程技术成果总结。为高质量地完成编撰任务，参加丛书编撰的作者，投入极大热情，倾注大量心血，反复推敲打磨，精益求精，终使丛书各卷得以陆续出版，实属不易，难能可贵。

21世纪初叶，中国的水电开发成为推动世界水电快速发展的重要力量，形成了中国特色的水电工程技术，这是编撰丛书的缘由。丛书回顾了中国水电工程建设近30年所取得的成就，总结了大量科学研究成果和工程实践经验，基本概括了当前水电工程建设的最新技术发展。丛书具有以下特点：一是技术总结系统，既有历史视角的比较，又有国际视野的检视，体现了科学知识体系化的特征；二是内容丰富、翔实、实用，涉及专业多，原理、方法、技术路径和工程措施一应俱全；三是富于创新引导，对同一重大关键技术难题，存在多种可能的解决方案，并非唯一，要依据具体工程情况和面临的条件进行技术路径选择，深入论证，择优取舍；四是工程案例丰富，结合中国大型水电工程设计建设，给出了详细的技术参数，具有很强的参考价值；五是中国特色突出，贯彻科学发展观和新发展理念，总结了中国水电工程技术的最新理论和工程实践成果。

与世界上大多数发展中国家一样，中国面临着人口持续增长、经济社会发展不平衡和人民追求美好生活的迫切要求，而受全球气候变化和极端天气的影响，水资源短缺、自然灾害频发和能源电力供需的矛盾还将加剧。面对这一严峻形势，无论是从中国的发展来看，还是从全球的发展来看，修坝筑库、开发水电都将不可或缺，这是实现经济社会可持续发展的必然选择。

中国水电工程技术既是中国的，也是世界的。我相信，丛书的出版，为中国水电工作者，也为世界上的专家同仁，开启了一扇深入了解中国水电工程技术发展的窗口；通过分享工程技术与管理的先进成果，后发国家借鉴和吸取先行国家的经验与教训，可避免走弯路，加快水电开发进程，降低开发成本，实现战略赶超。从这个意义上讲，丛书的出版不仅能为当前和未来中国水电工程建设提供非常有价值的参考，也将为世界上发展中国家的河流开发建设提供重要启示和借鉴。

作为中国水电事业的建设者、奋斗者，见证了中国水电事业的蓬勃发展，我为中国水电工程的技术进步而骄傲，也为丛书的出版而高兴。希望丛书的出版还能够为加强工程技术国际交流与合作，推动“一带一路”沿线国家基础设施建设，促进水电工程技术取得新进展发挥积极作用。衷心感谢为此作出贡献的中国水电科技工作者，以及丛书的撰稿、审稿和编辑人员。

中国工程院院士 马洪琪

2019年10月

丛书前言

水电是全球公认并为世界大多数国家大力开发利用的清洁能源。水库大坝和水电开发在防范洪涝干旱灾害、开发利用水资源和水能资源、保护生态环境、促进人类文明进步和经济社会发展等方面起到了无可替代的重要作用。在中国，发展水电是调整能源结构、优化资源配置、发展低碳经济、节能减排和保护生态的关键措施。新中国成立后，特别是改革开放以来，中国水电建设迅猛发展，技术日新月异，已从水电小国、弱国，发展成为世界水电大国和强国，中国水电已经完成从“融入”到“引领”的历史性转变。

迄今，中国水电事业走过了70年的艰辛和辉煌历程，水电工程建设从“独立自主、自力更生”到“改革开放、引进吸收”，从“计划经济、国家投资”到“市场经济、企业投资”，从“水电安置性移民”到“水电开发性移民”，一系列改革开放政策和科学技术创新，极大地促进了中国水电事业的发展。不仅在高坝大库建设、大型水电站开发，而且在水电站运行管理、流域梯级联合调度等方面都取得了突破性进展，这些进步使中国水电工程建设和运行管理技术水平达到了一个新的高度。有鉴于此，中国大坝工程学会、中国水力发电工程学会、水电水利规划设计总院和中国水利水电出版社联合组织策划出版了《中国水电关键技术丛书》，力图总结提炼中国水电建设的先进技术、原创成果，打造立足水电科技前沿、传播水电高端知识、反映水电科技实力的精品力作，为开发建设和谐水电、助力推进中国水电“走出去”提供支撑和保障。

为切实做好丛书的编撰工作，2015年9月，四家组织策划单位成立了“丛书编撰工作启动筹备组”，经反复讨论与修改，征求行业各方面意见，草拟了丛书编撰工作大纲。2016年2月，《中国水电关键技术丛书》编撰委员会成立，水利部原部长、时任中国大坝协会（现为中国大坝工程学会）理事长汪恕诚，国务院南水北调工程建设委员会办公室原主任、时任中国水力发电工程学会理事长张基尧担任编委会主任，中国电力建设集团有限公司总工程师周建平、水电水利规划设计总院院长郑声安担任丛书主编。各分册编撰工作实行分册主编负责制。来自水电行业100余家企业、科研院所及高等院校等单位的500多位专家学者参与了丛书的编撰和审阅工作，丛书作者队伍和校审专家聚集了国内水电及相关专业最强撰稿阵容。这是当今新时代赋予水电工作者的一项重要历史使命，功在当代、利惠千秋。

丛书紧扣大坝建设和水电开发实际，以全新角度总结了中国水电工程技术及其管理创新的最新研究和实践成果。工程技术方面的内容涵盖河流开发规划，水库泥沙治理，工程地质勘测，高心墙土石坝、高面板堆石坝、混凝土重力坝、碾压混凝土坝建设，高坝水力学及泄洪消能，滑坡及高边坡治理，地质灾害防治，水工隧洞及大型地下洞室施工，深厚覆盖层地基处理，水电工程安全高效绿色施工，大型水轮发电机组制造安装，岩土工程数值分析等内容；管理创新方面的内容涵盖水电发展战略、生态环境保护、水库移民安置、水电建设管理、水电站运行管理、水电站群联合优化调度、国际河流开发、大坝安全管理、流域梯级安全管理和风险防控等内容。

丛书遵循的编撰原则为：一是科学性原则，即系统、科学地总结中国水电关键技术和管理创新成果，体现中国当前水电工程技术水平；二是权威性原则，即结构严谨，数据翔实，发挥各编写单位技术优势，遵照国家和行业标准，内容反映中国水电建设领域最具先进性和代表性的新技术、新工艺、新理念和新方法等，做到理论与实践相结合。

丛书分别入选"十三五"国家重点图书出版规划项目和国家出版基金项目，首批包括50余种。丛书是个开放性平台，随着中国水电工程技术的进步，一些成熟的关键技术专著也将陆续纳入丛书的出版范围。丛书的出版必将为中国水电工程技术及其管理创新的继续发展和长足进步提供理论与技术借鉴，也将为进一步攻克水电工程建设技术难题、开发绿色和谐水电提供技术支撑和保障。同时，在"一带一路"倡议下，丛书也必将切实为提升中国水电的国际影响力和竞争力，加快中国水电技术、标准、装备的国际化发挥重要作用。

在丛书编写过程中，得到了水利水电行业规划、设计、施工、科研、教学及业主等有关单位的大力支持和帮助，各分册编写人员反复讨论书稿内容，仔细核对相关数据，字斟句酌，殚精竭虑，付出了极大的心血，克服了诸多困难。在此，谨向所有关心、支持和参与编撰工作的领导、专家、科研人员和编辑出版人员表示诚挚的感谢，并诚恳欢迎广大读者给予批评指正。

《中国水电关键技术丛书》编撰委员会

2019年10月

序

膨胀土是自然界中较为特殊的一种黏性土，其特有的吸水膨胀、脱水收缩的特性，使其力学性能十分复杂，工程中对膨胀土地基的处理也比较困难，因其失事的工程在国内外数量众多，水利工程尤其是渠道工程更是如此，工程界称其为岩土工程中的“问题土”。

南水北调中线工程总干渠全长1432km，沿线地质条件复杂，其中，有超380km渠段穿越膨胀土（岩）地区，膨胀土（岩）的渠坡稳定成为中线工程安全运行的关键技术问题，为此，设计提出了采用水泥改性土进行渠道换填的处理措施。由于膨胀土水泥改性处理及填筑技术要求高，施工工艺较复杂，中间任何一个环节控制不好都可能影响渠道处理效果，且在大规模膨胀土输水渠道中的应用尚属首次，国内外尚无专门的膨胀土水泥改性施工技术标准，渠道大规模施工时也面临无章可循的局面。为此，“十二五”期间科技部立项国家科技支撑计划课题“膨胀土水泥改性处理施工技术”，对膨胀土的水泥改性技术的基础理论及施工技术进行系统、全面的试验及工艺研究，取得突破性进展和丰硕的成果。南水北调中线工程近5年的运行实践证明，膨胀土水泥改性换填处理对膨胀土边坡稳定是有效的、可行的加固措施之一。

本书的著者长期从事膨胀土基础理论及处理技术的研究工作，主要编写人员为“十二五”国家科技支撑计划课题的课题负责人或主要参与人员。该著作在总结国内外相关工程经验和研究成果的基础上，以南水北调中线工程为工程背景，系统论述了膨胀土水泥改性的基础理论、力学特性和工程应用，内容涉及膨胀土水泥改性机理、膨胀土水泥改性效果及影响因素、膨胀土水泥改性评价标准、改性土的物理力学性能、水泥掺量检测方法、水泥改性土施工工艺及质量控制要求等。在突出重点的同时，比较全面地论述了水泥改性土的工程特性及应用技术，强调“科学性、指导性、创新性和实用性”，具有较为实用的工程指导价值。

当前，我国正在进行的多项大型调水工程，如引江济淮、引江济渭、鄂北调水等均面临膨胀土（岩）的处理问题，而且，西部开发建设的水利工程、交通运输工程等也将更多地出现膨胀土（岩）这一类特殊土的处理问题，而国内膨胀土水泥改性方面的专业书籍十分匮乏，相关的工程设计、施工和运行管理均缺乏理论指导，我国首部有关膨胀土水泥改性施工技术规范也尚在编制中。作为国内水利工程第一部较为系统、全面的膨胀土水泥改性处理技术的专业书籍，该书的出版，将填补相关专业市场的空白，对于提高我国膨胀土理论研究水平，指导相关工程的设计、施工和运行管理具有重要的意义。

是为序！

水利部长江水利委员会原总工程师
中国工程院院士 郑守仁

2019年3月

前言

膨胀土是一种高塑性的黏性土，其变形和强度特性受土体含水率的变化影响显著，工程处理也比较复杂，渠道工程的处理更为困难。一般在膨胀土地区修建渠道都采用换填非膨胀土、混凝土衬砌、抗滑桩等处理措施。“十一五”期间，面向南水北调中线工程开展的“南水北调中线工程膨胀土地段渠道破坏机理及处理技术”科技支撑课题，研究提出了膨胀土渠坡“膨胀变形引起的滑坡”和“裂隙面强度控制的滑坡”的两种破坏机理，并提出对于膨胀变形引起的浅层滑坡，可采用在渠坡表面设置一定厚度的换填层，通过换填层的荷载压重抑制膨胀变形的处理措施。换填层可采用非膨胀土、改性土，也可以采用黏性土十土工合成材料加筋等方式。由于南水北调中线工程膨胀土地区沿线非膨胀土料源紧缺，为解决换填土料问题，设计单位提出了将弱膨胀土掺拌水泥进行改性用作渠道填料的方案。膨胀土水泥改性施工在国内外大规模输水渠道工程中尚属首次，相应的理论研究近乎空白，且施工工艺复杂，施工技术难度大，国内施工队伍也缺少施工的经验，同时，还面临大规模施工无规程、规范可循的局面。为此，“十二五”国家科技支撑计划“南水北调中线工程膨胀土和高填方渠道建设关键技术研究与示范”项目中设置“膨胀土水泥改性处理施工技术”课题，分别在现场和室内开展了系统的、全面的试验研究工作。在膨胀土水泥改性机理、膨胀土水泥改性效果及影响因素、膨胀土水泥改性评价标准、改性土的力学性能及强度、变形和渗透特性、水泥掺量检测方法、改性土料粒径控制标准及碾压施工、水泥改性土施工质量检测及技术要求等方面取得了突破，并取得了相应的国家发明专利。以本书为重要内容之一的“膨胀土边坡破坏机理与关键技术研究及在大型输水工程中的应用”项目，取得了2016年度大禹水利科学技术奖一等奖。

本书比较全面系统地总结了南水北调中线工程有关膨胀土水泥改性土的工程特性及应用技术，同时还分析归纳了以往有关膨胀土水泥改性处理的理论和施工原理、方法，内容涵盖了水泥改性土的基础理论、力学特性和工程应用等各个方面。其中，第1章论述了南水北调中线工程膨胀土渠段的主要工程问题，分析了膨胀土水泥改性的研究现状，提出了目前膨胀土水泥改性施工所存在的诸多技术难题。第2章首先讨论了膨胀土的胀缩机理，提出了膨胀土改性原则。在此基础上，对水泥改性前后膨胀土的微观结构、黏土矿物成分和化学成分的变化等方面开展了系统的分析研究。同时，还开展了石灰、阴离子表面活性剂等其他改性材料的对比分析，并针对不同的改性材料，分析了相应的改性机理。第3章通过室内试验，研究了膨胀土水泥改性的效果，评价了水泥掺量对改性土的亲水性、膨胀性的影响；分析了改性土龄期与强度、膨胀性的关系；分析了改性前后土体细观结构的变化。第4章讨论了改性土的压实性、强度特性、压缩性和渗透性，有关水泥掺量、水泥掺拌方式以及龄期和干湿循环对改性土强度的影响是本章的重点。第5章以相关试验规程为基础，开展了水泥掺量的EDTA检测方法研究，分析了土料含水率、改性龄期、水泥掺量等对掺灰剂量检测结果的影响，提出了水泥改性土水泥掺量的检测方法。第6章系统开展了水泥改性土土料控制标准及填筑工艺研究，针对影响改性土施工均匀性的土团敏感“粒组”，首次提出了土团团径的控制标准；通过现场试验，研究了土料含水率控制方法，碎土、碾压和掺拌方法，提出了水泥改性土现场施工工艺、相关的技术要求和超填碾压削坡弃料的利用原则。第7章从三个方面论述了水泥改性土填筑质量检测及施工技术：首先，针对水泥改性土填筑质量检测要求快速、及时的问题，研究提出了现场含水率和密度快速检测的方法；其次，按照水泥改性土的施工工序，论述了水泥改性土的质量监督、质量控制方法；最后，以南阳现场开挖探槽的工程实例，评价了水泥改性土现场碾压效果，分析了改性土填筑质量控制因素。第8章总结了水泥改性土的施工技术，提出了膨胀土水泥改性填筑施工技术要求。第9章以南水北调中线工程膨胀土试验段现场试验为背景，论述了膨胀土边坡表面喷护改性材料的室内外试验以及现场观测试验成果。

本书综述、第1章主要由龚壁卫完成，第2章主要由赵红华和刘军完成，第3章和第4章主要由童军、李波完成，第5章主要由胡波完成，第6章主要由刘军、刘鸣完成，第7章主要由龚壁卫、邝亚力完成，第8章主要由倪锦初完成，第9章主要由龚壁卫完成。全书统稿和校核工作由龚壁卫、胡波完成。此外，本书引用了部分“十一五”“十二五”国家科技支撑计划课题的相关研究成果，参与相关课题研究的有长江勘测规划设计研究院的赵峰、张治军，河海大学的刘斯宏，中国水电三局的牟伟，以及长江科学院的程展林、宋建平、黄斌、何晓民、周武华等，在此一并向他们表示感谢。

由于作者水平有限，书中难免有纰漏和不妥之处，恳请读者批评指正。

作　者

2019年3月

目录

丛书序
丛书前言
序
前言

第1章 绪论 …… 1
1.1 背景 …… 2
1.2 膨胀土水泥改性研究现状 …… 3

第2章 膨胀土水泥改性机理 …… 7
2.1 膨胀土的胀缩机理 …… 8
2.2 膨胀土水泥改性的微观结构和矿化分析 …… 10
2.2.1 膨胀土水泥改性的微观结构分析 …… 11
2.2.2 矿物成分的X射线衍射分析 …… 24
2.2.3 化学分析 …… 29
2.3 膨胀土石灰改性的微观结构和矿化分析 …… 41
2.3.1 膨胀土石灰改性的微观结构 …… 41
2.3.2 矿物成分的X射线衍射分析 …… 48
2.3.3 化学分析 …… 51
2.4 阴离子表面活性剂改性膨胀土的微观结构和矿化分析 …… 59
2.4.1 阴离子改性剂改良膨胀土的微观结构分析 …… 59
2.4.2 矿物成分的X射线衍射分析 …… 74
2.4.3 化学分析 …… 77
2.5 不同添加剂改性前后阳离子交换量对比分析 …… 86
2.6 不同添加剂膨胀土改性的机理 …… 90
2.6.1 膨胀土水泥改性的机理 …… 90
2.6.2 膨胀土石灰改性的机理 …… 90
2.6.3 膨胀土木质素磺酸钾和木质素磺酸铵改性的机理 …… 91

第3章 膨胀土水泥改性效果 …… 93
3.1 改性土的膨胀性 …… 95
3.1.1 自由膨胀率 …… 96
3.1.2 膨胀力 …… 99
3.1.3 无荷载膨胀率 …… 102

3.1.4 有荷载膨胀率 …… 105
3.1.5 收缩性指标 …… 108
3.2 水泥掺量与改性土的物理性、膨胀性的关系 …… 110
3.2.1 基本物理性 …… 111
3.2.2 水泥掺量与改性土物理性的关系 …… 112
3.3 改性土的长龄期效果研究 …… 119
3.3.1 强度与膨胀性 …… 120
3.3.2 室内和现场试验对比分析 …… 125
3.3.3 水泥改性土崩解试验 …… 125
3.4 改性前后土体结构细观研究 …… 127
3.5 本章小结 …… 128
第4章 水泥改性土的力学及渗透特性 …… 129
4.1 水泥改性土的压实性 …… 130
4.1.1 压实性与水泥掺量的关系 …… 130
4.1.2 水泥掺拌方式对压实性的影响 …… 132
4.1.3 闷料时间对改性土压实性的影响 …… 135
4.1.4 击实功能影响 …… 136
4.2 改性土的强度特性 …… 138
4.2.1 不同龄期制备样室内试验 …… 138
4.2.2 不同水泥掺量改性土的强度和模量 …… 143
4.2.3 现场取样室内试验 …… 147
4.2.4 水泥改性土的干湿循环强度 …… 155
4.3 改性土的压缩性及渗透性 …… 158
4.3.1 改性土的压缩性 …… 159
4.3.2 渗透性 …… 161
第5章 改性土水泥掺量检测方法 …… 163
5.1 EDTA滴定法 …… 164
5.1.1 基本原理 …… 164
5.1.2 滴定试验的主要步骤 …… 165
5.1.3 检测样品取样标准分析 …… 165
5.1.4 滴定试验的试剂标准分析 …… 166
5.2 南阳膨胀土水泥改性掺量检测试验 …… 167
5.2.1 试验样品 …… 167
5.2.2 水泥掺量标准曲线 …… 167
5.2.3 滴定试验溶液沉淀时间影响分析 …… 170
5.3 水泥改性土EDTA滴定的龄期效应 …… 174
5.3.1 试验内容及方法 …… 175

5.3.2 试验结果及分析 …… 175
5.3.3 龄期效应机理验证 …… 178
5.3.4 龄期效应误差分析及校正方法 …… 180
5.3.5 弱膨胀土与中膨胀土的对比试验 …… 185
5.3.6 小结 …… 187
5.4 膨胀土含水率对 EDTA 滴定法检测结果的影响 …… 188
5.4.1 试验内容与方法 …… 189
5.4.2 试验成果及分析 …… 189
5.4.3 小结 …… 194
5.5 水泥改性土掺灰剂量检测方法 …… 195
5.5.1 检测标准的使用范围 …… 195
5.5.2 主要仪器设备 …… 195
5.5.3 试验所用试剂标准 …… 195
5.5.4 标准曲线试验 …… 196
5.5.5 试样检测及成果整理 …… 197
5.5.6 现场检测注意事项及要求 …… 197
5.6 本章小结 …… 197
第6章 土料控制及施工技术 …… 199
6.1 水泥改性土现场试验概述 …… 200
6.2 水泥掺拌均匀性影响因素分析 …… 203
6.2.1 土团团径对改性土均匀性的影响分析 …… 204
6.2.2 土料含水率对水泥掺拌均匀性的影响 …… 211
6.3 开挖料土团破碎工艺 …… 212
6.3.1 含水率速降施工工艺试验 …… 212
6.3.2 土团破碎工艺及功效试验 …… 215
6.4 水泥改性土碾压施工技术 …… 225
6.4.1 碾压时效性问题 …… 225
6.4.2 摊铺厚度与碾压遍数 …… 228
6.4.3 碾压施工控制 …… 232
6.5 超填碾压削坡土料再利用 …… 232
6.5.1 压实特性 …… 233
6.5.2 强度特性 …… 234
6.5.3 胀缩性 …… 237
6.5.4 变形（压缩）特性 …… 237
6.5.5 渗透特性 …… 238
6.5.6 削坡土料的碾压性能 …… 240
6.6 本章小结 …… 240

第7章 水泥改性土填筑质量检测及质量控制…… 243
7.1 水泥改性土填筑质量检测…… 244
7.1.1 填筑土体含水率和密度检测…… 244
7.1.2 现场填筑含水率快速检测…… 245
7.1.3 核子密度仪快速检测…… 248
7.1.4 PANDA动力触探密度快速检测…… 249
7.1.5 密度、含水率检测小结…… 253
7.2 水泥改性土施工质量控制…… 253
7.2.1 施工准备…… 253
7.2.2 水泥改性土厂拌施工质量控制…… 254
7.2.3 集中路拌施工质量控制…… 263
7.2.4 质量标准及检验…… 265
7.3 水泥改性土施工质量现场验证…… 267
7.3.1 现场基本情况…… 268
7.3.2 水泥改性土施工均匀性分析…… 270
7.3.3 水泥改性土处理层碾压施工质量分析…… 274
7.3.4 水泥改性土改性效果验证…… 276
7.3.5 水泥改性土质量控制因素分析…… 283
第8章 膨胀土水泥改性填筑施工技术要求…… 285
8.1 一般规定…… 286
8.2 建基面开挖及保护…… 287
8.2.1 建基面开挖…… 287
8.2.2 建基面保护…… 287
8.3 水泥改性土原材料…… 287
8.3.1 土料…… 287
8.3.2 水泥…… 288
8.3.3 水…… 288
8.4 水泥改性土生产…… 288
8.4.1 基本要求…… 288
8.4.2 水泥掺量计算…… 288
8.4.3 土料破碎…… 289
8.4.4 改性土拌制…… 290
8.5 水泥改性土填筑碾压试验…… 291
8.6 水泥改性土填筑施工…… 291
8.7 削坡土料的使用…… 292
8.8 水泥改性土施工检测及质量评定…… 294

第 9 章　膨胀土水泥改性防护材料 …… 297
9.1　概述 …… 298
9.2　改性防护材料配合比试验研究 …… 299
9.2.1　无骨料改性防护材料 …… 299
9.2.2　有骨料改性防护材料 …… 308
9.3　改性防护材料防护效果室内验证 …… 312
9.3.1　试验材料及仪器设备 …… 312
9.3.2　试验步骤 …… 313
9.3.3　有骨料改性材料验证试验成果分析 …… 314
9.3.4　无骨料改性材料验证试验成果分析 …… 318
9.4　改性防护材料现场对比试验 …… 320
9.4.1　试验设计 …… 320
9.4.2　现场观测 …… 320
9.4.3　试验过程 …… 322
9.4.4　观测成果分析 …… 323
9.5　本章小结 …… 325
参考文献 …… 327
索引 …… 330
后记 …… 331

第 1 章

绪论

1.1 背景

膨胀土吸湿膨胀、脱水干缩的工程特性使其力学性能十分复杂，工程中一般避免直接用膨胀土作为填料。水利工程中，除心墙坝防渗土料可采用膨胀性较低的土料外，渠道工程，尤其是渠道边坡是严格禁止用膨胀土直接填筑的。对于在天然的膨胀土地层中开挖的渠道，其边坡也必须经过严格的防护处理。

南水北调中线工程总干渠全长1432km，干渠沿线经过膨胀土（岩）、黄土、易振动液化砂土等特殊土（岩）地区，工程地质条件复杂，其中，总干渠明渠段渠坡或渠底涉及膨胀土（岩）累计长度超380km，工程初步设计阶段提出采用非膨胀性黏性土换填一定范围内渠坡或渠底的膨胀土层的处理措施。

2009—2011年，长江水利委员会长江科学院牵头完成了“十一五”国家科技攻关“南水北调中线工程膨胀土地段渠道破坏机理及处理技术”研究课题，揭示了膨胀土渠坡“膨胀变形引起的失稳”和“裂隙面强度控制的失稳”两种破坏模式，并提出对膨胀变形引起的浅层滑坡，可通过渠坡表层换填水泥改性土等非膨胀土，利用换填层的荷载作用，抑制下层膨胀土体的膨胀变形以保持边坡稳定。为此，设计单位修改了原换填非膨胀黏性土的部分设计，提出了换填水泥改性土的处理方案。换填水泥改性土的原则是：对强膨胀土渠段换填2.0～3.0m，中膨胀土渠段换填1.5～2.0m，弱膨胀土渠段换填1.0m。改性土水泥掺量经初步试验确定为3%～6%。换填水泥改性土所涉及的地段包括淅川、镇平、南阳、方城、叶县、鲁山、宝丰、郏县、禹州、潮河、新郑、新乡、辉县、鹤壁、汤阴、焦作、安阳等地，水泥改性土施工方量超3000万m^3。

南水北调中线工程建设以前，在国内大规模工程建设中，膨胀土的改性通常采用掺拌石灰以及一些固化剂等措施。作为路基填筑，石灰改性膨胀土是公路和铁路部门使用最多的方法，其工程特性、施工工艺及效果经过多年的试验研究及应用，已相对成熟。由于路基填筑材料全部改性工程量很大，造价较高，有学者提出采用石灰改性中、弱膨胀土包边的方法，内部填料直接回填膨胀土，取得了成功。水利工程中，美国加利福尼亚州的弗里昂特-克恩渠道曾采用3.2%的生石灰进行膨胀土滑坡的处理；而美国得克萨斯州、俄亥俄州的一些灌溉渠道，以及我国内蒙古红领巾水库灌渠、河南鸭河口灌渠等，据报道采用了水泥土衬砌。严格来讲，水泥改性土和水泥土是有区别的，前者的目的是减小膨胀土的膨胀性，相应的水泥掺量也较小，一般为3%～6%；而后者是以提高黏性土的强度和弹性模量为目的的，相应的水泥掺量一般高于10%。对于膨胀土而言，因为其天然强度并不低，引起边坡破坏失稳的主要原因是膨胀变形引起的层间剪应力增大和土体强度衰减，所以膨胀土改性应更多地关注如何抑制膨胀土的吸湿变形问题。采用膨胀土水泥改性换填的加固原理为：换填层为水泥改性土，基本没有膨胀性，膨胀变形很小，不会因干湿循环作用导致开裂和强度降低；换填层的压重作用可约束下伏膨胀土体的膨胀变形，此外，换填层对大气环境影响也有一定的阻隔作用。

膨胀土水泥改性技术主要面临以下几个方面的技术难点：

(1) 土料粒径（团径）控制。膨胀土水泥改性的主要机理是水泥中的硅酸盐成分与膨胀土颗粒经过化学反应后形成了新的胶结结构。因此，改性土料的粒径（团径）和级配是影响改性效果的关键。膨胀土按颗粒组成主要分为粉质黏土和黏土两类，且以黏土为主。现场开挖的膨胀土料含水率高，多呈块状、团粒状，不易破碎，从而难以与粉末状水泥掺拌均匀。为此，需要研究土料粒径（团径）与改性土均匀性的相互关系，找到合理的、满足均匀性要求的土料粒径（团径）级配。

(2) 土料的破碎。膨胀土水泥改性的首要问题就是如何对高塑性的黏性土进行破碎。常规的方法是采用碎土机或旋耕机破碎，而高含水率的黏性土又使机械难以发挥应有的效率。因此，土料破碎的一个重要环节就是高含水率的快速降低工艺，需要选取合适的改性土料，从开挖工艺、含水率控制等方面保证改性土料易于破碎。其次，应系统分析膨胀土颗粒级配对改性效果的影响，分析在特定的碎土工艺、不同颗粒（团粒）组成条件下掺拌水泥后的均匀性，并研究相应的改性效果。

(3) 膨胀土改性水泥掺量检测。有关膨胀土水泥改性掺量检测的规程规范目前尚属空白，国内有关的试验规程主要参照《公路工程无机结合料稳定材料试验规程》(JTG E51—2009)，其中，“水泥或石灰稳定材料中水泥或石灰剂量的测定方法（EDTA）”涉及改性水泥的掺量检测，该方法主要针对一般黏性土料，并以水泥土混合料中 Ca^{2+} 的浓度作为评价依据。对于膨胀土，由于标准液计量、滴定试验稳定时间、土料含水率等对检测结果影响较大，需要通过系统研究，提出膨胀土改性水泥掺量的检测方法和标准。

(4) 水泥改性土填筑施工工艺及质量控制。现场开挖的膨胀土的天然含水率一般较高，水泥不易掺拌均匀。经过含水率调整、碎土等工艺以后，仍然存在干粉与湿土掺拌均匀的工艺问题。水泥改性土成品制作完成以后，现场运输、碾压摊铺、碾压方式以及填筑时间等施工控制程序与工艺均影响填筑质量，此外，由于水泥固化的时效性，需要在一定的时间内完成水泥掺量、碾压层压实密度、含水率等施工质量检测，因此，需要明确提出水泥改性土填筑质量检测方法和碾压时间控制指标。

(5) 膨胀土水泥改性施工技术。膨胀土进行水泥改性的主要目的是使其膨胀潜势降低或丧失，用改性后的土料进行填筑施工，除需保证换填层自身的稳定外，同时，改性土层对下伏膨胀土还具有一定的压重作用，因此，改性土的破碎、掺拌、填筑、碾压以及质量检测等系列的施工技术是保障工程质量的关键，为此，需要形成完善、成熟的膨胀土水泥改性施工技术。

1.2 膨胀土水泥改性研究现状

膨胀土的改性通常采用掺拌石灰、水泥、粉煤灰以及某些化学固化剂的方式，对于改性材料用量较少的工程，一般用石灰改性，大面积采用水泥改性的工程案例比较少见，导致采用膨胀土水泥改性的理论和实践经验更少。

在水泥改性土的研究和应用方面，20 世纪 90 年代曾报道约旦、希腊等国研究过膨胀土、红黏土掺水泥、石灰进行改性。文献［23］研究了约旦 Irbid（伊尔比德）膨胀性黏土控制膨胀变形的方法，认为采用控制土料填筑含水率、重度或掺石灰、水泥的措施，可以有效减小膨胀变形。在我国，铁路和公路部门曾开展过膨胀土水泥（石灰）改性的试验研究。文献［24］在控制含水率的前提下，对不同掺量的石灰、水泥改性土试件进行强度和膨胀量试验，得到不同掺量条件下的改性膨胀土强度和膨胀性。研究认为：掺石灰或掺水泥改性后的膨胀土强度完全可达到路堤填筑要求，同样的掺量，掺石灰膨胀土的强度较掺水泥膨胀土的早期强度要高。由于石灰资源丰富，价格较水泥低许多，建议首选石灰进行土性改良。文献［25］针对南昆铁路膨胀岩（土）改良问题，研究采用二灰土、水泥（加粉煤灰）以及改性剂进行膨胀土的改性。研究结果认为，两种改性方法均能有效提高土体强度。关注到改性土的韧性问题，建议添加韧性剂进行处理。文献［26］通过对广州绕城高速公路某施工段膨胀土路基填料的改良试验，对比分析了掺拌生石灰、水泥、粉煤灰改良对膨胀土试样胀缩性能的影响，认为膨胀土经改良处理后可作为高速公路的路基填料；同时，建议从适用性和经济性角度采用生石灰进行膨胀土改良。文献［27］探讨利用粉煤灰、石灰-粉煤灰作为添加剂改良合肥膨胀土。研究结果表明，随着掺灰率的增加，膨胀土的塑性指数、活性指数、自由膨胀率、膨胀量、膨胀力与线缩率呈减小趋势，说明掺粉煤灰可有效降低膨胀土的胀缩性。文献［28］针对南水北调中线工程南阳地区的膨胀土，开展了膨胀土掺拌水泥改性的系列研究，分析了不同水泥掺量条件下改性土的胀缩特性，对比研究了改性前后素土和改性土的无侧限抗压强度和压缩模量，认为膨胀土掺拌水泥改性后能有效减小膨胀性、增强土体的强度和模量，改性效果良好，值得在工程中应用推广。

从上述研究成果来看，铁路、公路部门开展膨胀土水泥改性更多的是关注改性后土体的强度、弹性模量等指标的改善，而水利部门进行膨胀土改性，主要是关注土体膨胀变形的减小。

在膨胀土的改性机理研究方面，以往的主要研究成果多针对石灰改性土，少量研究成果是针对水泥改性土。从 20 世纪 60 年代起，国内外对石灰土的加固机理进行了大量的试验研究工作，虽然这些试验结果随土样、石灰及添加剂的种类和试验方法的不同而异，但从混合物的强度反应来区分，一般可归纳为以下四种改性机理：

（1）石灰消化放热反应：温度升高对土的膨胀挤密作用。

（2）硬化作用（包括结晶作用、碳酸化作用）：$CaCO_3$ 和 $MgCO_3$，加强了土粒黏结。但空气或土中的 CO_2 很难进入表层以下的土中与熟石灰 $Ca(OH)_2$ 发生反应。而 $Ca(OH)_2$ 的结晶作用主要发生在内部，是由于游离水分蒸发，$Ca(OH)_2$ 逐渐从饱和溶液中结晶。

（3）离子交换与凝聚作用：石灰中的 Ca^{2+} 与土粒周围的阳离子发生离子交换使得 Ca^{2+} 约束在土粒表面，改变了土的带电状态，土颗粒靠拢并相互胶合，从而提高抗剪强度。

（4）胶凝反应：水化硅酸钙、水化铝酸钙等生成物不溶于水，以胶体微粒析出，并逐渐凝聚成凝胶体，提高了石灰土的强度。

一般认为，石灰土的强度形成机理可能是由于石灰改善了黏土的和易性，在强力夯实之下，大大提高了土体的密实程度，而且，黏土颗粒表面的少量活性氧化硅和氧化铝与$Ca(OH)_2$起化学反应，生成了不溶性水化硅酸钙、水化铝酸钙，将黏土颗粒黏结起来，提高了黏土的强度和耐久性。然而经分析发现，水泥改性土的机理与石灰改性土还是有区别的。第一，石灰属于气硬性胶凝材料，只能在空气中硬化，而水泥是水硬性胶凝材料，不但能在空气中硬化，还能更好地在水中硬化，保持并继续增长其强度。第二，水泥水化反应释放热量远小于石灰，温度升高对土的挤密作用有限。第三，水泥改性土的硬化作用和离子交换作用十分有限，因为水泥的主要作用是水化反应，且膨胀土中的阳离子绝大部分是Ca^{2+}、Mg^{2+}，水泥中的Ca^{2+}对他们的交换没有多少实际意义。第四，石灰中胶凝体（CSH凝胶，主要为水化硅酸钙）来源于颗粒表面的少量活性氧化硅，而水泥熟料中的硅酸三钙和硅酸二钙含有大量的氧化硅。文献［29］在研究了水泥加固土的硬化机理后认为：水泥土的强度主要来源于水泥水化所产生的CSH等水化物的胶结作用，土样对OH^-、CaO的吸收量越大，则生成水化硅酸钙所必需的OH^-、Ca^{2+}浓度越低，因而水泥水化物生成量越少，导致水泥加固土强度越低。从这一点来看，水泥改性土的强度增长机理与石灰土的强度增长机理相似。文献［30］采用扫描电镜和能谱分析测试手段，对水泥基土壤固化剂固化土的微观结构和固化剂的水化产物进行研究后认为：水泥基土壤固化剂水化产物包括CSH凝胶、氢氧化钙、碳酸钙、三硫型水化硫铝酸钙（AFt）等物质，其中CSH凝胶、AFt是构成固化土强度的主体；棱柱状的AFt晶体和纤维状的CSH凝胶纵横交替搭接成网状结构，或填充于土颗粒孔隙，或包裹在土颗粒表面，或将相近的土颗粒黏结起来。水泥基土壤固化剂水化产物的填充、挤密、黏结等作用，使呈松散状态的土颗粒逐渐成为较致密的整体，从而改善了土体的工程性能。文献［31］利用自动吸附仪对石灰、水泥改性土进行液氮吸附试验，并通过吸附理论对改性膨胀土内微观孔隙进行了定量研究，发现石灰与水泥的掺入使得膨胀土内的微孔体积减小，中孔以上孔隙体积增加，仅就石灰与水泥对膨胀土内部孔结构的影响程度比较而言，石灰的作用更强一些。

综合以上分析可知，目前，对于膨胀土水泥改性的机理虽有一定认识，但是由于本书所研究的水泥掺量仅为3%～6%的改性土，与以前所研究的水泥土尚有一定的区别，其改性作用机理是否完全相同尚有待进一步研究。

在水泥土的强度随时间变化规律研究方面，文献［32］研究了击实水泥土强度随养护龄期增长的微观机理，发现：随养护龄期的增长，击实水泥土块的无侧限抗压强度增加，渐趋于一个稳定值，60d龄期强度即可作为击实水泥土的设计强度；在分析强度增长的原因后认为：水泥土强度随龄期增长实质上反映了水化凝胶体与拌和土料中的活性物质之间的离子交换和团粒化作用以及硬凝反应，在微观结构上表现为水泥土块中水化物结晶体所形成的网格状结构，随着水化作用的持续进行，相邻团粒被网格状水化物晶体联结形成水泥土结石体，从而导致水泥土强度的提高。

在水泥掺量检测方法方面，现行的改性土掺灰剂量检测方法主要有EDTA滴定法和直读式测钙仪测定法。前者适用于现场快速测定水泥或石灰稳定土中的掺灰剂量，检查拌和料的均匀性以及改性土施工质量检测等；后者只适用于测定新拌石灰稳定土中的石灰剂量。EDTA滴定法测量水泥剂量的化学原理是：先用10%的NH_4Cl弱酸溶出水泥稳定材

料中的 Ca^{2+}，然后用 EDTA 夺取 Ca^{2+}，利用 EDTA 的消耗量与相应的水泥剂量（水泥剂量的大小正比于 Ca^{2+} 的数量）存在近似线性关系，便可得知水泥剂量。

文献［33］分析了水泥稳定土的龄期、土粒粒径、试验条件等对滴定结果的影响，提出 EDTA 滴定法比较适用于细粒土，用于粗、中粒土时，测定结果受取样的影响很大。文献［34］研究了水泥稳定基层中水泥掺量随改性土龄期的变化规律，分析了 EDTA 滴定法检测水泥掺量的龄期问题和校正方法。文献［35］研究认为，EDTA 滴定曲线的水泥剂量与龄期的关系曲线可划分为恒等区、衰减区和线性平稳区，并采用分段函数拟合了 EDTA 滴定曲线。文献［36］得出 8%石灰土成品混合料的实测掺灰剂量在 2h 后开始随时间发生衰减。文献［37］研究了宁淮公路膨胀土路段水泥改性掺灰量测定成果，发现 EDTA 消耗量随龄期呈现对数衰减规律。文献［38］探讨了石灰处理膨胀土中石灰含量的 EDTA 滴定法，分析了膨胀土含水率和龄期对试验结果的影响，认为在初始含水率低于塑限含水率时，同等剂量石灰土初始含水率越高，标准 EDTA 耗量相对越低，反之当初始含水率越低时，标准 EDTA 耗量相对越高。

EDTA 滴定法是常规改性土施工中用于检测改性材料用量的基本方法，其优势是可以避免众多不确定因素对检测成果的影响，能够在第一时间测定改性土的水泥剂量，以往多应用于填筑方量小、规模不大的局部路基工程，且土料也是常规的黏性土料，而对于土料是膨胀性黏土，水泥掺量又极其微小的情况下，如何进行水泥剂量检测是一个值得深入研究的问题。

在改性土的施工技术和施工工艺方面，“十一五”国家科技支撑计划课题研究以前，我国交通、铁路等部门对膨胀土进行改性主要是对路基等填筑量不大的工程，改性土施工主要采用路拌机进行施工，其施工工艺基本可以保证改性土料和填筑的均匀性和填筑质量。对于水利工程，尤其像南水北调中线工程这一类渠道开口宽、换填工程量巨大的特大型调水工程，路拌机的施工效率则很难满足工期要求，且水泥掺拌的均匀性和填筑质量也很难得以保证，改性土场拌施工在国内外尚无先例，改性土料的破碎工艺、掺拌要求和碾压施工工艺等方面均无规程可循。

第 2 章

膨胀土水泥改性机理

膨胀土的水泥改性是在膨胀土胀缩变形机理的研究基础上，针对膨胀土湿胀干缩的特性进行的改性。从本质上讲，是采用化学添加剂对膨胀土的化学成分、颗粒结构进行改良。以往在膨胀土水泥改性机理研究方面研究甚少，20 世纪 60 年代初，国内外曾开展过石灰土改性机理研究。一般认为，石灰土的改性机理是黏土颗粒表面生成了不溶性水化硅酸钙、水化铝酸钙，将黏土颗粒黏结起来，提高了黏土的强度和耐久性，相比石灰改性，膨胀土的水泥改性首先在用料上采用的是水泥材料，其次在改性材料用量上也大幅降低，但从改性的效果上看，水泥改性的效果明显比石灰改性更加优越。研究表明，膨胀土在掺拌 1%的水泥干粉后，膨胀性明显降低，改性效果显著，其改性的机理尚未明确。

本章从膨胀土的胀缩机理出发，总结归纳了目前国内外有关膨胀土胀缩机理的分析成果，选取河南南阳、河北邯郸等地的弱、中、强三种典型膨胀土，开展膨胀土掺拌水泥前后的微观结构、矿物成分、化学成分等变化规律的研究，比较系统地论述了膨胀土的水泥改性机理。此外，为对比其他化学改性方法，还分别采用石灰和阴离子表面活性剂等进行了改性试验。膨胀土水泥改性采用普通硅酸盐水泥，掺量分别为 3%、6%和 12%（弱、中、强膨胀土）；膨胀土的石灰改性采用石灰掺量为 3.8%和 1.4%（弱、中膨胀土）；膨胀土阴离子表面活性剂分别采用木质素磺酸钾和木质素磺酸铵。两种化学试剂通过溶于试样所需纯净水中的方式进行添加，溶液浓度分别控制为 6%和 12%（弱、中膨胀土）。所有试样均按照膨胀土的最优含水率和最大干密度进行制备。

2.1 膨胀土的胀缩机理

自然界中的土是母岩在一定的水、热和生物条件下，经过原始成土、土壤灰化、土壤黏化、脱硅和富铝化等一系列复杂的物理、化学和生物学的作用过程形成的自然沉积物。土颗粒中所含的矿物种类和数量，依据母岩的成分、风化程度和成土环境等不同而异。其中，原生矿物主要有石英、长石、白云母、角闪石、辉石等，次生矿物主要为碳酸盐、硫酸盐等盐类以及含水氧化物和次生层状硅酸盐等。次生矿物是大部分黏土矿物的主要来源，也是黏性土的主要组成成分。次生黏土矿物主要有呈层状的铝硅酸盐，如蒙脱石、伊利石和蛭石、高岭石等，此外，还有结晶态的含水氧化铁、铝化铁以及非结晶态的含水氧化铁、氧化铁铝等。黏土矿物的成分和含量决定了黏性土的物理力学性能。

膨胀土是一种富含蒙脱石、伊利石和高岭石等黏土矿物的黏性土。研究表明，引起黏性土膨胀变形的黏土矿物主要是几种层状硅酸盐矿物，其结构单元主要由硅氧四面体和铝氧（或铝氢氧）八面体组成，即所谓“1∶1 型矿物”“2∶1 型矿物”和“2∶1∶1 型矿物”（见图 2.1－1）。

高岭石族是“1∶1 型矿物”的代表。由于没有“同晶代换”，高岭石族的电荷数量很

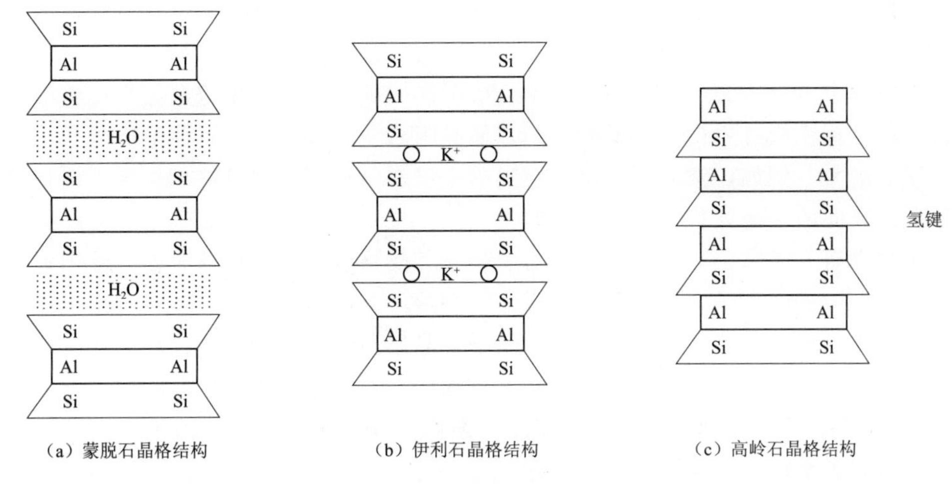

（a）蒙脱石晶格结构　　（b）伊利石晶格结构　　（c）高岭石晶格结构

图 2.1-1　黏土矿物晶格结构示意图

少，一般阳离子交换量仅为 3～15cmol/kg。所谓“同晶代换”即是结构单元中的硅氧四面体的 Si^{4+} 被 Al^{3+} 所代换，或铝氧八面体中的 Al^{3+} 被 Fe^{2+} 或 Mg^{2+} 代换，由此都会产生剩余的永久负电荷。剩余负电荷的数量取决于矿物晶格中发生离子“同晶代换”数量的多少。高岭石的晶层之间由氢键联结，使层间具有很强的结合力，水分子难以浸入，故几乎无膨胀性。

土壤中常见的“2∶1型矿物”主要有蒙皂石族、蛭石族、水云母族（伊利石）等。大多数“2∶1型矿物”都有不同程度的“同晶代换”作用，所以也都不同程度地带有表面电荷，使得该类矿物在化学组成及性质上有着很大的差异。

水云母（伊利石）是由云母风化并发生层间 K^+ 离子被置换后的产物，少量的 $(H_3O)^+$ 和其他阳离子（Ca^{2+}、Mg^{2+}）进入云母晶格，增大了晶层的间距，使其阳离子交换量增大为 20～40cmol/kg，晶层结合力减弱，膨胀性增强。水云母进一步风化，层间 K^+ 离子完全为 Mg^{2+} 取代，水分子侵入，使晶层间距进一步增大，成为蛭石。蛭石的阳离子交换量为 100～150cmol/kg，层间结合力更弱，膨胀性进一步增强。

蒙脱石是蒙皂石的亚族之一，其阳离子交换量达到 80～130cmol/kg。由于蒙脱石的“同晶代换”主要发生在晶格之中，距晶格表面略远，对层间阳离子作用较弱，因此，具有强烈的亲水特性，水分子或其他极性液体能够很容易进入两个基本结构单元之间，并使结构单元晶层的间距增大。在湿润的状态下，蒙脱石具有较强的黏滞性和可塑性，而在水分降低时，又会因失水而发生剧烈的收缩。此外，由于大量层间阳离子的存在，蒙脱石具有较高的吸附能力，被 Ca^{2+}、Mg^{2+} 所饱和的蒙脱石，其在水中的层间距可由 1nm 膨胀到 2nm；若层间阳离子为 Na^+，则其层间距更可以不断增大，最大可达到 16nm，形成单层状的钠蒙脱石。相反，若将钾溶液加入蒙脱石黏土矿物中，K^+ 可进入蒙脱石间层，将各基本结构单元联结起来，从而使层间联系增强，消除层间胀缩特性。

研究表明，黏土矿物表面与水之间存在四种不同的相互作用，即矿物表面的氧原子或 OH 基团以氢键与水的相互作用、矿物表面交换性阳离子的水合作用、矿物表面过剩负电荷产生的电场与水的相互作用以及矿物表面氧原子之间的分散力与水的相互作用。这些相互作用可以单独发生，也可以同时发生，但最终的作用结果将导致黏土吸水膨胀。此外，黏土-水体系的膨胀分为黏粒内分子的膨胀与黏粒间水的膨胀两种，而后者往往是主要的。黏土的吸水膨胀也可分为两个阶段，即由水合能引起的膨胀阶段和由双电层排斥力引起的渗透膨胀阶段。在膨胀过程中，干燥黏粒的表面吸附水分子进入层间，使晶层分开，从而导致其体积的增大。例如，蒙脱石晶层间在吸附 4 层水分子后可使其体积增加 1 倍，而非膨胀性黏粒外表面的水合体积的变化相对较小。

黏土矿物学研究表明，黏土矿物的膨胀依赖于其晶格所携带的电荷、交换性阳离子的种类、水合能、溶液的离子强度以及含水率等。高岭石、滑石、叶蜡石等很少出现层间膨胀，其原因主要是由于这些矿物缺少层间阳离子，晶层与晶层之间的范德华力较大，且没有离子水合能来克服层间的相互吸引能；而云母和伊利石也很少出现层间膨胀，这可能是晶层间的 K^+ 与晶层电荷的吸引力太强的缘故。与膨胀相反的过程即为收缩。当环境条件发生变化而引起脱水时，黏土矿物就会收缩。

有关膨胀土的膨胀变形机理研究由来已久，比较有代表性的理论包括：①黏土矿物晶格扩张理论；②双电层理论；③黏土矿物叠片体理论；④吸力势理论；⑤膨胀潜势理论；⑥自由能变化理论；⑦膨胀路径与胀缩状态理论；⑧湿度应力场理论；⑨胀缩时间效应理论等。其中，黏土矿物晶格扩张理论、双电层理论和黏土矿物叠片体理论是三种目前较为公认的膨胀土的膨胀变形理论。

黏土矿物晶格扩张理论认为：三大类黏土矿物——蒙脱石、伊利石、高岭石都是由硅氧四面体和铝氢氧八面体两种基本结构单元组成，其晶格层间由弱键联结，外界水分子极易从晶格层间渗入，在晶格层间形成水膜，使晶层间距加大，从而引起土体体积增大，不同种类的黏土矿物其四面体和八面体的联结方式不同，造成它们在与水结合时所产生的体积变化不同。双电层理论认为：土粒周围由强、弱结合水组成水化膜（双电层），由于“同晶代换”作用，黏土矿物晶体表面以带负电荷为主，土颗粒周围形成静电场，在静电引力作用下，颗粒表面吸附相反电荷的离子（交换性阳离子），这些离子以水化离子的形式存在，胀缩的起因是水化膜的增减，而水化膜与黏粒含量相关，带有负电荷的黏土矿物颗粒吸附水化离子，形成扩散形式的离子分布，从而组成双电层（水化膜），随着含水率的增加，结合水膜加厚，将土颗粒“楔”开，使固体颗粒间距离增大，土的体积膨胀。黏土矿物叠片体理论认为：叠片体是黏土矿物在土中存在的基本方式。膨胀土的亲水性越大，叠片体的联系越弱，膨胀变形越大，而反映土亲水性的指标包括自由膨胀率、液限含水率、塑性指数、比表面积、阳离子交换量等。

膨胀土的胀缩机理分析，对于膨胀土改性尤为重要，只有在认清膨胀+胀缩机理的前提下，针对膨胀土胀缩变形的内在原因，进行有关的改性技术研究，才能做到有的放矢，从根本上解决膨胀土的变形与破坏问题。

2.2 膨胀土水泥改性的微观结构和矿化分析

为研究膨胀土水泥改性后土样的微观结构、矿物成分和化学成分，采用 42.5 普通硅酸盐水泥掺拌一定数量的膨胀土进行改性试验，并运用扫描电镜（SEM）、X-RAY 衍射（以下称“X射线衍射”）等研究方法，分析改性土的结构和矿化成分随时间的变化情况。考虑到膨胀性的强弱和龄期对成果的影响，试验研究了三种水泥掺量、不同龄期条件下膨胀土水泥改性后的矿物成分、微观结构和离子浓度的变化规律。试验龄期分别为掺前、掺后以及掺后1h、4h、24h、7d、28d、90d，最长龄期达到1.5年和2.0年；水泥掺量分别选12%（强膨胀土）、6%（中等膨胀土）和3%（弱膨胀土）。

试验前首先进行膨胀土的标准击实试验，以获得重塑样的控制干密度和备样含水率。然后，按照备样含水率制备湿土，静置12h。待含水率稳定以后，按照上述比例掺拌水泥干粉，即刻进行试样击实，制备改性土试样。再按照规定的龄期，对制备好的改性土样，采用X射线衍射进行矿物成分鉴定，并采用扫描电镜试验方法对土样改性前、后的微观结构进行扫描分析，同时测定改性土及溶液的离子成分、浓度，分析土样的化学成分等。

膨胀土水泥改性的微观结构和矿化分析试验方案见表2.2-1。

表2.2-1　试验方案

试验内容	膨胀土类型	试验名称	状态	
微观结构 矿物成分	强膨胀土	扫描电镜试验、X射线衍射试验	处理前	原样
			处理后	掺水泥
	中膨胀土		处理前	原样
			处理后	掺水泥
	弱膨胀土		处理前	原样
			处理后	掺水泥
离子浓度测定	强膨胀土	离子测定实验（Na^+、K^+、Ca^{2+}、Mg^{2+}、NH_4^+五种离子）	处理前	原样
			处理后	掺水泥
	中膨胀土		处理前	原样
			处理后	掺水泥
	弱膨胀土		处理前	原样
			处理后	掺水泥

图2.2-1～图2.2-3为膨胀土样标准击实试验曲线。由图可见，随着膨胀性的增大，土样的最优含水率逐渐增大，最大干密度逐渐减小，其中，强膨胀土的最优含水率为35.7%，最大干密度为1.29g/cm^3；中膨胀土的最优含水率为25.0%，最大干密度为1.53g/cm^3；弱膨胀土的最优含水率为23.6%，最大干密度为1.54g/cm^3。

2.2.1　膨胀土水泥改性的微观结构分析

2.2.1.1　强膨胀土水泥改性的微观结构

为比较改性前、后土壤微观结构的变化，分别选用强膨胀土原样和强膨胀土改性土样进行试验。试样分别按照上述方法进行制备。试样制备完成后，从制备样上取下小块试样，快速风干，保持原有的结构，然后进行扫描电镜试验。余下样品放在恒温恒湿箱内进行养护，按照不同的龄期，定期从制备样上切取，进行扫描电镜试验。试验结果如图2.2-4～图2.2-15所示。

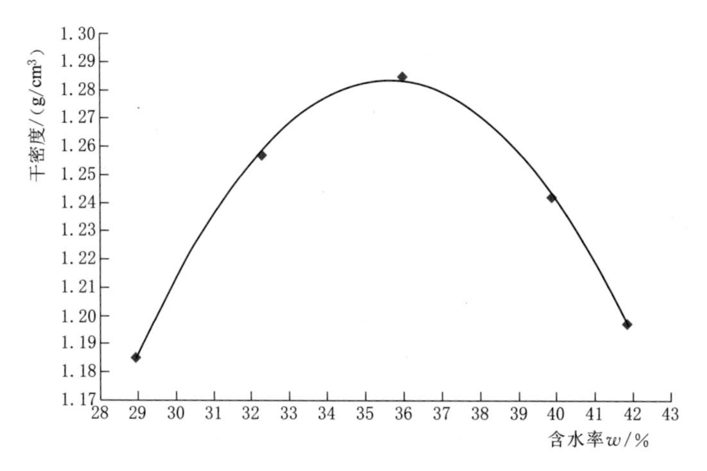

图 2.2-1 强膨胀土的击实曲线

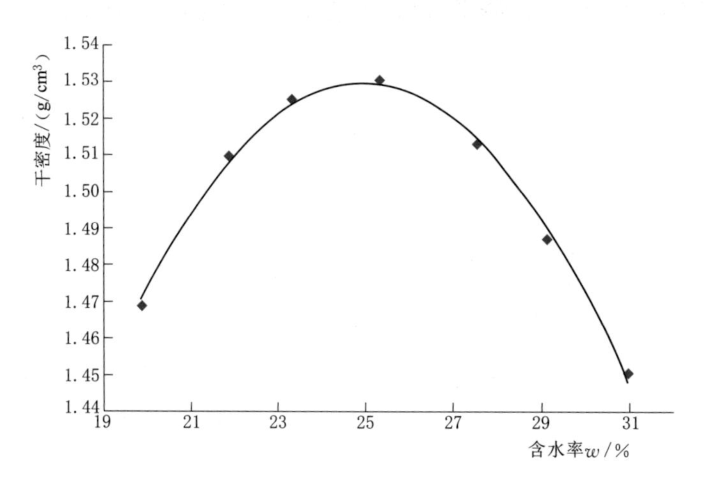

图 2.2-2 中膨胀土的击实曲线

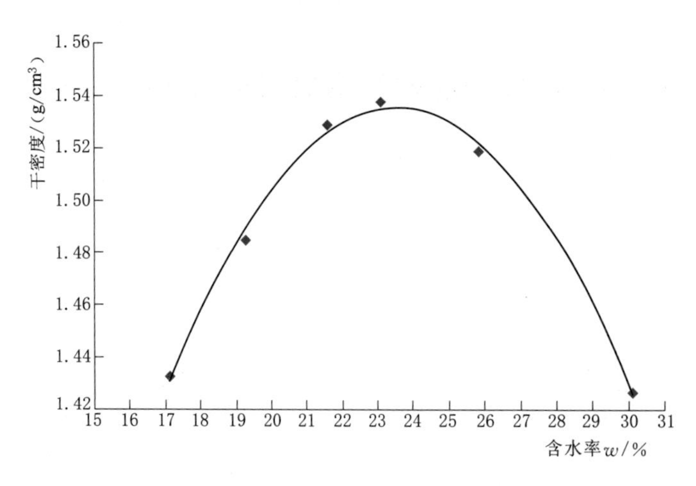

图 2.2-3 弱膨胀土的击实曲线

图2.2-4是强膨胀土在最优含水率击实后的扫描电镜图像。从图中可以看出，强膨胀土以较薄的片状结构为主，具有较大的表面积，这与蒙脱土的内部微观结构是一致的。图2.2-5是强膨胀土掺拌水泥击实后的扫描电镜图像。可以看出，在水泥掺拌并击实成型之后，土的结构已经发生了很大的变化。那些薄的片状结构几乎消失殆尽，可以看到相对较厚一些小的颗粒出现，表明水泥对黏土颗粒的侵蚀，并且形成了CSH和CASH类的胶结物质。水泥的加入使土样产生了一个具有较高pH的环境，破坏了黏土中的硅酸盐矿物，并形成了硅酸和铝酸水化钙胶体。

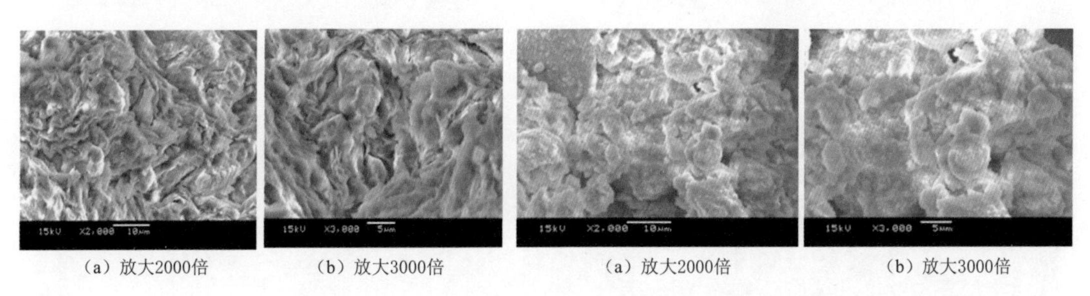

(a) 放大2000倍　(b) 放大3000倍

图2.2-4　强膨胀土在最优含水率击实后的扫描电镜图像

(a) 放大2000倍　(b) 放大3000倍

图2.2-5　强膨胀土掺拌水泥击实后的扫描电镜图像

强膨胀土水泥改性养护1h之后，扫描电镜图像（见图2.2-6）表明了腐蚀过程的加剧。整片的蒙脱土被破坏成了很多的小块，在黏土矿物颗粒的表面有新的产物形成。

强膨胀土水泥改性养护4h之后，黏土颗粒表面在扫描电镜图像（见图2.2-7）中已经观察不到。小片的（小块的）遭受侵蚀的黏土颗粒表面包裹上了一层凝胶状的物质。

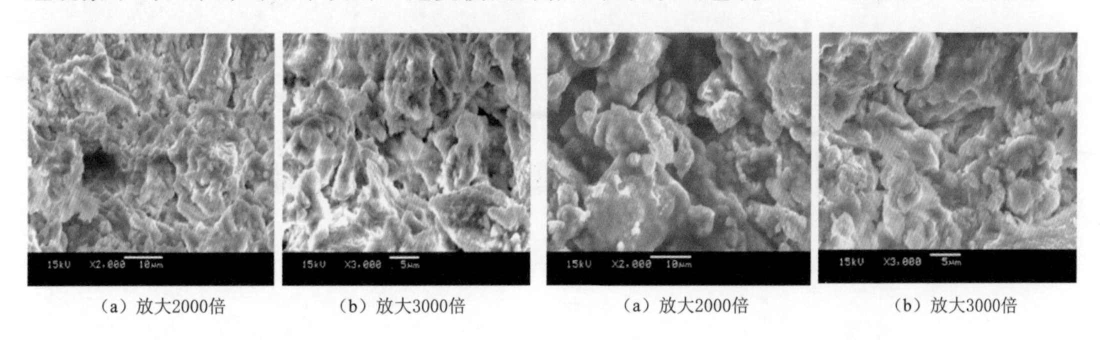

(a) 放大2000倍　(b) 放大3000倍

图2.2-6　养护1h后强膨胀土水泥改性的扫描电镜图像

(a) 放大2000倍　(b) 放大3000倍

图2.2-7　养护4h后强膨胀土水泥改性的扫描电镜图像

强膨胀土水泥改性养护24h之后，扫描电镜图像（见图2.2-8）中没有再观察到分散的小颗粒。黏土颗粒被聚合在一起，形成了一整块像固体状的结构。

强膨胀土水泥改性养护7d之后，形成了一种链条状的凝胶性物质把黏土矿物黏结起来，形成一种像固态胶体的结构形式（见图2.2-9）。黏土的原有结构被彻底摧毁，在结构中也没有发现孔隙，土硬化了，并且强度有了显著的提高。

强膨胀土水泥改性养护28d后（见图2.2-10），可以发现黏土的腐蚀性进一步强化，凝胶性的物质变成了一种类似固体的物质，并且有许多碎的块状的颗粒（水泥水化的产

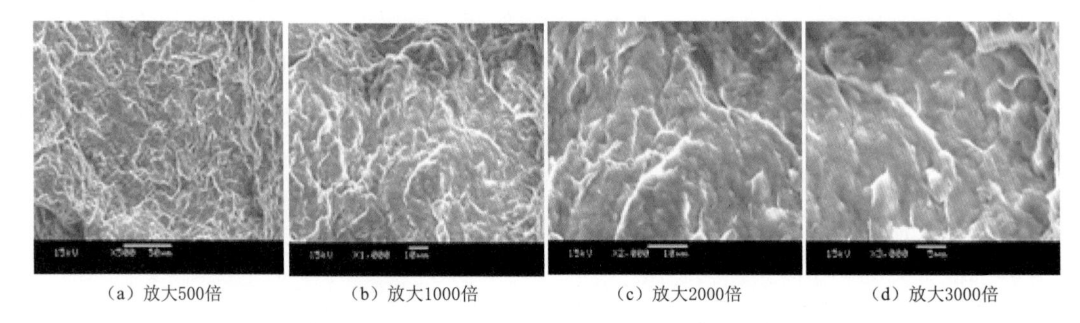

（a）放大500倍　（b）放大1000倍　（c）放大2000倍　（d）放大3000倍

图 2.2－8　养护 24h 后强膨胀土水泥改性的扫描电镜图像

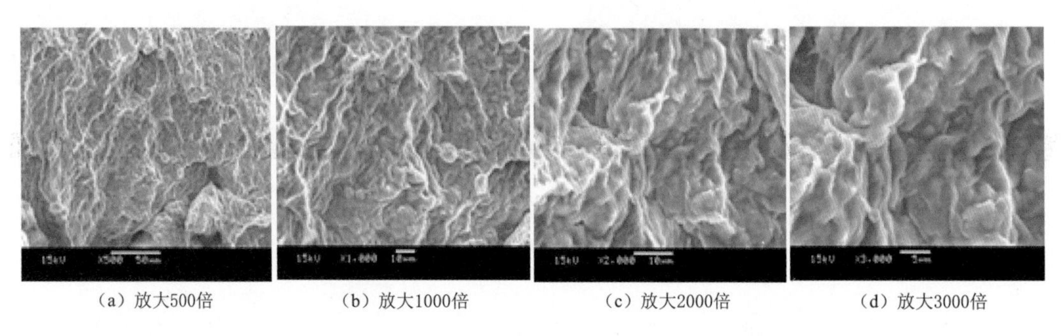

（a）放大500倍　（b）放大1000倍　（c）放大2000倍　（d）放大3000倍

图 2.2－9　养护 7d 后强膨胀土水泥改性的扫描电镜图像

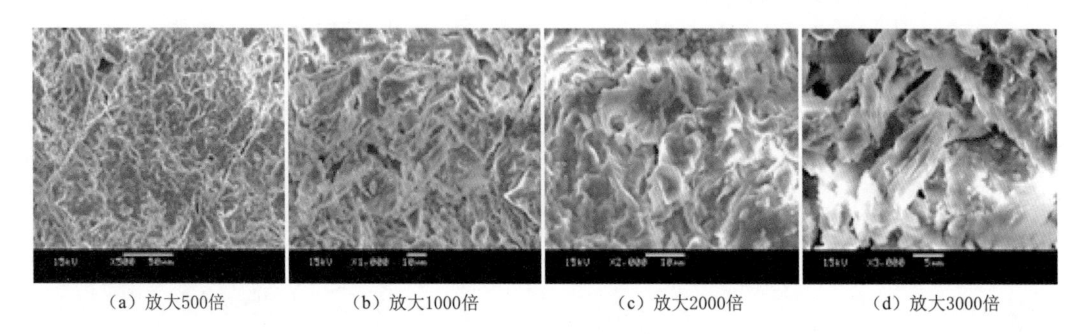

（a）放大500倍　（b）放大1000倍　（c）放大2000倍　（d）放大3000倍

图 2.2－10　养护 28d 后强膨胀土水泥改性的扫描电镜图像

物）存在。另外微观结构图中也发现了有枝状的新物质生成。水泥水化产物中的水化硅酸钙相（即 CSH）结晶度极差，呈隐晶或无定形态的凝胶相，其化学组成亦不固定。水化产物的形貌与熟料的活性，水化时溶液中离子的过饱和度对晶体成核和水化龄期的关系很大，所以其形貌也较复杂，有纤维状、颗粒状、网络状、薄片状及放射状等。

图 2.2－11 为养护 90d 后强膨胀土水泥改性的扫描电镜图像，可以看到许多的针状和放射状的晶体形貌，这说明养护龄期 90d 时，CSH 相大量存在。

养护 180d 后强膨胀土水泥改性的扫描电镜图像如图 2.2－12 所示。很明显地能够观察到细长纤维状、颗粒状及放射状的 CSH 相，说明在反应龄期 180d 时有大量的 CSH 生成，且无定形态地分布着。由于水泥成分中存在着石膏作缓冲剂，水化铝酸钙与 SO_4^{2-} 形成两种复盐。第一种为高硫酸盐型的钙矾石，习惯上称为三硫型水化硫铝酸钙（即 AFt），结晶完好，属三方晶系，一轴晶负光性晶体，负延性，呈六方针状、棒状或柱状，棱面清晰，尺寸和长径比虽有一定变化，但轴面发育完好，也无分枝现象。这与钙矾石溶解度小、结晶力强、生长速度快的特性有关。在快凝快硬水泥水化时，它是硬化水泥浆体强度的主要提供者。第二种为低硫酸盐型的单硫型水化硫铝酸钙（即 AFm），属三方晶系，一轴晶负光性晶体，具层状结构者，延性为正，常与 C_4（A·F）H_{13} 形成连续固溶体。

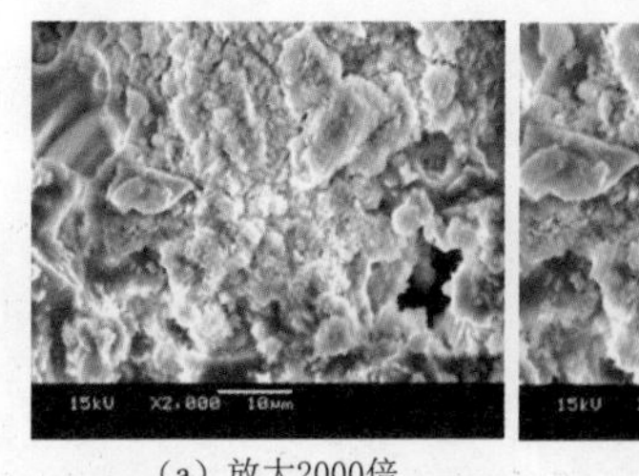

（a）放大2000倍

（b）放大3000倍

图 2.2-11　养护 90d 后强膨胀土水泥改性的扫描电镜图像

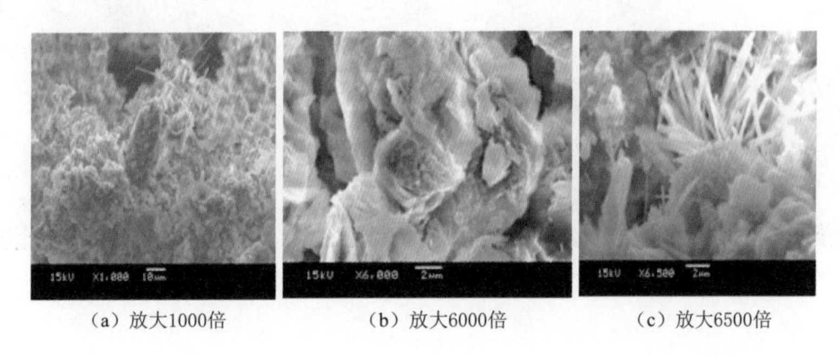

（a）放大1000倍　（b）放大6000倍　（c）放大6500倍

图 2.2-12　养护 180d 后强膨胀土水泥改性的扫描电镜图像

从图 2.2-12(b) 中，可以看到局部位置存在着棱面清晰且轴面发育完好，无分枝现象的柱状结构结晶，即三硫型水化硫铝酸钙（即 AFt）。图 2.2-12(c) 中，可以看到呈现花瓣状的单硫型水化硫铝酸钙（即 AFm）。说明在水泥改性强膨胀土 180d 养护龄期的时候有大量的 CSH 生成，且有少量的 CASH 生成。另外在进行扫描电镜试验中观察到，整个反应是不均匀的，在局部地区发现了比较明显的上述的晶体，而试样的大部分均观察不到上述的晶体形貌。

图 2.2-13 是养护 1.0 年后强膨胀土水泥改性的扫描电镜图像，可以观察到密集联结的结构网络，由于持续硬化过程中失去水分，硬凝产物进一步收缩、固化，从而形成了图中观察到的结构形貌。

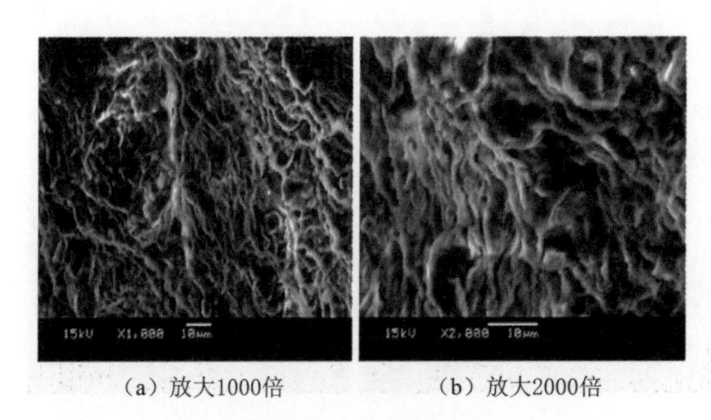

（a）放大1000倍　（b）放大2000倍

图 2.2-13　养护 1.0 年后强膨胀土水泥改性的扫描电镜图像

图 2.2-14 是养护 1.5 年后强膨胀土水泥改性的扫描电镜图像，可以观察到硬凝产物收缩固化后的形貌，虽然土颗粒被凝聚在一起，观察不到可以区分的矿物成分，大尺度下的表面光滑、致密。

图 2.2-15 是养护 2.0 年后强膨胀土水泥改性的扫描电镜图像，这里显示的是局部没有硬化收缩成链条状的形貌，水泥水化后的形成颗粒状的固体，粗糙不平，聚集成小块和小的团聚体。

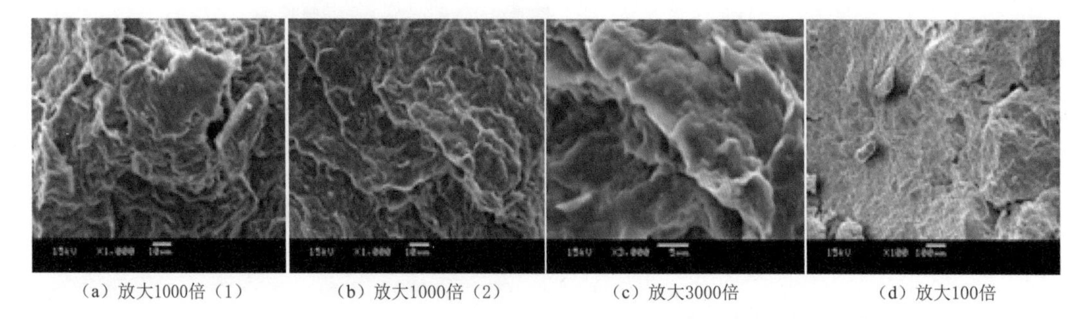

(a) 放大1000倍 (1)　(b) 放大1000倍 (2)　(c) 放大3000倍　(d) 放大100倍

图 2.2-14　养护 1.5 年后强膨胀土水泥改性的扫描电镜图像

(a) 放大10倍 (1)　(b) 放大10倍 (2)　(c) 放大10倍 (3)

图 2.2-15　养护 2.0 年后强膨胀土水泥改性的扫描电镜图像

综上分析，不同养护龄期的扫描电镜图像显示了水泥加入强膨胀土中后发生反应的整个过程，经历了水泥的溶解、水化、硬凝、固化等过程，微观结构形貌在每一个阶段也表现出不同的特征。这一研究工作也是第一次比较清晰地捕捉和反映水泥改性土在长达 2.0 年养护周期中不同阶段的微观结构形貌变化。目前，尚未见对养护周期长达 2.0 年以上报道的文献。

2.2.1.2　中膨胀土水泥改性的微观结构

对于取自河南南阳的中膨胀土，同样进行了不同龄期的扫描电镜分析，试样的准备过程与强膨胀土是一致的。

从图 2.2-16 中可以看出，南阳中膨胀土原样的扫描电镜图像中黏土颗粒虽然仍具有片状的微观结构，但是不像强膨胀土那样薄，最优含水率击实后的土体表面比较平整，孔隙较少，表明土体颗粒的排列密实，这也与最优含水率对应最大干密度状态是一致的。

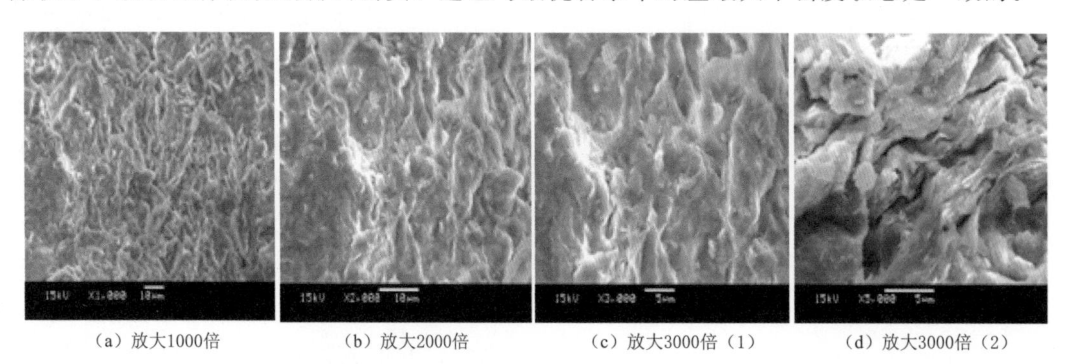

(a) 放大1000倍　(b) 放大2000倍　(c) 放大3000倍 (1)　(d) 放大3000倍 (2)

图 2.2-16　中膨胀土原样的扫描电镜图像

在掺拌水泥刚刚击实土样后，改性土的微观结构的变化十分明显。有初步的侵蚀作用发生在黏土颗粒的表面，可以观察到比较明显的颗粒破碎状（见图2.2-17）。颗粒表面变得非常粗糙，有大小不一的颗粒团聚体形成。

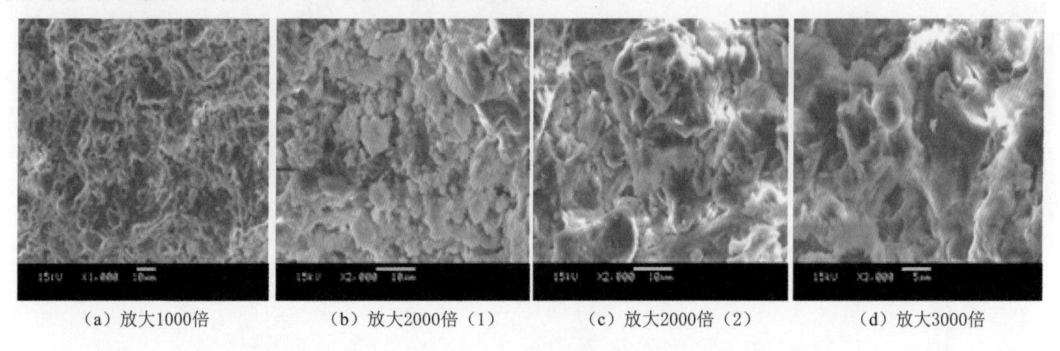

（a）放大1000倍　（b）放大2000倍（1）　（c）放大2000倍（2）　（d）放大3000倍

图2.2-17　中膨胀土掺拌水泥击实后的扫描电镜图像

中膨胀土水泥改性养护1h之后，扫描电镜图像（见图2.2-18）表明了腐蚀过程的加剧。在黏土颗粒的表面形成了新的较小颗粒状的物质，较薄的片状微观结构也几乎不能再观察到。整片的蒙脱土类型的微观结构也被破坏成了很多的小块。这与强膨胀土所发生的现象是一致的。

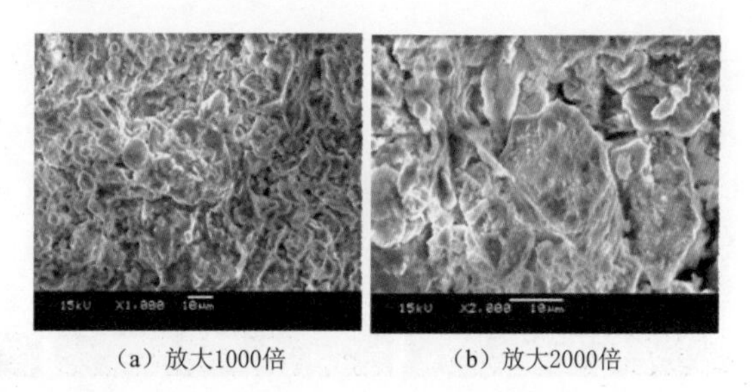

（a）放大1000倍　（b）放大2000倍

图2.2-18　养护1h后中膨胀土水泥改性的扫描电镜图像

中膨胀土水泥改性养护4h之后，黏土颗粒表面在扫描电镜图像（见图2.2-19）中已经观察不到。小片的颗粒状物质也消失了，黏土颗粒表面包裹上了一层凝胶状物质，但是这种凝胶状物质并不是很明显。黏土整体仍然由许多分散颗粒组成。这一过程与强膨胀土水化过程类似，水化硅酸钙与水化铝酸钙凝胶等物质开始形成。

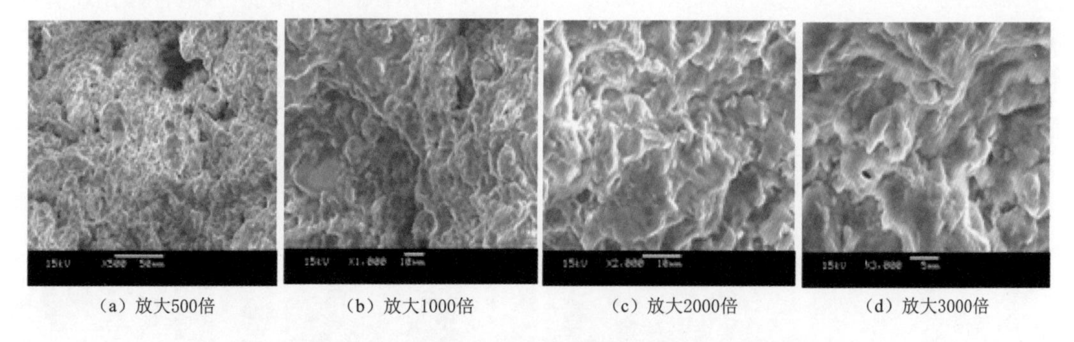

（a）放大500倍　（b）放大1000倍　（c）放大2000倍　（d）放大3000倍

图2.2-19　养护4h后中膨胀土水泥改性的扫描电镜图像

中膨胀土水泥改性养护24h之后，扫描电镜图像（见图2.2-20）中显示黏土矿物的腐蚀进一步加剧，黏土颗粒的破碎更加明显，形成了许多小块状结构。片状结构几乎已经消失。这一阶段，水化胶凝状物质开始固化。

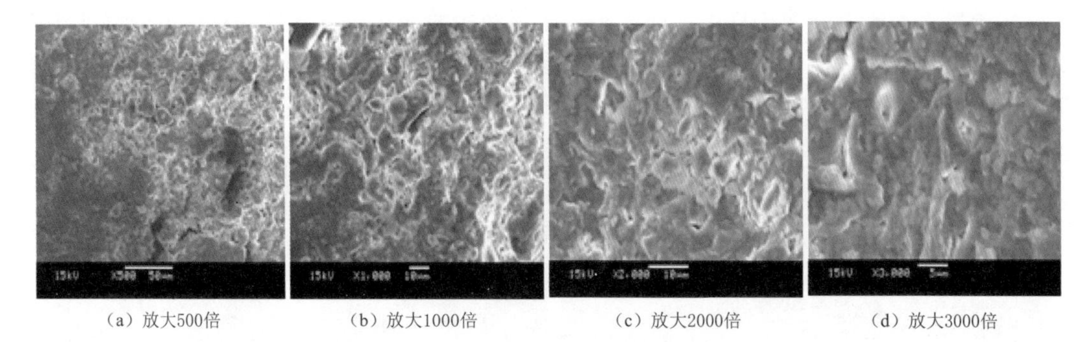

（a）放大500倍　（b）放大1000倍　（c）放大2000倍　（d）放大3000倍

图 2.2－20　养护 24h 后中膨胀土水泥改性的扫描电镜图像

中膨胀土水泥改性养护 7d 之后，扫描电镜图像（见图 2.2－21）显示的凝固胶凝状物质，即水化硅酸钙和水化铝酸钙凝胶开始固化，团块之间的界限已经难以看出，胶凝状的物质把颗粒包裹起来。说明在 24h～7d 这个时间段，膜状的凝胶物质开始固化。

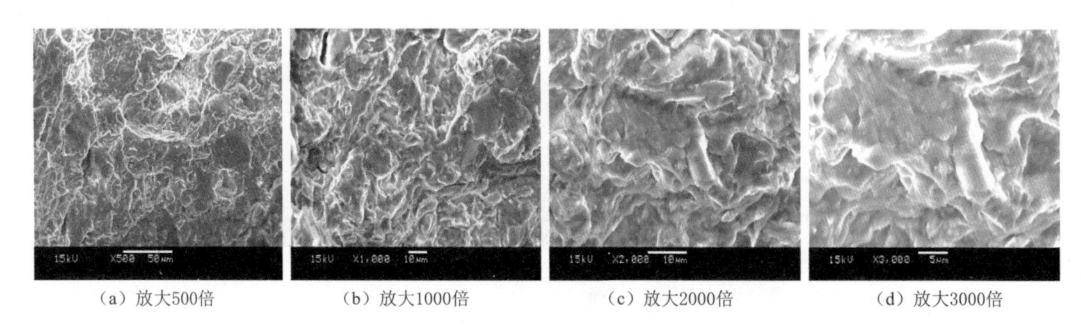

（a）放大500倍　（b）放大1000倍　（c）放大2000倍　（d）放大3000倍

图 2.2－21　养护 7d 后中膨胀土水泥改性的扫描电镜图像

中膨胀土水泥改性养护 28d 之后，扫描电镜图像（见图 2.2－22）中显示黏土矿物发生了彻底的改变，形成了很小的颗粒状物质，胶凝状物质也全部消失了。土的微观结构发生了彻底的改变，但是这个结构和强膨胀土改性后有所不同，后者的颗粒聚合体比前者的颗粒聚合体尺寸要大。也仍然可以观察到没有明显变化的中膨胀土的初始形貌，这是由于水泥的分布不均匀，水化反应不均匀造成的。

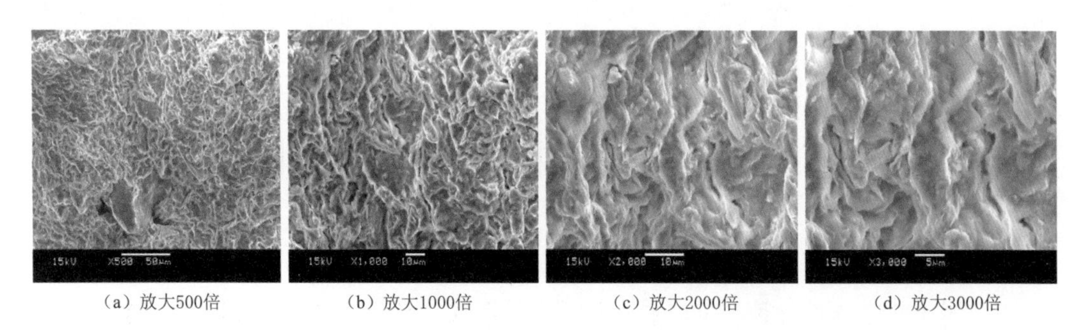

（a）放大500倍　（b）放大1000倍　（c）放大2000倍　（d）放大3000倍

图 2.2－22　养护 28d 后中膨胀土水泥改性的扫描电镜图像

中膨胀土水泥改性养护90d之后，扫描电镜图像（见图2.2-23）中显示黏土矿物发生了明显的改变，颗粒呈明显的碎块状，并观察到有针状纤维物质生成。

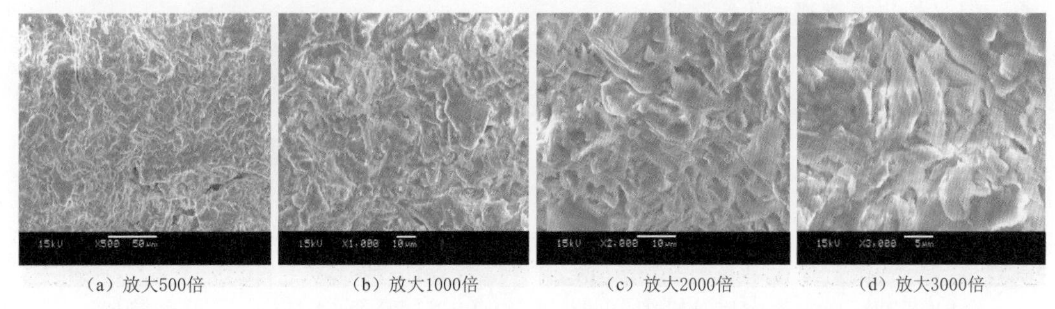

（a）放大500倍　（b）放大1000倍　（c）放大2000倍　（d）放大3000倍

图2.2-23　养护90d后中膨胀土水泥改性的扫描电镜图像

中膨胀土水泥改性养护180d后（见图2.2-24），中膨胀土水泥改性试样图像虽然有些模糊，但是仍然可以观察到网络状的结构形貌，这是水化凝胶产物固化形成的，网络或链状的结构把碎散的土体颗粒联结在一起，形成整体的强度。

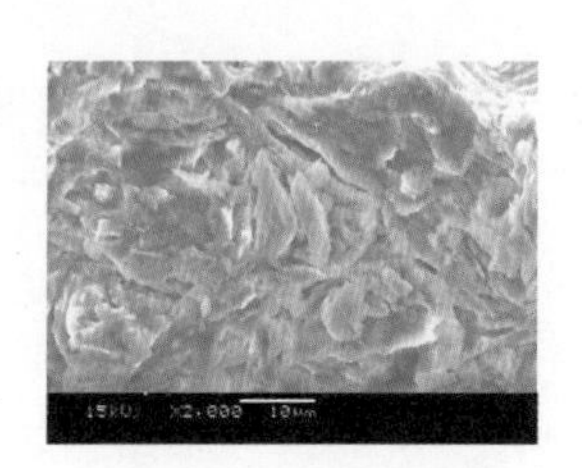

图2.2-24　养护180d后中膨胀土水泥改性的扫描电镜图像（放大2000倍）

中膨胀土水泥改性养护1.0年后的扫描电镜图像如图2.2-25所示。

中膨胀土水泥改性养护1.5年后（见图2.2-26），有大小不一不规则形状的水化硅酸钙或水化硫铝酸钙产物生成，这是水化硅酸钙的成熟形态。此外，也形成了许多有几十微米大小的较大颗粒团聚体。

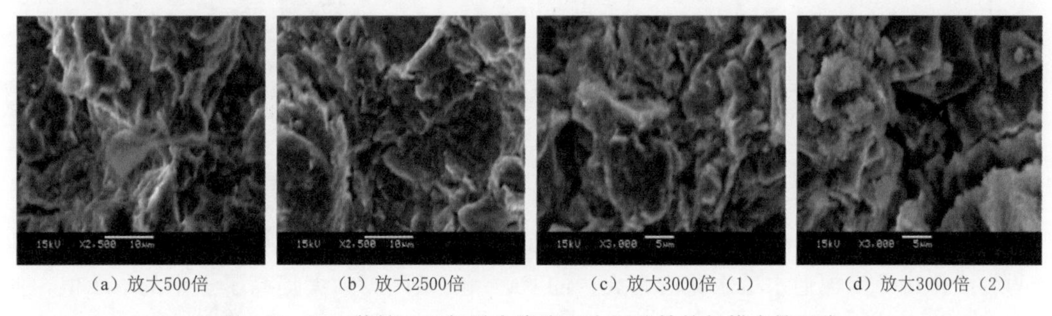

（a）放大500倍　（b）放大2500倍　（c）放大3000倍（1）　（d）放大3000倍（2）

图2.2-25　养护1.0年后中膨胀土水泥改性的扫描电镜图像

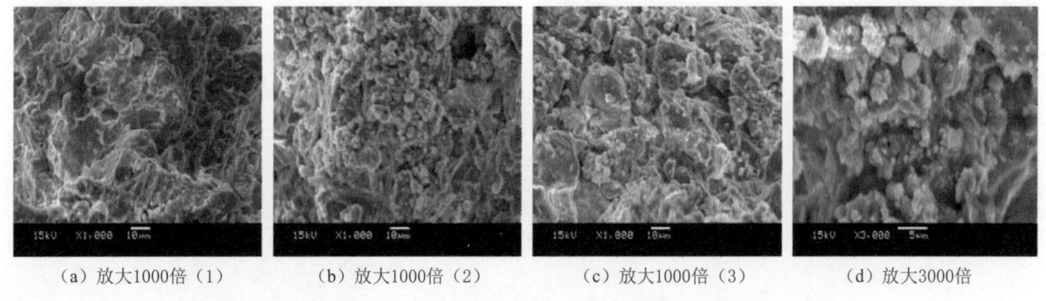

（a）放大1000倍（1）　（b）放大1000倍（2）　（c）放大1000倍（3）　（d）放大3000倍

图2.2-26　养护1.5年后中膨胀土水泥改性的扫描电镜图像

中膨胀土水泥改性养护 2.0 年后（见图 2.2-27），多数地方已经难以分清原来的形貌，水泥土形成一个整体，光滑密实。虽然由于反应不均匀，局部仍然可能观察到原来的形貌，但是外边可能被水化产物所包裹。

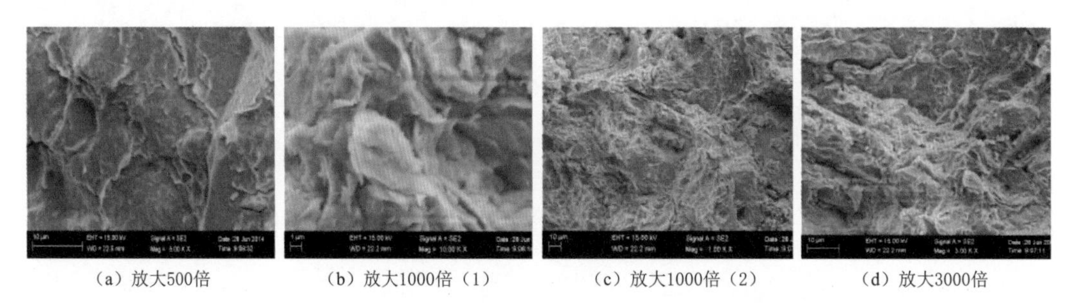

(a) 放大500倍　(b) 放大1000倍 (1)　(c) 放大1000倍 (2)　(d) 放大3000倍

图 2.2-27　养护 2.0 年后中膨胀土水泥改性的扫描电镜图像

2.2.1.3　弱膨胀土水泥改性的微观结构

对弱膨胀土水泥改性也进行了一系列的扫描电镜分析。试验准备方法和龄期也与水泥改性强、中膨胀土一样。

图 2.2-28 给出了弱膨胀土在最优含水率击实后的扫描电镜图像，可以看出弱膨胀土中有少量的薄片状结构，并且颗粒团聚体的尺寸比较小，分布分散，没有什么规律，团块状的结构比较明显，团块可能是粉土颗粒。

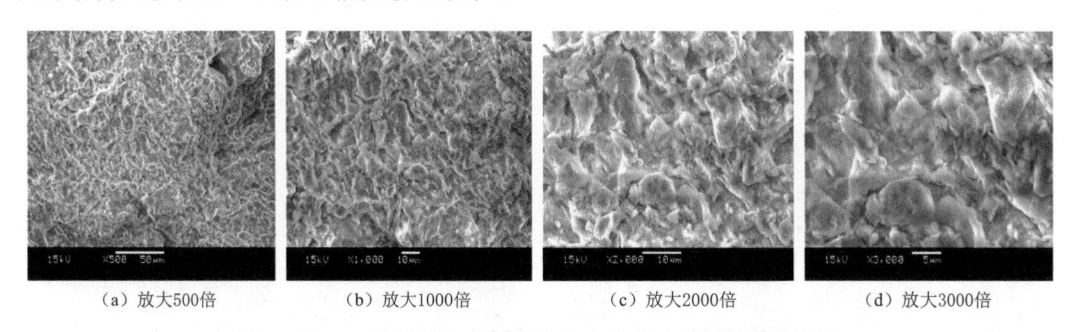

(a) 放大500倍　(b) 放大1000倍　(c) 放大2000倍　(d) 放大3000倍

图 2.2-28　弱膨胀土在最优含水率击实后的扫描电镜图像

图 2.2-29 给出了弱膨胀土掺拌水泥击实后的扫描电镜图像，可以看出已经发生了明显的腐蚀作用，水泥遇水后水化产生大量的 Ca^{2+} 和 OH^-，大大提高了土中的 pH 值，使得黏土矿物中的硅酸盐溶解，黏土矿物表面首先被腐蚀，分解成小块。

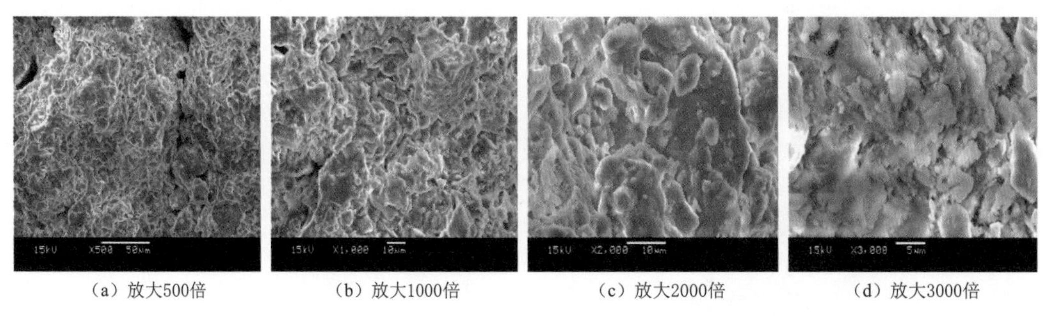

(a) 放大500倍　(b) 放大1000倍　(c) 放大2000倍　(d) 放大3000倍

图 2.2-29　弱膨胀土掺拌水泥击实后的扫描电镜图像

图 2.2-30 给出了养护 1h 后弱膨胀土水泥改性的扫描电镜图像，可以看出腐蚀作用进一步加剧，颗粒分解成更多的小块，土中有一些条带状的物质出现，初步形成胶凝性物质，但是颗粒分布仍然比较分散，没有形成较大的聚集体。

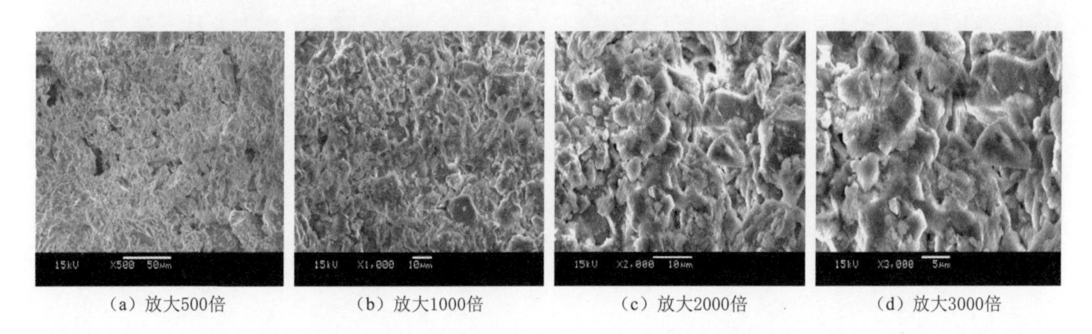

(a) 放大500倍　(b) 放大1000倍　(c) 放大2000倍　(d) 放大3000倍

图 2.2-30　养护 1h 后弱膨胀土水泥改性的扫描电镜图像

图 2.2-31 给出了养护 4h 后弱膨胀土水泥改性的扫描电镜图像，可以看出在黏土矿物表面已经形成了一层完整的凝胶状物质，小的颗粒块体在表面已经看不到，被胶凝性物质所包覆，这种胶凝性物质与前面强膨胀土中生成的产物相同，即硅酸钙凝胶。

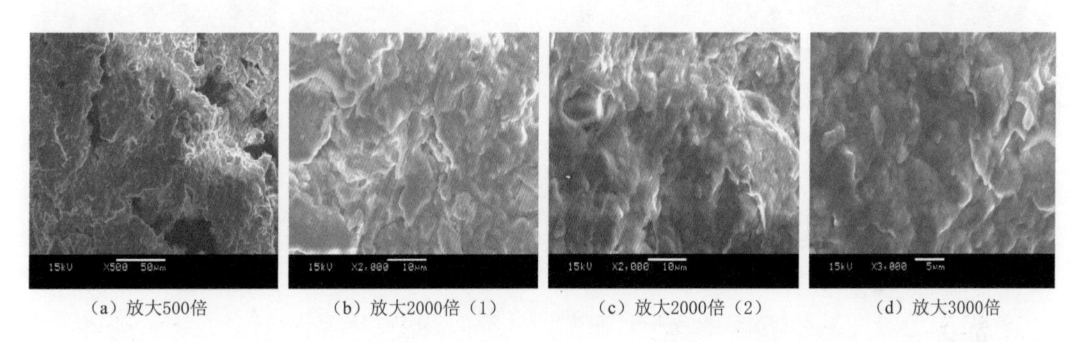

(a) 放大500倍　(b) 放大2000倍（1）　(c) 放大2000倍（2）　(d) 放大3000倍

图 2.2-31　养护 4h 后弱膨胀土水泥改性的扫描电镜图像

图 2.2-32 给出了养护 24h 后弱膨胀土水泥改性的扫描电镜图像，可以看出在黏土矿物表面的胶凝性物质已经开始固化，形成了一些条链状的胶体。这些链状的胶体物质把之前碎散的块体颗粒联结在一起。

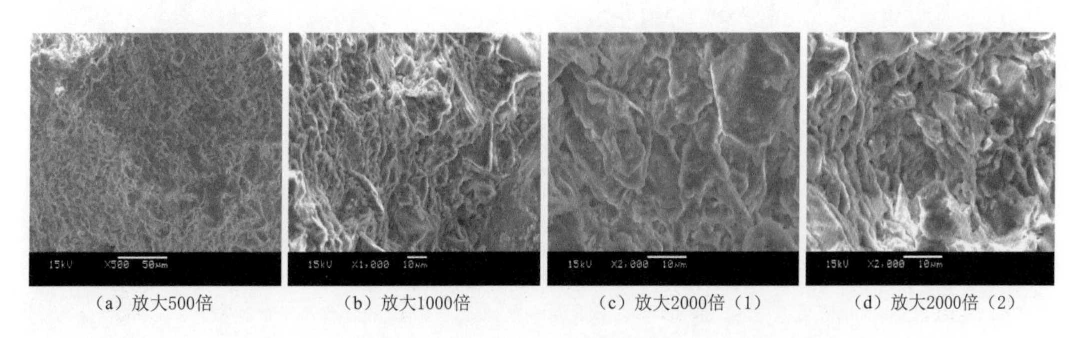

(a) 放大500倍　(b) 放大1000倍　(c) 放大2000倍（1）　(d) 放大2000倍（2）

图 2.2-32　养护 24h 后弱膨胀土水泥改性的扫描电镜图像

图 2.2-33 给出了养护 7d 后弱膨胀土水泥改性的扫描电镜图像，可以看出在黏土矿物表面的胶凝性物质形成了比较散碎的固体小颗粒，没有观察到凝胶链状物质，这可能是由水泥分布不均匀所造成的，局部土体中水泥很少，反应不充分，未形成凝胶产物。

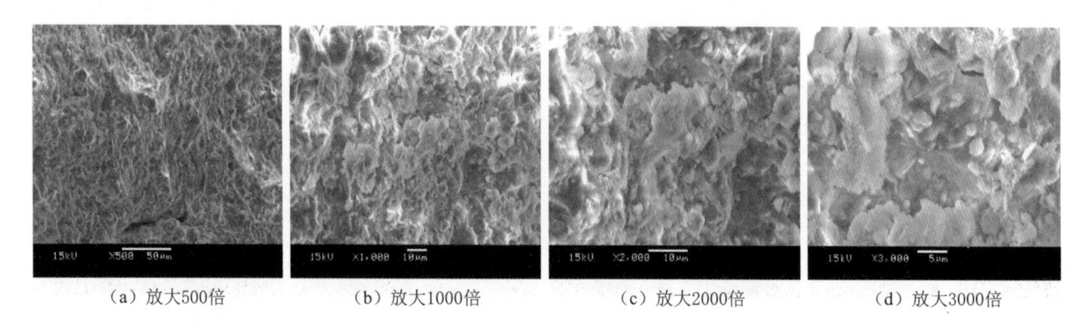

（a）放大500倍　（b）放大1000倍　（c）放大2000倍　（d）放大3000倍

图 2.2-33　养护 7d 后弱膨胀土水泥改性的扫描电镜图像

图 2.2-34 给出了养护 28d 后弱膨胀土水泥改性的扫描电镜图像，可以看出分散的小的颗粒团聚体几乎已经看不到了，黏土结构是条链状的胶凝性物质。团聚体的尺寸较大，分散的小颗粒很少。

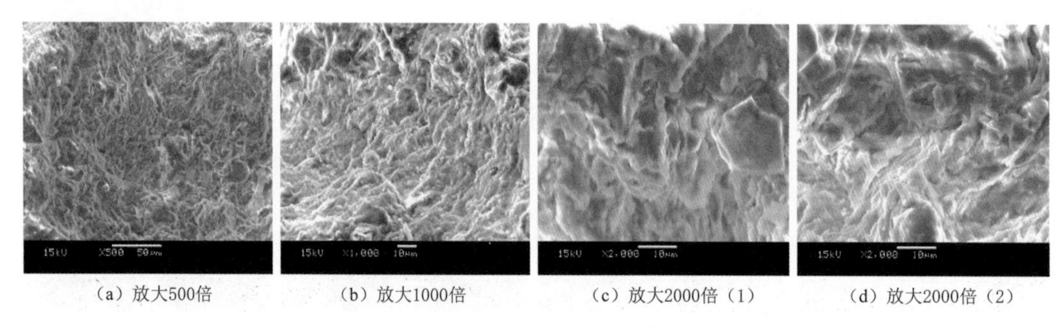

（a）放大500倍　（b）放大1000倍　（c）放大2000倍（1）　（d）放大2000倍（2）

图 2.2-34　养护 28d 后弱膨胀土水泥改性的扫描电镜图像

图 2.2-35 给出了养护 90d 后弱膨胀土水泥改性的扫描电镜图像，显示出比较强烈的腐蚀微观结构形貌，并呈现胶凝状物质固化收缩的形态。有水泥水化产物的生成，晶体形状为不定型的晶体。

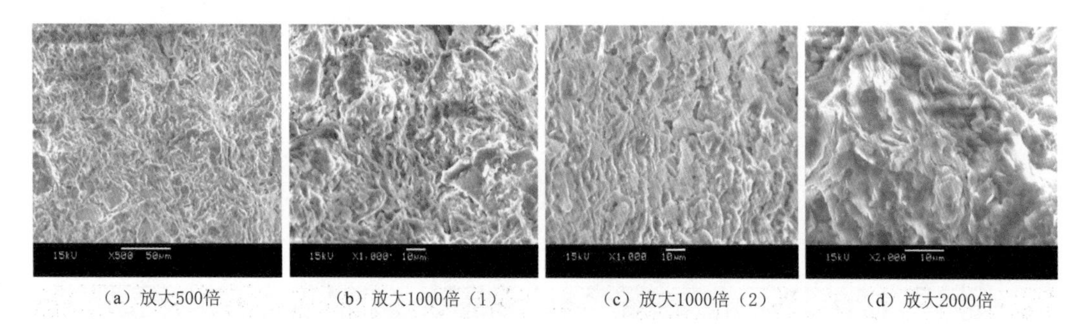

（a）放大500倍　（b）放大1000倍（1）　（c）放大1000倍（2）　（d）放大2000倍

图 2.2-35　养护 90d 后弱膨胀土水泥改性的扫描电镜图像

图 2.2-36 给出了养护 180d 后弱膨胀土水泥改性的扫描电镜图像，土体表面形成

了半固态状的胶凝物质，与强膨胀土较早龄期的形貌比较相似，颗粒团聚成较大的块体。

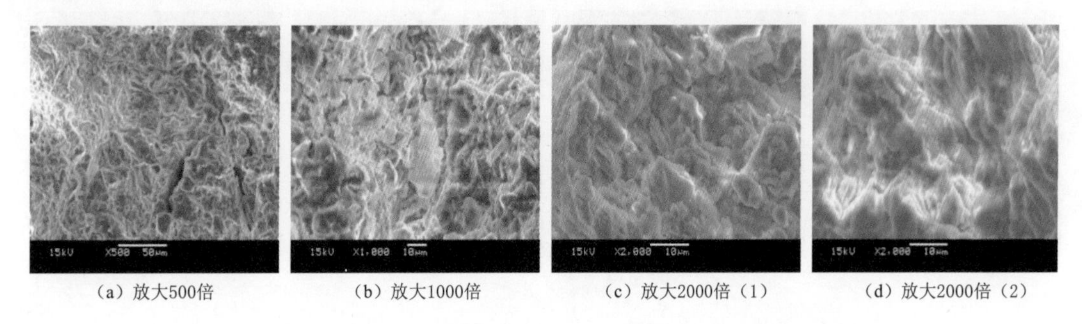

（a）放大500倍　（b）放大1000倍　（c）放大2000倍（1）　（d）放大2000倍（2）

图 2.2－36　养护 180d 后弱膨胀土水泥改性的扫描电镜图像

图 2.2－37 给出了养护 1.0 年后弱膨胀土水泥改性的扫描电镜图像，可以观察到水泥水化产物已经固化，表面粗糙不平，并能观察到孔隙形成，颗粒团聚体也大小不一，形状不规则。

（a）放大1000倍　（b）放大2500倍（1）　（c）放大2500倍（2）　（d）放大3000倍

图 2.2－37　养护 1.0 年后弱膨胀土水泥改性的扫描电镜图像

图 2.2－38 给出了养护 1.5 年后弱膨胀土水泥改性的扫描电镜图像，表明有更多的小的颗粒团聚体生成，这是水泥水化产物硬化后形成的固体颗粒。改性后的膨胀土表现出不同尺度的团聚体。

（a）放大1000倍（1）　（b）放大1000倍（2）　（c）放大3000倍（1）　（d）放大3000倍（2）

图 2.2－38　养护 1.5 年后弱膨胀土水泥改性的扫描电镜图像

图 2.2－39 给出了养护 2.0 年后弱膨胀土水泥改性的扫描电镜图像，存在较大的团聚体，团聚体之间存在微孔隙，也有尚未和水泥发生反应的膨胀土存在，说明反应是不均匀

的。从较大尺度（放大1000倍）来看，呈现出比较密实平整的结构形貌，没有固定可识别的晶体结构，但是存在微裂缝。

（a）放大1000倍（1）　（b）放大1000倍（2）　（c）放大3000倍（1）　（d）放大3000倍（2）

图 2.2-39　养护 2.0 年后弱膨胀土水泥改性的扫描电镜图像

2.2.1.4　分析结论

综合以上分析，通过对水泥改性强、中、弱三种膨胀土的试验研究，可以得出如下结论：

（1）水泥掺入水后，释放出大量的 Ca^{2+} 和 OH^{-}，提升了土中孔隙水的 pH 值，黏土颗粒在较高的 pH 值环境下先发生分解、溶蚀，这个过程发生得非常快，在几个小时之内便会完成大部分反应。

（2）黏土颗粒发生凝聚和结团，然后水泥水化会产生硅酸钙水化物（CSH）和铝酸钙水化物（CASH）凝胶，凝胶产物会包裹在黏土颗粒外表面，产生膜状凝胶的时间在4～24h这个时间段之间，凝胶随着时间增加逐渐固化，这种现象在三种膨胀土中均可以观察到。

（3）随着养护龄期的增加，硬凝产物增加，硬凝产物一部分来自水泥自身的水化产物，另一部分来源于黏土矿物溶解后和水泥释放出的 Ca^{2+} 的合成作用。随着养护龄期的增加，会出现各种水泥水化产物的成熟形式，体积增加，填充了土中的孔隙，土体变得密实。对于强膨胀土，水泥水化产物多样，并且能有发育较好的晶体水化产物。但是对于中膨胀土和弱膨胀土，则产生的多为无定型态的水化产物。最终的产物是一种无定型态的水泥土物质，这些产物都牢固结合在一起，很难分清单个的相，由此形成了水泥改性膨胀土的最终强度。

2.2.2　矿物成分的 X 射线衍射分析

2.2.2.1　强膨胀土水泥改性的 X 射线衍射分析

下面将分别对强膨胀土及强膨胀土掺拌 12%水泥后的改性土进行不同龄期的 X 射线衍射分析。X 射线衍射图谱分析采用干燥粉末的试样进行试验，粉末粒径小于 0.075mm。强膨胀土的 X 射线衍射图谱如图 2.2-40 所示。

强膨胀土的 X 射线衍射分析表明，原样中的黏土矿物主要有蒙脱石、伊利石、高岭石和长石等，次要的黏土矿物为辉石和钙铁榴石。经掺拌水泥处理以后，在不同的养护龄期取样进行 X 射线衍射试验。分析发现，在刚掺拌水泥后，即有新的 CSH 峰值出现，峰值出现的 2θ 角分别为 29.36°、32.18°、32.52°、41.23°、47.6°、6.52°，以及新的 CASH

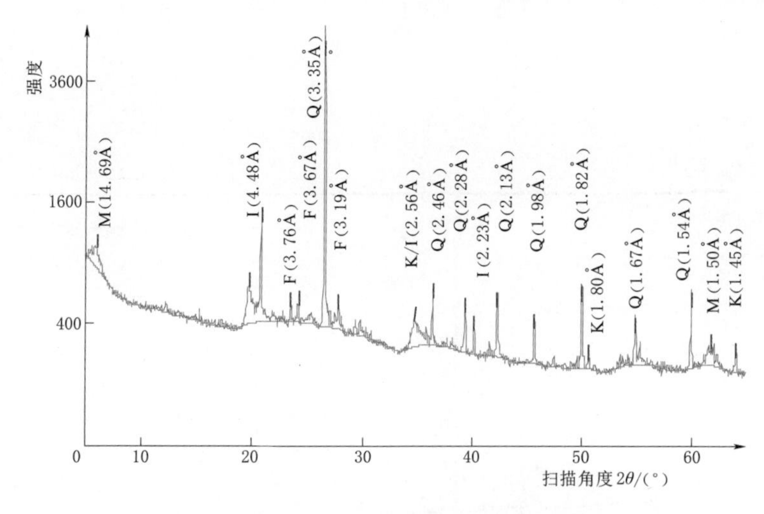

图 2.2-40　强膨胀土原样的X射线衍射图谱

峰值出现，峰值出现的 2θ 角分别为 50.7°、51.72°。随着养护时间的增加，水化反应持续进行，CASH 和 CSH 在黏土中的含量逐渐增加，X 射线衍射强度增强，黏土矿物的衍射强度降低。

养护龄期为 1～24h 时，X 射线衍射图谱没有明显变化，说明这个时期新物质的生成很少，衍射峰值没有新的增加，衍射强度也没有明显的变化。养护龄期 7d 时，原土中矿物成分的 X 射线衍射强度已经显著降低，CSH 衍射强度增加，说明了有更多水化硅酸钙产物生成。养护龄期 28d 时，衍射强度比 7d 时要高，说明反应进行得不一致，不同步，由于水泥分散可能不均匀，仍然可观察到较多的黏土矿物，当然也有生成的水化产物。

养护龄期至 90d 时，可以看到原膨胀土中的矿物（如蒙脱石和伊利石）衍射强度进一步降低，说明随着时间增加，原黏土矿物成分被进一步破坏分解，生成水化硅酸钙等反应产物。养护龄期至 180d 时，可以看到原膨胀土中的矿物（如蒙脱石和伊利石）衍射强度进一步降低，而且石英的衍射强度也显著降低，石英矿物可能也参与了生成水化硅酸钙等的水化反应。养护 1.0 年和 1.5 年后的 X 射线衍射图谱非常相似，蒙脱土的衍射强度从 1200 降低到了 300 以下，说明这时黏土矿物已经很少了。其他黏土矿物如伊利石和云母、长石等强度也大为降低，凸显了水泥的作用。养护 2.0 年时的 X 射线衍射图上各种矿物的强度都进一步降低，说明水化反应仍在持续进行，然而水化产物这时与其他产物一起形成水泥土的固体，晶体结构变弱，衍射强度反而也降低。这与扫描电镜的分析结果是一致的。

图 2.2-41 是不同龄期强膨胀土掺拌 12%水泥的 X 射线衍射图谱的总结。可以看到水化产物随时间强度增加，CSH 量较多，CASH 量较少，黏土矿物的强度也随着龄期减小，说明黏土矿物的量也随龄期减少。最后形成的水泥土的固体，属于非晶体形态，衍射强度很低。

2.2.2.2　中膨胀土水泥改性的X射线衍射分析

南阳中膨胀土的 X 射线衍射图谱如图 2.2-42 所示。分析可知，原样中主要的黏土矿物成分为蒙脱石和伊利石混层矿物、伊利石和高岭石、石英、长石等，另外还有一些绿泥石等次要矿物，以及微量的云母等。

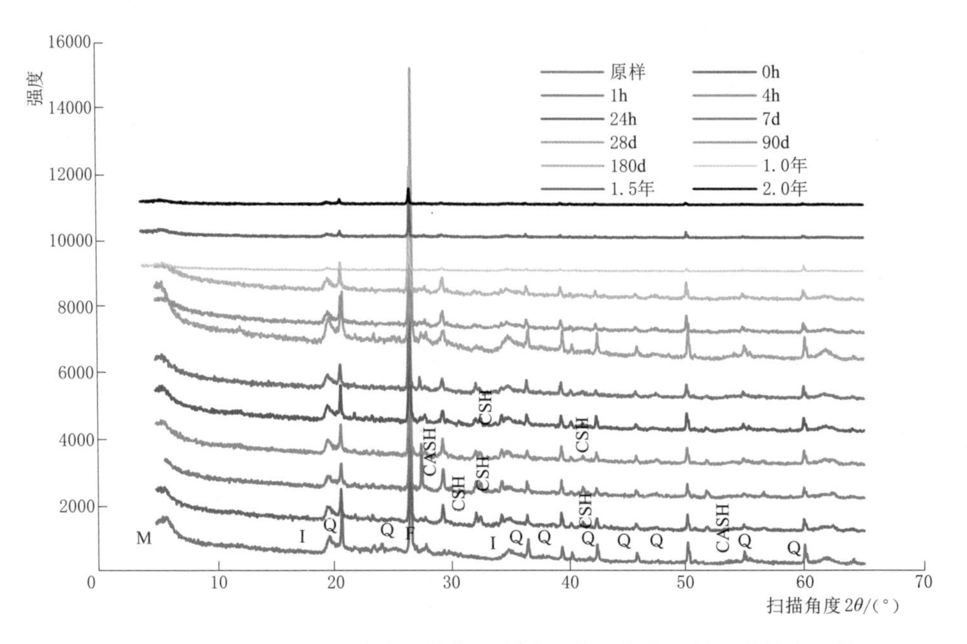

图 2.2-41　不同龄期强膨胀土掺拌 12%水泥的 X 射线衍射图谱综合比较

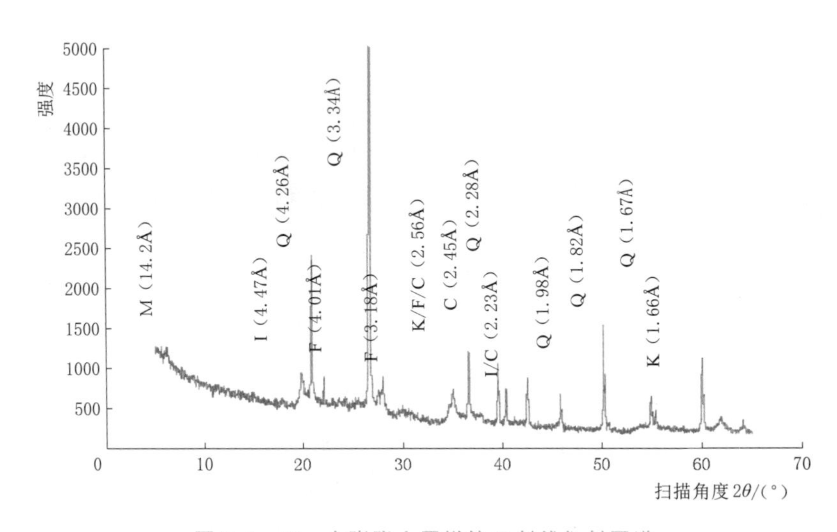

图 2.2-42　中膨胀土原样的 X 射线衍射图谱

中膨胀土掺拌 6%水泥击实后可以发现，峰值最明显的蒙脱土逐渐消失，说明蒙脱土和水泥发生了快速的反应，有水化硅酸钙和水化铝酸钙凝胶等新产物生成。

掺拌水泥击实后养护 1h 的 X 射线衍射图谱与刚掺拌时非常类似。

养护 24h，进一步观察到石英、伊利石和高岭石的 X 射线衍射强度降低，CSH 的衍射强度增加。随反应的进行，黏土矿物越来越多被溶解或者被包覆，CSH 生成量增加。

掺拌 6%水泥的中膨胀土击实后养护 7d 的 X 射线衍射图谱，与 24h 的衍射图谱类似，没有显著变化。养护 28d 的 X 射线衍射图谱与养护 7d 的 X 射线衍射图谱类似，不过衍射强度比较高，这可能是所取试样含有的黏土矿物结晶度比较好的原因。养护 90d 时，黏土矿物的衍射强度显著降低。

掺拌6%水泥养护180d的X射线衍射图谱与养护90d的类似。说明这个时期内的反应比较缓慢，没有更多新生物质产生。养护龄期1.0年时，X射线衍射强度大幅降低，由于经过1.0年的养护期，原黏土矿物结构大部分被破坏掉，生成水化产物，水化产物的结晶度不高或者呈无定形状态。养护1.5年时能观察到较多的水化硅酸钙峰值，说明这个时期水化硅酸钙有晶体形式存在于土体中。养护2.0年时，水化硅酸钙的峰值部分消失，衍射强度降低，表明这时晶体形式存在的水化硅酸钙很少，这和扫描电镜的结果一致。这个时期，整体形成了水泥土，难以分清单个物质的形貌。

图2.2-43总结了掺拌6%水泥的中膨胀土击实养护到7d时不同龄期的X射线衍射图谱，可以清晰地观察到掺拌水泥后，伴随水化反应的进行，水化产物CSH的快速生成，蒙脱土的分解、溶蚀，随着龄期的进一步增加，黏土矿物衍射强度逐步降低，养护1.5年时水泥土初步生成，衍射强度变得很低。

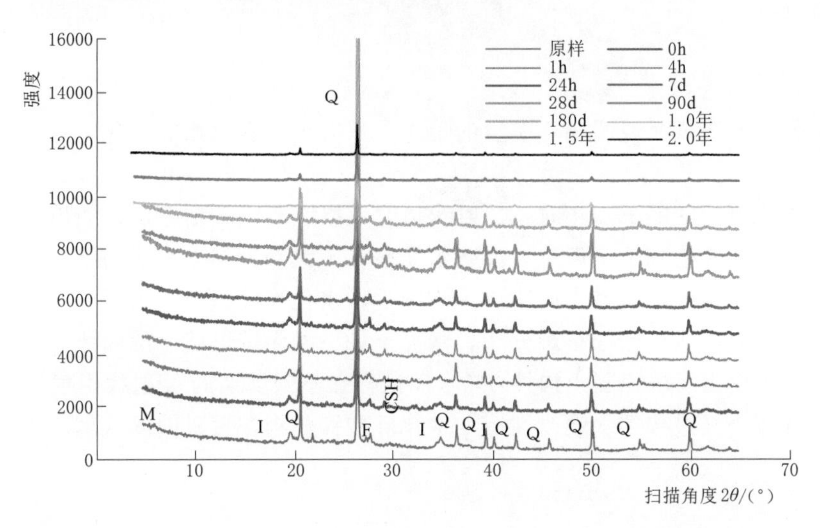

图2.2-43　不同龄期中膨胀土掺拌6%水泥的X射线衍射图谱综合比较

2.2.2.3　弱膨胀土水泥改性的X射线衍射分析

南阳弱膨胀土的X射线衍射图谱如图2.2-44所示。成果显示，南阳弱膨胀土的主要矿物成分是伊利石、高岭石、石英以及绿泥石等，没有高膨胀性的蒙脱石黏土矿物，因此它的膨胀性也较低。

弱膨胀土掺拌3%水泥后即取样进行X射线衍射分析，可以观察到有新的峰值（3.03Å，2.18Å）生成，表明形成新产物CSH，其他的峰值与弱膨胀土原样类似，这与中膨胀土掺拌水泥后的反应是类似的。1h后，有更多的新产物水化硅酸钙产物生成，出现更多CSH峰值（3.03Å，2.90Å）。养护4h后，峰值CSH（3.03Å）仍然明显，其他峰值则不明显。养护24h后，X射线衍射图谱与4h的相似。7d的X射线衍射图谱仍然没有多少变化。28d时的X射线衍射图谱的黏土矿物衍射强度较高，可能与所取试样的晶体形态较好有关系，水化硅酸钙晶体的峰值也比较明显（CSH 3.04Å），说明28d时水泥水化反应进行得已经比较充分。90d和180d养护龄期的X射线衍射图谱比较相似，黏土矿物的衍射强度

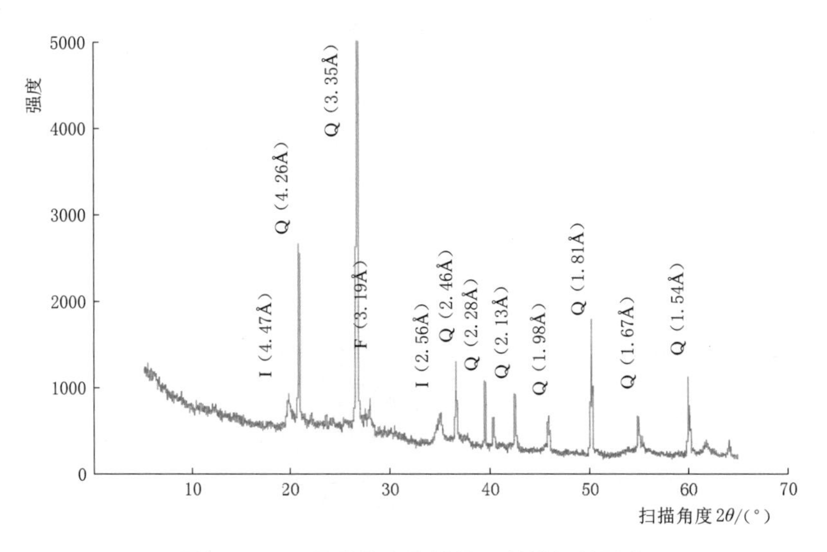

图 2.2-44　弱膨胀土原样的 X 射线衍射图谱

比 28d 的时候有所降低。说明黏土矿物的量进一步减少，水化物固态化，这一时期的新物质生成比较缓慢。

掺拌水泥后养护龄期 1.0 年时，X 射线衍射大幅度减小，黏土矿物的衍射强度大幅度降低，黏土矿物的峰值几乎不可见，说明水泥破坏了大部分黏土矿物的结构，石英矿物也在强碱性环境下发生破坏，黏土矿物进一步减少，水化物固态化。表明此时已经生成了水泥土，单个矿物晶体成分已经很难分清，水泥土是一种无定形状态的固体。

图 2.2-45 给出了弱膨胀土掺拌 3%水泥试样在不同龄期的 X 射线衍射图谱。综合分析来看，弱膨胀土经过掺拌水泥改性后，水化硅酸钙产物在短时间内立刻产生，矿物晶体

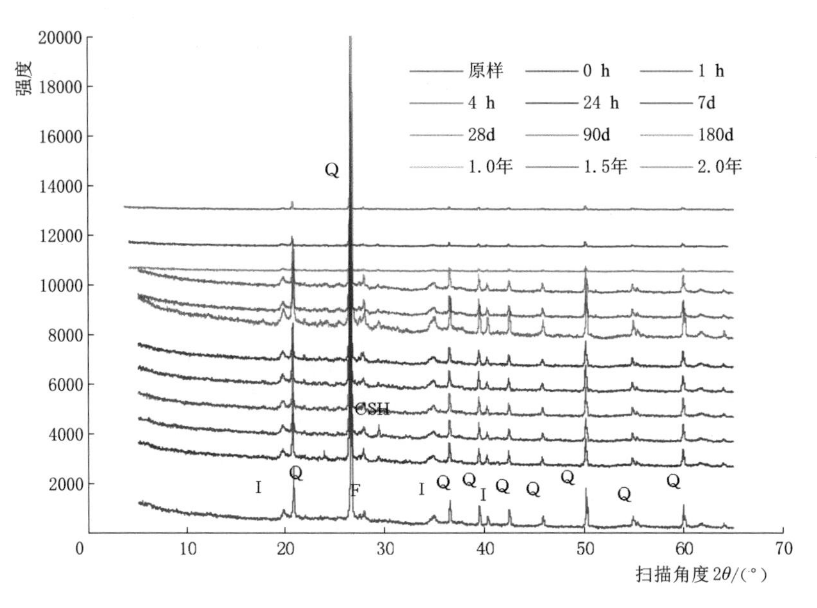

图 2.2-45　不同龄期弱膨胀土掺拌 3%水泥的 X 射线衍射图谱综合比较

结构被破坏，由于不存在蒙脱石矿物，没有观察到水化铝酸钙的生成。随着龄期的增长，土体的衍射强度逐渐降低，28d 时衍射强度有了一个加强，一方面由于水化反应充分进行，水化硅酸钙产物增多，另外一方面可能由于所取制备试样的黏土晶体程度较好，在养护龄期为 1.0 年时已经表现为水泥土，几乎没有黏土矿物峰值观察到，整体的衍射强度也降到很低，表现出非晶体的形态（无定型态的形式），与扫描电镜试验成果一致。1.0 年、1.5 年与 2.0 年的结果类似。

2.2.3　化学分析

2.2.3.1　强膨胀土水泥改性的化学分析

1. 孔隙水中的离子浓度化学分析

黏性土颗粒由于存在大量同晶置换作用，即阳离子取代黏土矿物结构中的 Si 和 Al，使黏土颗粒表面具有负电性，这是离子交换的主要来源。根据双电子层理论和 Gouy-Chapman 模型，扩散层的厚度与孔隙溶液浓度的平方根成反比例变化。对于具有恒定表面电荷的情况，电解液浓度的增加减少了黏土颗粒表面势能和表面势能的衰减。这也是黏土膨胀能力降低的一个原因。孔隙溶液中能够抑制双电子层或者减少颗粒表面离子吸附水能力的任何变化都能减少膨胀和膨胀压力。

为了研究强膨胀土掺拌水泥改性前后孔隙水中阳离子浓度的变化，进行了一系列的化学分析，采用原子吸附光谱分析方法（AA）对土中提取的孔隙水，进行了不同阳离子浓度的测定分析。图 2.2-46 给出了不同龄期的土中孔隙水的主要阳离子（Na^+、K^+、Ca^{2+}、Mg^{2+}）浓度的变化。

强膨胀土孔隙水中有较高的 Ca^{2+}、Mg^{2+}、Na^+、K^+ 浓度，在水泥改性处理以后，孔隙水的 Ca^{2+}、Na^+、K^+ 的浓度有了明显的增加，Mg^{2+} 浓度降低。随着养护时间的增加，在 24h 内，这些阳离子的浓度都有下降，24h 以后到 7d 这段养护周期内，Na^+、K^+ 的浓度基本上保持不变，而 Ca^{2+} 的浓度则会略微增加。这是因为一旦水泥水化，将会产生大量的 $Ca(OH)_2$，Ca^{2+} 的浓度在孔隙水中会急剧增加，孔隙水中大量的 Ca^{2+} 将会取代黏土中的 Na^+ 和 K^+，由于 Ca^{2+} 具有极高的置换能力和较高的浓度，释放大量的 Ca^{2+} 在高 pH 环境中与黏土反应生成 CSH，其在孔隙水中的浓度会减小。这一反应

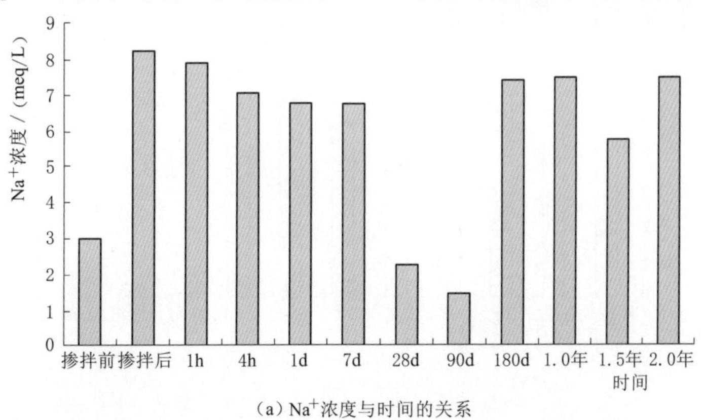

(a) Na^+浓度与时间的关系

图 2.2-46（一）　强膨胀土水泥改性前后孔隙水中的主要可交换阳离子浓度变化

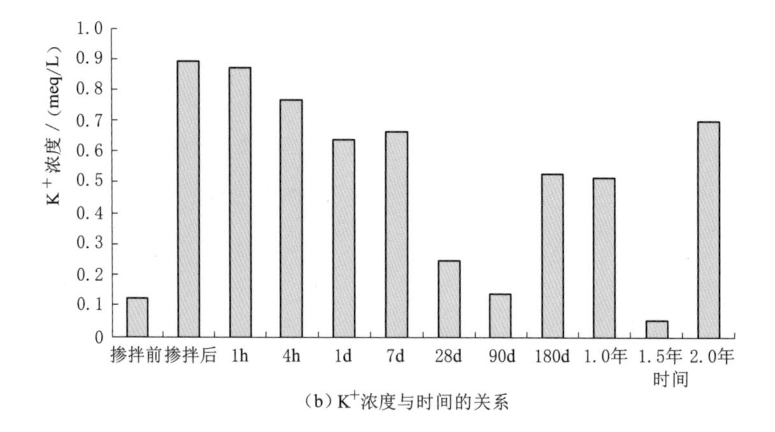

(b) K^+浓度与时间的关系

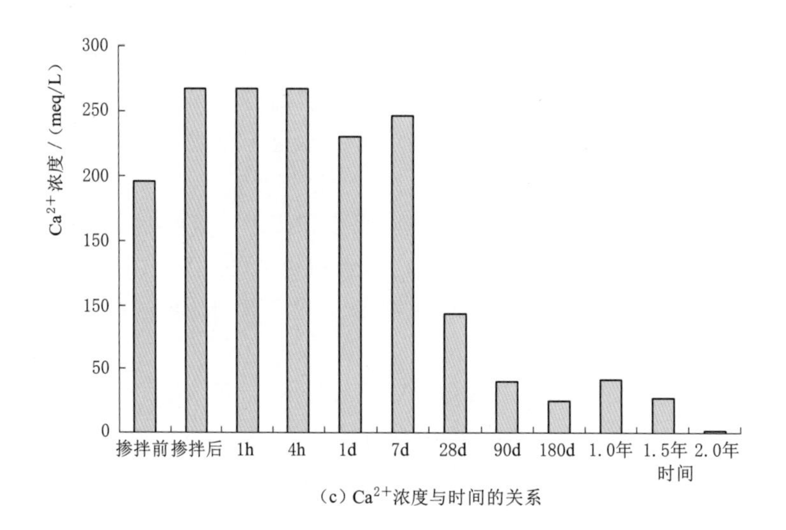

(c) Ca^{2+}浓度与时间的关系

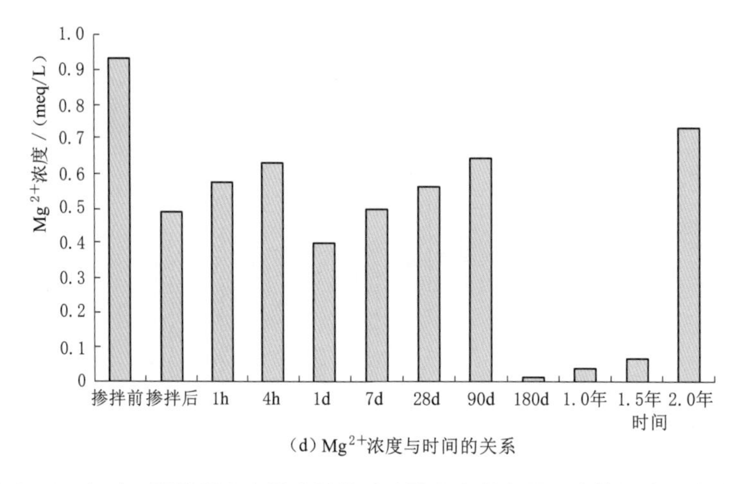

(d) Mg^{2+}浓度与时间的关系

图 2.2-46（二） 强膨胀土水泥改性前后孔隙水中的主要可交换阳离子浓度变化

在开始的24h内快速发生，然后由于凝胶产物的屏蔽作用，反应速率会变缓。

在养护龄期28d和90d的阶段，Ca^{2+}通过扩散被内部的黏土矿物吸收，因为黏土被凝胶产物包裹住了。Na^{+}和K^{+}在孔隙水中浓度的下降可能是由于这两种阳离子取代了黏土交换结构中的Mg^{2+}。而28d和90d的Ca^{2+}大幅减少，则是因为孔隙水中的Ca^{2+}被水化反应生成凝胶体所消耗掉的结果。

Na^{+}在180d养护时间后浓度会再增加，这可能是由于这个阶段部分Na^{+}又进入孔隙溶液中。K^{+}的浓度也呈现出类似的变化，1.5年时的数据明显减小，可能是由于测量中的不当操作引起的。

孔隙水中的Ca^{2+}在养护龄期7d以后，浓度持续下降，由于水化反应生成水合产物的缘故，2.0年的时候，孔隙水中的Ca^{2+}已经很少了。

水泥水化后Mg（OH）$_2$的形成减少（降低）了孔隙水中的Mg^{2+}浓度，因此首先在图2.2-46(d)中看到Mg^{2+}浓度的下降，随着养护时间的增加，黏土矿物结构中的Mg^{2+}被释放出来，就会观察到Mg^{2+}的浓度略微有所增加。生成的水化凝胶产物包裹住了黏土矿物阻止黏土矿物溶解的进一步发生，从黏土矿物中释放Mg^{2+}的速率降低了，由于Mg（OH）$_2$的形成消耗了Mg^{2+}，孔隙水中Mg^{2+}的浓度也就再次相应地减少了。24h后，Mg（OH）$_2$的合成几乎停止了，但是黏土矿物中仍继续释放出Mg^{2+}，所以又可以观察到Mg^{2+}浓度的增加。因此，在图2.2-46(d)中看到Mg^{2+}的浓度首先是增加，然后是减少，之后是再次增加。在28d和90d的养护试样中，也测得有Mg^{2+}浓度的增加，关于增加的原因可能是Ca^{2+}的强烈置换作用，黏土结构中的Mg^{2+}被置换到孔隙溶液中。90d后Mg^{2+}的浓度基本上维持不变，这是因为Mg^{2+}消耗比较少，反应比较少的缘故。

孔隙水中主要阳离子的化学分析表明Na^{+}、K^{+}几乎遵循着相同的变化趋势，而Ca^{2+}和Mg^{2+}则呈现出不同的变化趋势。

2. 黏土结构中主要阳离子浓度的化学分析

黏土结构的阳离子浓度在环境改变的条件下会发生交换反应，在一定的温度、压力和pH值环境条件下，黏土吸收一定量某种类型的阳离子来平衡黏土固体颗粒之中的不足电荷。为了研究在水泥改性强膨胀土时，阳离子交换活动的发生，对不同的龄期的水泥改性强膨胀土进行了一系列的化学试验，分析了黏土结构中主要阳离子浓度的变化。图2.2-47总结了水泥改性强膨胀土不同龄期主要阳离子（Na^{+}、K^{+}、Ca^{2+}和Mg^{2+}）浓度在黏土交换结构中的变化。

由图2.2-47可见，掺拌水泥击实后改性土结构中可交换Na^{+}的浓度增大，在1h～7d的这段养护时间，Na^{+}浓度继续增加。对比击实后孔隙水溶液Na^{+}浓度曲线可见，溶液Na^{+}浓度增加，取代了黏土矿物结构中的可交换Mg^{2+}，导致黏土矿物结构中Na^{+}也呈增加趋势。在养护龄期28～90d时，可观察到Na^{+}浓度增大速率变缓，表明黏土矿物结构中Na^{+}被置换主要发生在反应的初期阶段。90d后，黏土结构中的Na^{+}浓度高于前期值，可以解释为黏土结构被破坏，黏土含量减少，相对的黏土结构中的Na^{+}浓度增加。

可交换K^{+}的浓度在掺拌水泥击实后也呈增大趋势 。在从击实后到1h的养护时间内，可以观察到K^{+}的浓度略有降低，随后有所增加。经过4h的养护时间后，K^{+}的浓度几乎保持不变。因为K^{+}将会取代黏土矿物可交换结构中的Mg^{2+}和Na^{+}。在养护龄期增加到

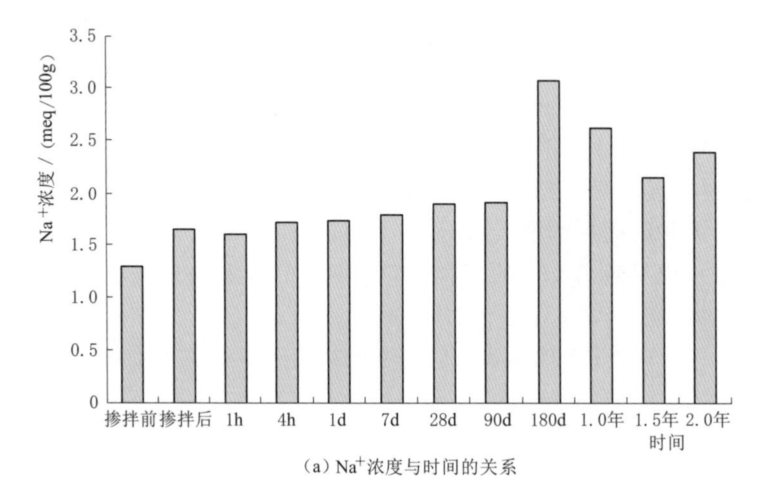

(a) Na^+浓度与时间的关系

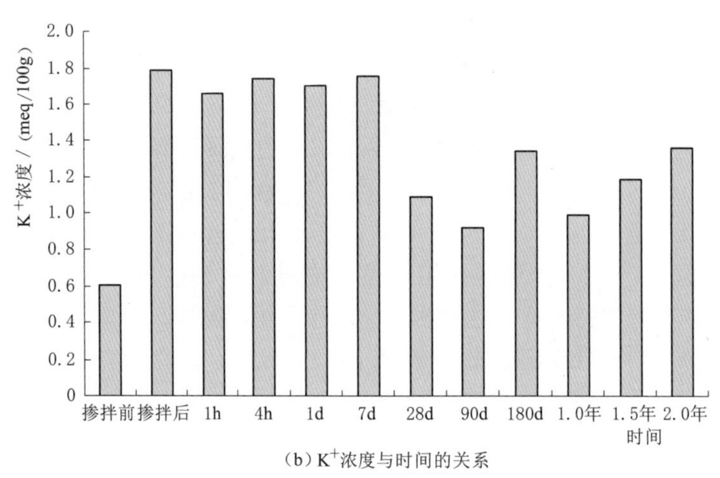

(b) K^+浓度与时间的关系

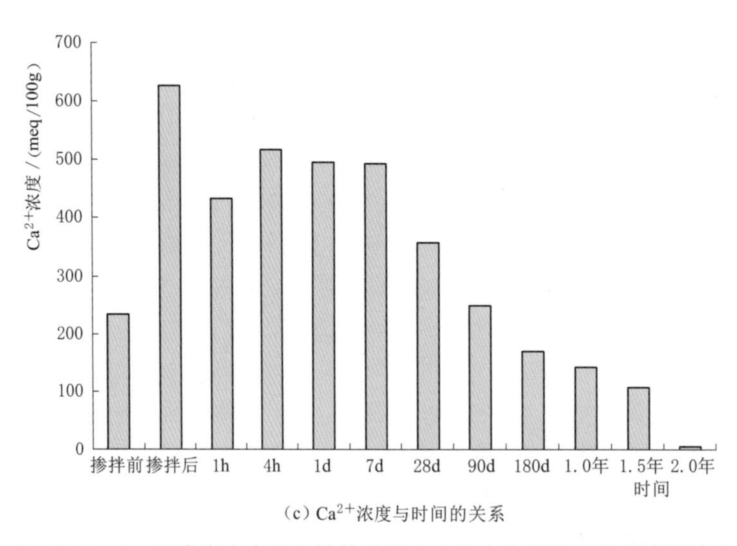

(c) Ca^{2+}浓度与时间的关系

图 2.2-47 (一) 强膨胀土水泥改性前后黏土结构中主要可交换阳离子浓度变化

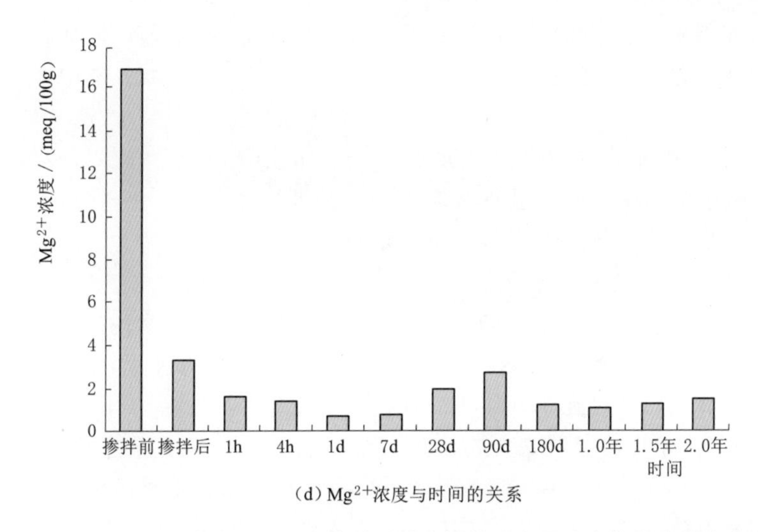

(d) Mg^{2+}浓度与时间的关系

图 2.2-47（二）　强膨胀土水泥改性前后黏土结构中主要可交换阳离子浓度变化

28～90d 时，观察到 K^+ 浓度持续减少，表明黏土结构中 K^+ 被置换到孔隙溶液中，这与前面观察到的孔隙溶液中 K^+ 浓度的增加是一致的。90d 后 K^+ 浓度增加的原理和 Na^+ 的变化规律类似。

可交换 Ca^{2+} 的浓度在掺拌水泥击实后增大了约 2.6 倍。在养护 1h 后，观察到 Ca^{2+} 浓度有所减少。在 1h～7d 的养护时间内，Ca^{2+} 的浓度持续增加，最终达到原离子浓度的 2.1 倍。分析认为，Ca^{2+} 浓度在黏土可交换结构中的增大，是由于大量的水泥水化释放的 Ca^{2+} 取代了黏土颗粒吸附的大量阳离子；Ca^{2+} 浓度的降低是由于 CASH 和 CSH 快速形成消耗大量的 Ca^{2+} 造成；再往后黏土矿物结构中 Ca^{2+} 浓度的增加，可能是由于 Ca^{2+} 继续与黏土矿物结构中的其他阳离子发生交换反应造成。在养护龄期增加到 28～90d 时，可以观察到 Ca^{2+} 浓度持续降低，表明黏土结构被破坏，Ca^{2+} 溶解到孔隙溶液中，因此，黏土结构中相应的 Ca^{2+} 浓度降低。90d 后，由于水化反应的消耗和黏土结构的破坏 Ca^{2+} 浓度持续降低，2.0 年后 Ca^{2+} 浓度已经很低了。

可交换 Mg^{2+} 的浓度在掺拌水泥击实后，矿物结构中可交换 Mg^{2+} 浓度减小到原浓度的 1/5，之后，可以观察到 Mg^{2+} 浓度持续下降。这一变化趋势之所以发生是因为土中孔隙水里的 Ca^{2+} 取代了被黏土颗粒吸附的 Mg^{2+}。阳离子交换速率变缓是由于随着养护时间增加，水化反应产物的增多所形成的隔离效应。在养护龄期增加到 28d 和 90d 时，Mg^{2+} 的浓度略有回升，表明 Mg^{2+} 参与的反应较少，或者随着养护时间的增加，黏土结构中 Mg^{2+} 浓度增加，这可能是由于发生同构置换反应引起的，即 Mg^{2+} 置换了部分黏土矿物中的阳离子。90d 后 Mg^{2+} 的浓度略有下降，之后则保持不变。这是因为 Mg^{2+} 消耗量比较少，不参加水化反应，开始的下降则是很少一部分参加反应（碳酸化、置换反应等）。

综上，可交换 Na^+ 的浓度在养护的最初 1h 内先开始增加，然后减少。在养护 1h 以后，Na^+ 的浓度一直增加。在养护 1d 之后，Na^+ 的浓度几乎保持不变。然后浓度持续不变，后期还有增加，表明了 Na^+ 在黏土结构中存在，而且基本上不参与有关的水化反应。K^+ 的浓度表现出与 Na^+ 相似的变化趋势初始相似，28d 后则表现不同。Ca^{2+} 的浓度也表现出先增加后减少的趋势，反映了水泥改性土的过程和机理。Mg^{2+}的浓度则表现出不同的变化趋势。这些变化反映了添加水泥后黏土矿物结构中阳离子所发生的反应。

2.2.3.2 中膨胀土水泥改性的化学分析

对取自河南南阳的中膨胀土进行水泥改性，并进行了相应的化学分析，试样的准备和分析方法与水泥改性的强膨胀土类似，不再重复介绍。

1. 孔隙水中离子浓度的化学分析

不同龄期水泥改性中膨胀土孔隙水中四种主要的阳离子浓度的变化如图2.2-48所示。在掺拌水泥击实后，测得的Na^+浓度有一个显著增大的过程，随后开始逐渐减少，并在90d时达到最低，最终在1.0年以后保持较高水平。

孔隙水中的K^+浓度在掺拌水泥击实后大幅增加，之后基本保持增长趋势，在其过程中有一定波动，从90d开始，K^+的浓度单调升高，并在2.0年时达到最大。K^+浓度的初始增加是由于黏土被溶蚀分解，黏土中的K^+进入到了孔隙水中，之后的下降是由于胶凝物质形成，包覆住了部分孔隙水中的K^+，再增加是由于离子交换作用，Ca^{2+}置换出黏土

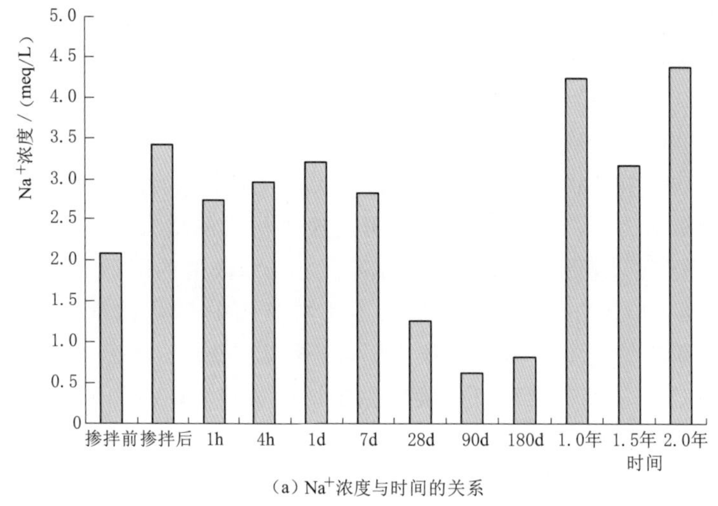

(a) Na^+浓度与时间的关系

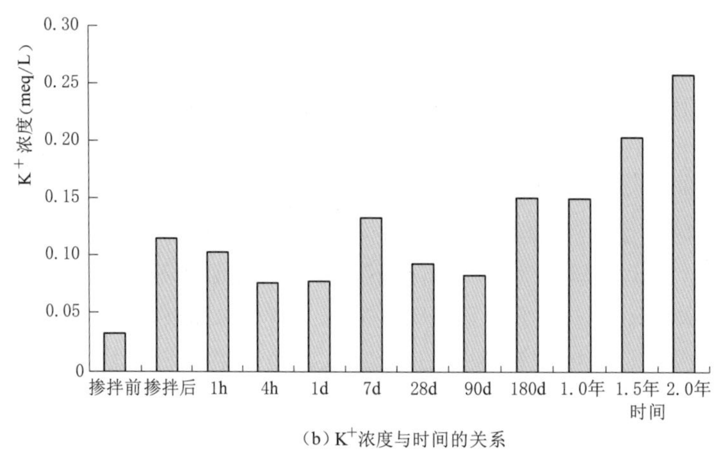

(b) K^+浓度与时间的关系

图2.2-48（一） 中膨胀土水泥改性前后孔隙水中主要可交换阳离子浓度变化

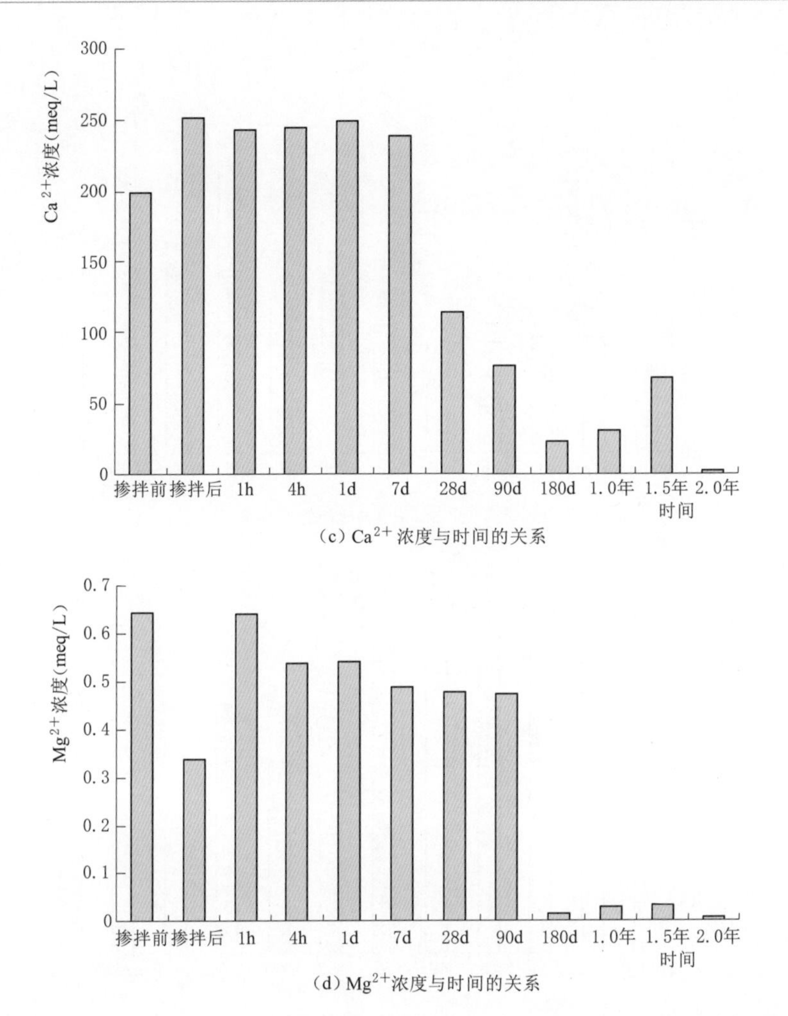

(c) Ca^{2+}浓度与时间的关系

(d) Mg^{2+}浓度与时间的关系

图2.2-48(二)　中膨胀土水泥改性前后孔隙水中主要可交换阳离子浓度变化

吸附和结构中的K^+。

孔隙水中的Ca^{2+}浓度在掺拌水泥击实后增加，之后基本保持不变。仅在后期明显降低。Ca^{2+}浓度增加主要是由于水泥的溶解造成，随着反应进行，Ca^{2+}持续产生，所以虽然有所消耗，当基本保持不变。孔隙水溶液中Ca^{2+}浓度的减少，意味着形成更多的难溶盐类的化学产物。

孔隙水中的Mg^{2+}浓度在掺拌水泥击实后大幅降低，之后基本呈整体下降趋势。Mg^{2+}浓度大幅降低是因为生成了不溶或难溶的Mg^{2+}的化学产物，如$Mg(OH)_2$等。随时间的增加，黏土吸附的Mg^{2+}可能进一步被置换出来。

2. 黏土结构中的主要阳离子浓度的化学分析

图2.2-49给出了不同龄期的水泥改性黏土结构中的4种阳离子浓度的变化。黏土结构中的Na^+浓度在掺拌水泥击实后缓慢增大，随后在180d和1.5年时达到最大值。黏土结构中Na^+浓度的增加是由于孔隙溶液中的Na^+将黏土结构中的Ca^{2+}置换了出来，然后，由于凝胶包覆屏蔽作用，反应基本停止。

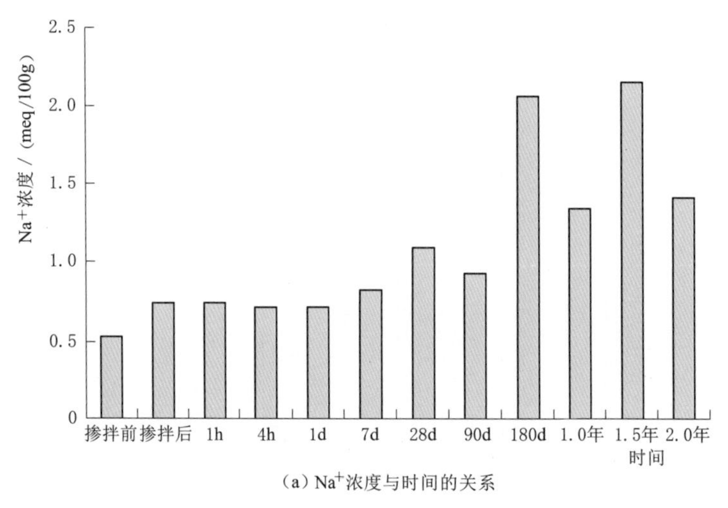

(a) Na^+浓度与时间的关系

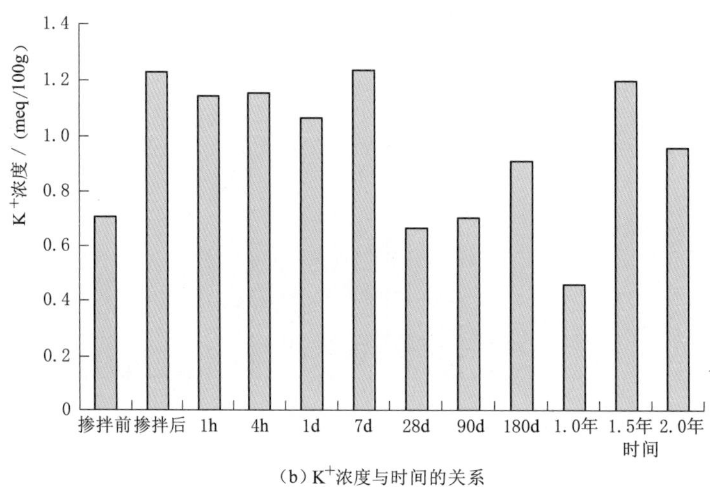

(b) K^+浓度与时间的关系

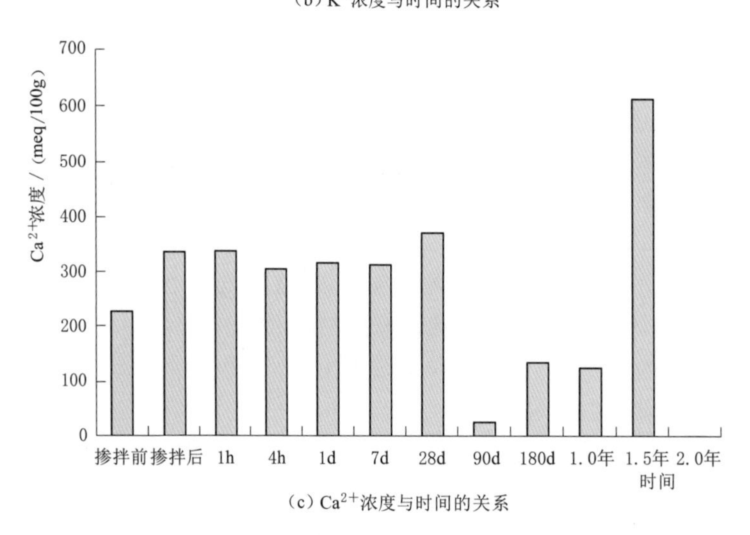

(c) Ca^{2+}浓度与时间的关系

图 2.2-49（一） 中膨胀土水泥改性前后黏土结构中主要可交换阳离子浓度变化

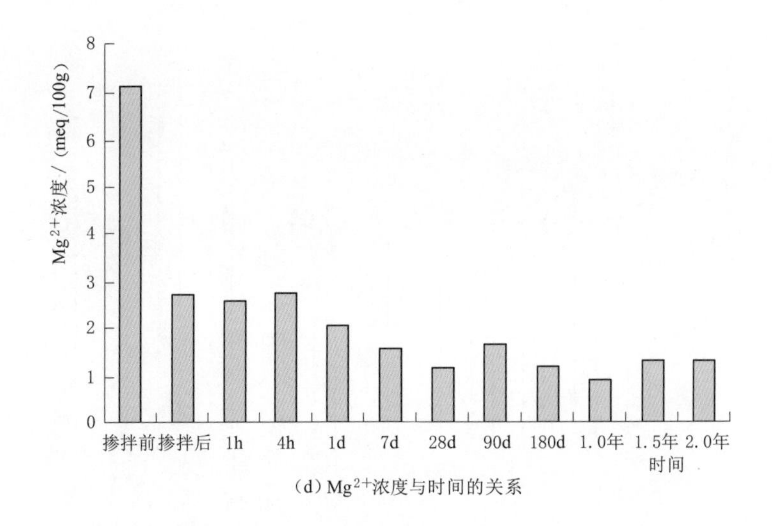

(d) Mg^{2+}浓度与时间的关系

图 2.2-49（二）　中膨胀土水泥改性前后黏土结构中主要可交换阳离子浓度变化

黏土结构中的 K^+ 浓度在掺拌水泥击实后明显增加，之后略有波动，在 28d～1.0 年有所降低，其后又达到 7d 时的水平。K^+ 浓度的变化趋势和机理与 Na^+ 的变化类似。

黏土结构中的 Ca^{2+} 浓度在掺拌水泥击实后明显增加，之后略有降低。Ca^{2+} 浓度的增加是由于加入了水泥，所测的量包含水泥的贡献。其后 1.5 年时的最大值，印证了孔隙水溶液中 Ca^{2+} 浓度降低的现象，说明已经形成更多的难溶盐成分。

黏土结构中的 Mg^{2+} 浓度在掺拌水泥击实后大幅减少，之后持续呈逐渐减少的趋势。Mg^{2+} 浓度大幅减小是由于 Ca^{2+} 将黏土结构中的 Mg^{2+} 置换了出来。

2.2.3.3　弱膨胀土水泥改性的化学分析

1. 孔隙水中离子浓度的化学分析

图 2.2-50 给出了弱膨胀土水泥改性前后不同龄期时孔隙水中离子浓度的变化。在掺拌水泥击实后，孔隙水溶液中的 Na^+ 浓度整体呈增大趋势，并在 1 年时达到峰值，其间在 28d 和 90d 时，Na^+ 浓度持续减小，Na^+ 进入土体结构中。

孔隙水溶液中的 K^+ 浓度在掺拌水泥击实后大幅增加，并在养护 7d 时达到峰值，在 28～180d 期间 K^+ 浓度减小，并在 180d 时达到极低，表明 K^+ 逐渐被消耗，或者进入土体结构，或者是由于此时改性土已经含有大量的水化产物，黏土颗粒减少，相应的 K^+ 浓度减小。

孔隙水溶液中的 Ca^{2+} 浓度在掺拌水泥击实后明显增加，之后随养护时间的增加，基本上保持不变。在养护时间为 28d 和 90d 时，则呈现下降趋势，表明此时 Ca^{2+} 浓度已经很少，大部分已经完成硬化反应。

孔隙水溶液中的 Mg^{2+} 浓度在掺拌水泥击实后增加很少，在击实 1h 后 Mg^{2+} 的浓度达到峰值，其后，随着养护时间的增加，Mg^{2+} 浓度整体呈下降趋势，表明孔隙水溶液中的 Mg^{2+} 部分进入黏土架构中，或者参与了反应，不再以单个离子的形式存在。

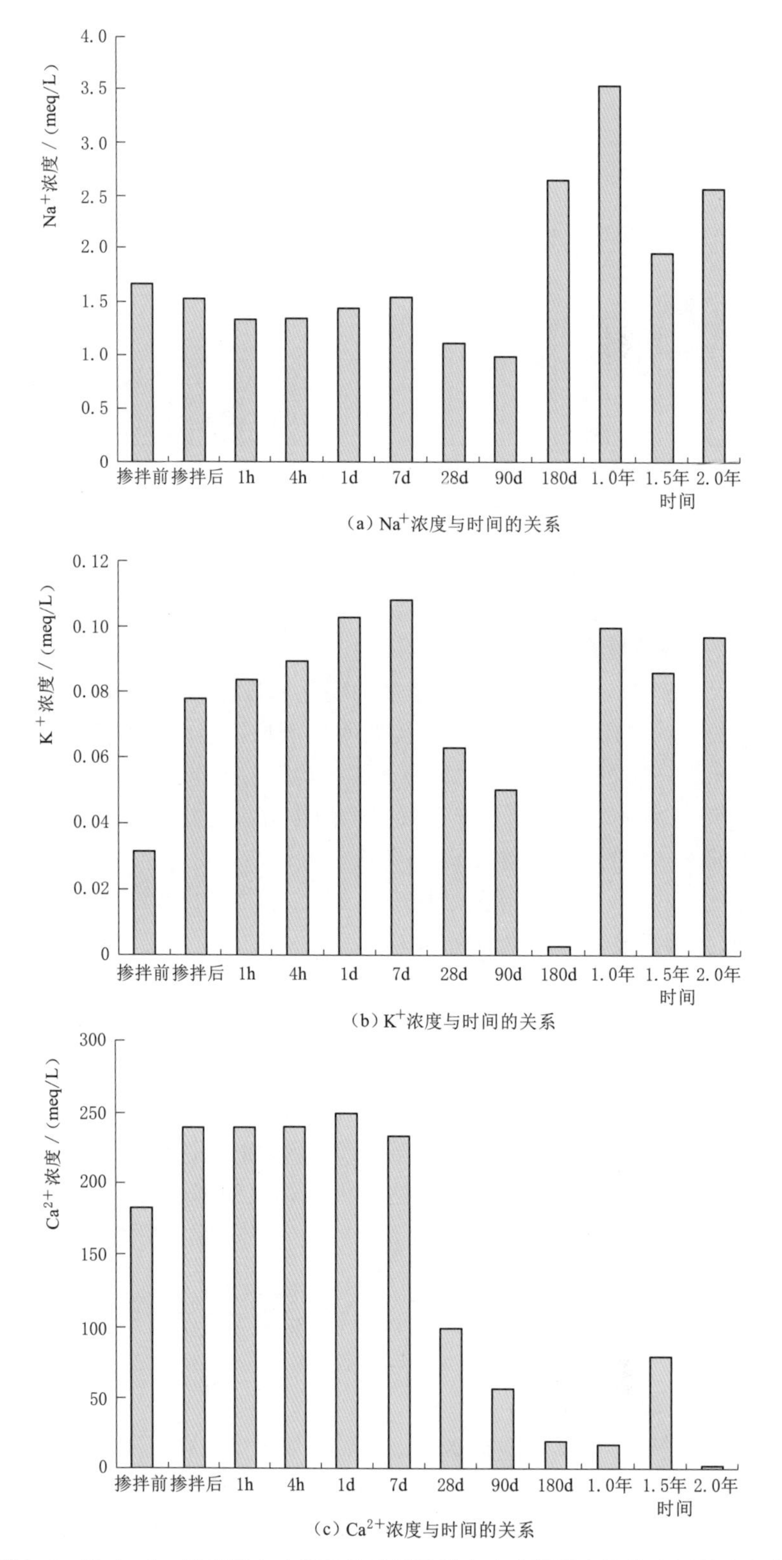

图 2.2-50（一） 弱膨胀土水泥改性前后孔隙水中主要可交换阳离子浓度变化

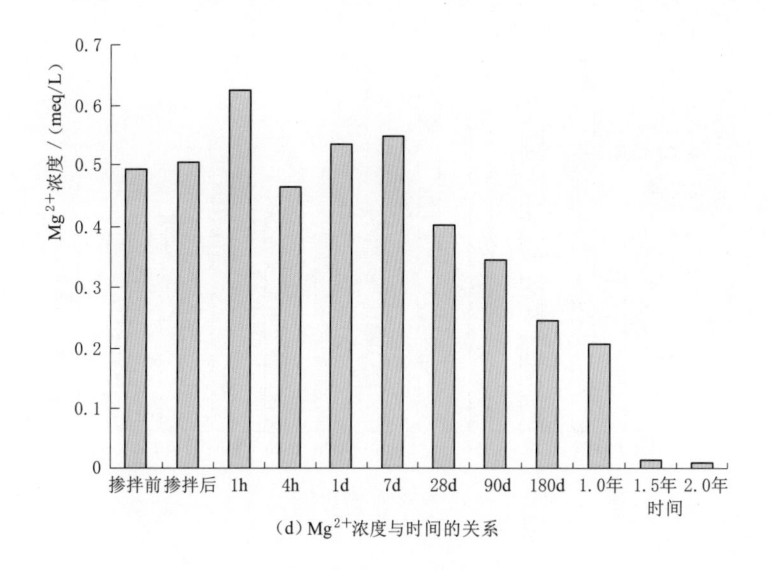

(d) Mg^{2+}浓度与时间的关系

图 2.2-50（二）　弱膨胀土水泥改性前后孔隙水中主要可交换阳离子浓度变化

2. 黏土结构中主要阳离子浓度的化学分析

弱膨胀土水泥改性前后黏土结构中可交换阳离子浓度变化如图 2.2-51 所示。在掺拌水泥击实后，黏土结构中的 Na^+ 浓度明显增大，之后基本保持不变。到 90d 时，Na^+ 略有增加，表明 Na^+ 基本上在初始参与反应后就不再参与水泥水化的有关反应。Na^+ 浓度的变化趋势与中膨胀土类似，其反应变化也由相似的机理控制。

K^+ 浓度在掺拌水泥击实后大幅增加，击实后 1h 浓度略有下降，之后在养护时间 7d 以内基本保持不变，但在 28d 时，大幅减少，90d 时则相对 28d 又略有增加，其趋势和变化机理与中膨胀土中类似。

Ca^{2+} 浓度在掺拌水泥击实后 1h 内持续增加，此后 Ca^{2+} 浓度略有降低，并在 28d 以内

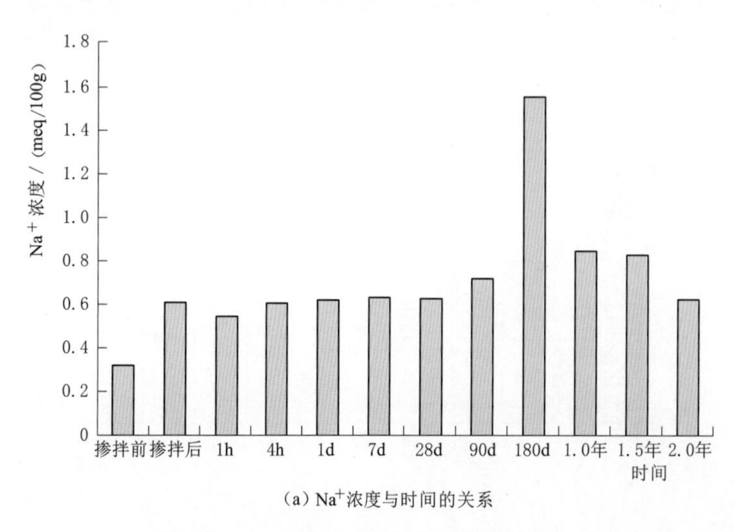

(a) Na^+浓度与时间的关系

图 2.2-51（一）　弱膨胀土水泥改性前后黏土结构中主要可交换阳离子浓度变化

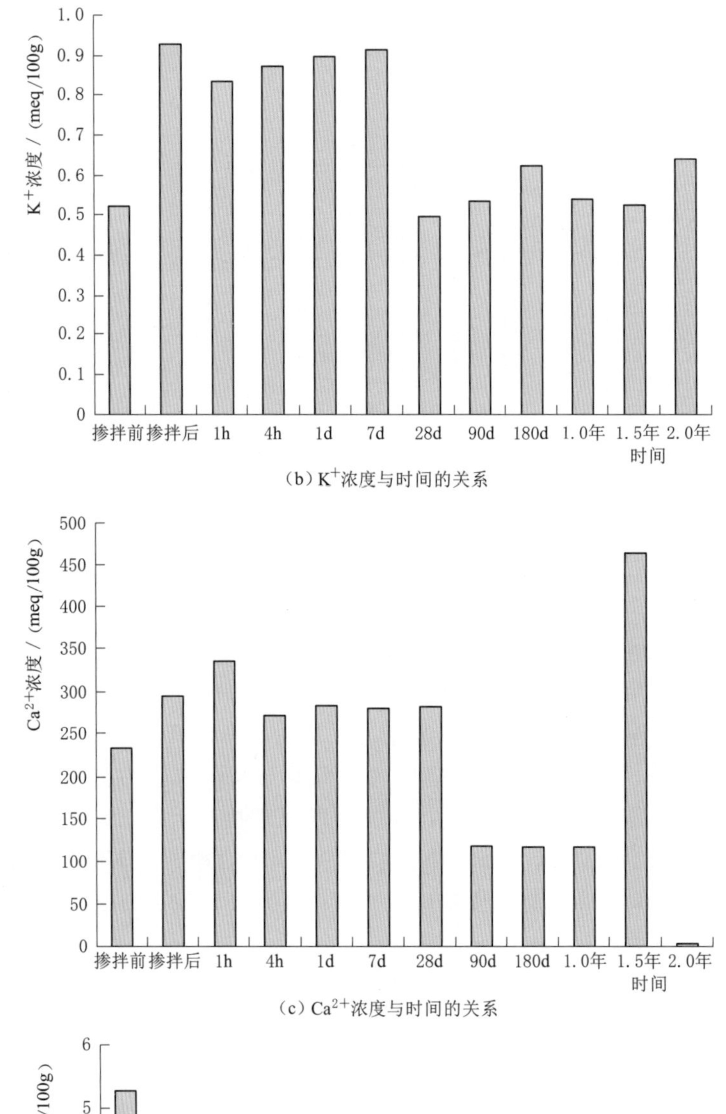

(b) K^{+}浓度与时间的关系

(c) Ca^{2+}浓度与时间的关系

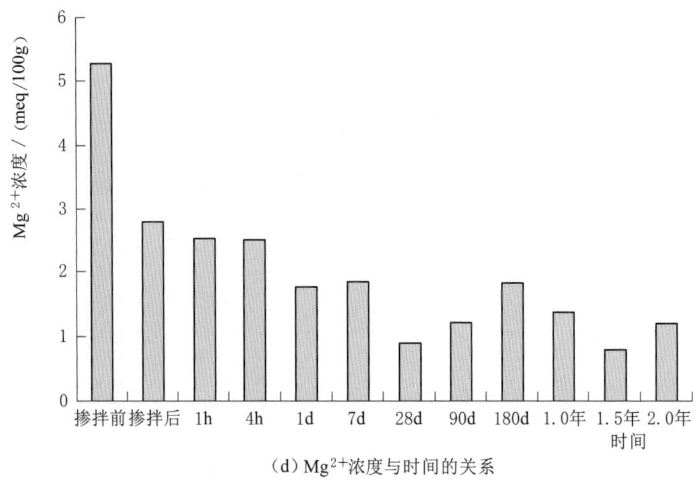

(d) Mg^{2+}浓度与时间的关系

图 2.2-51（二） 弱膨胀土水泥改性前后黏土结构中主要可交换阳离子浓度变化

基本稳定，说明这段时间黏土结构中的 Ca^{2+} 几乎不受影响。90d 后，黏土结构中的 Ca^{2+} 大幅减少，说明黏土结构中的 Ca^{2+} 被置换出来参与反应，其变化趋势和机理与中膨胀土中的变化相似。

Mg^{2+} 浓度在掺拌水泥击实后大幅降低，并在随后的 2.0 年以内持续减少，其间虽有波动，但整体呈下降趋势，其变化趋势和机理与中膨胀土相似。

2.2.3.4　化学试验成果小结

综合分析上述试验成果，可将膨胀土掺拌水泥后所发生的化学、结构的变化规律归纳如下：

(1) 水泥掺入水后，释放出大量的 Ca^{2+} 和 OH^-，提升了土中孔隙水的 pH 值，黏土颗粒在较高的 pH 值环境很快发生分解、溶蚀。

(2) 水泥在黏土颗粒表面发生水化反应，并与溶解的黏土硅酸盐矿物反应生成水化产物——硅酸钙凝胶和铝酸钙凝胶，凝胶产物会包裹在黏土颗粒外表面，并逐渐固化；孔隙水中的离子浓度随之降低，后期由于存在扩散作用，Na^+、K^+ 的浓度有所回升，但是 Ca^{2+} 则由于水化反应持续减少。

(3) 硬凝产物随着养护龄期的增长而增加，硬凝产物一部分来自水泥自身的水化产物，另一部分来源于黏土矿物溶解后和水泥释放出的 Ca^{2+} 的合成作用，随着龄期的增长，出现了各种水泥水化产物的成熟形式，土颗粒体积增加，土体孔隙减小、密实，最终形成一种无定型态的水泥土物质，这些产物牢固地结合在一起，很难分清单个的相，由此形成了水泥改性土的最终结构和强度。

2.3　膨胀土石灰改性的微观结构和矿化分析

分别对中、弱膨胀土开展石灰改性的微观结构、矿物成分和化学成分分析。石灰掺量采用 ASTM 标准测定，改性土的微观结构和矿物成分应用扫描电镜（SEM）和 X 射线衍射等测定。试验龄期分别考虑了石灰掺拌即刻以及掺后 1h、4h、24h、7d、28d、90d、180d、1.0 年、1.5 年及 2.0 年，石灰掺量分别为 3.8%（中膨胀土）和 1.4%（弱膨胀土）。试样制备与水泥改性土相同。

2.3.1　膨胀土石灰改性的微观结构

2.3.1.1　中膨胀土石灰改性的微观结构

为了研究石灰改性中膨胀土的机理，对击实试样在不同的龄期采样进行了扫描电镜分析，试样准备方法和试验龄期与水泥改性土一致。有关试验结果总结如图 2.3-1～图 2.3-11 所示。

图 2.3-1 是中膨胀土掺拌 3.8%石灰击实后的扫描电镜图像，较大尺寸的黏土矿物在 $Ca(OH)_2$ 引起的高 pH 值环境中溶解、分解成了很多的尺寸较小的碎块，可见此刻石灰已经对膨胀土产生了较强烈的腐蚀作用。这种变化比掺拌 6%的水泥所起的作用更加明显。

图 2.3-2 是养护 1h 后中膨胀土石灰改性的扫描电镜图像，该图中膨胀土的变化不明显，应该是石灰分布不均匀，周围的石灰比较少的原因。

(a) 放大500倍 (b) 放大1000倍 (c) 放大2000倍 (d) 放大3000倍

图 2.3-1 中膨胀土掺拌 3.8%石灰击实后的扫描电镜图像

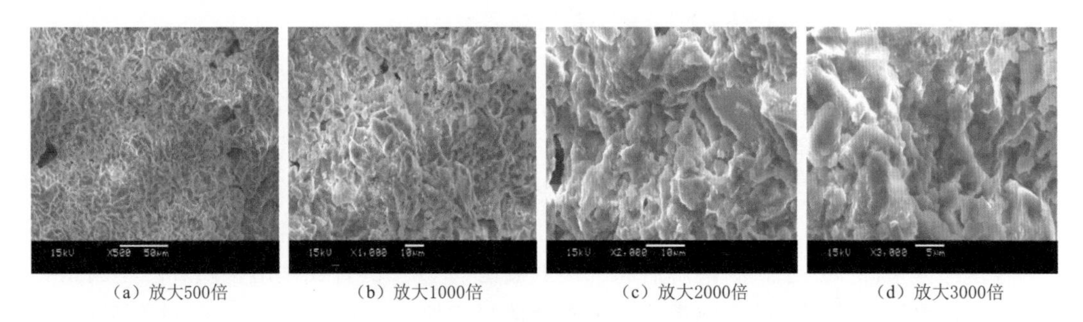

(a) 放大500倍 (b) 放大1000倍 (c) 放大2000倍 (d) 放大3000倍

图 2.3-2 养护 1h 后中膨胀土石灰改性的扫描电镜图像

图 2.3-3 是养护 4h 后中膨胀土石灰改性的扫描电镜图像，可以看出石灰的腐蚀作用进一步强化，已经进入到黏土矿物内部，并有一些 $Ca(OH)_2 \cdot nH_2O$ 的晶体生成，其联结后尚未形成完美的六角形，大部分呈现不规则多边形的板块形状。

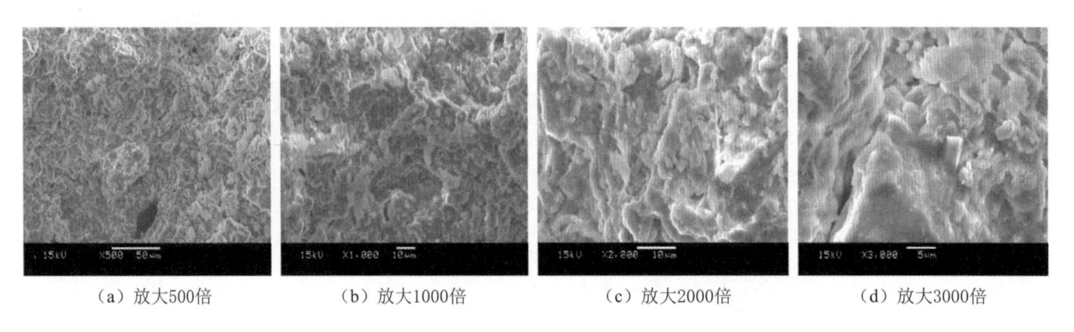

(a) 放大500倍 (b) 放大1000倍 (c) 放大2000倍 (d) 放大3000倍

图 2.3-3 养护 4h 后中膨胀土石灰改性的扫描电镜图像

图 2.3-4 是养护 24h 后中膨胀土石灰改性的扫描电镜图像，可以看出腐蚀作用仍在进一步增强，已经进入到黏土矿物内部，颗粒被腐蚀得更加严重。能够观察到比较小尺寸的 $Ca(OH)_2 \cdot nH_2O$ 的晶体生成。

图 2.3-5 是养护 7d 后中膨胀土石灰改性的扫描电镜图像，观察到更多的 $Ca(OH)_2 \cdot nH_2O$ 的晶体生成，它们连在一起，形成比较大的板块形状。

图 2.3-6 是养护 28d 后中膨胀土石灰改性的扫描电镜图像，可以看出黏土已经发生了完全的结构变化，由许多微小的颗粒集聚体组成，分散的单个小颗粒几乎不见。

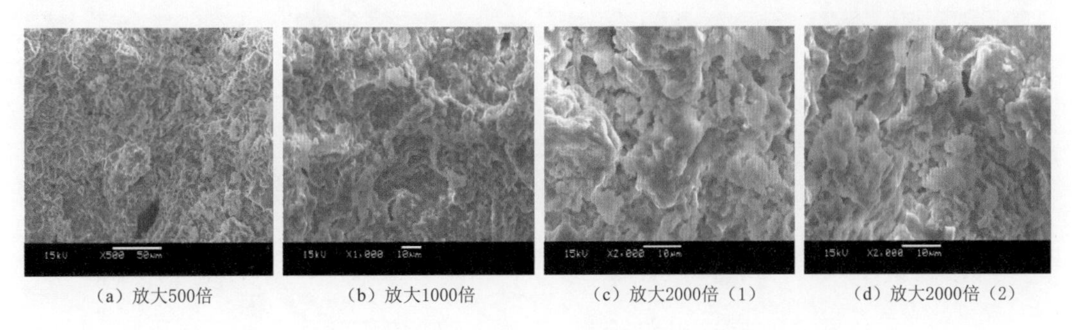

(a) 放大500倍　(b) 放大1000倍　(c) 放大2000倍（1）　(d) 放大2000倍（2）

图 2.3-4　养护 24h 后中膨胀土石灰改性的扫描电镜图像

(a) 放大500倍　(b) 放大1000倍　(c) 放大2000倍　(d) 放大3000倍

图 2.3-5　养护 7d 后中膨胀土石灰改性的扫描电镜图像

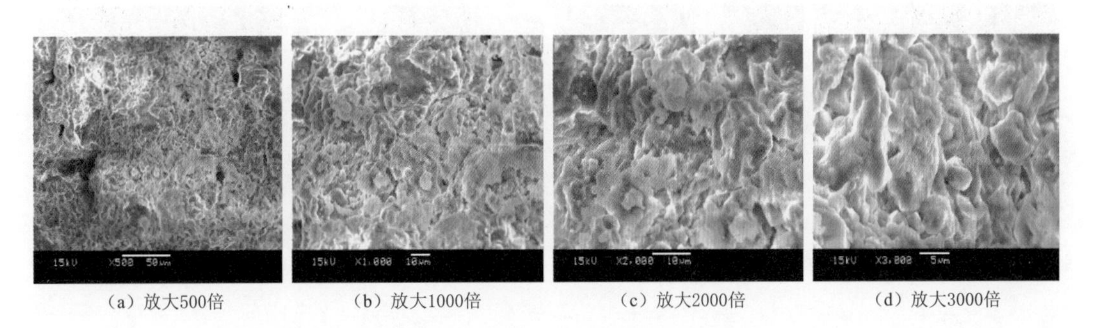

(a) 放大500倍　(b) 放大1000倍　(c) 放大2000倍　(d) 放大3000倍

图 2.3-6　养护 28d 后中膨胀土石灰改性的扫描电镜图像

图 2.3-7 是养护 90d 后中膨胀土石灰改性的扫描电镜图像，可以看到中间偏下的区域有 $Ca(OH)_2 \cdot nH_2O$ 的晶体生成，呈现板块形状。但局部有膨胀土并没有受到明显的影响，仍然保持原来的形貌，说明石灰的分布和反应是不均匀的。

图 2.3-8 是养护 180d 后中膨胀土石灰改性的扫描电镜图像，可以观察到黏土颗粒溶蚀分解得比较严重，也有 $Ca(OH)_2 \cdot nH_2O$ 的晶体生成，但没有联结成较大的板块体。整体形貌比较粗糙。

图 2.3-9 是养护 1.0 年后中膨胀土石灰改性的扫描电镜图像，可以观察到有类似水泥水化后产物的生成，呈颗粒团簇状，并联结在一起。另外一些黏土颗粒表面似乎有凝胶状的物质生成。整个形貌变得更加粗糙不平。这表明在养护 1.0 年时有明显的硬凝产物的生成。

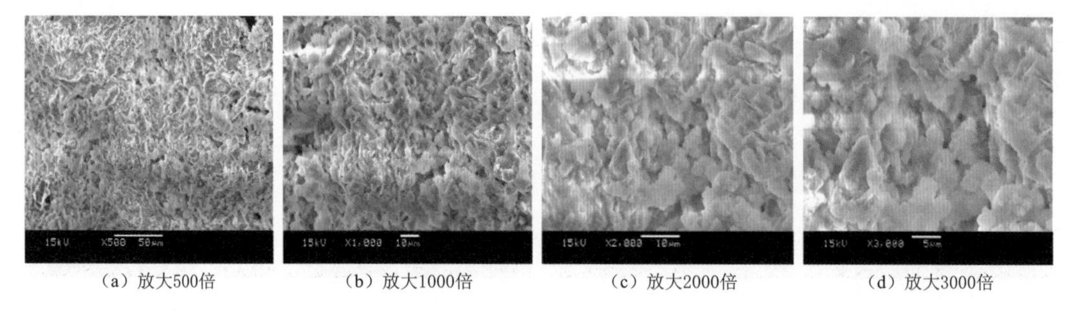

(a) 放大500倍 (b) 放大1000倍 (c) 放大2000倍 (d) 放大3000倍

图 2.3-7 养护 90d 后中膨胀土石灰改性的扫描电镜图像

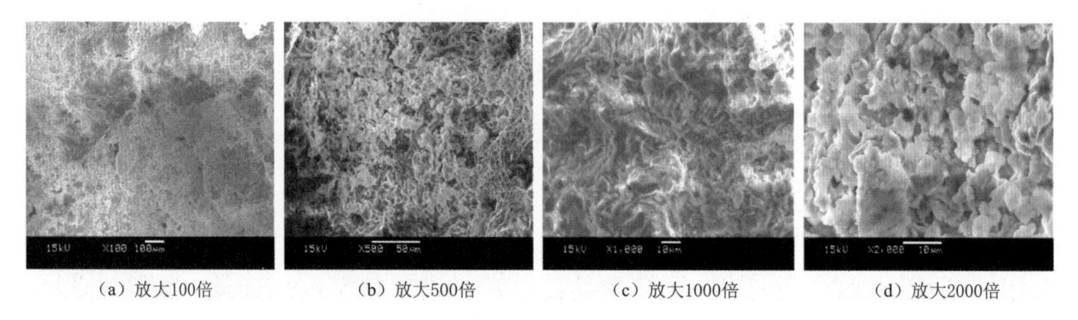

(a) 放大100倍 (b) 放大500倍 (c) 放大1000倍 (d) 放大2000倍

图 2.3-8 养护 180d 后中膨胀土石灰改性的扫描电镜图像

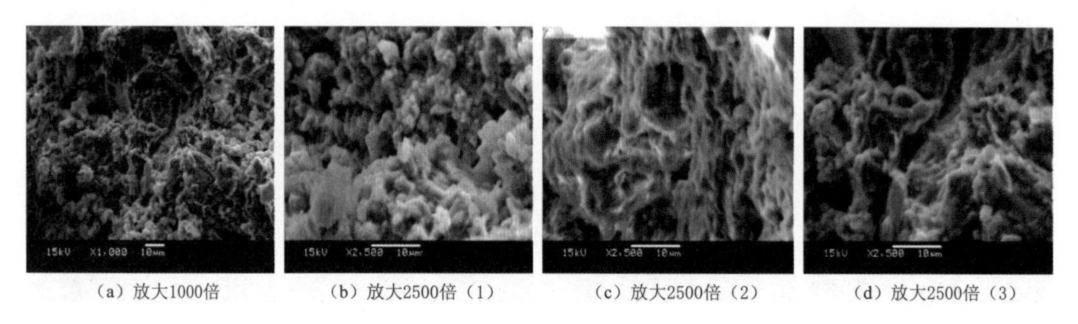

(a) 放大1000倍 (b) 放大2500倍 (1) (c) 放大2500倍 (2) (d) 放大2500倍 (3)

图 2.3-9 养护 1.0 年后中膨胀土石灰改性的扫描电镜图像

图 2.3-10 是养护 1.5 年后中膨胀土石灰改性的扫描电镜图像，可以观察到尺寸比较大的团聚体，相互联结在一起。原来的比较明显的板块状的 $Ca(OH)_2 \cdot nH_2O$ 的晶体基本变成了团聚体。颗粒团聚体的尺度也变得更加大了。

养护 2.0 年后中膨胀土石灰改性的扫描电镜图像如图 2.3-11 所示，其中石灰改性土的结构为剁成小片块状，比较松散，没有紧密联结起来，仍然有部分没有被改性的原状土体存在。

从以上的测试成果可见，中膨胀土加入石灰后经历了石灰溶解，黏土矿物溶蚀、分解，形成石灰晶体和无定形水化产物的过程。石灰改性土长期养护后多以小块片状结构存在，结构松散，孔隙多。

2.3.1.2 弱膨胀土石灰改性的微观结构

为了进一步研究石灰改性弱膨胀土的机理，对弱膨胀土石灰改性的击实试样在不同的龄期采样进行了扫描电镜分析，试样准备方法和试验龄期与前述一致。试验结果如

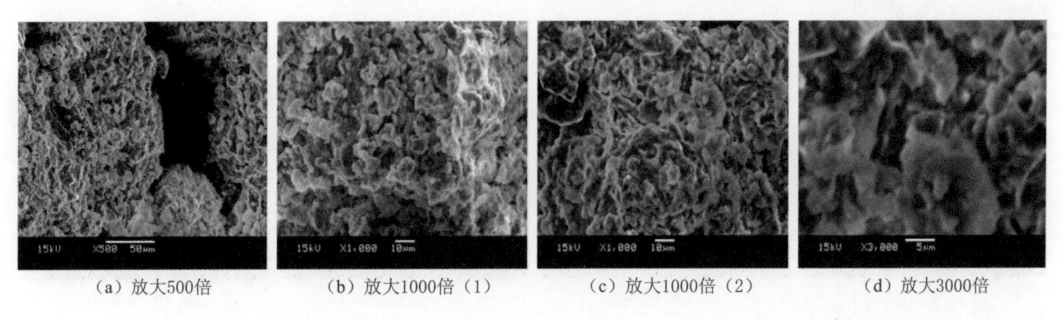

（a）放大500倍　（b）放大1000倍（1）　（c）放大1000倍（2）　（d）放大3000倍

图 2.3-10　养护 1.5 年后中膨胀土石灰改性的扫描电镜图像

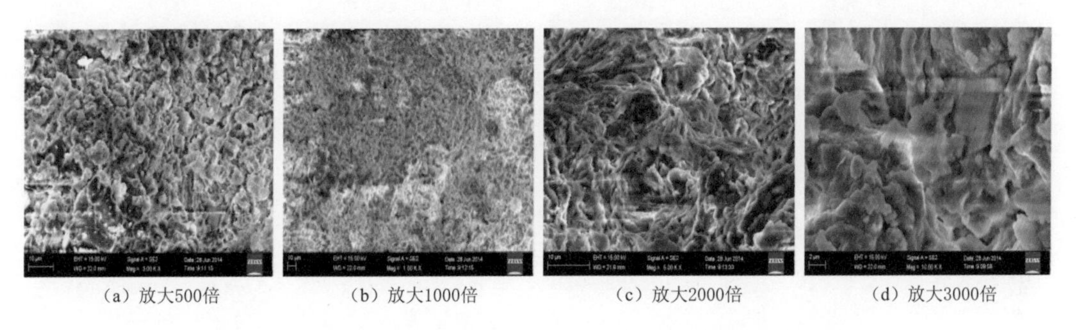

（a）放大500倍　（b）放大1000倍　（c）放大2000倍　（d）放大3000倍

图 2.3-11　养护 2.0 年后中膨胀土石灰改性的扫描电镜图像

图 2.3-12～图 2.3-22 所示。

图 2.3-12 是弱膨胀土掺拌石灰击实后的扫描电镜图像，与中性膨胀土类似，黏土很早就发生了很强烈的腐蚀作用，较大尺寸的黏土矿物在 $Ca(OH)_2$ 引起的高 pH 值环境中溶蚀、分解成了很多尺寸较小的碎块。

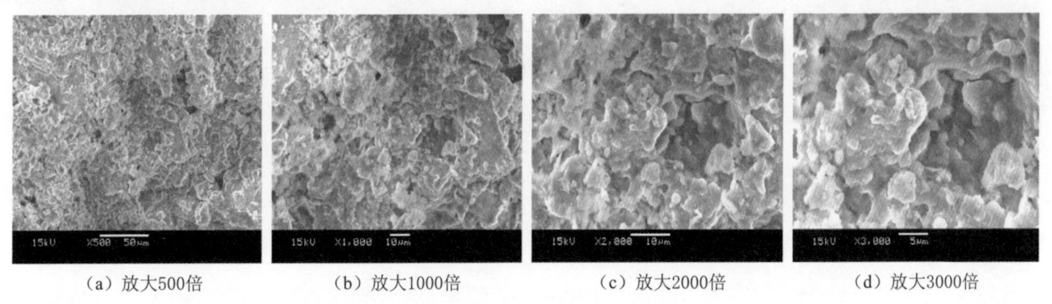

（a）放大500倍　（b）放大1000倍　（c）放大2000倍　（d）放大3000倍

图 2.3-12　弱膨胀土掺拌石灰击实后的扫描电镜图像

图 2.3-13 是养护 1h 后弱膨胀土石灰改性的扫描电镜图像，已经溶解的较小的黏土矿物块体聚合成较大的块体，出现团聚的现象。

图 2.3-14 是养护 4h 后弱膨胀土石灰改性的扫描电镜图像，图中黏土矿物微观结构的变化并不十分明显。主要是由于石灰分布不均匀的缘故，周围没有多少石灰存在，所以黏土矿物微观结构变化不大。

图 2.3-15 是养护 24h 后弱膨胀土石灰改性的扫描电镜图像，黏土颗粒在石灰产生的高碱性环境中受到了溶蚀的作用，颗粒表面较为粗糙，有碎散的小颗粒形成。

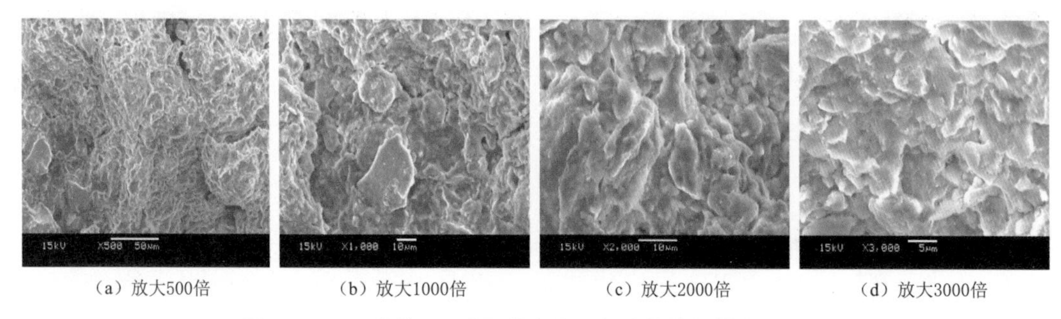

(a) 放大500倍　(b) 放大1000倍　(c) 放大2000倍　(d) 放大3000倍

图 2.3-13　养护 1h 后弱膨胀土石灰改性的扫描电镜图像

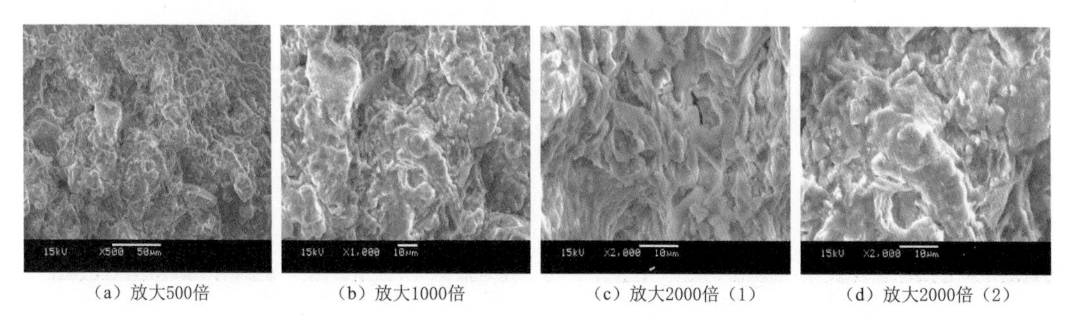

(a) 放大500倍　(b) 放大1000倍　(c) 放大2000倍 (1)　(d) 放大2000倍 (2)

图 2.3-14　养护 4h 后弱膨胀土石灰改性的扫描电镜图像

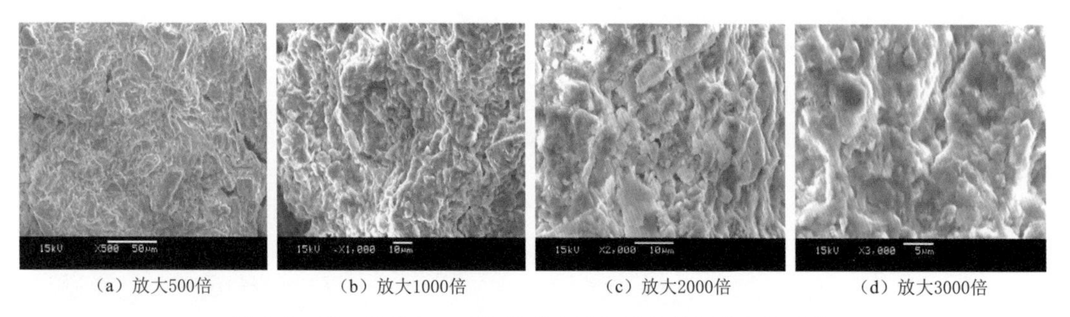

(a) 放大500倍　(b) 放大1000倍　(c) 放大2000倍　(d) 放大3000倍

图 2.3-15　养护 24h 后弱膨胀土石灰改性的扫描电镜图像

图 2.3-16 是养护 7d 后弱膨胀土石灰改性的扫描电镜图像，可以看出腐蚀作用进一步强化，颗粒表面粗糙不平，并且黏土颗粒形成了较大尺寸的团聚体。

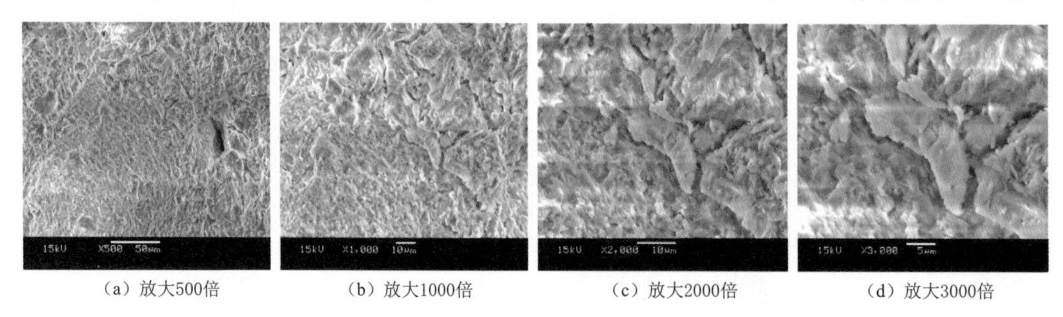

(a) 放大500倍　(b) 放大1000倍　(c) 放大2000倍　(d) 放大3000倍

图 2.3-16　养护 7d 后弱膨胀土石灰改性的扫描电镜图像

图 2.3-17 是养护 28d 后弱膨胀土石灰改性的扫描电镜图像，此时，开始出现链状的

胶状物质，使分离的土体形成比较大的团聚体，团聚体尺寸变大，分散的小颗粒较少。这种微观结构能够使土体的强度大幅增加。

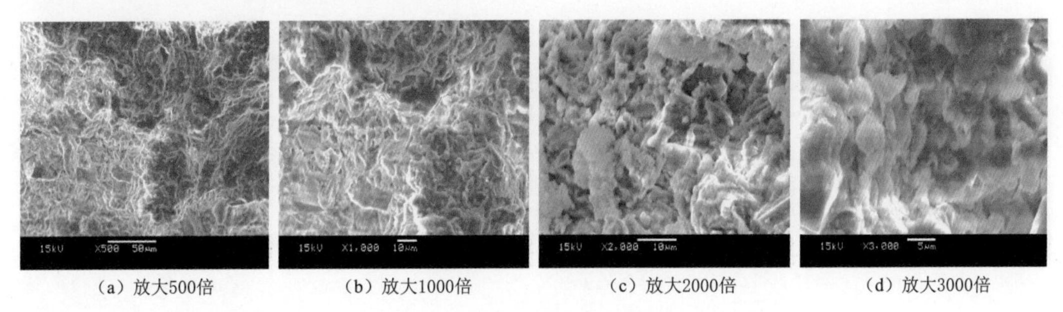

（a）放大500倍　（b）放大1000倍　（c）放大2000倍　（d）放大3000倍

图 2.3－17　养护 28d 后弱膨胀土石灰改性的扫描电镜图像

图 2.3－18 是养护 90d 后弱膨胀土石灰改性的扫描电镜图像，从图上观察到有较大尺寸的黏土矿物的存在，分析为粉土颗粒。这一部分颗粒受石灰的影响较小，微观形貌上与弱膨胀土未掺拌石灰改良前的结构类似。

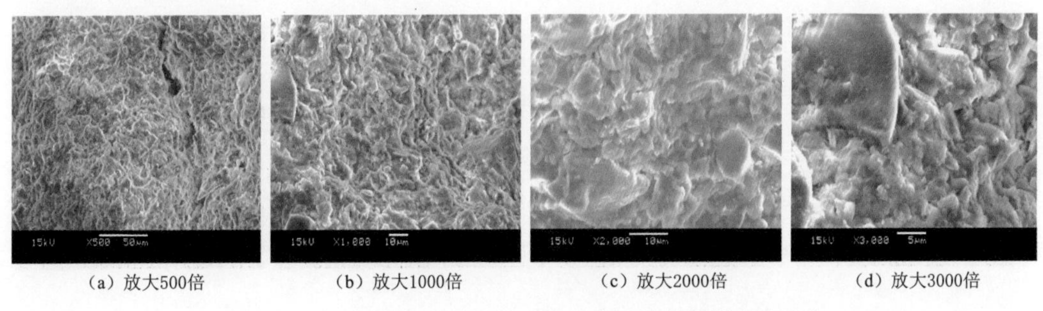

（a）放大500倍　（b）放大1000倍　（c）放大2000倍　（d）放大3000倍

图 2.3－18　养护 90d 后弱膨胀土石灰改性的扫描电镜图像

图 2.3－19 是养护 180d 后弱膨胀土石灰改性的扫描电镜图像，从图上观察到黏土矿物的表面受到了一些侵蚀作用，但是微观形貌的变化并不是非常明显，也是石灰掺拌不十分均匀所致。

图 2.3－20 是养护 1.0 年后弱膨胀土石灰改性的扫描电镜图像，从图上观察到此时的微观结构已经不同于改性初始时的形貌，有类似链条状的物质生成，并且可以观察到某些类似水泥水化产物的物质。

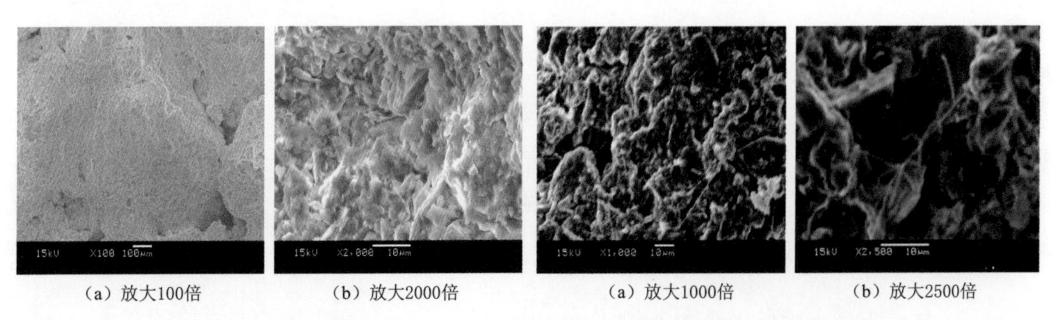

（a）放大100倍　（b）放大2000倍

图 2.3－19　养护 180d 后弱膨胀土石灰改性的扫描电镜图像

（a）放大1000倍　（b）放大2500倍

图 2.3－20　养护 1.0 年后弱膨胀土石灰改性的扫描电镜图像

图 2.3-21 是养护 1.5 年后弱膨胀土石灰改性的扫描电镜图像，图上清晰展示了成片的 $Ca(OH)_2 \cdot nH_2O$ 晶体的形貌，并且有小的团簇颗粒状的类似水泥水化产物的形成。

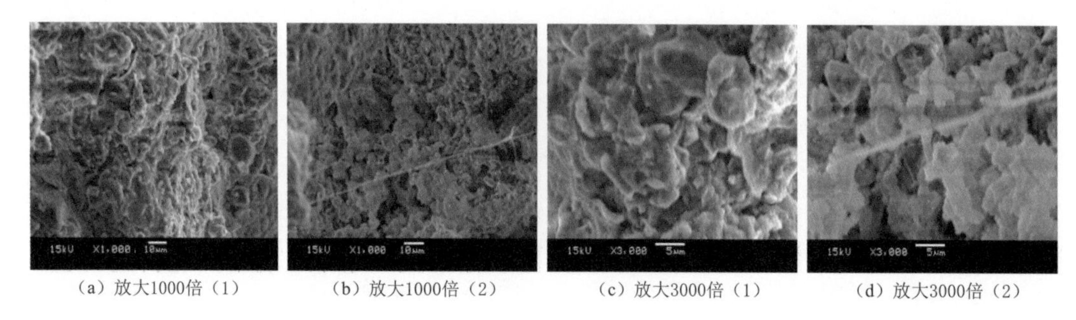

(a) 放大1000倍 (1)　(b) 放大1000倍 (2)　(c) 放大3000倍 (1)　(d) 放大3000倍 (2)

图 2.3-21　养护 1.5 年后弱膨胀土石灰改性的扫描电镜图像

图 2.3-22 是养护 2.0 年后弱膨胀土石灰改性的扫描电镜图像，观察发现了水化产物固化后的颗粒形貌，有许多小的团簇颗粒状的类似水泥水化产物生成。但是仍然能观察到尚未参加反应的比较平整、光滑的弱膨胀土形貌。

(a) 放大500倍　(b) 放大1000倍　(c) 放大2000倍　(d) 放大3000倍

图 2.3-22　养护 2.0 年后弱膨胀土石灰改性的扫描电镜图像

2.3.1.3　分析结论

综合上述对弱膨胀土石灰改性后试样的扫描电镜试验结果进行分析，可以得到如下结论：石灰掺入弱膨胀土中后，产生一个 pH 值较高的碱性环境，黏土矿物在这种比较高的碱性环境中发生溶蚀和分解，并进一步结团。由于石灰的掺量比较小，分布不均匀，土体内的某些地方要经过比较长的时间才能发生反应。另外，较大尺寸的 $Ca(OH)_2 \cdot nH_2O$ 晶体在养护的后期才形成，这可能是前期的 $Ca(OH)_2$ 大部分和黏土矿物发生了反应的结果。此外，硬凝反应的产物在养护时间达到 1.0 年后才比较明显，这与中膨胀土中的反应进程是一致的。由此形成了石灰改性弱膨胀土的后期强度。另外还可以看到，短期内硬凝产物和 $Ca(OH)_2 \cdot nH_2O$ 晶体均没有在微观结构中观察到，因此，可以明确在此期间弱膨胀石灰改性土的强度提高并不大。相对而言，中膨胀石灰改性土的微观结构上的变化更加明显，改性效果更好，原因在于两者石灰的掺量不同。

2.3.2　矿物成分的 X 射线衍射分析

2.3.2.1　石灰改性中膨胀土的 X 射线衍射分析

采用同样的取样方法和相同的龄期，对中膨胀土掺拌石灰改性前及改性后不同龄期的试样进行了X射线衍射分析。试验结果如图2.3-23、图2.3-24所示。

中膨胀土改性前的X射线衍射图谱如图2.2-42所示，原样中主要的黏土矿物成分为蒙脱石和伊利石混层矿物、伊利石和高岭石、石英、长石以及一些绿泥石等次要矿物等。图2.3-23是中膨胀土掺拌3.8%石灰击实后的X射线衍射图谱。可以看出，主要的黏土矿物蒙脱石的峰值消失，有水化硅酸钙凝胶（CSH，3.04Å）峰值出现。说明石灰拌入后短时间内，蒙脱石矿物成分被破坏，石灰溶解与硅酸物质生成新的水化硅酸钙产物。

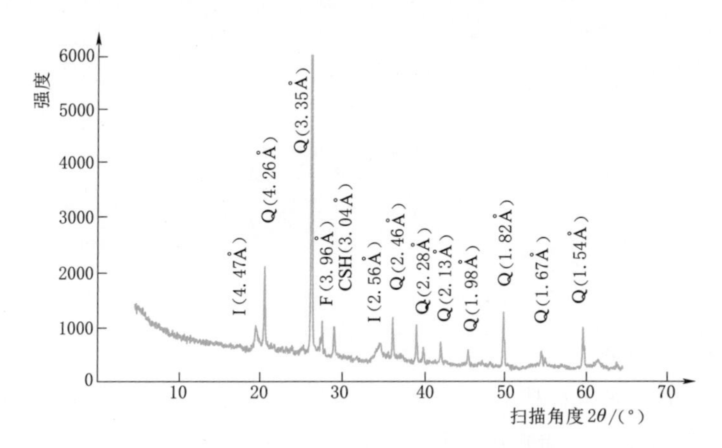

图2.3-23 中膨胀土掺拌3.8%石灰击实后的X射线衍射图谱

中膨胀土掺拌3.8%的石灰击实养护1h后，可以看出，水化硅酸钙凝胶（CSH、3.49Å、1.92Å、1.88Å）含量增加。此后，直到7d、28d龄期，中膨胀土石灰改性土的X射线衍射图谱变化均较小，CSH变化并不明显，仍有不少黏土矿物存在。

90d养护龄期的X射线衍射图谱表明，伊利石矿物的峰值逐渐减小，水化硅酸钙凝胶的峰值强度增大，说明黏土矿物在被缓慢破坏，更多的水化硅酸钙凝胶产物生成。

中膨胀土掺拌石灰击实养护180d后的X射线衍射图谱与90d相比，变化并不明显。养护1.0年后，X射线衍射强度大幅降低，说明矿物晶体的含量大幅减少，经过石灰改良处理后，发生了质的变化，石英晶体的衍射强度也有大幅的降低。

水化硅酸钙凝胶养护2.0年后，黏土矿物X射线衍射强度大幅降低，说明矿物晶体的含量进一步减少，衍射图谱中CSH的峰值比较明显。

图2.3-24给出了中膨胀土掺拌3.8%石灰在不同养护龄期的X射线衍射图谱汇总。综合上述长达2.0年养护时间内不同龄期的X射线衍射图谱分析，说明中膨胀土加入石灰后首先是溶解破坏黏土矿物结构，生成水化硅酸钙产物和石灰晶体，然后随养护时间增加，含水石灰晶体消失，黏土发生凝聚作用，形成不同大小尺寸的小块，随时间增加，水化硅酸钙产物也在增加，但是黏土矿物甚至石英晶体矿物等则在持续减少。养护龄期达到1.0年后，已经很少有黏土矿物晶体峰值观察到，石英的峰值也减少到很小的值，说明石灰改良的膨胀土最后也属于一种无定形状态的物质。

2.3.2.2 石灰改性弱膨胀土的X射线衍射分析

为了研究石灰改性弱膨胀土的机理，在2.0年的养护期内，对击实后的改性土试样在不同的龄期采样进行了X射线衍射分析，试样准备方法和试验龄期与石灰改性中膨胀土

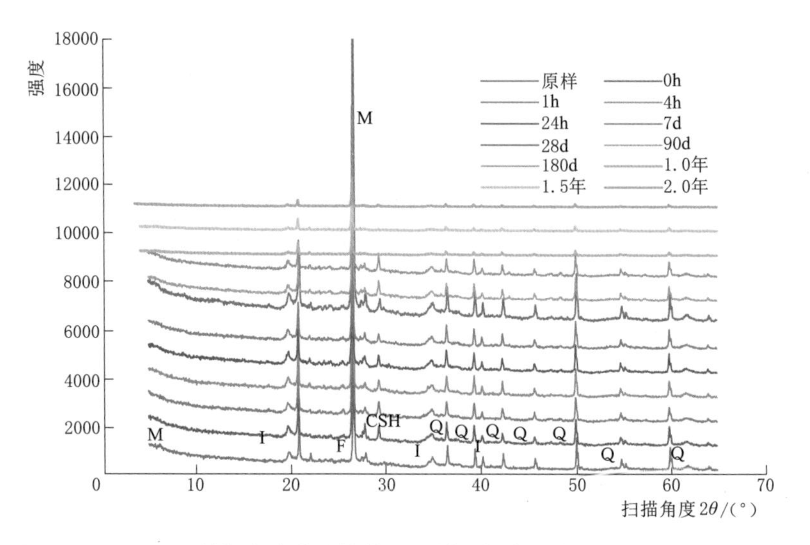

图 2.3-24　不同龄期中膨胀土掺拌 3.8 %石灰的 X 射线衍射图谱综合比较

一致。有关试验结果如图 2.3-25、图 2.3-26 所示。

图 2.3-25 是弱膨胀土掺拌 1.4 %石灰击实后马上取样测定的 X 射线衍射图谱。与天然弱膨胀土的 X 射线衍射图谱相比，有新的峰值出现（3.03Å），这是新生成的水化硅酸钙凝胶 CSH 水化产物。黏土矿物中原来的峰值仍然存在，没有多少变化。

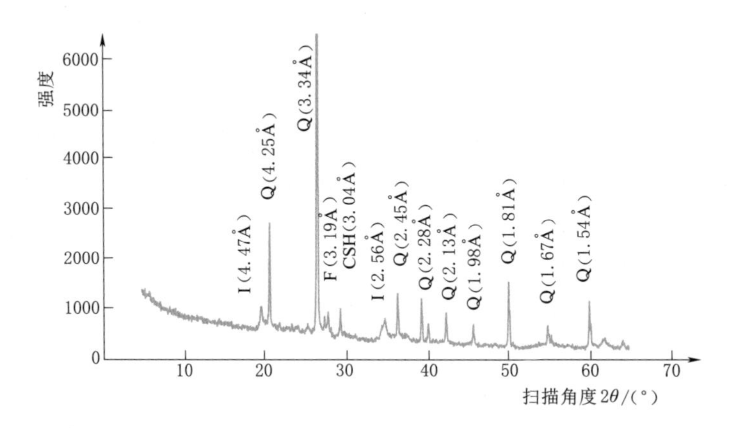

图 2.3-25　弱膨胀土掺拌 1.4%石灰击实后的 X 射线衍射图谱

弱膨胀土掺拌石灰击实后 1h 的 X 射线衍射图谱与前图相比，没有发生太多变化。此后，在击实后 4h～28d 龄期，试样的 X 射线衍射图谱中黏土矿物的峰值均未发生太大变化，但是有更多的水化硅酸钙凝胶 CSH（3.00Å）峰值出现。

养护 90d 时，试样的 X 射线衍射图谱中黏土矿物的衍射强度显著减小，说明大部分黏土矿物结构在此期间被石灰破坏。养护 180d 的 X 射线衍射图谱，与 90d 的 X 射线衍射图谱相比，没有明显变化。

掺拌石灰养护龄期 1.0 年时，试样的 X 射线衍射图谱衍射强度大幅降低，石英矿物的衍射峰值强度也大幅降低。说明这个阶段内，原状土体的变化非常大，原来的黏土矿物被更大程度地破坏。

弱膨胀土掺拌石灰击实后养护 1.5 年时的 X 射线衍射图谱，与 1.0 年的图谱相比，出现了新的峰值（1.76Å），生成了新的水化产物水化铝酸钙（CASH）。养护 2.0 年时，黏土矿物衍射强度进一步降低，石英矿物的峰值也大幅减小，峰值分布规律变化不大，没有观察到 CASH 峰值。

图 2.3-26 给出了弱膨胀土掺拌 1.4%石灰在不同养护龄期的 X 射线衍射图谱汇总。

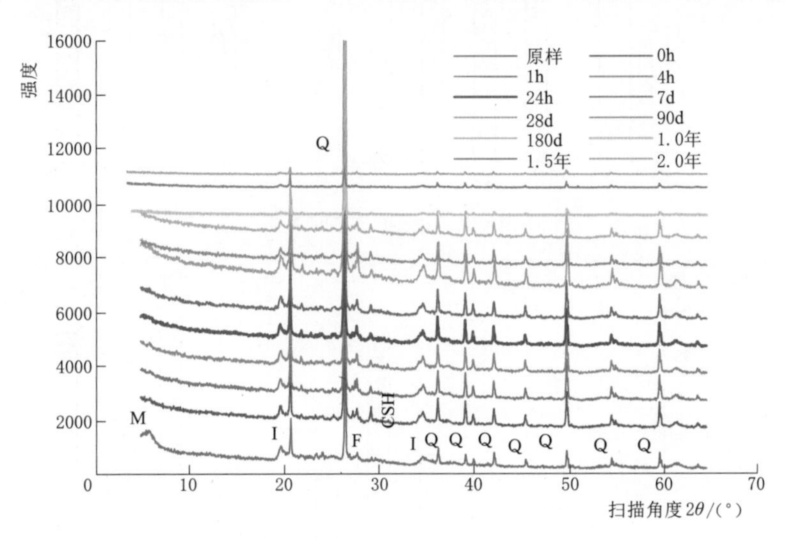

图 2.3-26　不同龄期弱膨胀土掺拌 1.4%石灰的 X 射线衍射图谱综合比较

2.3.2.3　分析结论

综合上述 2.0 年内对弱膨膨胀土掺拌石灰改良所进行的 X 射线衍射图谱分析，表明石灰加入后会溶解破坏黏土矿物质，生成水化硅酸钙和水化铝酸钙，与中膨胀土的分析结果类似。反应持续很长时间，在 90～180d 这段时间内黏土矿物的破坏最为显著，衍射强度大幅降低，结晶矿物减少。在养护龄期为 1.5 年时，黏土矿物已经几乎不可见，石灰改性的中膨胀土最后变成无定形的物质。

2.3.3　化学分析

2.3.3.1　中膨胀土石灰改性的化学分析

对于石灰来讲，掺入到土中后，会提升土的 pH 值，也会和黏土矿物发生离子交换反应，为了定量分析这一反应的机理，采用原子吸附光谱分析方法，对土中提取的孔隙水和土颗粒进行了不同阳离子浓度的测定，得到了不同龄期土中孔隙水和黏土矿物结构中主要阳离子（Na^+、K^+、Ca^{2+}、Mg^{2+}）浓度的变化，如图 2.3-27 所示。试验结果分析总结如下。

1. 孔隙水中离子浓度的化学分析

中膨胀土石灰改性后 Na^+ 的浓度在掺拌石灰击实后浓度缓慢增加，并在 24h 后达到峰值。在 24h～90d 期间，Na^+ 的浓度下降，90d 时降到最低，之后又回升到前期较高的水平，如图 2.3-27(a) 所示。

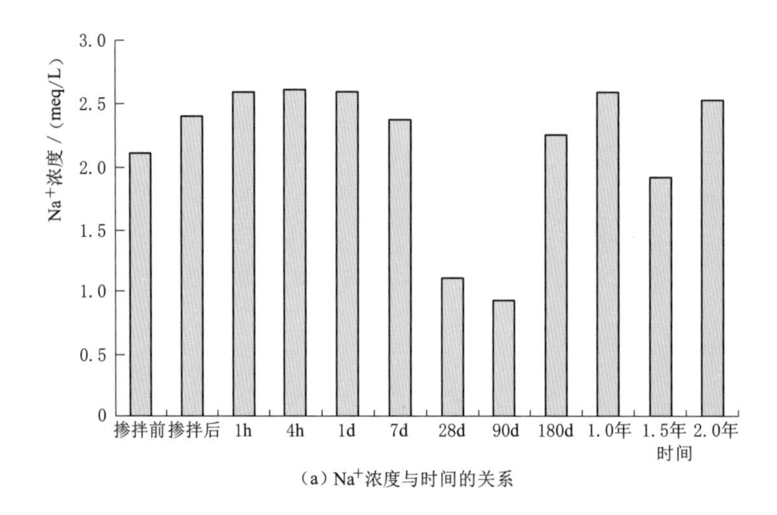

(a) Na^{+}浓度与时间的关系

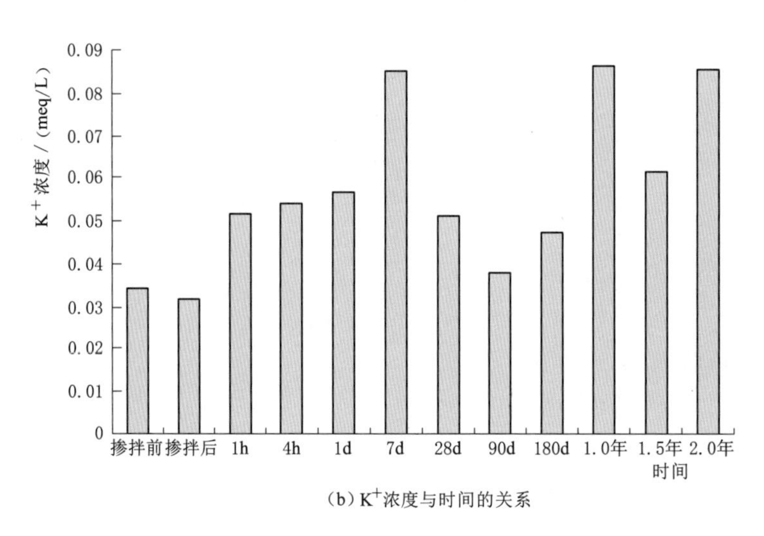

(b) K^{+}浓度与时间的关系

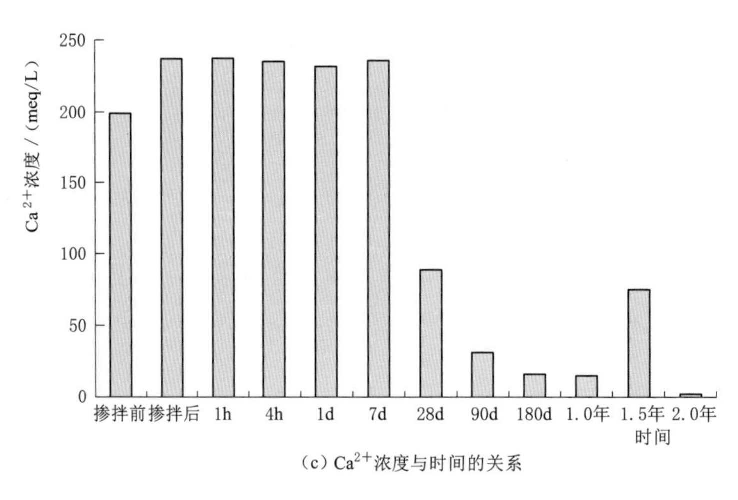

(c) Ca^{2+}浓度与时间的关系

图 2.3-27 (一) 中膨胀土石灰改性前后孔隙水中主要可交换阳离子浓度变化

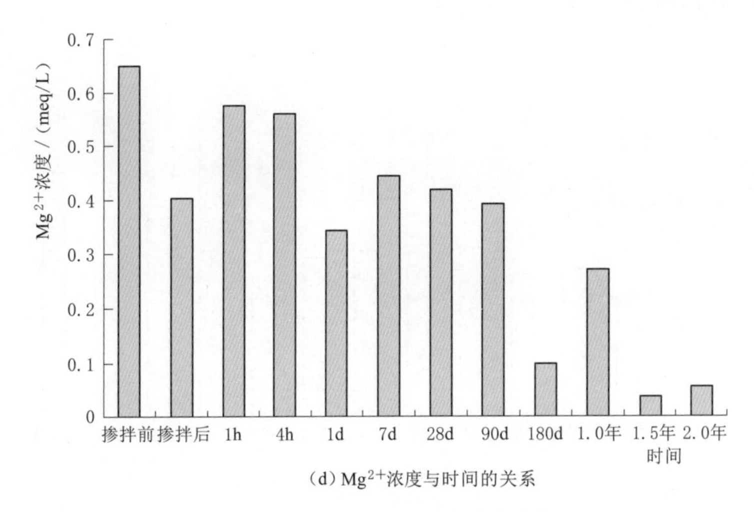

(d) Mg^{2+}浓度与时间的关系

图 2.3-27（二） 中膨胀土石灰改性前后孔隙水中主要可交换阳离子浓度变化

图 2.3-27(b) 给出了中膨胀土石灰改性前后不同龄期的孔隙水中 K^+ 浓度的变化情况。在掺拌石灰马上击实后，测得的 K^+ 浓度没有增加，之后则开始显著增加，并在 7d 时达到峰值。在 28～180d 期间，K^+ 浓度呈波动变化，变化规律比较反常，应与测试取样部位、测试精度有关，没有一致性的变化规律，但基本保持较高水平。

图 2.3-27(c) 为中膨胀土石灰改性前后不同龄期的孔隙水中 Ca^{2+} 浓度的变化情况。在掺拌石灰击实后，测得的 Ca^{2+} 浓度显著增加，并在 7d 的养护龄期达到峰值，之后逐渐降低，并在 2.0 年时达到极低值，说明最终 Ca^{2+} 几乎完全参加了水合反应。7d、28d、90d 这三段龄期内反应最为剧烈。

图 2.3-27(d) 为中膨胀土石灰改性前后不同龄期的孔隙水中 Mg^{2+} 浓度的变化情况。从总体来看，在掺拌石灰击实后，孔隙水中的 Mg^{2+} 浓度随时间呈下降趋势，说明 Mg^{2+} 也部分参与了相关的化学反应，如与碳酸根生成难溶的碳酸镁盐等。

2. 黏土结构中主要阳离子浓度的化学分析

为了分析黏土结构中主要阳离子的变化，对石灰改性处理前后的中膨胀土的土体结构中主要的四类阳离子也进行了化学分析测定。方法是对黏土颗粒进行处理，把主要的阳离子从土体结构中置换出来再进行测定。

图 2.3-28(a) 给出了中膨胀土石灰改性前后不同龄期的黏土矿物结构中 Na^+ 浓度的变化情况。在掺拌石灰击实后，Na^+ 浓度有一个增大过程，之后随养护龄期的增加变化不是很明显，180d 时的浓度突然增加，并达到峰值，此后又开始波动。1.0 年和 2.0 年时测得的 Na^+ 浓度均高于前期除 180d 外的浓度，这是因为可以分析的黏土矿物质大幅减少，所以相对地 Na^+ 浓度占比提高。1.5 年时测定的 Na^+ 浓度比 1.0 年和 2.0 年时都要高，可能是取得样品 Na^+ 比较集中的原因。对 180d 的浓度最高没有很合理的解释，测量误差以及石灰分布不均匀都可能是误差原因。

图 2.3-28(b) 为中膨胀土石灰改性前后不同龄期的黏土矿物结构中 K^+ 浓度的变化情况。在掺拌石灰击实后，K^+ 浓度显著增加，之后随养护龄期的增长总体呈现波动变化

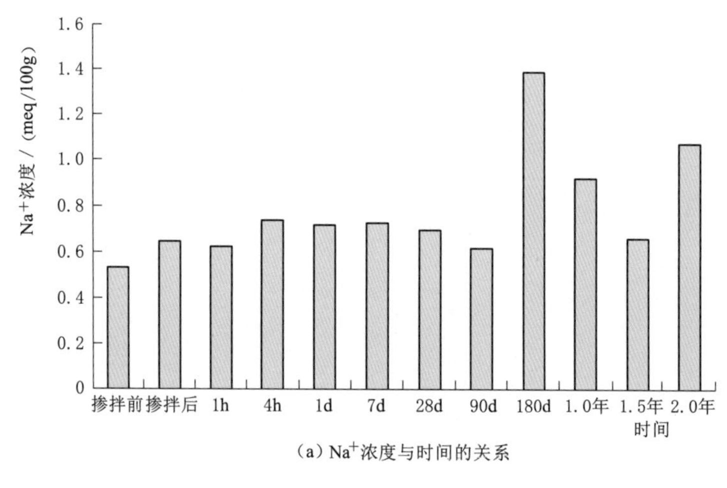

(a) Na^+浓度与时间的关系

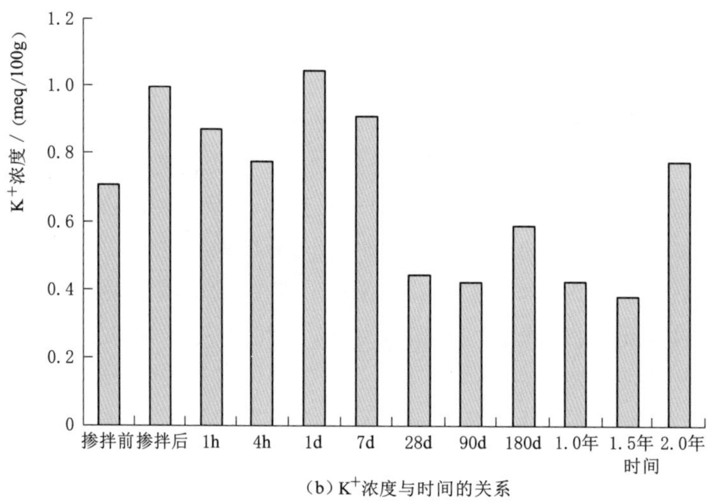

(b) K^+浓度与时间的关系

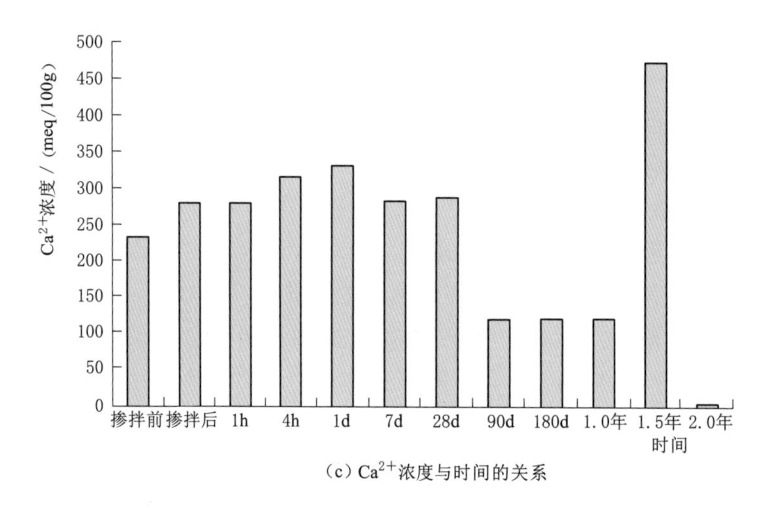

(c) Ca^{2+}浓度与时间的关系

图 2.3-28（一） 中膨胀土石灰改性前后黏土结构中主要可交换阳离子浓度变化

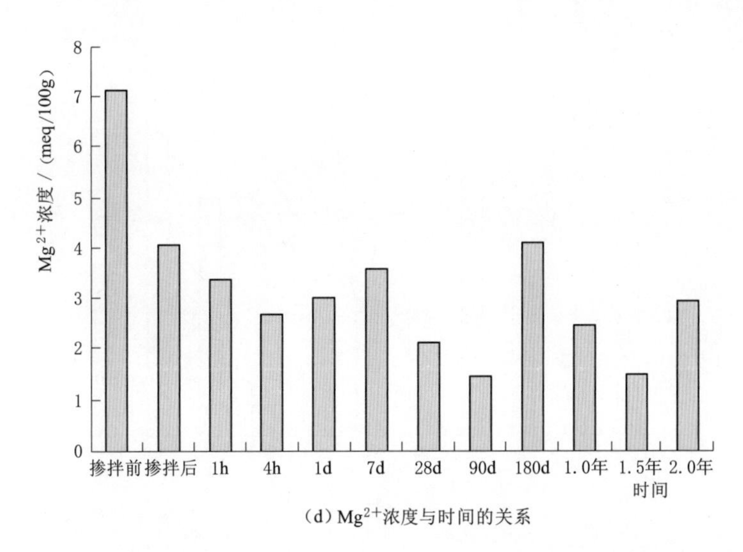

(d) Mg^{2+}浓度与时间的关系

图 2.3-28（二） 中膨胀土石灰改性前后黏土结构中主要可交换阳离子浓度变化

趋势，其变化的原因与 Na^{+} 浓度变化类似。

图 2.3-28(c) 为中膨胀土石灰改性前后不同龄期的黏土矿物结构中 Ca^{2+} 浓度的变化情况。掺拌石灰击实后，测得的 Ca^{2+} 浓度显著增加，之后随养护龄期的增加继续增大，到 1d 时达到峰值。其后，整体呈下降趋势，90d 后，Ca^{2+} 的浓度减少到初始的一半左右。之后，除 1.5 年时测定的 Ca^{2+} 浓度比较异常之外，Ca^{2+} 浓度保持不变。1.5 年时测定的 Ca^{2+} 反常的浓度值可能是由于测量误差引起的。2.0 年时测定的 Ca^{2+} 浓度降到最低，几乎可以忽略，说明黏土结构中的 Ca^{2+} 被充分置换参加了水化反应。

图 2.3-28(d) 为中膨胀土石灰改性前后不同龄期的黏土矿物结构中 Mg^{2+} 浓度的变化情况。掺拌石灰击实后，测得的 Mg^{2+} 浓度显著减小，之后随养护龄期的增加呈波动形态，但整体呈降低趋势。这一变化没有非常清晰的规律，原因可能来自多个方面，整体上来说，添加石灰后，中膨胀土结构中 Mg^{2+} 的浓度要显著低于原来的土样。

2.3.3.2 弱膨胀土石灰改性的化学分析

对石灰改性弱膨胀土的试样也进行了定量的化学分析，分别测定了改性前后不同龄期的土样孔隙水中和黏土矿物结构中主要阳离子浓度的变化。

1. 孔隙水中离子浓度的化学分析

弱膨胀土石灰改性前后不同龄期的孔隙水中主要阳离子浓度的变化情况如图 2.3-29 所示。

在掺拌石灰马上击实后，测得的 Na^{+} 浓度大幅下降，但随后又有所回升。在长达 2.0 年的时间里，基本呈波动状态，Na^{+} 浓度占比在改性前后总量变化不大，如图 2.3-29(a) 所示。测试结果说明弱膨胀土石灰改性对孔隙溶液中 Na^{+} 影响极小，或因弱膨胀土黏土矿物含量较强、中膨胀土更低，所以其变化不十分明显。与强、中膨胀土对比，Na^{+} 浓度在黏土结构中的变化规律并不相似。

弱膨胀土石灰改性前后不同龄期的孔隙水中 K^{+} 浓度的变化情况如图 2.3-29(b) 所示。在掺拌石灰击实后，测得的 K^{+} 浓度并没有立刻增加，之后持续缓慢增加，在 180d～

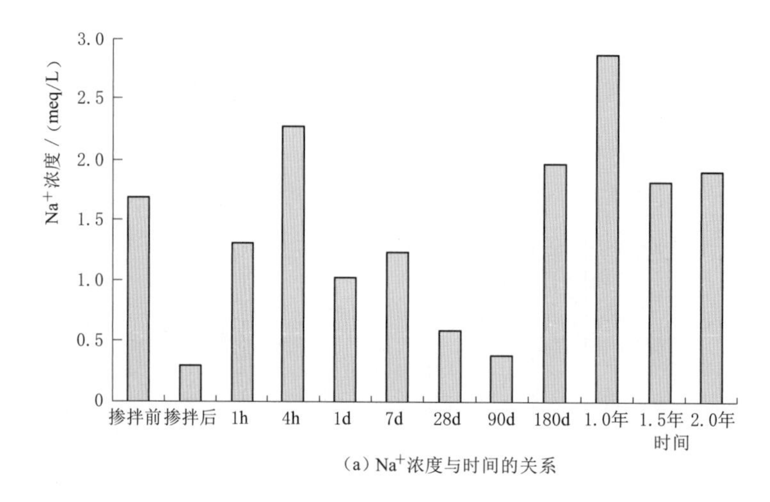

(a) Na^+浓度与时间的关系

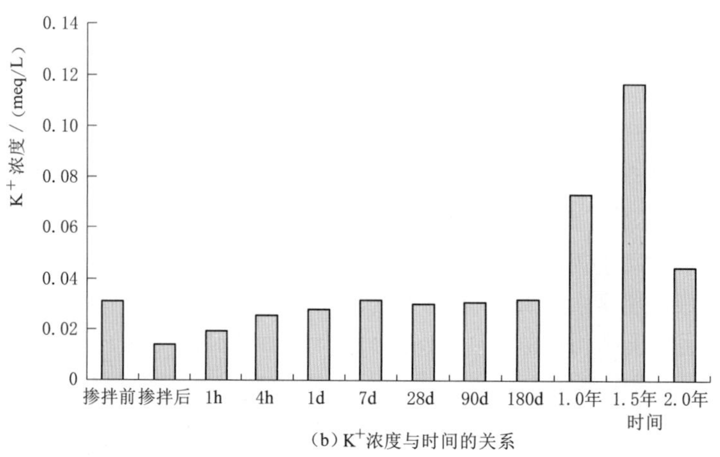

(b) K^+浓度与时间的关系

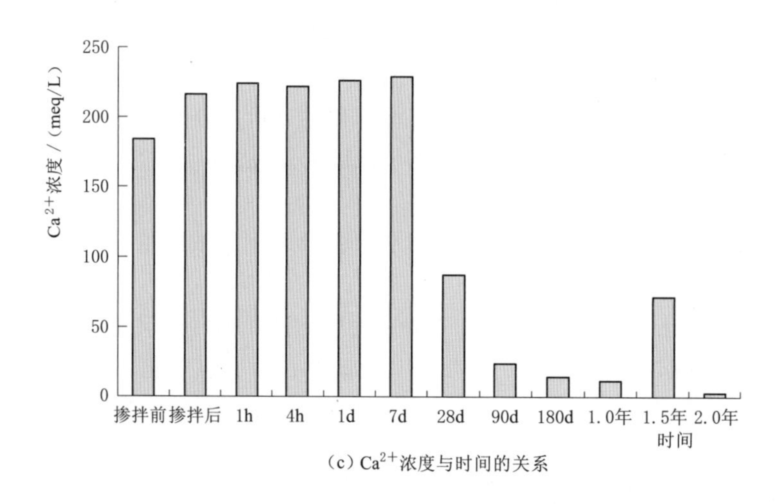

(c) Ca^{2+}浓度与时间的关系

图 2.3-29(一) 弱膨胀土石灰改性前后孔隙水中主要可交换阳离子浓度变化

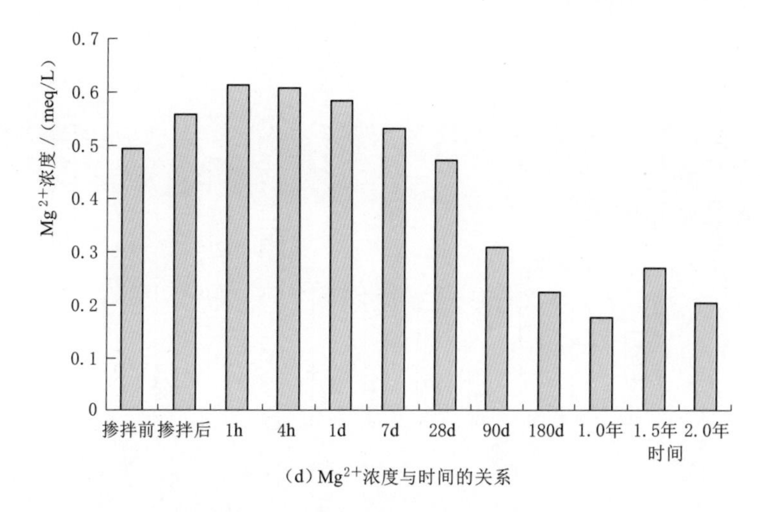

(d) Mg^{2+}浓度与时间的关系

图 2.3-29（二）　弱膨胀土石灰改性前后孔隙水中主要可交换阳离子浓度变化

1年期间达到峰值，在整个测试周期整体呈增长趋势。

图 2.3-29(c) 为弱膨胀土石灰改性前后不同龄期的孔隙水中 Ca^{2+} 浓度的变化情况。在掺拌石灰击实后，测得的 Ca^{2+} 浓度明显增加，然后持续增加，增幅比较缓慢，到7d时达到峰值。此后开始大幅显著降低，其与中膨胀土的反应变化规律基本一致。

图 2.3-29(d) 为弱膨胀土石灰改性前后不同龄期的孔隙水中 Mg^{2+} 浓度的变化情况。在掺拌石灰击实后，Mg^{2+} 浓度明显增加，直到4h时达到峰值，之后 Mg^{2+} 浓度随养护龄期的增加逐渐下降。总体上看，Mg^{2+} 浓度呈下降趋势。

2. 黏土结构中主要阳离子浓度的化学分析

图 2.3-30 给出了弱膨胀土石灰改性前后不同龄期的黏土矿物结构中各类阳离子浓度的变化情况。

在掺拌石灰击实后，Na^+ 的浓度随养护龄期的增加而持续增加，并在90～180d时达到最大值。然后，随养护龄期增加，Na^+ 浓度逐渐减小，到2.0年时的 Na^+ 浓度又大幅增加。整体上，黏土矿物结构中的 Na^+ 浓度要显著大于天然土样中的 Na^+ 浓度，如图 2.3-30(a) 所示。

图 2.3-30(b) 显示，弱膨胀土掺拌石灰击实后，测得的 K^+ 浓度明显增加，1h测定的 K^+ 浓度有所降低，之后 K^+ 浓度持续增加。到7d养护龄期时达到最大值。然后随养护龄期的增加，K^+ 浓度大幅降低。这种降低的趋势缓慢持续到2.0年。2.0年时的 K^+ 浓度甚至低于初始弱膨胀土结构中的 K^+ 浓度。

图 2.3-30(c) 显示，弱膨胀土掺拌石灰击实后，Ca^{2+} 浓度略有增加，之后则基本上保持不变直到90d时开始持续降低，并在1.0年时达到最低。但在1.5年测得的 Ca^{2+} 浓度非常高，疑是取样或测量误差引起。2.0年后的 Ca^{2+} 浓度又降低到几乎可以忽略的程度。

图 2.3-30(d) 显示，弱膨胀土掺拌石灰击实后，Mg^{2+} 浓度急剧降低，然后随养护龄期的不同表现除波动的趋势，但整体依然是降低的趋势，并在2.0年龄期时测定的浓度降到最低。

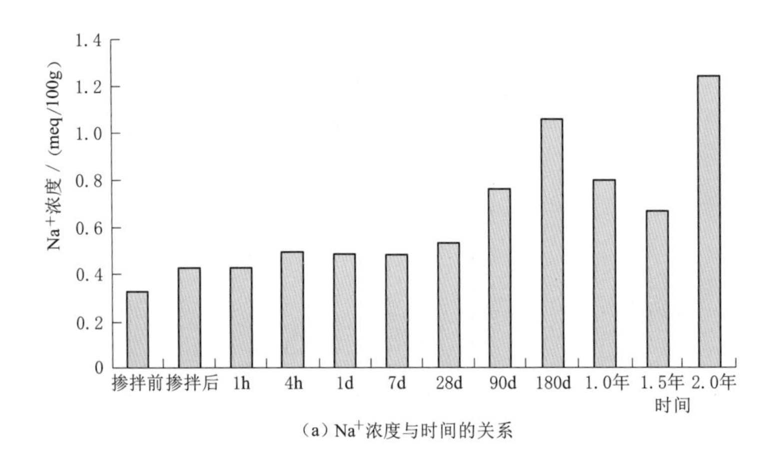

(a) Na^+浓度与时间的关系

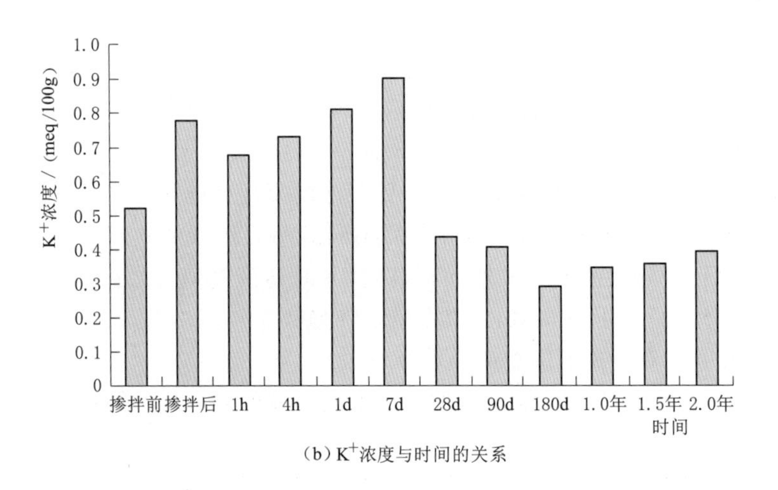

(b) K^+浓度与时间的关系

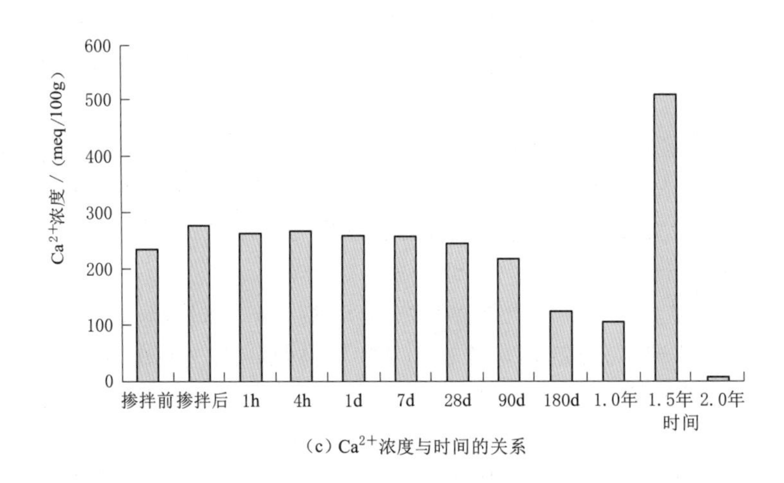

(c) Ca^{2+}浓度与时间的关系

图 2.3-30（一） 弱膨胀土石灰改性前后黏土结构中主要可交换阳离子浓度变化

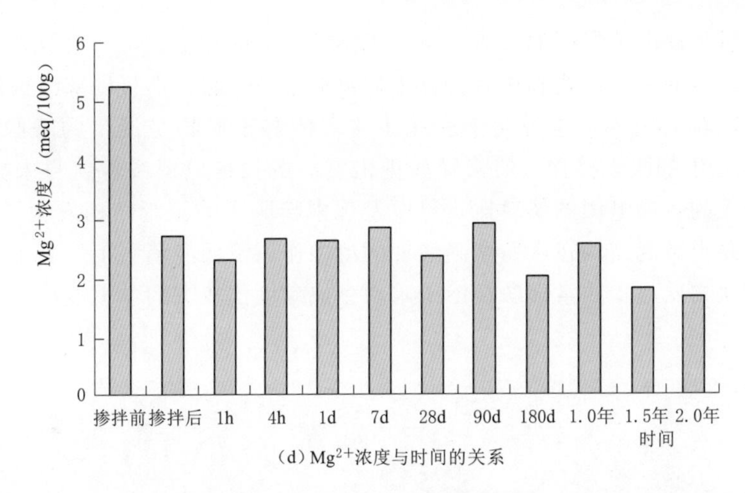

图 2.3-30（二）　弱膨胀土石灰改性前后黏土结构中主要可交换阳离子浓度变化

2.4　阴离子表面活性剂改性膨胀土的微观结构和矿化分析

木质素磺酸钾和木质素磺酸铵两种阴离子表面活性剂被分别应用于研究改良中、弱膨胀土的效果和改性机理。

木质素磺酸钾属于苯甲基丙烷衍生物，溶于水，不溶于乙醇。它本身是一种阴离子型表面活性剂，又由于存在 K^{+}，可以和土中的孔隙溶液或者黏土矿物发生离子交换作用，从而达到改良膨胀土的目的。

木质素磺酸铵是一种多组分高分子聚合物，属于阴离子表面活性剂，有很好的水溶性和表面活性，外观一般为橘黄色（或褐色）细粉状物，干粉遇少量水时具有很强的黏合性。木质素磺酸铵可以用于耐火材料、陶瓷、铸造、型煤、饲料、有机磷肥、水煤浆、合成树脂和胶黏剂等行业。由于木质素磺酸铵属于阴离子表面活性剂，同时又含有大量的 NH_4^{+}，其水溶性和表面活性可以溶蚀黏土颗粒，通过离子交换改变黏土孔隙液体中的离子浓度，从而使黏土的表面孔隙和团聚体变小。

阴离子表面活性剂改性膨胀土的微观结构、矿物成分和化学成分分析运用 SEM（扫描电镜）和 X 射线衍射等测试方法。试验龄期分别考虑了掺拌前后以及掺后 1h、4h、24h、7d、28d、90d、180d、1.0 年、1.5 年及 2.0 年，试样制备先将两种化学试剂以 6% 和 12%（弱膨胀土、中膨胀土）的浓度拌入制备样所需纯净水中，然后按照最优含水率和最大干密度进行试样制备。

2.4.1　阴离子改性剂改良膨胀土的微观结构分析

2.4.1.1　木质素磺酸钾改良中膨胀土的微观结构

为了研究木质素磺酸钾改良中性膨胀土的机理，对不同龄期的木质素磺酸钾改良的中膨胀土进行了一系列的扫描电镜试验分析。

图 2.4-1(a) 为中膨胀土原样的扫描电镜图像。由图可见，天然中膨胀土在最优含

水率经过击实后呈现出不规则的形貌，可以观察到块状的黏土矿物，也可观察到薄片状的黏土矿物，薄片状的黏土矿物和块状的黏土矿物混生在一起，而且内部结构是分散的，能观察到颗粒和颗粒的边界。这说明中膨胀土主要的黏土矿物是混生的蒙脱石和伊利石。图 2.4－1(b) 是中膨胀土掺拌木质素磺酸钾击实后的扫描电镜图像。与未掺拌木质素磺酸钾的中膨胀土的扫描电镜图像对比，可以发现中膨胀土的微观结构发生了显著的变化，较薄的片状的黏土微观结构在木质素磺酸钾的溶蚀作用下已经消失了，黏土颗粒表面有膜状物存在。膜状物质是木质素磺酸钾溶于水后生成黏度比较大的黏稠液体，包覆在黏土颗粒的表面。

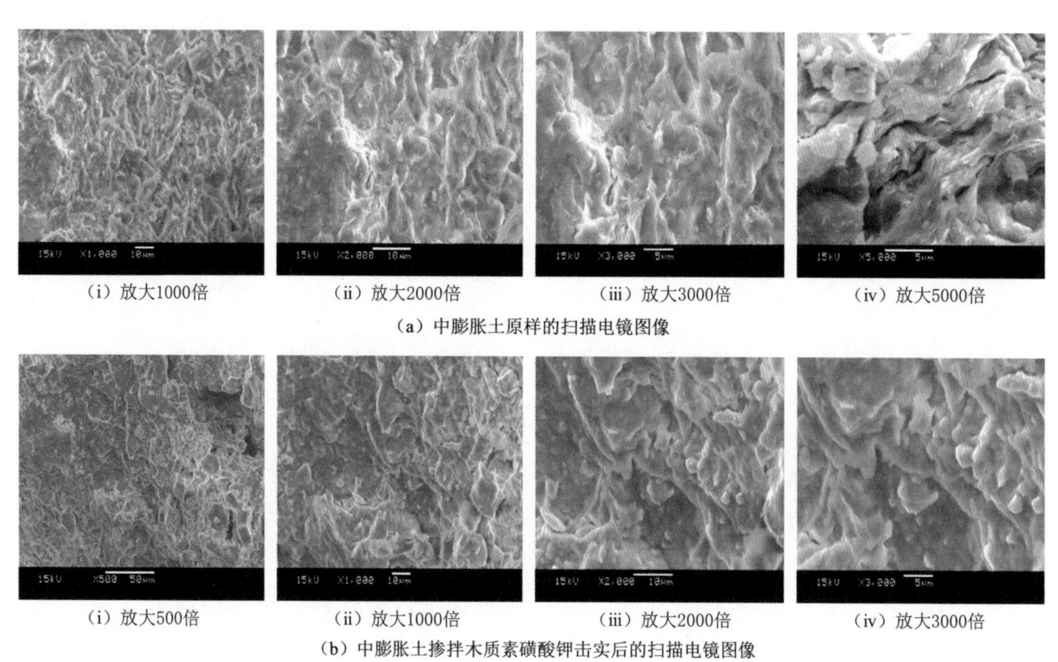
(i) 放大1000倍　(ii) 放大2000倍　(iii) 放大3000倍　(iv) 放大5000倍

(a) 中膨胀土原样的扫描电镜图像

(i) 放大500倍　(ii) 放大1000倍　(iii) 放大2000倍　(iv) 放大3000倍

(b) 中膨胀土掺拌木质素磺酸钾击实后的扫描电镜图像

图 2.4－1　中膨胀土掺拌木质素磺酸钾前后扫描电镜图像比较

图 2.4－2 是中膨胀土掺拌木质素磺酸钾击实后养护 1h 的扫描电镜图像。可以发现木质素磺酸钾对黏土颗粒具有侵蚀作用，原来的黏土矿物变得破碎，形貌变得粗糙。腐蚀作用进一步加剧，膜状物消失，原来大块的黏土矿物颗粒被溶蚀分解为许多较小的颗粒。

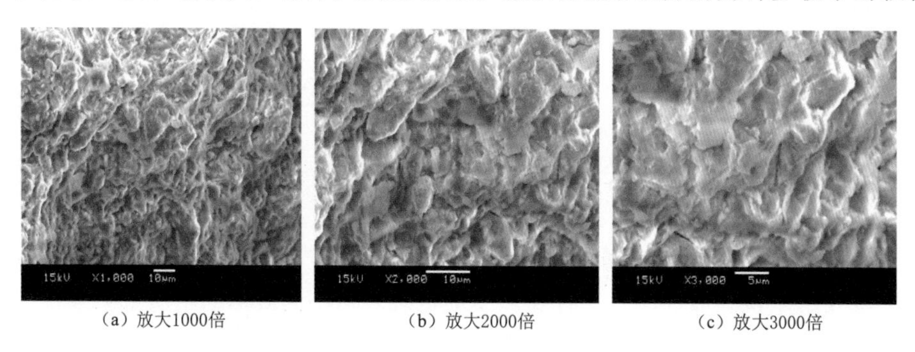
(a) 放大1000倍　(b) 放大2000倍　(c) 放大3000倍

图 2.4－2　中膨胀土掺拌木质素磺酸钾击实后养护 1h 的扫描电镜图像

图 2.4－3 是中膨胀土掺拌木质素磺酸钾击实后养护 4h 的扫描电镜图像。可以发现有些黏土矿物形貌没有受到影响，仍然保持着原来的形貌，说明木质素磺酸钾分布不是完全均匀，短时间内不能完全渗透到土体中。

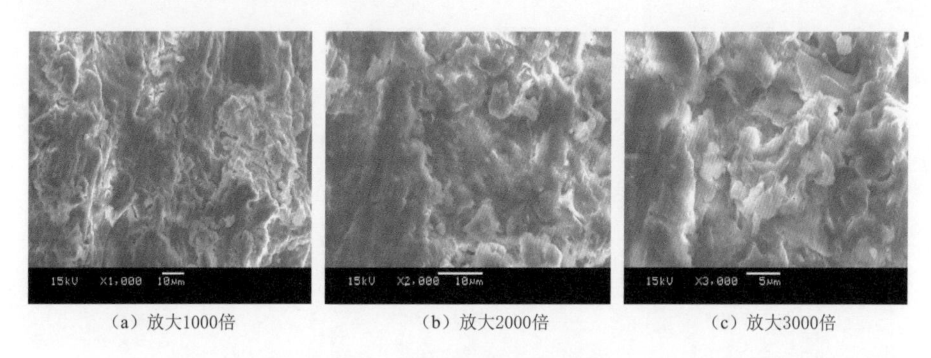

（a）放大1000倍　（b）放大2000倍　（c）放大3000倍

图 2.4－3　中膨胀土掺拌木质素磺酸钾击实后养护 4h 的扫描电镜图像

图 2.4－4 是中膨胀土掺拌木质素磺酸钾击实后养护 24h 的扫描电镜图像。可以发现腐蚀作用进一步深化发展，黏土颗粒内部已经被溶蚀分解成很多细小颗粒。颗粒进一步变得粗糙不平。

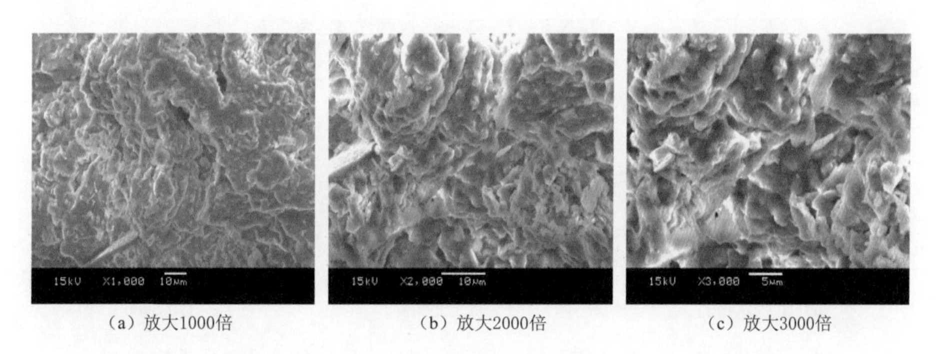

（a）放大1000倍　（b）放大2000倍　（c）放大3000倍

图 2.4－4　中膨胀土掺拌木质素磺酸钾击实后养护 24h 的扫描电镜图像

图 2.4－5 是中膨胀土掺拌木质素磺酸钾击实后养护 7d 的扫描电镜图像。可以观察到生成了一种六角形的薄片状晶体。

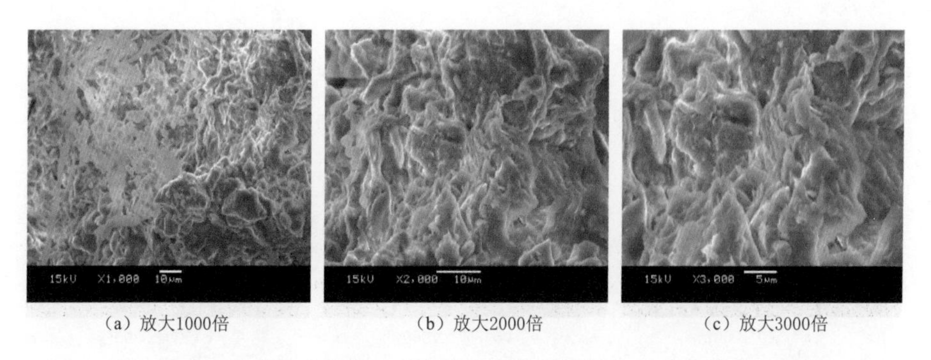

（a）放大1000倍　（b）放大2000倍　（c）放大3000倍

图 2.4－5　中膨胀土掺拌木质素磺酸钾击实后养护 7d 的扫描电镜图像

图 2.4－6 是中膨胀土掺拌木质素磺酸钾击实后养护 28d 时的扫描电镜图像。可以发现黏土颗粒内部已经被溶蚀分解成很多细小颗粒团聚起来，形成大的聚合体，并出现一些链状的结构。微观形貌上表现得更加粗糙。

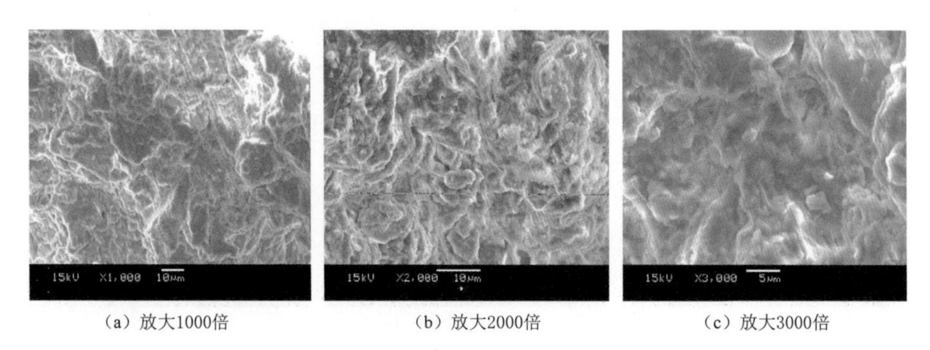

(a) 放大1000倍　(b) 放大2000倍　(c) 放大3000倍

图 2.4－6　中膨胀土掺拌木质素磺酸钾击实后养护 28d 的扫描电镜图像

图 2.4－7 是中膨胀土掺拌木质素磺酸钾击实后养护 90d 时的扫描电镜图像。链条状的结构被许多不同大小的团聚体形式的结构所取代，形状为圆形或椭圆形，这与文献［31］中石灰改性膨胀土微观结构的变化是一致的。

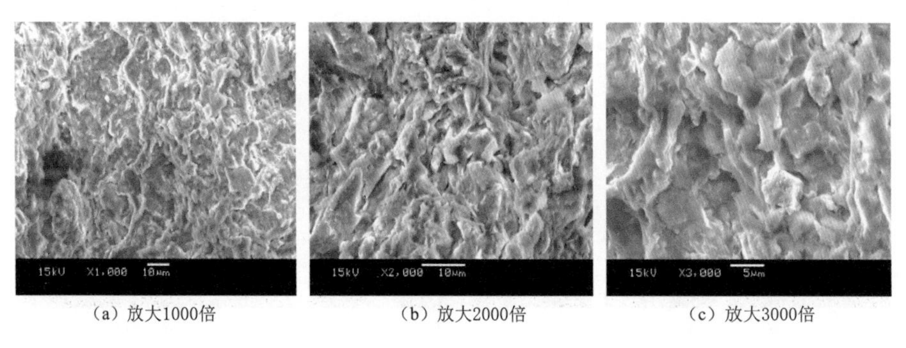

(a) 放大1000倍　(b) 放大2000倍　(c) 放大3000倍

图 2.4－7　中膨胀土掺拌木质素磺酸钾击实后养护 90d 的扫描电镜图像

图 2.4－8 是中膨胀土掺拌木质素磺酸钾击实后养护 180d 时的扫描电镜图像。薄片状的黏土结构在这里已经难以观察到，说明随着养护时间的进一步增加，黏土颗粒会进一步被侵蚀、分解。

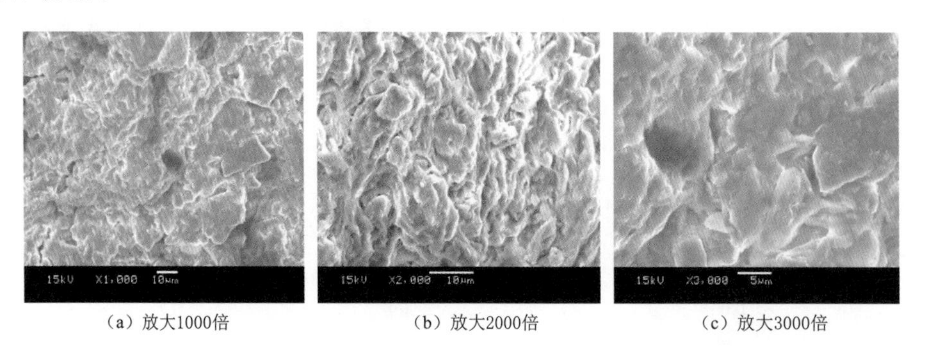

(a) 放大1000倍　(b) 放大2000倍　(c) 放大3000倍

图 2.4－8　中膨胀土掺拌木质素磺酸钾击实后养护 180d 的扫描电镜图像

随着养护时间的增长，1.0年时，拍摄到的扫描电镜图像如图2.4－9所示。这里可以看到有新的晶体生成，这些新的晶体呈现出丝状、网状的结构形式，长度从几微米到十几微米不等，这种结构性质往往有助于增强土体的强度，使其具有一定的抗拉、抗剪切的能力，虽然目前尚不清楚这种晶体具体是什么。

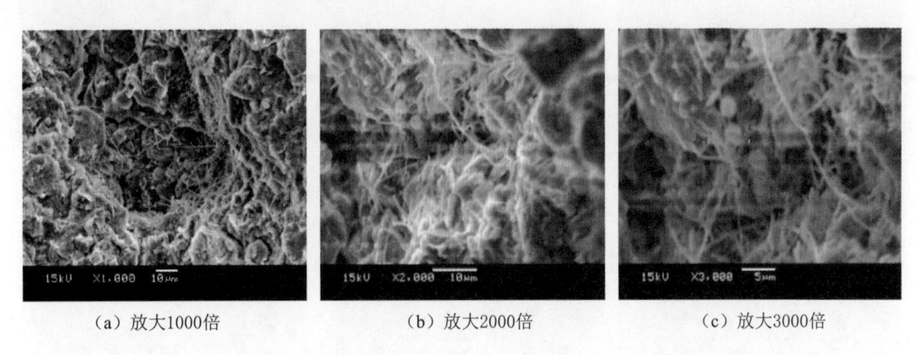

（a）放大1000倍　（b）放大2000倍　（c）放大3000倍

图2.4－9　中膨胀土掺拌木质素磺酸钾击实后养护1.0年的扫描电镜图像

随着养护时间的增长，1.5年时观察到丝状物质的存在，而且丝状的晶体明显地在长度上有所增加。说明随着养护时间的增加，木质素磺酸钾后期的强度会有一定程度的增加，因为没有进行1.5年养护时间的强度试验工作，其强度增加的幅度还有待进行更多的试验工作验证。养护时间达到2.0年后，仍然可以观察到丝状物质的存在，颗粒团聚在一起，表面粗糙不平（见图2.4－10）。2.0年后丝状物质的存在说明这一物质能够长期存在，维持改良后膨胀土的强度。

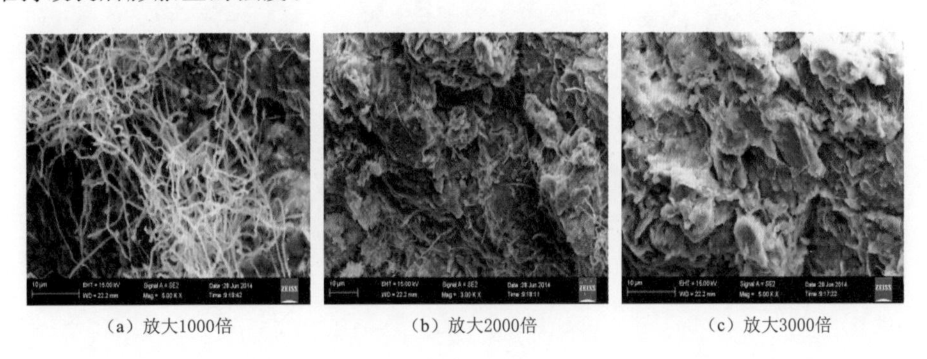

（a）放大1000倍　（b）放大2000倍　（c）放大3000倍

图2.4－10　中膨胀土掺拌木质素磺酸钾击实后养护2.0年的扫描电镜图像

2.4.1.2　木质素磺酸钾改良弱膨胀土的微观结构

针对弱膨胀土，也进行了木质素磺酸钾改良弱膨胀土的扫描电镜分析。图2.4－11(a)是弱膨胀土在最优含水率击实后的扫描电镜图像，前文已经对此进行了详细的描述。

图2.4－11(b)是弱膨胀土掺拌木质素磺酸钾击实后的扫描电镜图像。与原来的结构相比，木质素磺酸钾对弱膨胀土也产生了溶蚀作用，但是微观结构变化不大。

图2.4－12是弱膨胀土掺拌木质素磺酸钾击实后养护1h的扫描电镜图像。木质素磺酸钾对弱膨胀土黏土颗粒表面的侵蚀非常明显，并且有新的小的圆形颗粒物质在表面生成，也有一种膜物质包覆在黏土颗粒表面。

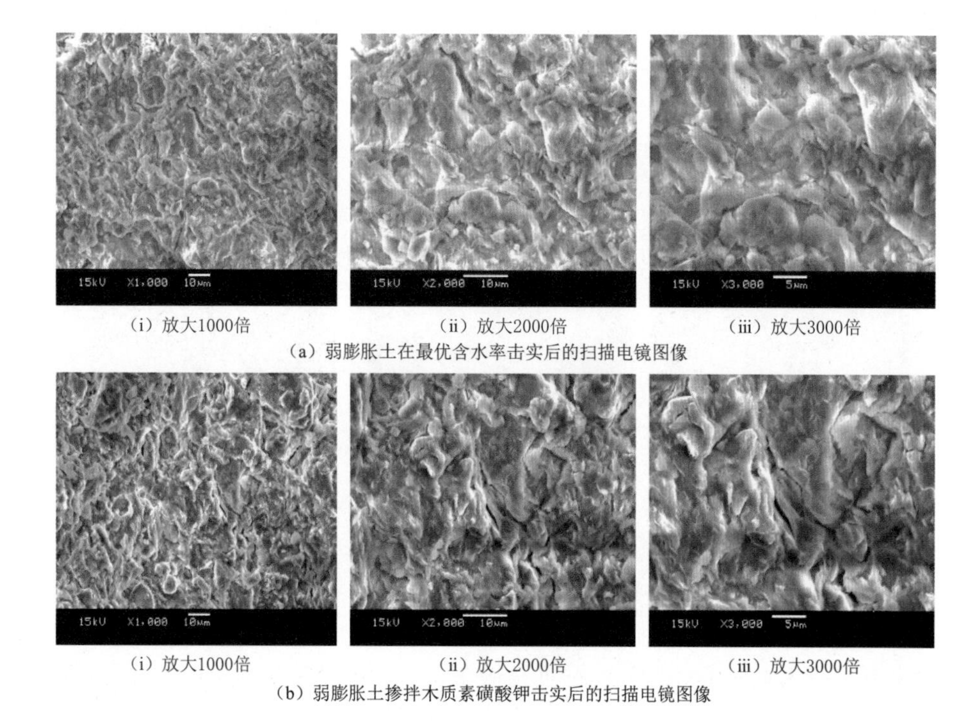

(i) 放大1000倍　(ii) 放大2000倍　(iii) 放大3000倍

(a) 弱膨胀土在最优含水率击实后的扫描电镜图像

(i) 放大1000倍　(ii) 放大2000倍　(iii) 放大3000倍

(b) 弱膨胀土掺拌木质素磺酸钾击实后的扫描电镜图像

图 2.4-11　弱膨胀土掺拌木质素磺酸钾前后的扫描电镜图像比较

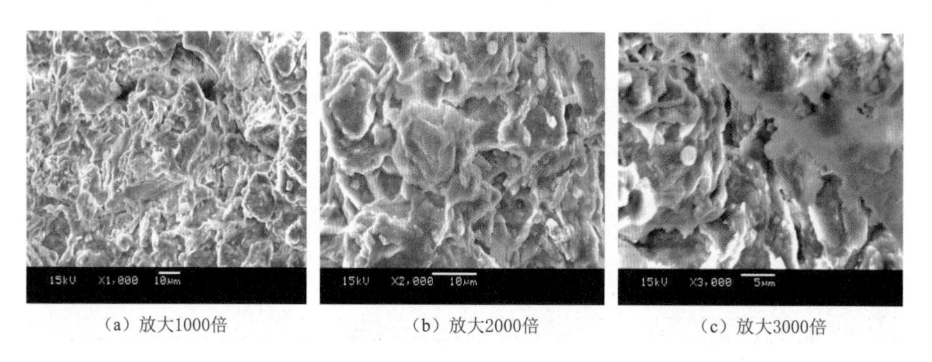

(a) 放大1000倍　(b) 放大2000倍　(c) 放大3000倍

图 2.4-12　弱膨胀土掺拌木质素磺酸钾击实后养护 1h 的扫描电镜图像

图 2.4-13 是弱膨胀土掺拌木质素磺酸钾击实后养护 4h 的扫描电镜图像。木质素磺酸钾的腐蚀性作用进一步增强，并且很清晰地看到有许多丝状和网状的结构存在，将黏土颗粒联结和包裹起来。

图 2.4-14 是弱膨胀土掺拌木质素磺酸钾击实后养护 24h 的扫描电镜图像。丝状的结构消失，黏土颗粒被溶蚀分解成更多小的、碎散的块体。

图 2.4-15 是弱膨胀土掺拌木质素磺酸钾击实后养护 7d 时的扫描电镜图像。黏土颗粒的溶蚀和分解进一步加剧、深化。

图 2.4-16 是弱膨胀土掺拌木质素磺酸钾击实后养护 28d 时的扫描电镜图像。黏土颗粒的溶蚀和分解进一步加强，深入到内部，并且在内部观察到有丝状结构出现。

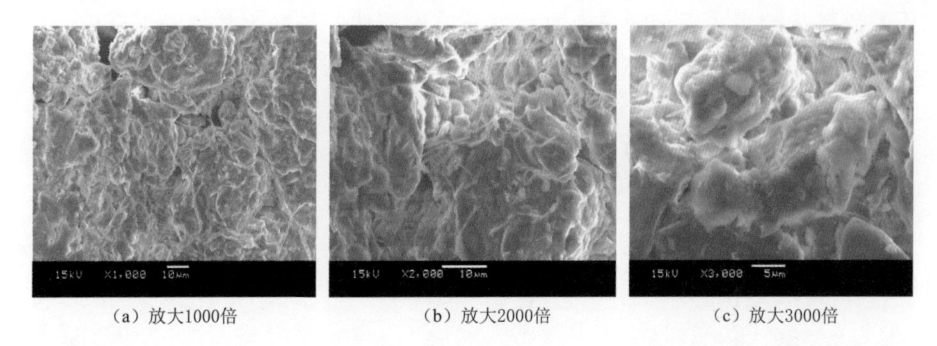

（a）放大1000倍　（b）放大2000倍　（c）放大3000倍

图 2.4-13　弱膨胀土掺拌木质素磺酸钾击实后养护 4h 的扫描电镜图像

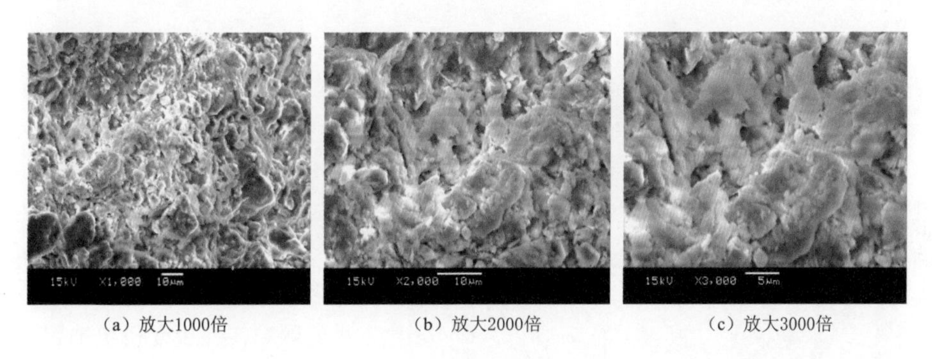

（a）放大1000倍　（b）放大2000倍　（c）放大3000倍

图 2.4-14　弱膨胀土掺拌木质素磺酸钾击实后养护 24h 的扫描电镜图像

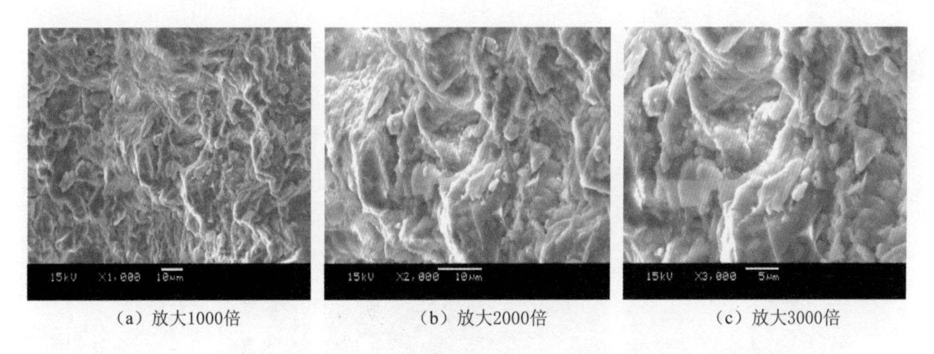

（a）放大1000倍　（b）放大2000倍　（c）放大3000倍

图 2.4-15　弱膨胀土掺拌木质素磺酸钾击实后养护 7d 的扫描电镜图像

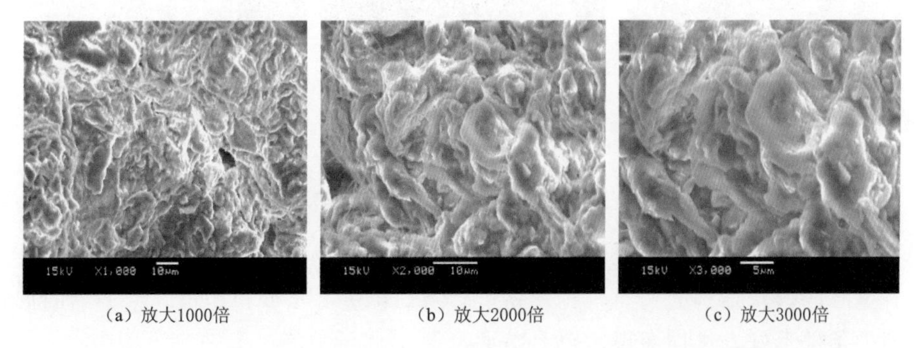

（a）放大1000倍　（b）放大2000倍　（c）放大3000倍

图 2.4-16　弱膨胀土掺拌木质素磺酸钾击实后养护 28d 的扫描电镜图像

木质素磺酸钾溶于水后变成具有黏稠度较高的液体，与黏土矿物发生反应，首先生成丝网状的结构物，之后固化，黏土的腐蚀可破坏作用加剧。

图 2.4-17 是弱膨胀土掺拌木质素磺酸钾击实后养护 90d 时的扫描电镜图像。黏土矿物颗粒发生分解，并且有聚团的现象发生。

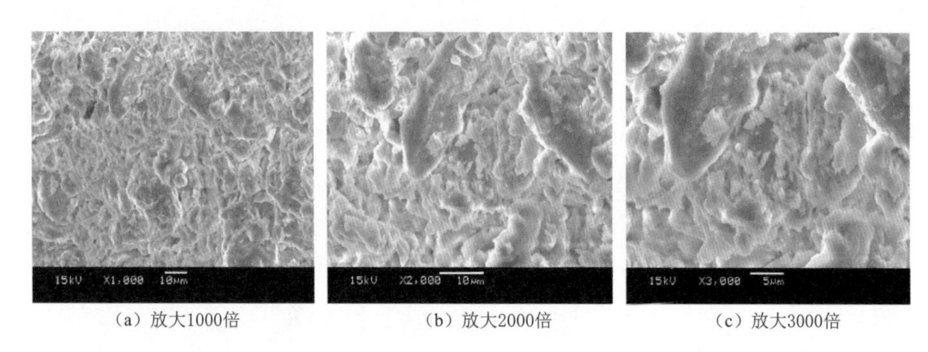

(a) 放大1000倍　(b) 放大2000倍　(c) 放大3000倍

图 2.4-17　弱膨胀土掺拌木质素磺酸钾击实后养护 90d 的扫描电镜图像

图 2.4-18 是弱膨胀土掺拌木质素磺酸钾击实后养护 180d 时的扫描电镜图像。黏土矿物颗粒发生进一步分解，边缘被溶蚀，并且有更多聚团的现象发生。表面分布有许多比较小的颗粒，形貌变得更加粗糙。与初始的形貌相比，已经彻底发生了变化。

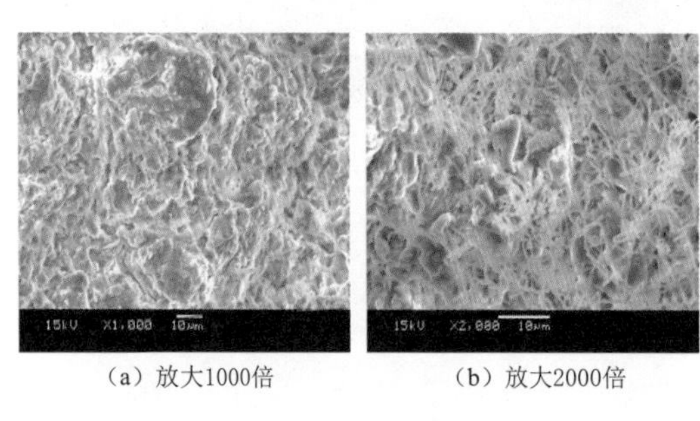

(a) 放大1000倍　(b) 放大2000倍

图 2.4-18　弱膨胀土掺拌木质素磺酸钾击实后养护 180d 的扫描电镜图像

图 2.4-19 是弱膨胀土掺拌木质素磺酸钾击实后养护 1.0 年时的扫描电镜图像。仍然观察到有丝状的结构物质生成，黏土矿物颗粒进一步变得粗糙。分散的结构消失，取而代之的是比较紧密联系在一起的团聚体结构。

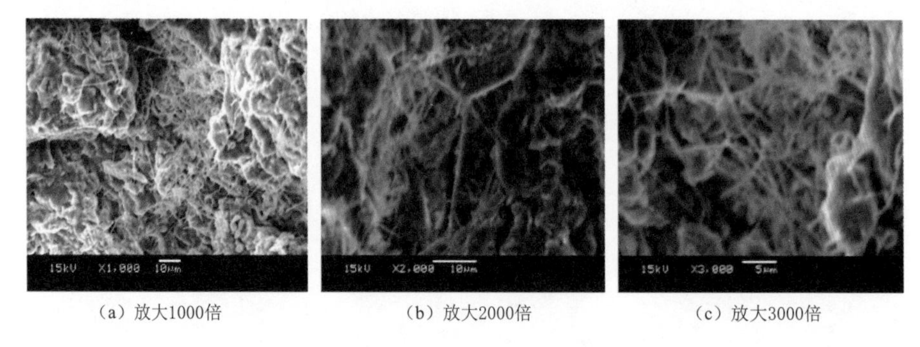

(a) 放大1000倍　(b) 放大2000倍　(c) 放大3000倍

图 2.4-19　弱膨胀土掺拌木质素磺酸钾击实后养护 1.0 年的扫描电镜图像

图 2.4-20 是弱膨胀土掺拌木质素磺酸钾击实后养护 1.5 年时的扫描电镜图像。仍然观察到有更多的丝状结构的物质生成，黏土矿物颗粒进一步变得粗糙，呈干缩的形状，这是因为养护条件不好，试样变得比较干燥了。

总结上述对弱膨胀土掺拌木质素磺酸钾的分析，可以得出如下的结论：木质素磺酸钾掺入土中后，溶于水中，变成比较黏稠的液体，然后包裹在黏土颗粒的表面，并和黏土颗粒发生反应，如粒子交换，溶蚀，分解等；进一步地，生成丝状、网状的物质，这种物质能够增加土的抗剪切强度，同时，随着养护时间的增加，黏土颗粒逐渐地结团、结块，变得更加粗糙，提高了土的摩擦强度。这可以用来解释木质素磺酸钾改性弱膨胀土的主要机理。同时，这个改性过程是一个比较长期的过程。

(a) 放大1000倍

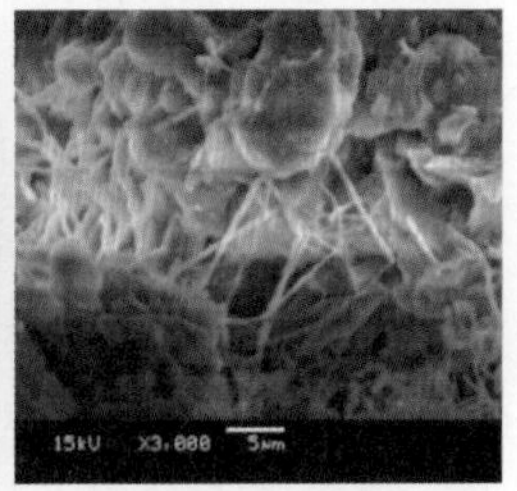

(b) 放大3000倍

图 2.4-20 弱膨胀土掺拌木质素磺酸钾击实后养护1.5年的扫描电镜图像

2.4.1.3 木质素磺酸铵改良中膨胀土的微观结构

为了研究木质素磺酸铵改良中膨胀土的机理，对木质素磺酸铵改良中膨胀土进行了一系列的扫描电镜分析。图 2.4-21(a) 为中膨胀土原样的扫描电镜图像。分析可见，中膨胀土的微观结构和强膨胀土是不同的，其原样的扫描电镜图像中黏土颗粒仍然可以看到比较分散的一种结构形式，有比较薄的片状的结构，也有块状的结构形式，但不像强膨胀土那样薄，并且颗粒也没有扫描电镜图像中所显示的颗粒直径大。

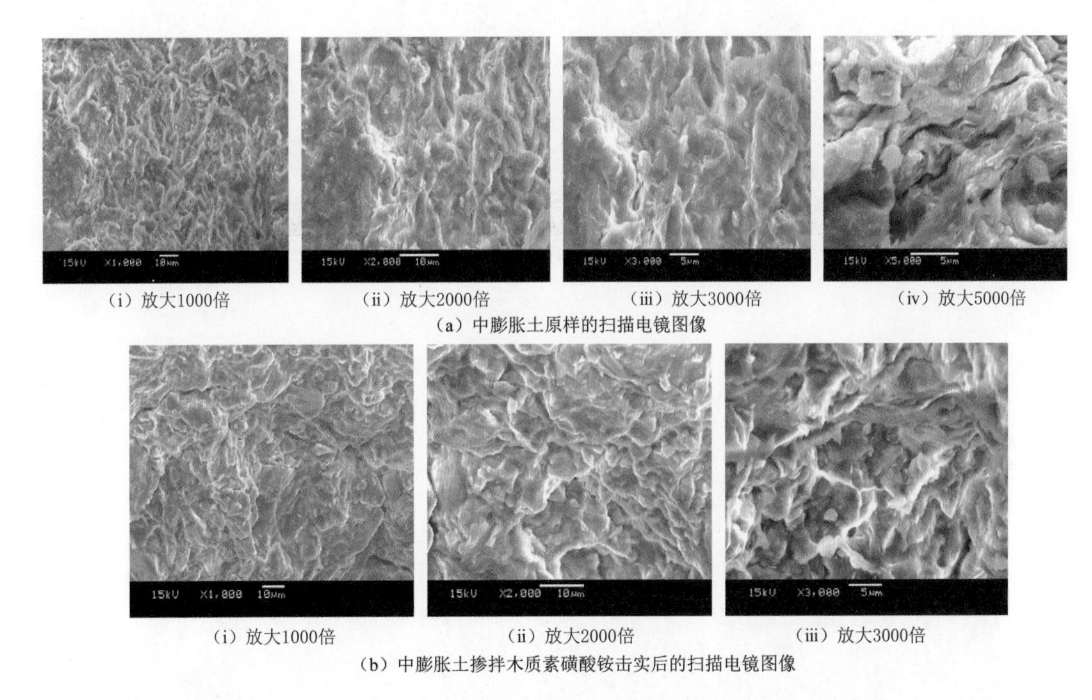

(i) 放大1000倍 (ii) 放大2000倍 (iii) 放大3000倍 (iv) 放大5000倍

(a) 中膨胀土原样的扫描电镜图像

(i) 放大1000倍 (ii) 放大2000倍 (iii) 放大3000倍

(b) 中膨胀土掺拌木质素磺酸铵击实后的扫描电镜图像

图 2.4-21 中膨胀土掺拌木质素磺酸铵前后的扫描电镜图像

通过喷洒溶液的方式掺拌木质素磺酸铵，拌匀密封 24h 后，进行击实。图 2.4-21(b) 给出了中膨胀土掺拌木质素磺酸铵击实后的扫描电镜图像。可以观察到黏土颗粒表面产生

了溶蚀作用，那些很薄的边缘的结构已经不复可见，整个表面变得比较粗糙不平，颗粒外边好似裹了一层膜状的物质。

图 2.4-22 给出了中膨胀土掺拌木质素磺酸铵击实后养护 1h 的扫描电镜图像。可以观察到黏土颗粒表面产生了较强的溶蚀作用，颗粒已经变得比较散碎，并且内部有溶蚀出现。并且可以看到单个较大颗粒的轮廓。

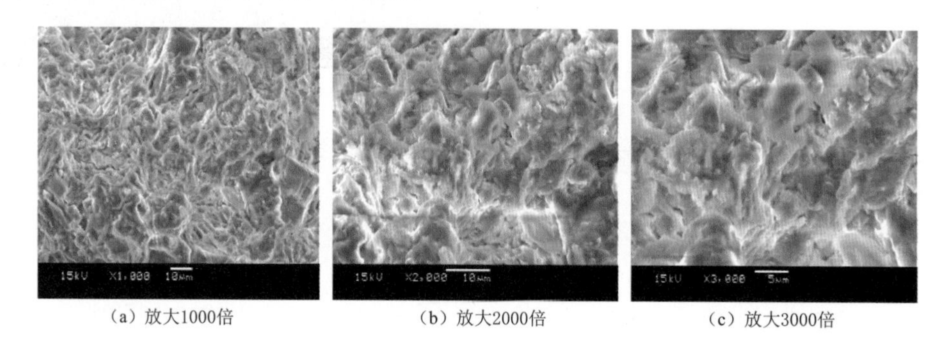

(a) 放大1000倍　(b) 放大2000倍　(c) 放大3000倍

图 2.4-22　中膨胀土掺拌木质素磺酸铵击实后养护 1h 的扫描电镜图像

图 2.4-23 给出了中膨胀土掺拌木质素磺酸铵击实后养护 4h 的扫描电镜图像。可见较小的、碎散的颗粒已经聚合在一起，形成尺寸较大的聚合体。

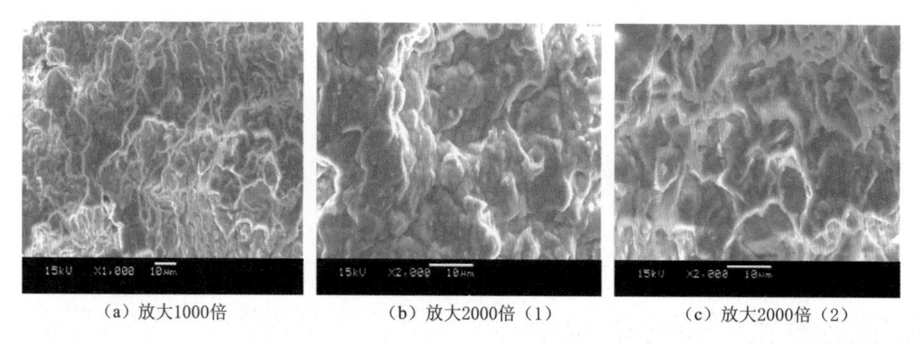

(a) 放大1000倍　(b) 放大2000倍（1）　(c) 放大2000倍（2）

图 2.4-23　中膨胀土掺拌木质素磺酸铵击实后养护 4h 的扫描电镜图像

图 2.4-24 给出了中膨胀土掺拌木质素磺酸铵击实后养护 24h 的扫描电镜图像。较大的聚合体进一步形成很多尺寸较小的条带状凝胶，并且向黏土矿物内部发展，微观表面形成了许多条纹状分布的颗粒结构。

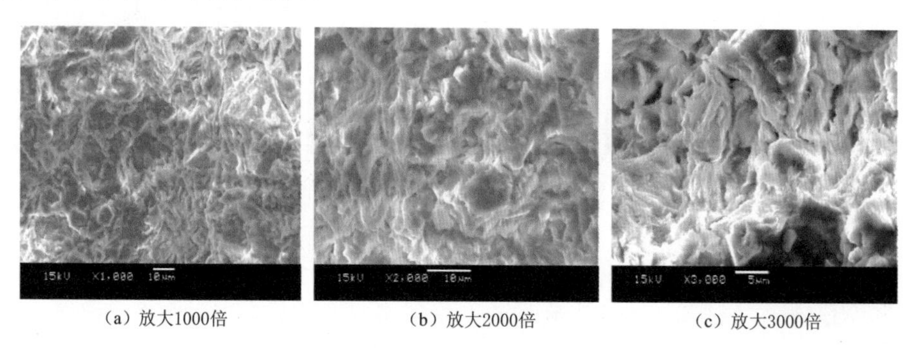

(a) 放大1000倍　(b) 放大2000倍　(c) 放大3000倍

图 2.4-24　中膨胀土掺拌木质素磺酸铵击实后养护 24h 的扫描电镜图像

图 2.4－25 给出了中膨胀土掺拌木质素磺酸铵击实后养护 7d 时的扫描电镜图像。黏土矿物的溶蚀进一步加剧，条带状凝胶在黏土内充分发展，颗粒外表变得更加斑驳陆离。

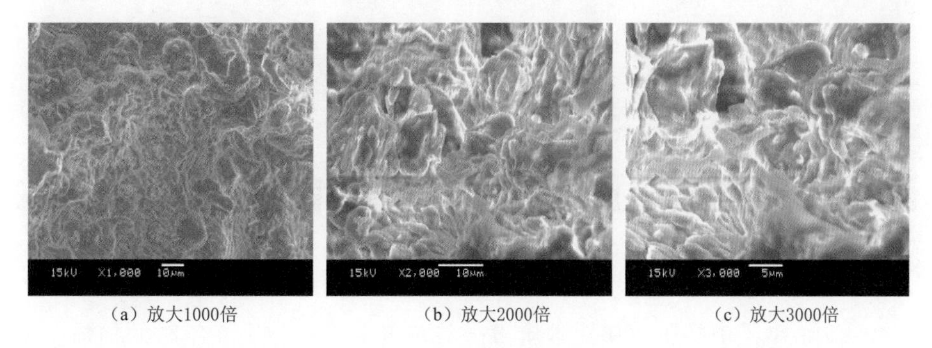

（a）放大1000倍　（b）放大2000倍　（c）放大3000倍

图 2.4－25　中膨胀土掺拌木质素磺酸铵击实后养护 7d 的扫描电镜图像

图 2.4－26 给出了中膨胀土掺拌木质素磺酸铵击实后养护 28d 时的扫描电镜图像。黏土矿物的溶蚀进一步加剧，条带状凝胶在黏土内充分发展，颗粒团聚在一起形成比较大的结构。

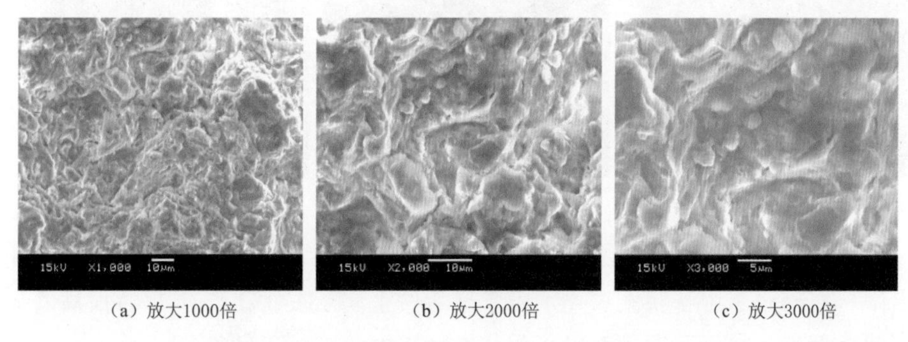

（a）放大1000倍　（b）放大2000倍　（c）放大3000倍

图 2.4－26　中膨胀土掺拌木质素磺酸铵击实后养护 28d 的扫描电镜图像

图 2.4－27 给出了中膨胀土掺拌木质素磺酸铵击实后养护 90d 时的扫描电镜图像。黏土矿物的溶蚀进一步加剧，条带状凝胶在黏土内充分发展，颗粒团聚在一起形成比较大的结构。

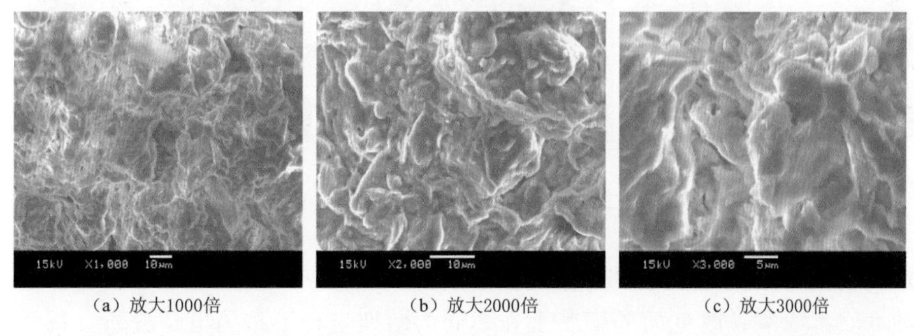

（a）放大1000倍　（b）放大2000倍　（c）放大3000倍

图 2.4－27　中膨胀土掺拌木质素磺酸铵击实后养护 90d 的扫描电镜图像

图 2.4－28 给出了中膨胀土掺拌木质素磺酸铵击实后养护 180d 时的扫描电镜图像。颗粒变得非常粗糙，可以观察到有丝状的物质生成。

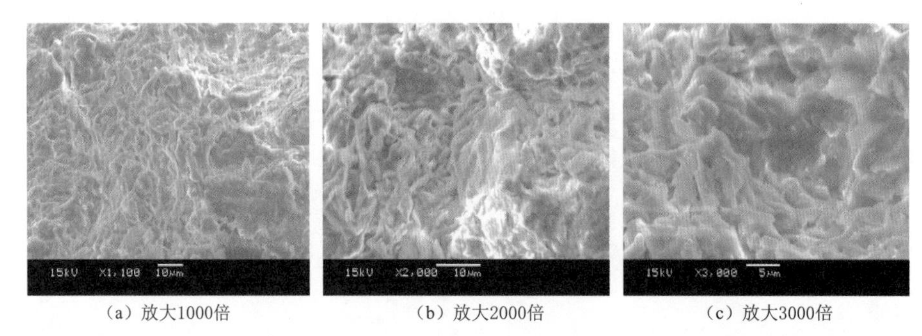

(a) 放大1000倍　　(b) 放大2000倍　　(c) 放大3000倍

图 2.4-28　中膨胀土掺拌木质素磺酸铵击实后养护 180d 的扫描电镜图像

图 2.4-29 给出了中膨胀土掺拌木质素磺酸铵击实后养护 1.0 年时的扫描电镜图像。颗粒变得更加粗糙，可以观察到有更多丝状的物质生成，并交织在一起。

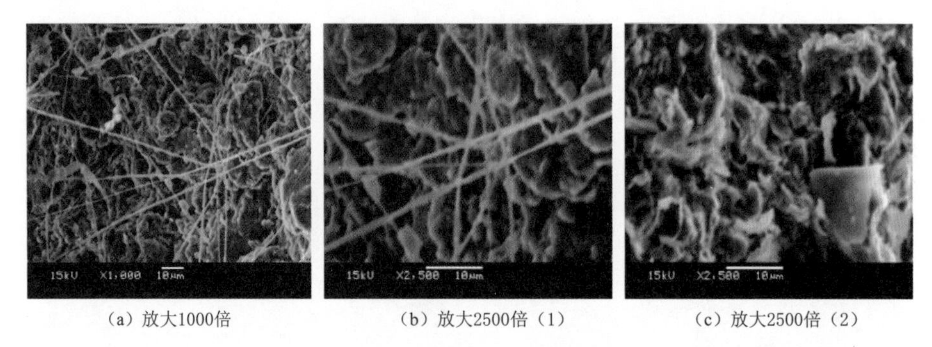

(a) 放大1000倍　　(b) 放大2500倍（1）　　(c) 放大2500倍（2）

图 2.4-29　中膨胀土掺拌木质素磺酸铵击实后养护 1.0 年的扫描电镜图像

图 2.4-30 给出了中膨胀土掺拌木质素磺酸铵击实后养护 1.5 年时的扫描电镜图像。颗粒变得更加粗糙，可以观察到有更多丝状的物质生成，并交织在一起。

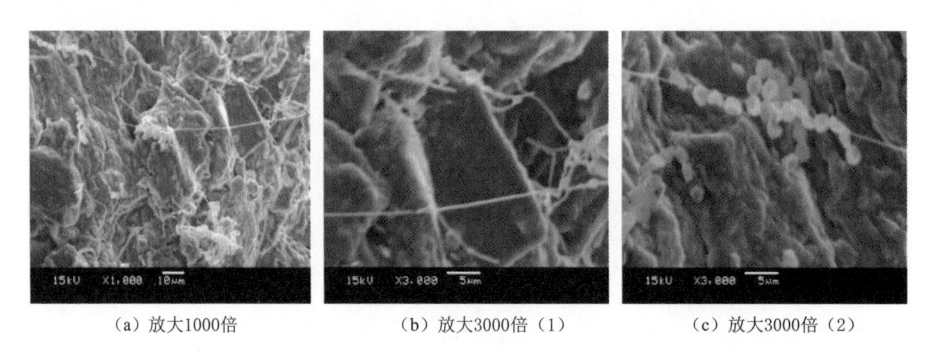

(a) 放大1000倍　　(b) 放大3000倍（1）　　(c) 放大3000倍（2）

图 2.4-30　中膨胀土掺拌木质素磺酸铵击实后养护 1.5 年的扫描电镜图像

2.4.1.4　木质素磺酸铵改良弱膨胀土的微观结构

针对木质素磺酸铵改良的弱膨胀土在不同的龄期进行了扫描电镜分析。试样的准备方法同中膨胀土掺拌木质素磺酸铵类似。图 2.4-31(a) 为弱膨胀土原样的扫描电镜图像。

图 2.4-31(b) 是弱膨胀土掺拌木质素磺酸铵击实后的扫描电镜图像。可以观察到有

明显的结构变化发生，由于木质素磺酸铵的溶蚀作用，薄片状的结构消失，矿物颗粒外边由膜状物包覆，遮盖住了内部黏土结构的具体形式。木质素磺酸铵溶于水中后，变成比较黏稠的液体，包裹在了黏土矿物的表面。

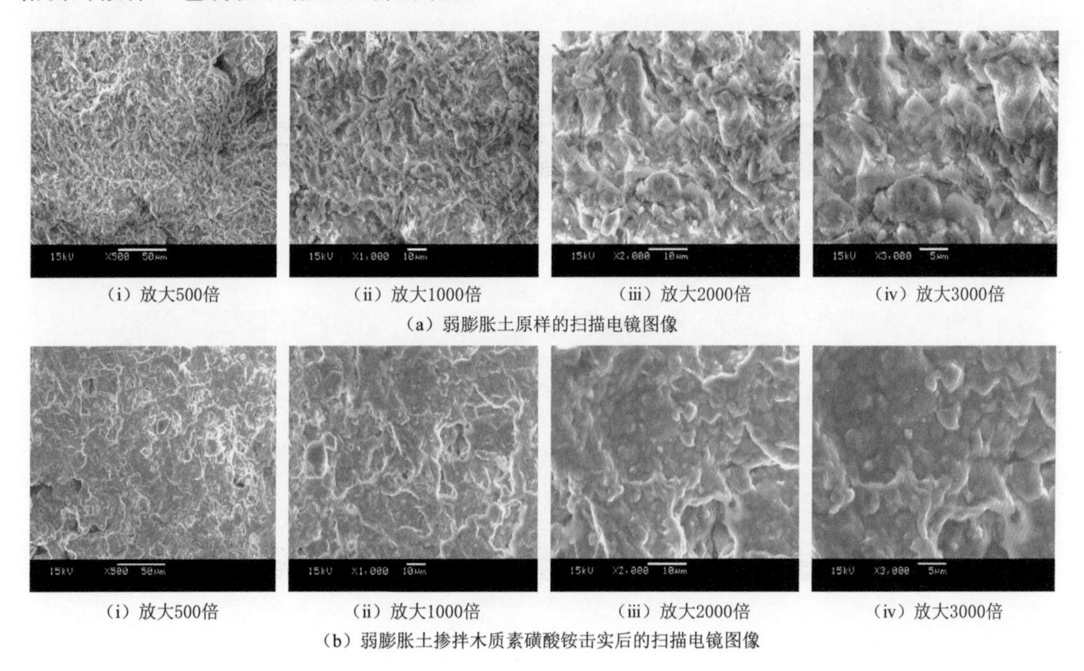

（i）放大500倍　（ii）放大1000倍　（iii）放大2000倍　（iv）放大3000倍

（a）弱膨胀土原样的扫描电镜图像

（i）放大500倍　（ii）放大1000倍　（iii）放大2000倍　（iv）放大3000倍

（b）弱膨胀土掺拌木质素磺酸铵击实后的扫描电镜图像

图 2.4-31　弱膨胀土掺拌木质素磺酸铵前后扫描电镜图像

图 2.4-32 是弱膨胀土掺拌木质素磺酸铵击实后养护 1h 的扫描电镜图像。可以观察到腐蚀作用进一步加剧，黏土颗粒被分解成了许多分散的、细小的颗粒，也有一些较大的颗粒团聚体的结构形成。

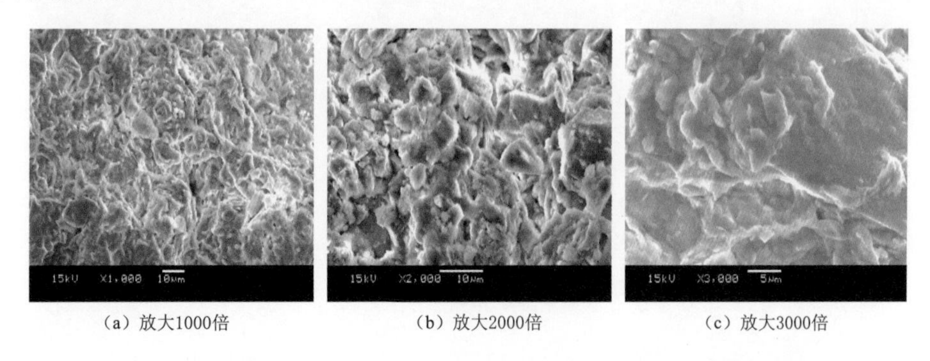

（a）放大1000倍　（b）放大2000倍　（c）放大3000倍

图 2.4-32　弱膨胀土掺拌木质素磺酸铵击实后养护 1h 的扫描电镜图像

图 2.4-33 是弱膨胀土掺拌木质素磺酸铵击实后养护 4h 的扫描电镜图像。可以观察到腐蚀作用进一步加剧，黏土颗粒被进一步分解破坏，并在一些地方深入到黏土矿物内部。

图 2.4-34 是弱膨胀土掺拌木质素磺酸铵击实后养护 24h 的扫描电镜图像。与 4h 的形貌相比，并没有太大的变化。

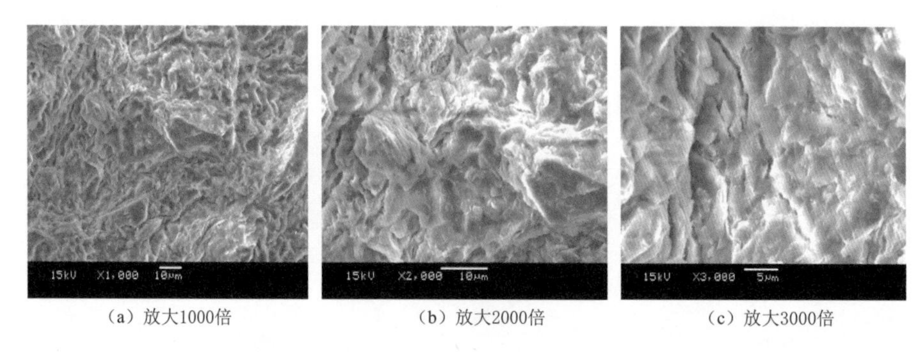

（a）放大1000倍　　（b）放大2000倍　　（c）放大3000倍

图 2.4-33　弱膨胀土掺拌木质素磺酸铵击实后养护 4h 的扫描电镜图像

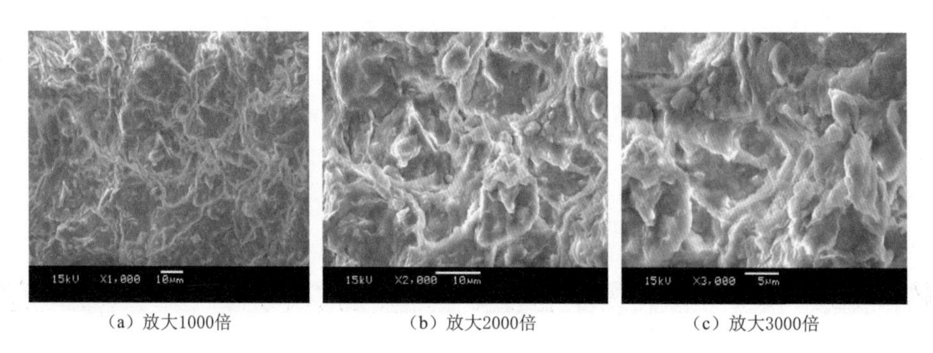

（a）放大1000倍　　（b）放大2000倍　　（c）放大3000倍

图 2.4-34　弱膨胀土掺拌木质素磺酸铵击实后养护 24h 的扫描电镜图像

图 2.4-35 是弱膨胀土掺拌木质素磺酸铵击实后养护 7d 的扫描电镜图像。团聚体颗粒增多，但是仍然有一些分散的小颗粒存在。颗粒表面被腐蚀得比较粗糙。

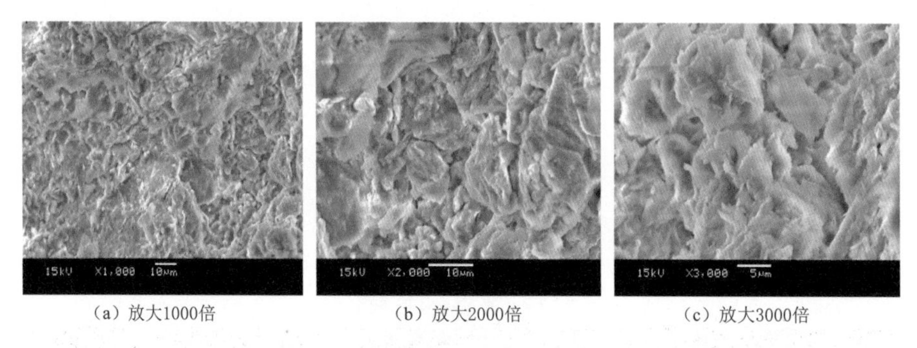

（a）放大1000倍　　（b）放大2000倍　　（c）放大3000倍

图 2.4-35　弱膨胀土掺拌木质素磺酸铵击实后养护 7d 的扫描电镜图像

图 2.4-36 是弱膨胀土掺拌木质素磺酸铵击实后养护 28d 的扫描电镜图像。可以观察到颗粒表面被腐蚀得更加斑驳陆离、粗糙不平。

图 2.4-37 是弱膨胀土掺拌木质素磺酸铵击实后养护 90d 的扫描电镜图像。显示有些地方被腐蚀得比较粗糙，有些地方仍然保持了类似于天然土样的形貌，说明木质素磺酸铵的分布是不均匀的。

图 2.4-38 是弱膨胀土掺拌木质素磺酸铵刚击实后养护 180d 的扫描电镜图像。观察到腐蚀作用进一步向深处发展，颗粒变得更加粗糙，并有许多小的颗粒。

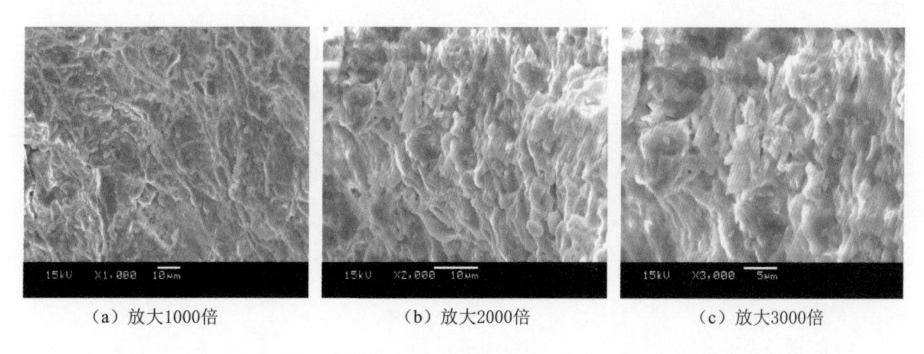

（a）放大1000倍　（b）放大2000倍　（c）放大3000倍

图 2.4－36　弱膨胀土掺拌木质素磺酸铵击实后养护 28d 的扫描电镜图像

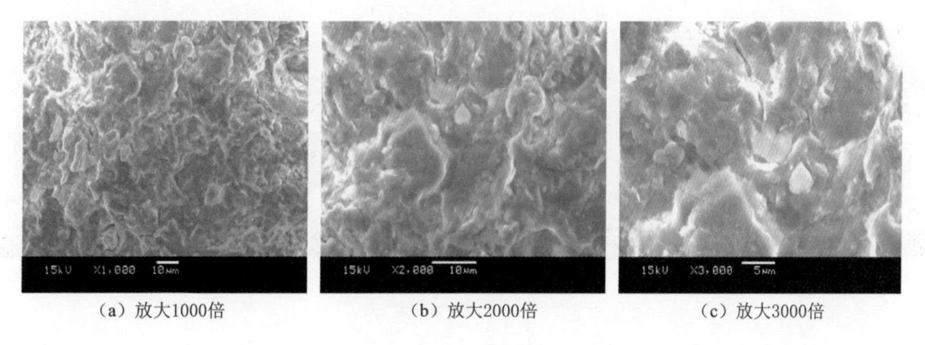

（a）放大1000倍　（b）放大2000倍　（c）放大3000倍

图 2.4－37　弱膨胀土掺拌木质素磺酸铵击实后养护 90d 的扫描电镜图像

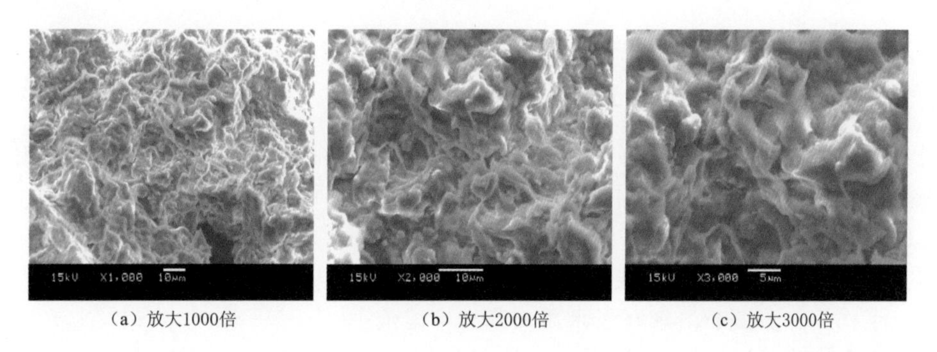

（a）放大1000倍　（b）放大2000倍　（c）放大3000倍

图 2.4－38　弱膨胀土掺拌木质素磺酸铵击实后养护 180d 的扫描电镜图像

图 2.4－39 是弱膨胀土掺拌木质素磺酸铵击实后养护 1.0 年的扫描电镜图像。可以观察到有许多丝状的物质生成，并联结在一起。颗粒变得更加粗糙，孔隙分布比较明显。

图 2.4－40 是弱膨胀土掺拌木质素磺酸铵击实后养护 1.5 年的扫描电镜图像。观察到有更多的丝状的物质生成，并联结在一起。颗粒变得更加粗糙，并且颗粒的尺寸较大，孔隙分布比较明显。

图 2.4－41 是弱膨胀土掺拌木质素磺酸铵击实后养护 2.0 年的扫描电镜图像。可以观察到仍然有丝状的物质存在。颗粒团聚在一起，颗粒变得更加粗糙，并且颗粒的尺寸较大，颗粒表面显示出膜状物质包覆在颗粒表面后失水收缩的形貌。

（a）放大1000倍　（b）放大2000倍　（c）放大3000倍

图 2.4-39　弱膨胀土掺拌木质素磺酸铵击实后养护 1.0 年的扫描电镜图像

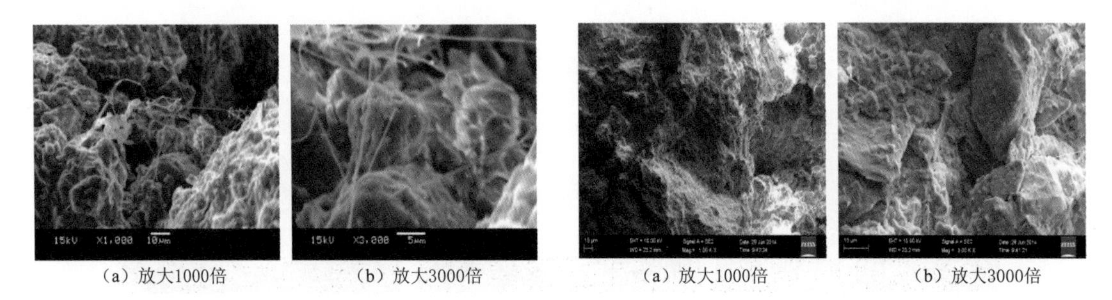

（a）放大1000倍　（b）放大3000倍

图 2.4-40　弱膨胀土掺拌木质素磺酸铵击实后养护 1.5 年的扫描电镜图像

（a）放大1000倍　（b）放大3000倍

图 2.4-41　弱膨胀土掺拌木质素磺酸铵击实后养护 2.0 年的扫描电镜图像

2.4.2　矿物成分的 X 射线衍射分析

2.4.2.1　木质素磺酸钾改良中膨胀土的矿物成分

对不同龄期的木质素磺酸钾改性中膨胀土试样进行了矿物成分的 X 射线衍射分析。对比天然中膨胀土的 X 射线衍射试验结果分析，加入木质素磺酸钾后，可能生成新的矿物或晶体。与中膨胀土原样的 X 射线衍射图谱相比，中膨胀土掺拌 12%的木质素磺酸钾溶液击实后蒙脱石峰值在 X 射线衍射图中消失了。说明木质素磺酸钾溶液与黏土中的蒙脱石发生了作用，蒙脱石溶解在了木质素磺酸钾溶液中。

掺拌木质素磺酸钾溶液击实后 1h，X 射线衍射图谱出现了一个新的峰值（2.99Å）。说明木质素磺酸钾溶液进一步与黏土中的矿物发生作用，生成新的物质。此后，观察了养护 4h、24h、7d、28d、90d 的 X 射线衍射图谱，均没有明显的变化。

图 2.4-42 总结了中膨胀土掺拌木质素磺酸钾击实前后不同龄期的 X 射线衍射图谱。从这些衍射图中可以观察到在 90d 之内，不同龄期的衍射模式没有明显的差异，基本上是相同的。但是在 180d 时，观察到衍射的强度明显降低，衍射模式基本保持不变。当在较长的养护龄期（1.0 年和 1.5 年）时，则基本上没有多少反射强度了，也没有其他的明显黏土矿物相的峰值出现。这说明，经过较长的养护时间后，中膨胀土掺拌木质素磺酸钾改性后的产物也呈现出无定型的物态。

2.4.2.2　木质素磺酸钾改良弱膨胀土的矿物成分

对不同龄期的木质素磺酸钾改良弱膨胀土试样进行了 X 射线衍射试验，以得到改良

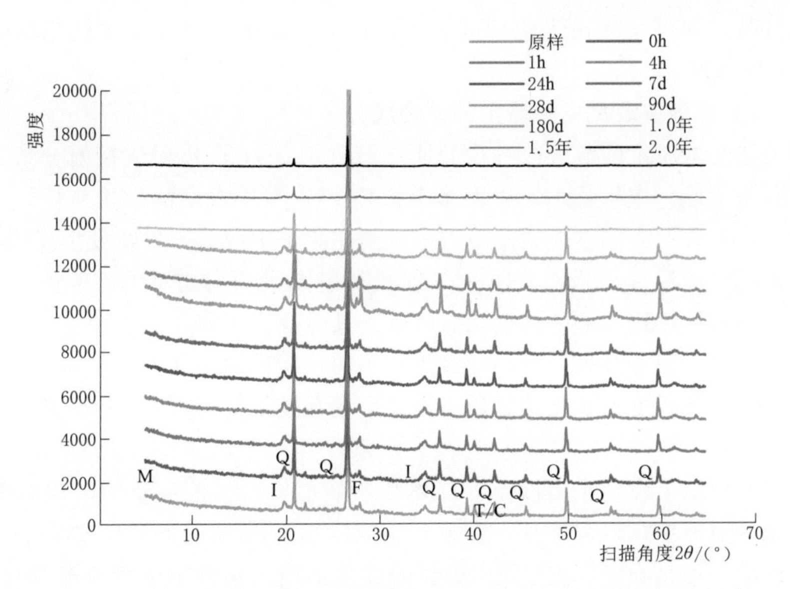

图 2.4-42　不同龄期中膨胀土掺拌木质素磺酸钾击实前后的X射线衍射图谱综合比较

膨胀土的矿物成分。试样制备方法和X射线衍射试验方法和其他部分相同。结果显示，弱膨胀土掺拌6%浓度的木质素磺酸钾击实后，X射线衍射图谱与未添加木质素磺酸钾前没有明显的变化。直到28d龄期，X射线衍射图谱变化微小，从90d以后，观察到最显著的变化是衍射强度大幅度降低。说明结晶形态的黏土矿物和非黏土矿物的晶体结构都被破坏得比较严重。与天然弱膨胀土相比，并没有明显的、新的峰值生成。

图2.4-43总结了弱膨胀土掺拌木质素磺酸钾击实前后不同龄期的X射线衍射图谱。从这张衍射图中可以观察到，在28d之内，不同龄期的衍射模式没有明显的差异，基本上是相同的。但是在90d和之后更长的养护期内，则基本上没有多少反射强度了，也没有其他的明显黏土矿物相的峰值出现。这说明，经过较长的养护时间后，弱膨胀土掺拌木质素

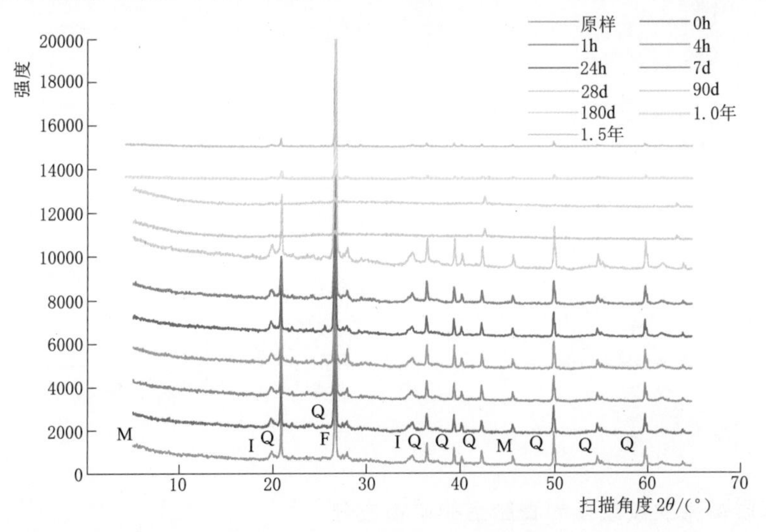

图 2.4-43　不同龄期弱膨胀土掺拌木质素磺酸钾击实前后的X射线衍射图谱综合比较

磺酸钾改性后的产物也呈现出无定型的物态，而且，黏土矿物非晶体转化的时间发生在90d左右的养护龄期。

2.4.2.3 木质素磺酸铵改良中膨胀土的矿物成分

对不同龄期的木质素磺酸铵改性中膨胀土试样也进行了X射线衍射分析，试验方法和试验步骤同前所述。成果显示，中膨胀土掺拌12%木质素磺酸铵击实后，可以观察到蒙脱石峰值明显消失。表明木质素磺酸铵溶液与膨胀土中的黏土矿物发生反应，溶解了蒙脱石等黏土矿物。此后直至28d龄期的X射线衍射图谱均变化不大。养护90d时，X射线衍射图谱的衍射强度比28d的强度稍有降低，其他变化不明显。养护1.0年时，X射线衍射图谱衍射强度大幅度降低，说明经过1.0年的长期作用，黏土的矿物结构包括石英都被破坏了，形成晶体程度比较差的物质，不能形成有效的衍射。2.0年时黏土矿物的衍射峰值已经非常微弱。

图2.4-44总结了中膨胀土掺拌12%木质素磺酸铵击实前后不同龄期的X射线衍射图谱。从这张衍射图中可以观察到，在180d之内，不同龄期的衍射模式没有明显的差异，基本上是相同的。但是在180d之后和更长的养护期内，则基本上没有多少反射强度了，尤其是在养护龄期为1.0年、1.5年和2.0年时，除了石英的微弱衍射峰，没有其他明显黏土矿物相的峰值出现。这说明，经过较长的养护时间后，中膨胀土掺拌木质素磺酸铵改性后的产物也呈现出无定型的物态，而且，黏土矿物非晶体转化的时间发生在养护龄期1.0年左右。衍射强度的减弱说明固化剂已经改变了黏土矿物的晶格属性，从本质上对膨胀土进行了改良，甚至石英矿物的衍射强度也大为降低，说明木质素磺酸铵的借助包覆作用渗进晶体矿物内部可能是起着非常重要的作用的。

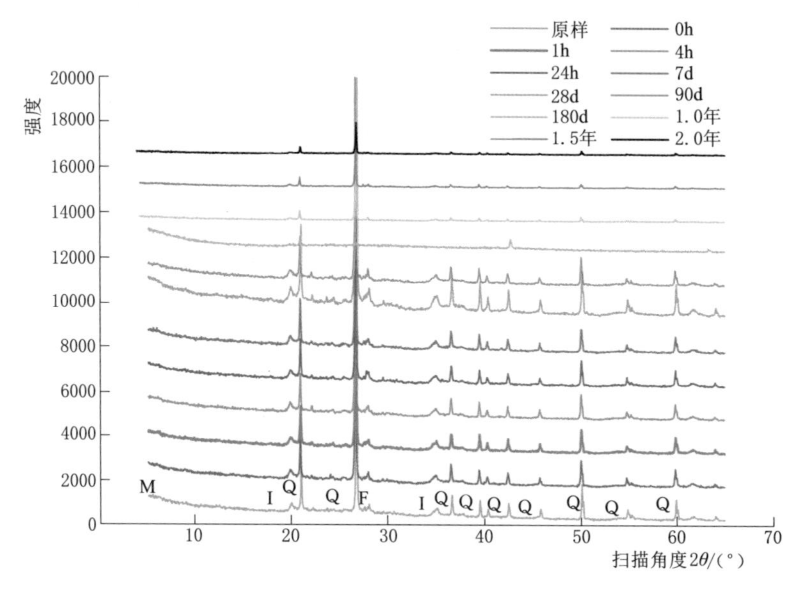

图2.4-44　不同龄期中膨胀土掺拌12%木质素磺酸铵击实前后的X射线衍射图谱综合比较

2.4.2.4 木质素磺酸铵改良弱膨胀土的矿物成分

与上述分析类似，对弱膨胀土掺拌木质素磺酸铵改性前及改性后不同龄期的试样进行了 X 射线衍射试验，分析黏土矿物成分的变化。试验成果显示，与改良前弱膨胀土的 X 射线衍射图谱相比，在养护龄期 180d 以内，X 射线衍射图谱均没有明显的变化。

养护龄期 180d 时，黏土矿物衍射强度略有降低，但峰值分布变化不明显。1.0 年龄期时，衍射强度大幅度降低，黏土矿物的峰值已经很小，石英矿物的峰值也大幅降低。说明黏土矿物结构已经被破坏得非常严重。养护龄期 1.5 年时，X 射线衍射图谱与 1.0 年时基本相似。2.0 年时，黏土矿物基本消失，峰值也几乎不可见。

图 2.4－45 总结了弱膨胀土掺拌 6％木质素磺酸铵击实前后不同龄期的 X 射线衍射图谱。从该图中可以观察到，在 90d 之内不同龄期的衍射模式没有明显的差异，基本上是相同的。但是在 180d 和之后更长的养护期内，则基本上没有多少反射强度了，尤其是在养护龄期为 1.0 年、1.5 年和 2.0 年时，除了石英的微弱衍射峰，没有其他的明显黏土矿物相的峰值出现。说明经过较长的养护时间后，弱膨胀土掺拌木质素磺酸铵改性后的产物也呈现出无定型的物态，而且，这个时间黏土矿物非晶体转化的时间发生在养护龄期 180d 左右。这与前面观测到的中膨胀土掺拌 12％木质磺酸氨的结果是一致的。

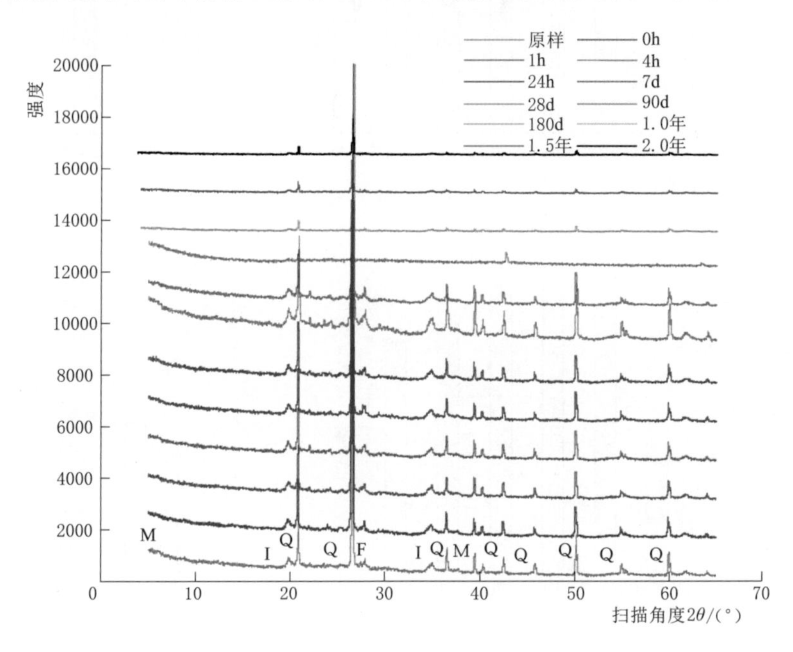

图 2.4－45　不同龄期弱膨胀土掺拌 6％木质素磺酸铵击实前后的 X 射线衍射图谱综合比较

2.4.3　化学分析

2.4.3.1　木质素磺酸钾改良中膨胀土的化学分析

化学试剂改性中膨胀土的主要机理之一就是离子交换，化学试剂中的阳离子与黏土矿物中的阳离子发生交换，另外，化学试剂在孔隙溶液中也释放出大量的阳离子，孔隙水中的阳离子浓度提高，抑制了黏土矿物双电子层的扩展，从而抑制了黏土膨胀的发生。因此，研究改性前后膨胀土中孔隙水溶液和黏土矿物结构中阳离子浓度的变化，可以揭示改性的机理。所以，对于木质素磺酸钾改性中膨胀土前后孔隙水和黏土矿物结构中的主要阳离子浓度的变化也进行了化学分析，分析采用原子吸附的方法进行。

1. 孔隙水中离子浓度的化学分析

图 2.4-46 为中膨胀土木质素磺酸钾改性前后不同龄期的孔隙水中阳离子浓度的变化。分析显示，掺拌木质素磺酸钾击实后，孔隙水中的 Na^+ 浓度急剧增加十几倍，之后 Na^+ 浓度开始降低，到养护龄期 180d 时达到最小。此后到 2.0 年龄期，Na^+ 浓度又有所回升，如图 2.4-46(a) 所示。

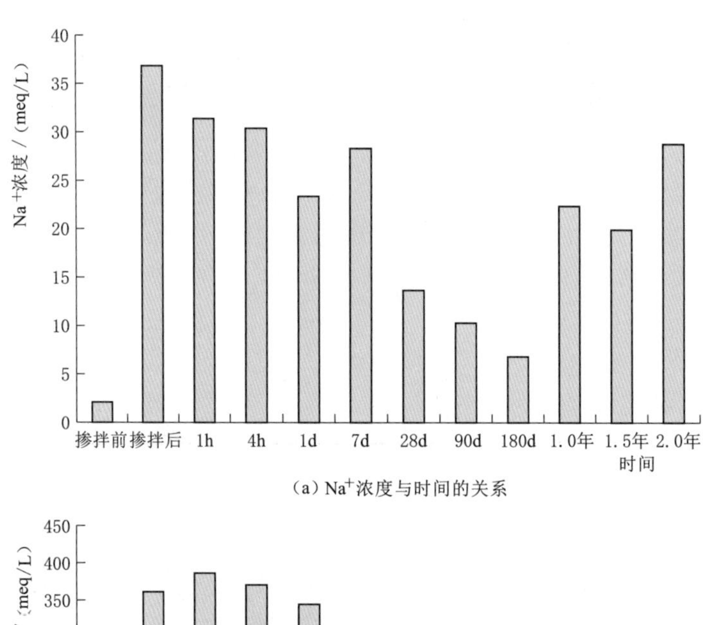

(a) Na^+浓度与时间的关系

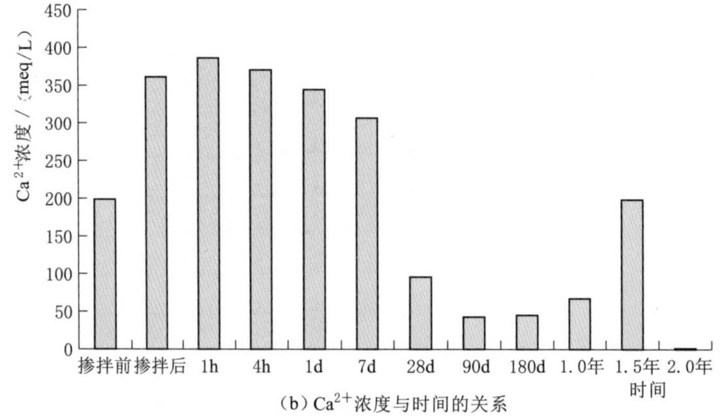

(b) Ca^{2+}浓度与时间的关系

图 2.4-46　中膨胀土木质素磺酸钾改性前后孔隙水中主要可交换阳离子浓度变化

测得的孔隙水中 K^+ 浓度的变化与之相似。龄期 180d 后期的变化规律比较反常，怀疑与取样等多种因素相关，可能存在一定误差。

图 2.4-46(b) 给出了中膨胀土掺拌木质素磺酸钾改性前后不同龄期的孔隙水中 Ca^{2+} 浓度的变化情况。在掺拌木质素磺酸钾击实后，测得的 Ca^{2+} 浓度显著增加，1h 测定的 Ca^{2+} 浓度达到最大，之后 Ca^{2+} 浓度持续降低，到 90d 时达到最低，在 180d～1.5 年时 Ca^{2+} 浓度又逐步增加。2.0 年时 Ca^{2+} 浓度降低到几乎可以忽略。180d 后测值的变化可能与取样的部位不同有关。

分析改性前后不同龄期的孔隙水中 Mg^{2+} 浓度的变化情况可见，在掺拌木质素磺酸钾击实后，Mg^{2+}浓度也是急剧增加，之后开始持续减少，同样，在后期出现波动，其原因尚待进一步探究。

2. 黏土结构中主要阳离子浓度的化学分析

黏土结构中主要阳离子浓度的变化指的是黏土矿物结构中一部分可以发生同晶置换作用的阳离子，另一部分指的是黏土矿物为平衡自身的负电性所吸附的阳离子。按照一定的步骤对黏土矿物中的主要阳离子进行离心萃取后进行测定，同样采用原子吸附的方法，试验结果如图 2.4－47 所示。

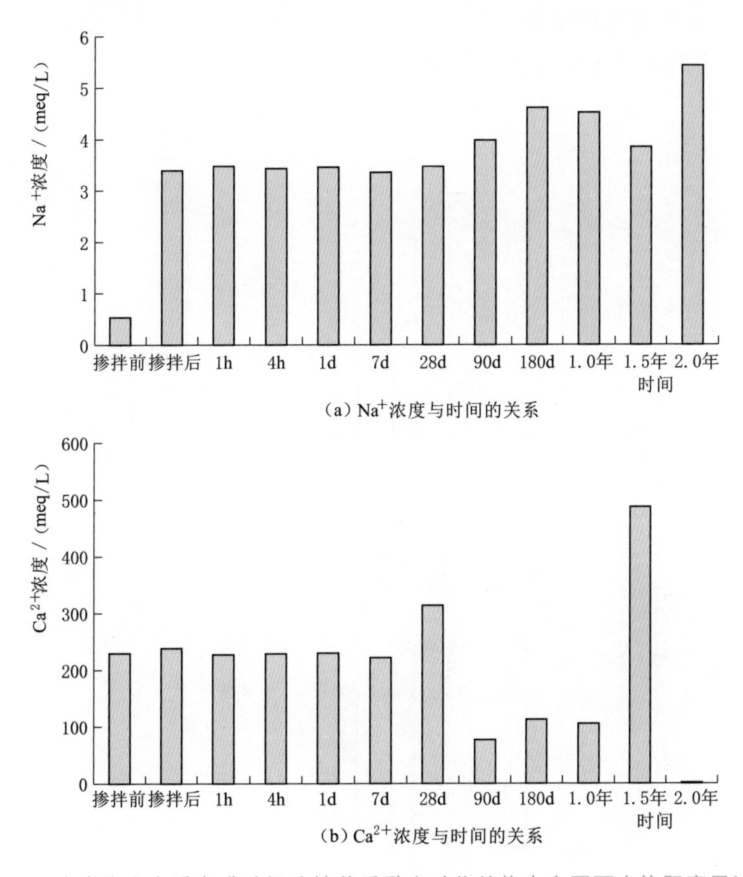

(a) Na^{+}浓度与时间的关系

(b) Ca^{2+}浓度与时间的关系

图 2.4－47　中膨胀土木质素磺酸钾改性前后黏土矿物结构中主要可交换阳离子浓度变化

图 2.4－47(a) 给出了中膨胀土木质素磺酸钾改性前后不同龄期的黏土矿物结构中 Na^{+}浓度的变化情况。在掺拌木质素磺酸钾击实后，测定的 Na^{+}浓度急剧增加，之后 Na^{+}浓度几乎保持不变。28d 后则逐渐增加，180d 时达到一个峰值。然后，Na^{+}浓度随龄期增加略有波动。到 2.0 年龄期时，Na^{+}浓度达到最高。而 K^{+}浓度的变化趋势比较类似，同样是在添加改性剂后增加几倍，之后 K^{+}浓度几乎保持不变。

图 2.4－47(b) 为中膨胀土木质素磺酸钾改性前后不同龄期的黏土矿物结构中 Ca^{2+}浓度的变化情况。在掺拌木质素磺酸钾击实后，测得的 Ca^{2+}浓度基本上保持不变，直到养护龄期 28d 时，测到的 Na^{+}浓度开始显著增加，之后 Ca^{2+}浓度大幅降低，在 90d 时测到的 Ca^{2+}浓度最小，而 1.5 年时测得的 Ca^{2+}浓度非常大，比较反常，需要进一步分析如此

反常的原因。2.0 年时测定的 Ca^{2+} 浓度降低到几乎可以忽略。

中膨胀土木质素磺酸钾改性前后测得的 Mg^{2+} 浓度有一个明显增加的过程，之后在 7d 内 Mg^{2+} 浓度基本上保持不变。28d 时的 Mg^{2+} 浓度降低，之后又逐渐回升，总体来讲，改性前后黏土矿物结构中 Mg^{2+} 浓度变化呈波动状态，改性前后 Mg^{2+} 浓度变化不大。

2.4.3.2 木质素磺酸钾改良弱膨胀土的化学分析

木质素磺酸钾改良弱膨胀土方法与前述相似，由于 2.0 年时没有得到足够的试样进行试验，所以只给出了养护到 1.5 年的试验结果。试验结果分析总结如下。

1. 孔隙水中离子浓度的化学分析

图 2.4-48 为弱膨胀土木质素磺酸钾改性前后不同龄期的孔隙水中主要阳离子浓度的变化情况。

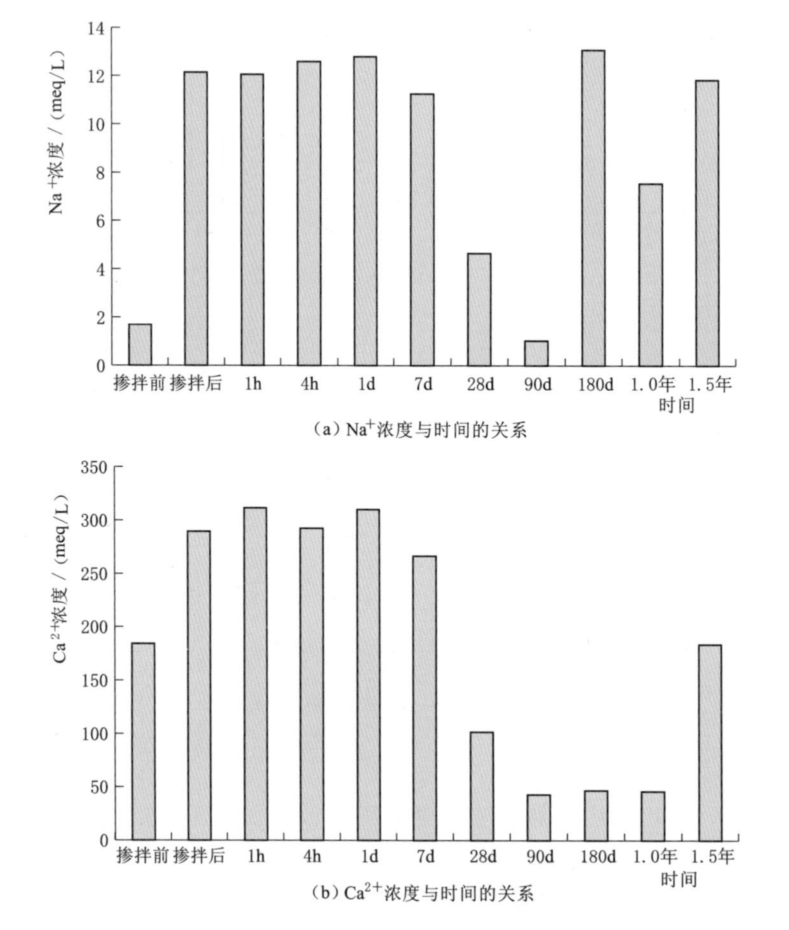

图 2.4-48 弱膨胀土木质素磺酸钾改性前后孔隙水中主要可交换阳离子浓度变化

弱膨胀土掺拌木质素磺酸钾击实后，测得的 Na^{+} 浓度增加了几倍，之后 Na^{+} 浓度基本上保持不变或稍有增加，7d 时 Na^{+} 浓度降低，到 28d 和 90d 时测定的 Na^{+} 浓度则急剧降低，并达到最低。然后随养护时间增加，Na^{+} 浓度又回升到刚掺拌时的水平，如图 2.4-48(a) 所示。孔隙水中 K^{+} 浓度的变化规律与 Na^{+} 浓度的变化情况非常一致。

图 2.4－48(b) 给出了弱膨胀土木质素磺酸钾改性前后不同龄期的孔隙水中 Ca^{2+} 浓度的变化情况。在掺拌木质素磺酸钾击实后，测得的 Ca^{2+} 浓度显著增加，之后 Ca^{2+} 浓度基本上保持不变，直到 7d 时略有降低，到 90d 达到最低，1.5 年时 Ca^{2+} 浓度大幅回升。

弱膨胀土木质素磺酸钾改性后孔隙水中 Mg^{2+} 浓度增加了几倍，并达到最大值，之后 Mg^{2+} 浓度基本上保持不变，7d 时 Mg^{2+} 浓度稍有降低，然后随养护龄期增加，Mg^{2+} 浓度持续降低，90d 时达到最低。之后开始缓慢回升，并在养护龄期为 1.5 年时回升到 28d 时的水平。

2. 黏土结构中主要阳离子浓度的化学分析

图 2.4－49 给出了弱膨胀土木质素磺酸钾改性前后不同龄期的黏土矿物结构中主要阳离子浓度的变化情况。

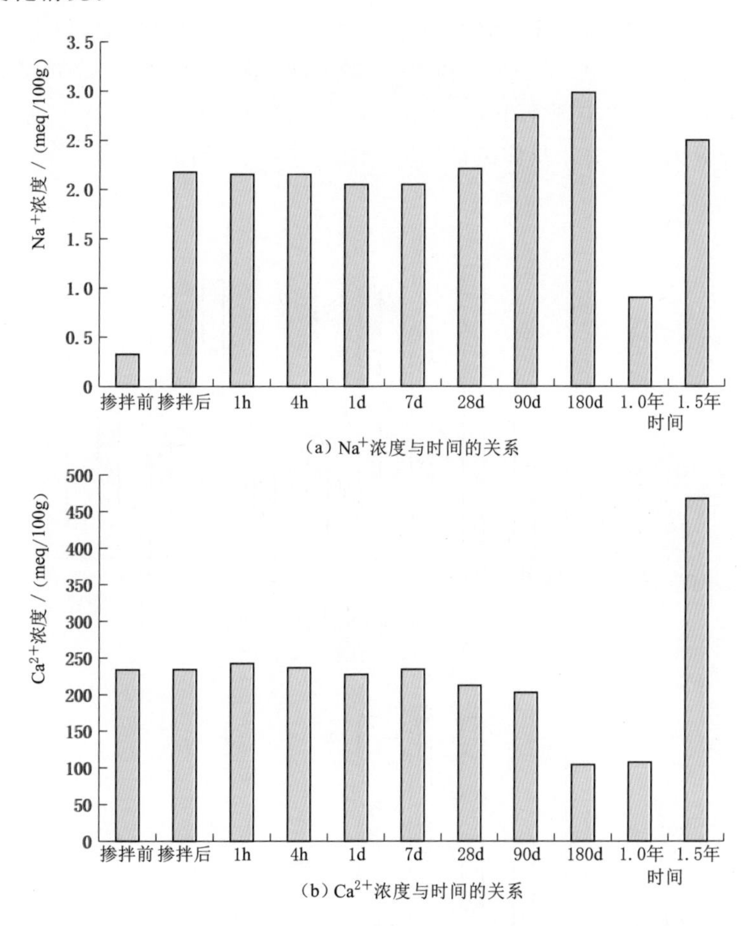

(a) Na^{+}浓度与时间的关系

(b) Ca^{2+}浓度与时间的关系

图 2.4－49　弱膨胀土木质素磺酸钾改性前后黏土结构中主要可交换阳离子浓度变化

弱膨胀土掺拌木质素磺酸钾击实后，测得的 Na^{+} 浓度增加了几倍，之后 Na^{+} 浓度基本上保持不变，从 28d 养护龄期开始，Na^{+} 浓度逐渐增加，180d 时，Na^{+} 浓度达到最大值。总体上看，Na^{+} 浓度在添加改性剂后始终处于较高水平，如图 2.4－49 (a) 所示。同样，在掺拌木质素磺酸钾击实后，K^{+} 浓度有一个显著上升的趋势，并在后续时间内也一直处于较高的浓度水平。

弱膨胀土木质素磺酸钾改性后 Ca^{2+} 浓度基本上保持不变。从 28d 开始，Ca^{2+} 浓度开始降低，180d 和 1.0 年时测得的 Ca^{2+} 浓度比较低，1.5 年时测定的值突然增大，分析是由试验误差引起，如图 2.4-49（b）所示。

木质素磺酸钾改性后 Mg^{2+} 浓度基本上保持不变。

2.4.3.3 木质素磺酸铵改良中膨胀土的化学分析

对木质素磺酸氨改性中膨胀土也进行了化学分析，研究了孔隙水和黏土结构中主要阳离子浓度在改性前和改性后不同龄期的浓度变化。

1. 孔隙水中离子浓度的化学分析

图 2.4-50 给出了中膨胀土木质素磺酸铵改性前后不同龄期的孔隙水中主要阳离子浓度变化情况。

从总的趋势上看，掺拌木质素磺酸铵击实后，Na^{+} 浓度显著增加，并在其后的 2 年内基本保持较高的水平，仅在 28d 和 90d 龄期时测到的 Na^{+} 浓度有所降低，如图 2.4-50（a）所示。此类现象在前述的改性剂测试中时有发生，分析原因，应该与改性剂反应不充分等因素相关，具体波动原因，有待进一步论证。

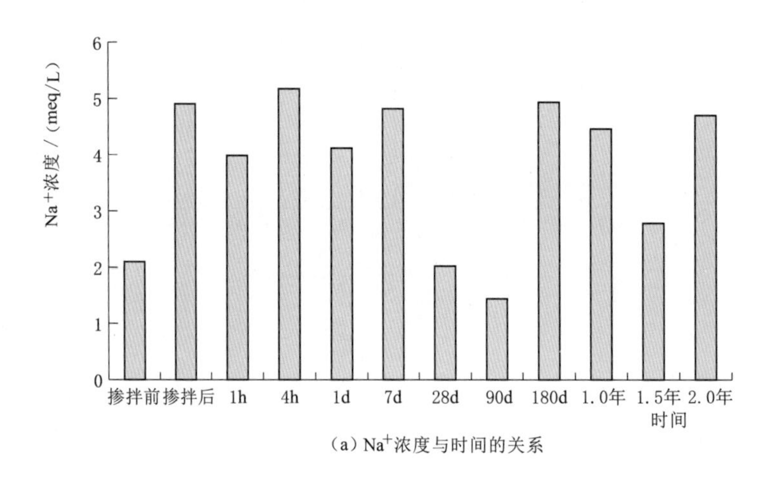

(a) Na^{+}浓度与时间的关系

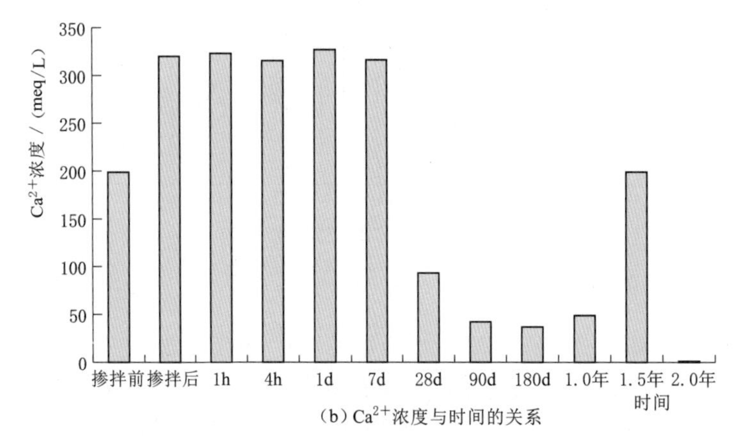

(b) Ca^{2+}浓度与时间的关系

图 2.4-50 中膨胀土木质素磺酸铵改性前后孔隙水中的阳离子浓度的变化

中膨胀土木质素磺酸铵改性后孔隙水中K^+浓度的变化规律与Na^+相似，在掺拌木质素磺酸铵击实后，测得K^+浓度明显增加，在1d时K^+浓度出现峰值，之后随养护龄期的增加逐渐降低。

图2.4-50（b）给出了中膨胀土木质素磺酸铵改性前后不同龄期的孔隙水中Ca^{2+}浓度的变化情况。掺拌木质素磺酸铵击实后，测得Ca^{2+}浓度显著增加，之后在7d的养护龄期内基本上保持不变。从28d开始Ca^{2+}浓度显著减小，并在180d达到最低，甚至低于改性前土样的初始浓度。2.0年后，Ca^{2+}的浓度减小到极低。表明后期孔隙水溶液中几乎没有游离状的Ca^{2+}存在。

中膨胀土木质素磺酸铵改性后孔隙水中Mg^{2+}浓度的变化与其他改性剂情况相似。在掺拌木质素磺酸铵后，Mg^{2+}浓度增加了几倍，并在随后的养护龄期内整体上保持了一个较高的水平。

2. 黏土结构中主要阳离子浓度的化学分析

图2.4-51为中膨胀土木质素磺酸铵改性前后不同龄期的黏土矿物结构中主要阳离子浓度的变化情况。

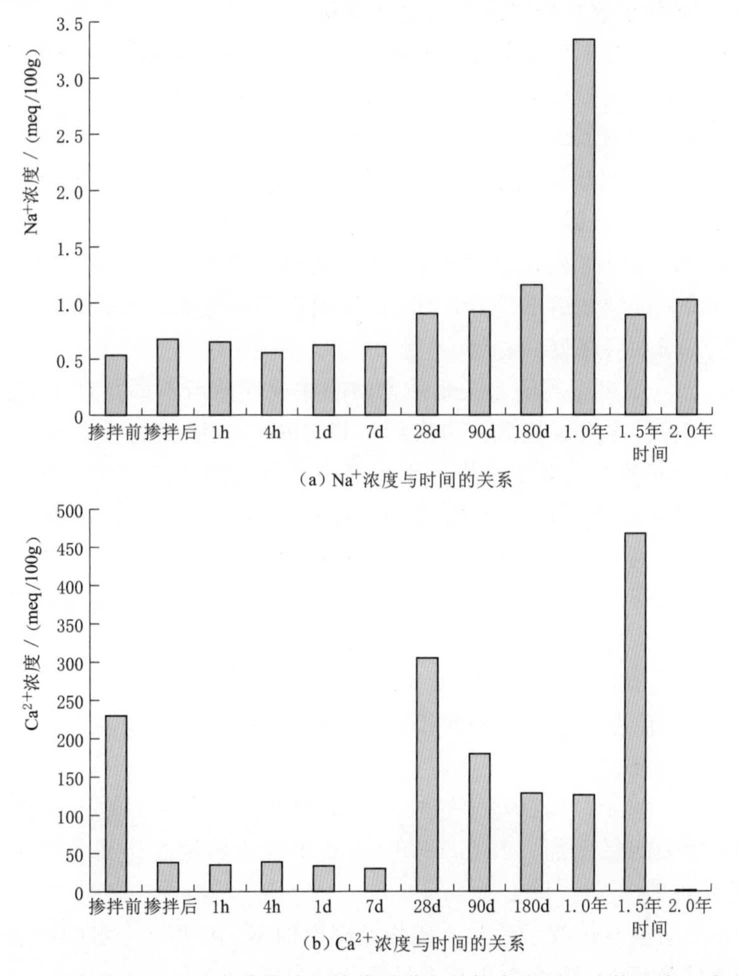

（a）Na^+浓度与时间的关系

（b）Ca^{2+}浓度与时间的关系

图2.4-51　中膨胀土木质素磺酸铵改性前后黏土结构中主要可交换阳离子浓度变化

中膨胀土掺拌木质素磺酸铵击实后，测定的 Na^+ 浓度显著增加，然后，随养护时间增加基本上保持了一个增加的趋势，增加的幅度并不是很大，仅在 1.0 年养护龄期时测到一个非常高的 Na^+ 浓度，疑为试验误差引起。1.5 年时测定的 Na^+ 浓度则降低到基本上和 90d 的浓度相似的水平，如图 2.4－51（a)所示。

中膨胀土掺拌木质素磺酸铵击实后 K^+ 浓度开始增加，并在 4h 达到峰值，然后，随养护时间增加稍有降低，7d 之内基本上保持者较高的浓度水平。在 28～180d 养护龄期，K^+ 浓度则显著降低，甚至低于改性前土样中的 K^+ 浓度。在 1.0～2.0 年养护龄期，测定的 K^+ 浓度又逐渐缓慢回升。

图 2.4－51（b)给出了中膨胀土木质素磺酸铵改性前后不同龄期的黏土矿物结构中 Ca^{2+} 浓度的变化情况。在掺拌木质素磺酸铵击实后测定的 Ca^{2+} 浓度大幅度降低，然后，随养护时间增加，7d 内 Ca^{2+} 浓度基本上保持不变，维持在一个很低的浓度水平。28d 时测定的 Ca^{2+} 浓度开始大幅度回升，甚至高于改性前土样的 Ca^{2+} 浓度，之后又逐渐降低。

掺拌木质素磺酸铵击实后，Mg^{2+} 浓度略有减小，但整体始终保持了一个较高的水平，与改性前差别不大。

2.4.3.4 木质素磺酸铵改良弱膨胀土的化学分析

采用同样的方法，对木质素磺酸铵改性弱膨胀土也进行了测试，分析了黏土的孔隙水中和黏土矿物结构中主要阳离子的变化，如图 2.4－52 所示。

1. 孔隙水中离子浓度的化学分析

图 2.4－52（a）为弱膨胀土木质素磺酸铵改性前后不同龄期的孔隙水中 Na^+ 浓度的变化情况。在掺拌木质素磺酸铵击实后，Na^+ 浓度开始增加，然后，随养护时间增加 Na^+ 浓度持续增大，其间略有波动，但总体趋势在缓慢增长，在 1.0 年时 Na^+ 浓度达到最大值。而掺拌木质素磺酸铵后 K^+ 仅在 1h 和 4h 时测得浓度高于改性前 1 倍以上，达到最大值，在总体呈先增加后降低的趋势。

图 2.4－52（b）给出了弱膨胀土木质素磺酸铵改性前后不同龄期的孔隙水中 Ca^{2+} 浓度的变化情况。在掺拌木质素磺酸铵击实后，测定的 Ca^{2+} 浓度明显增加，之后，在 7d 的养护龄期内 Ca^{2+} 浓度基本上保持不变，维持了一个较高的浓度水平。从 28d 以后，测定的 Ca^{2+} 浓度大幅降低，降低的趋势持续到养护龄期为 1.0 年时，后期 1.5 年时测定的 Ca^{2+} 浓度大幅回升，疑是取样和测定误差造成的。

在掺拌木质素磺酸铵击实后 Mg^{2+} 浓度短期内增大数倍，之后随着养护时间的增加逐渐降低，并在 2.0 年以内始终高于改性前初始值。

2. 黏土结构中主要阳离子浓度的化学分析

图 2.4－53 为弱膨胀土木质素磺酸铵改性前后不同龄期的黏土矿物结构中主要可交换阳离子浓度的变化情况。

图 2.4－53（a）显示，弱膨胀土掺拌木质素磺酸铵击实后，黏土矿物结构中 Na^+ 浓度随养护龄期的增加缓慢增加，并在 180d～1.0 年时达到最高，其后开始降低，并保持 180d 相同浓度直到 2.0 年。

弱膨胀土木质素磺酸铵改性后黏土矿物结构中的 K^+ 浓度有一定的增加，之后有所降低，但总体上改性前后 K^+ 浓度变化并不显著。

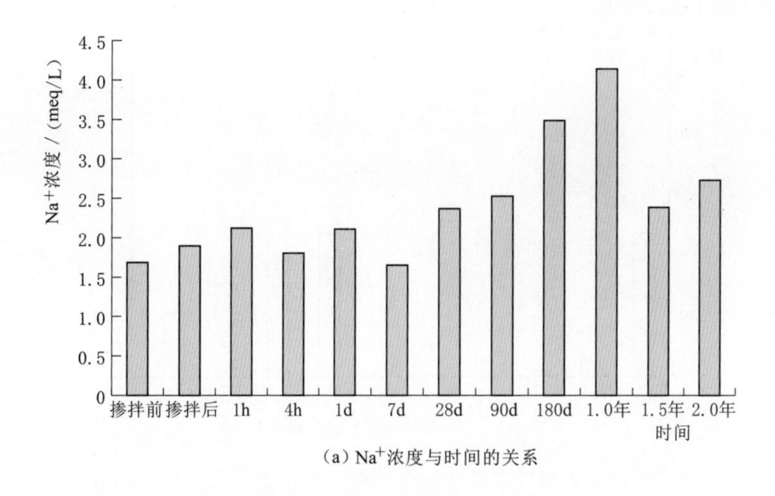

(a) Na^{+}浓度与时间的关系

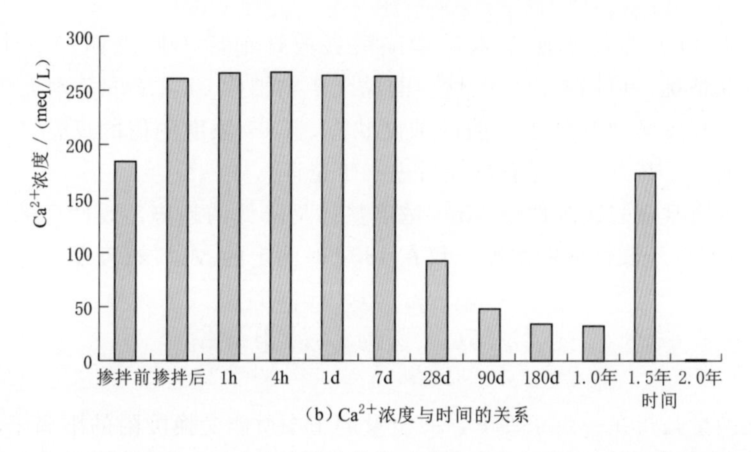

(b) Ca^{2+}浓度与时间的关系

图 2.4-52　弱膨胀土木质素磺酸铵改性前后孔隙水中主要可交换阳离子浓度变化

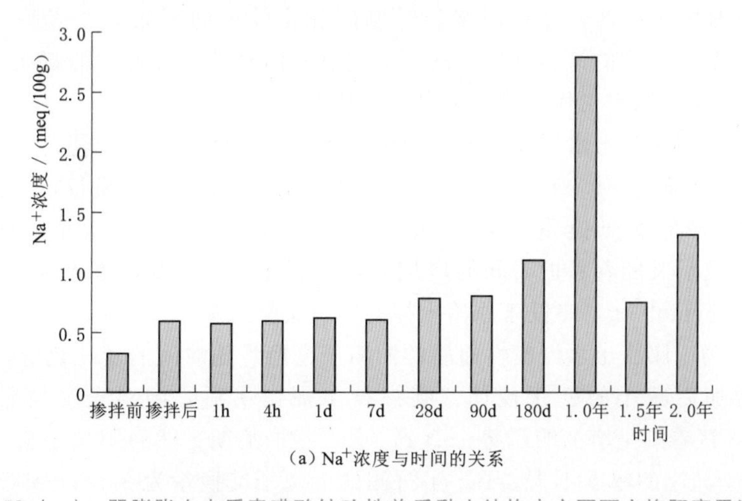

(a) Na^{+}浓度与时间的关系

图 2.4-53（一）　弱膨胀土木质素磺酸铵改性前后黏土结构中主要可交换阳离子浓度变化

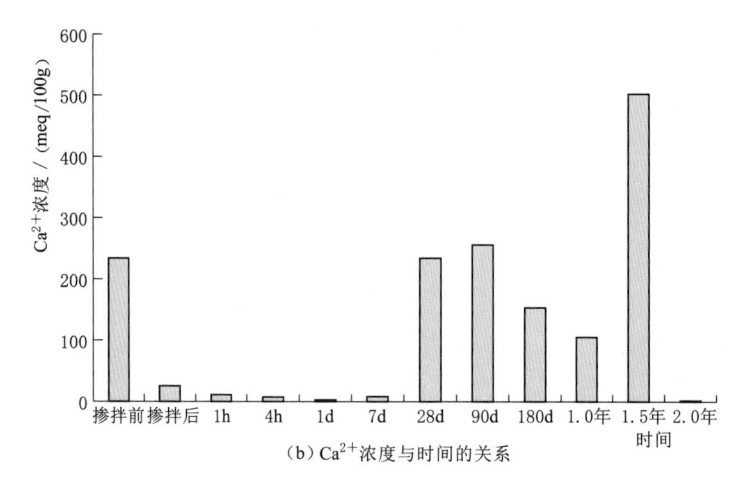

(b) Ca^{2+}浓度与时间的关系

图 2.4-53（二） 弱膨胀土木质素磺酸铵改性前后黏土结构中主要可交换阳离子浓度变化

图 2.4-53（b）为弱膨胀土木质素磺酸铵改性前后不同龄期的黏土矿物结构中 Ca^{2+} 浓度的变化情况。可以看出，改性后的黏土矿物结构 Ca^{2+} 浓度急剧大幅降低，到 1d 时达到最低值。其后又回升到改性前的浓度状态。Ca^{2+} 浓度测值的反常变化，可能是多种误差原因造成的，其可靠性还有待今后进一步论证。

弱膨胀土木质素磺酸铵改性后 Mg^{2+} 浓度整体呈降低的趋势，改性后的黏土矿物结构中 Mg^{2+} 浓度普遍低于改性前的浓度，仅在 180d 时测定的 Mg^{2+} 浓度非常之高。

2.5 不同添加剂改性前后阳离子交换量对比分析

阳离子交换量是指在一定条件下，一定量的土中所能交换吸附的阳离子总数，以 1kg 土中含有交换性阳离子的摩尔数（cmol/kg）表示。阳离子交换量是度量土样对溶液中的阳离子交换吸附性能强弱的指标，可定性反映土中黏粒含量和黏土矿物成分，在一定程度上反映土的物理化学特性，亦可用来定性判断和比较土的膨胀势。依照《土工试验规程》（SL 237—1999）中的试验操作方法，分别对不同改性剂改性后的膨胀土进行了不同龄期阳离子交换量的测定工作，试验结果总结如下。

图 2.5-1 为强膨胀土水泥改性前后的阳离子交换量随时间的变化趋势。天然强膨胀土中的阳离子交换量为 40.5cmol/kg。掺拌水泥击实后，阳离子交换量随养护时间的增加而增加，4h 时阳离子交换量增加到 61.2cmol/kg，4h 后开始减小，24h 时减少到 54.2cmol/kg，之后又随着养护时间的增加而逐渐减小，减少的幅度不大，1.0 年养护龄期时减小到 37.5cmol/kg，略低于原始土样的阳离子交换量。

图 2.5-2 为中膨胀土水泥改性前后的阳离子交换量随时间的变化趋势，呈现出以 7d 为分界、先增加后减小的变化规律。刚掺拌水泥击实后，阳离子交换量立刻增加到 41.4cmol/kg，接着则呈增加的趋势一直到 7d 的养护龄期，然后阳离子交换量随龄期增加而逐渐减小，减小的幅度不大。1.5 年时测的阳离子交换量为 37.8cmol/kg。变化趋势和强膨胀土中的阳离子交换量变化规律一致。

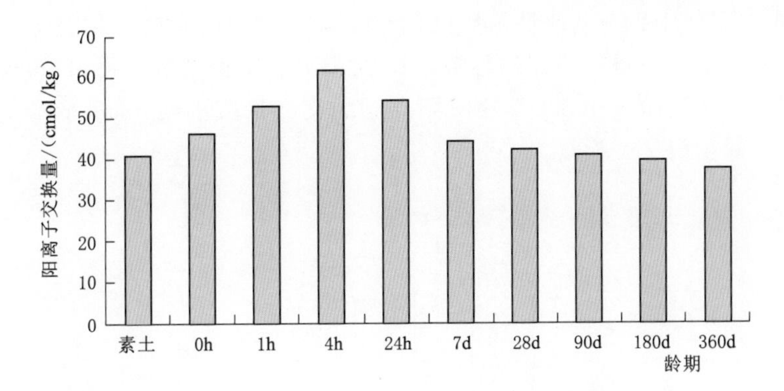

图 2.5-1　强膨胀土水泥改性前后阳离子交换量的变化

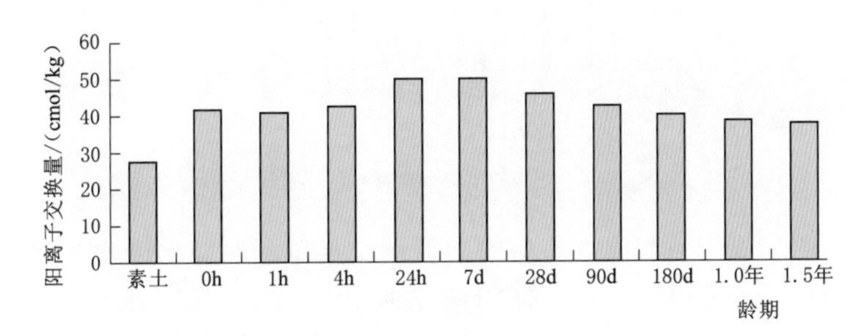

图 2.5-2　中膨胀土水泥改性前后阳离子交换量的变化

图 2.5-3 为弱膨胀土水泥改性前后的阳离子交换量随时间的变化趋势，刚掺拌水泥击实后，阳离子交换量显著增加，之后则呈增加的趋势一直到 24h，最大的阳离子交换量为 43.42cmol/kg。7d 后随养护龄期的增加，阳离子换量逐渐减小，减小的幅值比较小，1.5 年时测定的阳离子换量为 34.7cmol/kg。

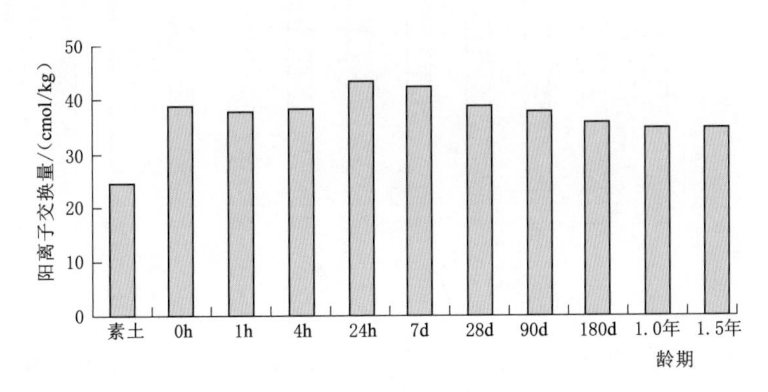

图 2.5-3　弱膨胀土水泥改性前后阳离子交换量的变化

综上，三种不同膨胀性的膨胀土水泥改性之后，土体中的阳离子交换量整体变化趋势基本上是一致的，即前期较短的时间内增加，然后，随着养护龄期增加则逐渐减小，但总量与改性前变化不大，膨胀性较低的土体，改性后阳离子交换量还略高于改性前。其原因有待进一步论证。

图 2.5-4 为中膨胀土石灰改性前后的阳离子交换量随时间的变化趋势。掺拌石灰击实后，改性土阳离子交换量呈增加的趋势，4h 时阳离子交换量增加到 52.6cmol/kg，之后又随着养护时间的增加而减小，1.5 年时阳离子的交换量减小到 32.8cmol/kg，这个值仍然大于天然土样的阳离子交换量。

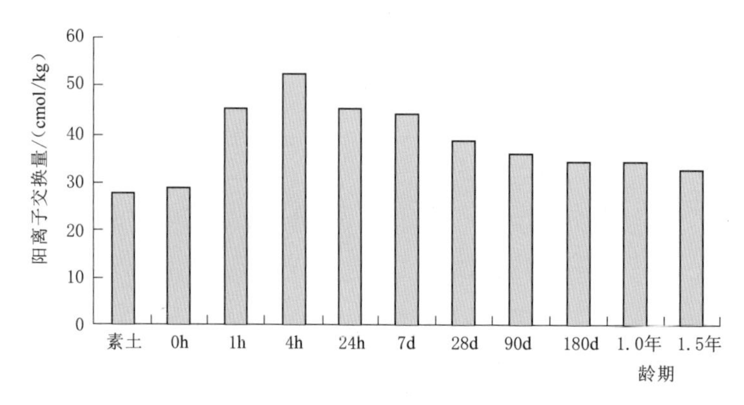

图 2.5-4　中膨胀土经过石灰改性前后阳离子交换量的变化

图 2.5-5 为弱膨胀土石灰改性前后的阳离子交换量随时间的变化趋势，掺拌石灰击实后，改性土阳离子交换量随养护时间的增加而增加，4h 时阳离子交换量增加到 35.1cmol/kg，4h 后开始减小，养护龄期为 1.5 年时减小到 17.8cmol/kg。这与中膨胀土的变化呈现出类似的变化规律。

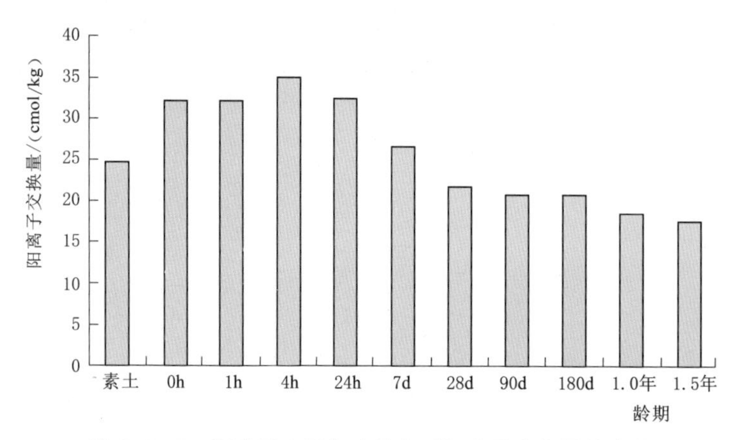

图 2.5-5　弱膨胀土石灰改性前后阳离子交换量的变化

同样，中膨胀土和弱膨胀土经过石灰改性处理前后阳离子交换量的整体变化规律基本上是一致的。即都在 4h 之内增加，然后，随龄期增长逐渐减小，但总体上依然与改性前基本相当，仅弱膨胀土改性 1.5 年以后的阳离子交换量低于原天然土样。

图 2.5-6 为中膨胀土木质素磺酸钾改性前后的阳离子交换量随时间的变化趋势，刚击实后，阳离子交换量显著增加，然后在 7d 内呈现增加的趋势（除 4h 时测定的浓度略低之外），7d 养护龄期时的阳离子交换量为 36.0cmol/kg，之后又随着养护时间的增加而减小，减小的幅度不大。基本上保持了一个高于天然土样的水平。

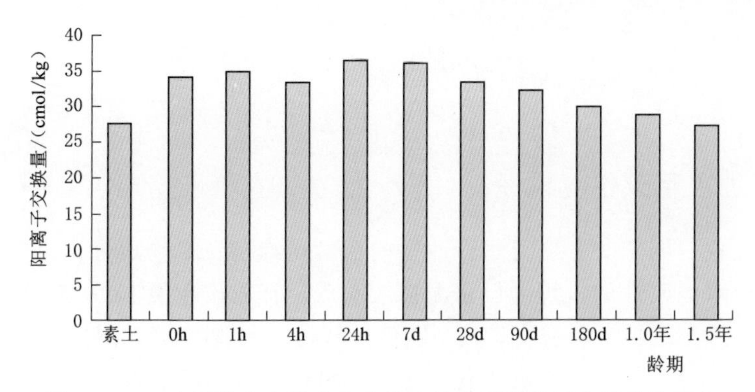

图 2.5-6　中膨胀土木质素磺酸钾改性前后阳离子交换量的变化

图 2.5-7 为弱膨胀土木质素磺酸钾改性前后的阳离子交换量随时间的变化趋势，击实后改性土阳离子显著增大，1h 阳离子交换量增加到最大值。然后，随着养护时间的增加，阳离子交换量逐渐减小，1.5 年时甚至低于天然土样的阳离子交换量。

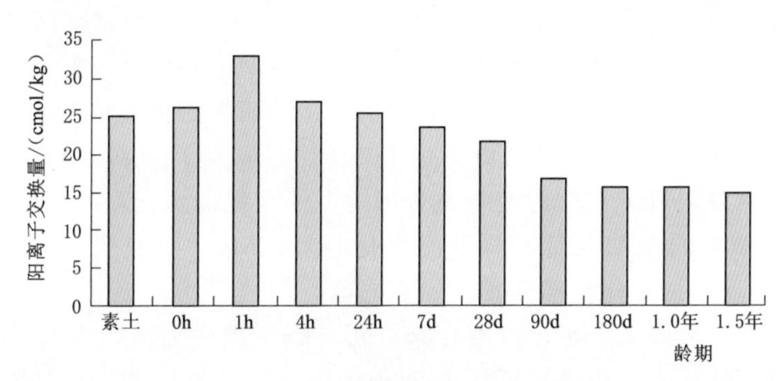

图 2.5-7　弱膨胀土木质素磺酸钾改性前后阳离子交换量的变化

弱膨胀土木质素磺酸铵改性前后的阳离子交换量变化趋势和中膨胀土基本一致。击实后改性土的阳离子明显增大，到 1h 时达到最大值，之后阳离子交换量随养护龄期增加而逐渐缓慢减小。1.5 年时已低于天然土样的阳离子交换量。弱膨胀土中的阳离子交换量变化程度比中膨胀土更加明显。图 2.5-8 为中膨胀土木质素磺酸铵改性前后的阳离子交换量的变化。

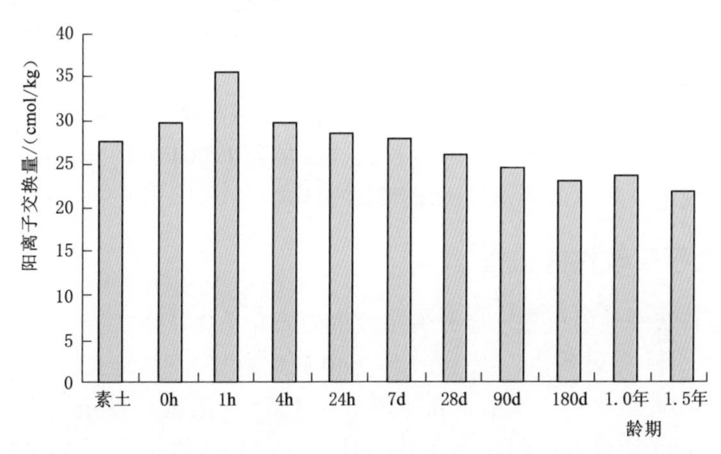

图 2.5-8　中膨胀土木质素磺酸铵改性前后阳离子交换量的变化

2.6 不同添加剂膨胀土改性的机理

2.6.1 膨胀土水泥改性的机理

通过对强、中、弱三种膨胀土水泥改性前后微观结构、矿物成分和化学特性的测试分析，分析膨胀土水泥改性的机理为：水泥掺入水后，释放出大量 Ca^{2+} 和 OH^-，增大了土中孔隙水的 pH 值，使黏土颗粒在较高 pH 值的环境下迅速分解、溶蚀，该过程通常在数小时内便完成大部分。然后，水泥水化产生的 CSH 和 CASH 凝胶开始在黏土颗粒外面包裹，并逐渐固化，黏土颗粒发生凝聚和结团，随着养护龄期的增加，硬凝产物也逐渐增多，其一部分来自水泥自身的水化产物，另一部分来自黏土矿物溶解后的离子与水泥中 Ca^{2+} 的合成作用。养护龄期的进一步增加，将出现多种水泥水化产物的成熟形式，并填充进入土中孔隙，使土体密度更为密实。这种现象在三种膨胀土中均可以观察到。

水泥水化的最终产物是一种无定型态的水泥土物质。这些产物都牢固结合在一起，很难分清单个的相。这样形成了水泥改性土的最终强度。这个时间大概在 1.5 年左右。强膨胀土中，会出现多种成熟形式的水泥水化产物的晶体，而中膨胀土和弱膨胀土则较难观察到，这可能是因为强膨胀土离子分解更为充分，具有更多 SiO^{2-} 和 Ca^{2+} 联结。

从孔隙水中主要阳离子浓度的变化来分析，由于水泥的水化，Ca^{2+} 的浓度表现为初始增加，然后随龄期的增加而逐渐降低的变化趋势。Mg^{2+} 则表现为一直降低的趋势。Na^+ 和 K^+ 则没有明显的变化规律可循。

从黏土结构中主要阳离子浓度的变化来分析，Ca^{2+} 表现为初始增加，然后呈现随龄期的增加而逐渐降低的变化趋势。Mg^{2+} 则表现为一直降低的趋势。Na^+ 则表现出随龄期增加而增加的趋势，K^+ 则表现出初期增加后期降低的变化趋势。

从阳离子交换量的变化规律来分析，三种膨胀土均表现为在添加水泥的最初时间阳离子交换量增加，然后随养护龄期的增加逐步降低。后期减小了的阳离子交换量仍然大于初始土样中的阳离子交换量的值。

单独进行化学分析难以完全解释水泥改性土的机理，但是能起到一定的补充作用。主要阳离子特别是 Ca^{2+} 浓度的变化从一个侧面揭示了所发生的反应，与微观结构变化得到的结论是一致的。

矿物成分变化的 X 射线衍射分析表明了水化硅酸钙产物的形成过程，黏土矿物成分的减少，与扫描电镜的结果一致，在经过长期（通常为 1.0 年）的养护后，土体的衍射强度已经很低，表现出非晶体的形态（无定型态的形式）。

2.6.2 膨胀土石灰改性的机理

对于膨胀土石灰改性的机理已经开展了较多的研究工作，本次开展了更加深入的定量分析和研究工作。研究表明，石灰加入黏土中后，溶于土中的孔隙水释放出 Ca^{2+} 和 OH^-，提升了土中孔隙水的 pH 值、孔隙溶液中 Ca^{2+} 的浓度，黏土颗粒被溶解、侵蚀，并与 Ca^{2+} 发生阳离子交换的作用，并有 $Ca(OH)_2 \cdot nH_2O$ 的晶体生成，这些晶体通常是不规则的多边形，并且通常联结在一起，成片成块存在。同时，黏土颗粒发生结团、结块，这种结团、结块作用使土体的可塑性增加，颗粒变得粗糙。这个过程发生得也比较快，在掺拌石灰后的几天内就可以发生。然后随养护龄期的增加，反应会持续进行。但是对于微观结构的改变就不太明显了，直到更长的养护时间——90d之后，会观察到有硬凝反应的产物。在1.5年时会产生较多的硬凝反应的产物。在后期也会观察到$Ca(OH)_2 \cdot nH_2O$的晶体存在。另外形成$CaCO_3$也是可能的。总之，石灰改性的膨胀土在后期是一个多种物质的混合体，并没有像水泥改性的膨胀土那样都紧密结合在一起。这也是石灰改性膨胀土的强度增加并没有像水泥改性土那么显著的一个原因。X射线衍射分析的结果也证实了这一变化过程，最后的石灰改性土体的产物几乎丧失了衍射强度，即使是耐腐蚀性的石英矿物也如此。

石灰改性膨胀土的孔隙水中主要阳离子浓度变化的分析表明，由于加入石灰，Ca^{2+}呈现出初始浓度最大，但是由于水化反应和碳酸化作用，随龄期的增加浓度逐渐减少的趋势，这也验证了上文对于石灰改性膨胀土的反应过程的解释。Na^+、K^+的变化趋势规律从数据上看不是太明显，Mg^{2+}则主要表现出初始的增加而后逐渐减小的趋势。

膨胀土的黏土矿物结构中主要阳离子的变化，Ca^{2+}基本上是初始略有增加，然后随养护龄期增加而逐渐减少；Mg^{2+}则表现为一直减小的趋势，这可以通过长期的硬凝反应，碳酸化等反应来解释；Na^+的变化规律不明显；K^+则基本上呈现随养护龄期增加而增加的趋势。从总的阳离子交换量的试验结果分析来看，表现出初始增加然后随养护龄期增长而减少的变化规律。石灰的加入导致初始增加，然后由于各种反应而减少，但后期总的阳离子交换量仍然大于原来土样的相应值。

在经过长期的养护后，土体的衍射强度已经很低，也表现出非晶体的形态（无定型态的形式），即石英矿物的晶体结构也被破坏掉，X射线衍射强度显著减小。这一结论与所观察到的扫描电镜微观结构是一致的。

2.6.3 膨胀土木质素磺酸钾和木质素磺酸铵改性的机理

木质素磺酸盐是造纸工业中亚硫酸法制浆过程中废水的主要化学成分。它的结构相当复杂，一般认为它是含有愈创木基丙基、紫丁香基丙基和对羟苯基丙基的多聚物磺酸盐，相对分子质量为200～10000，是以非石油化学制造的表面活性剂中重要的一类。

磺酸盐阴离子表面活性剂极性头上有3个氧原子，均带有部分负电荷，在静电相互作用下会与阳离子发生相互作用，形成离子对。

表面活性剂分子由性质截然不同的两部分组成，一部分是与油有亲和性的亲油基（也称憎水剂），另一部分是与水有亲和性的亲水基（也称憎油基）。表面活性剂的这种结构特点使它溶于水后，亲水基受到水分子的吸引，而亲油基受到水分子的排斥。当木质素磺酸钾或木质素磺酸氨加入土中后，其亲水基就被吸附到带负电荷的黏土矿物的表面，其憎水基则朝向黏土矿物外侧排列，从而在土颗粒表面平铺排列开来。憎水基团表现出疏水性，堵塞了土壤中的毛细孔，使之不容易受到水的侵蚀，并且排斥外来水的侵入，改变了土壤的亲水性，降低了水对土体的浸润损害。

表面活性剂在土颗粒界面的吸附可以分为几个阶段：第一阶段是平铺，随表面逐步被覆盖吸附量不断上升。第二阶段是表面被躺满，形成一个吸附平台。若吸附过程到此结束，则会形成一个由吸附分子平躺于土壤颗粒表面构成的从吸附层。若吸附分子的亲水基或疏水基与黏土颗粒表面结合较弱，则可能通过改变吸附层的结构而吸附更多的表面活性剂，这时吸附分子仅以结合较强的基团固定于固体表面，其余部分伸向液相，这是吸附的第三阶段。第四阶段是通过吸附分子间的相互作用使吸附量陡然上升。这时吸附层可能有三种：亲水基向外的直立定向单层；表面半胶团和疏水基向外的直立定向单层；在前两种情况下吸附趋于饱和。在疏水基向外的吸附单层上则可以发生疏水缔合，使更多的表面活性剂进入吸附层，形成吸附双分子层或吸附胶团后吸附趋于饱和，这是吸附的第五阶段。

表面活性剂在土壤中的掺量并不是越多越好，随着吸附量的增加，表面活性剂在黏土颗粒表面会产生缔合，形成胶团化，这会进一步加大黏土颗粒的层间距，使土颗粒团聚不易进行，甚至起到相反作用。需要的结果是表面活性剂分子平铺在土壤颗粒表面，这样才能改变土壤颗粒的表面电荷性质，改变其亲水性，使土壤胶体由亲水变为疏水，与水分子相互排斥，从而释放出束缚在吸附层和扩散层内的结合水，使其转化为自由水排出。

木质素磺酸铵是一种多组分高分子聚合物，属于阴离子表面活性剂，有较好的水溶性和表面活性，外观一般为黄（褐）或棕色细粉状物，干粉遇少量水时具有很强的黏合性。

木质素磺酸钾是一种褐色细粉状物，细度在 80 目，有机物含量 80%以上，并富含氮、磷、钾等，是一优良的有机肥料，除富含大量碳水化合物及氮、钾外，还含有锌、碘、硒、铁、钙等营养成分，同时也是很好的饲料原料。

木质素磺酸钾和木质素磺酸铵中的 K^+ 和 NH_4^+ 在表面活性剂和土颗粒表面之间起到桥基的作用，蒙脱石中的 Si^{4+} 和 Al^{3+} 被低价位的阳离子取代后，整体显负电性，加入无机阳离子后，这些无机阳离子容易被吸附到黏土颗粒表面，从而使得表面活性剂分子更容易在黏土颗粒表面被吸附。

通过上述对木质素磺酸钾和木质素磺酸铵改性膨胀土的一系列试验工作可以得出如下的有关结论。

木质素磺酸钾和木质素磺酸铵溶于水中后，增大了液体的黏度。其中的亲水基团和阳离子被吸附到黏土矿物颗粒的表面，疏水基团朝外排列，包裹在黏土颗粒的表面，改变了黏土颗粒表面的物理和化学性质。它的阳离子交换量在改性后的最初阶段是增加的，然后随养护时间的增加而减小，在 1.5 年后显著低于素土的阳离子交换量。微观结构上可以看到初始有较厚的黏稠的液体在黏土矿物颗粒表面，然后发生颗粒的凝聚、被侵蚀，这个过程持续很长，在养护龄期到 180d 或者更长的时间，会产生丝状的物质。丝状物质的产生可以增加土体的黏结强度。黏土颗粒更加成团成块，表面更加的粗糙，膨胀土完全失去了自己原来的物理化学特性。在经过长期（180d 或 1.0 年后）的养护后，土体的衍射强度已经很低，表现出非晶体的形态（无定型态的形式）。

X 射线衍射图谱分析表明，木质素磺酸盐改良膨胀土的过程中没有新的矿物成分生成。说明木质素磺酸盐的木质素与土体矿物之间形成离子键，同时木质素聚合物存在于黏土矿物层间，通过黏结络合作用把矿物质包裹在一起，从而起到加固改良膨胀性土体的作用。

第 3 章

膨胀土水泥改性效果

膨胀土的膨胀及收缩变形是引起岩土构造物变形及破坏的主要原因，工程中为避免膨胀变形引起的破坏，往往将膨胀土化学改性以后进行回填压实。常见的化学改性方法包括石灰改性、水泥改性、工业矿渣（粉煤灰）及其他高分子材料改性等。

以往水利工程中水泥改性膨胀土的研究和应用成果不多，大多数工程是采用掺量15%以上的水泥土。资料显示，在美国得克萨斯州、俄亥俄州的一些膨胀土渠道曾采用水泥土进行衬砌护坡。我国在20世纪60—80年代初期建设的内蒙古红领巾水库灌渠、河南鸭河口灌渠等也采用水泥土渠道衬砌，这些工程大多运用较好。而改性膨胀土由于水泥掺拌量小（通常小于8%），掺和工艺比较复杂，缺乏专业设备和技术指导，存在难以掺拌均匀等问题，因此，大规模工程运用很少，工程中应用远不如石灰改性广泛和成熟。工业矿渣（粉煤灰）与膨胀土掺和的改性效果较差，与掺入量相关性明显，多采用与水泥或石灰同时掺和的方法，由于此方法为废弃物的回收利用，可以起到改善膨胀土性能和保护环境的双重功效，在膨胀土处理中有一定的应用。近年来，各种类型土壤固化剂，如美国Condor公司的电化学土壤处理剂、美国的离子土壤固化剂，国内的CMA固化剂，HPZT膨胀土改性剂等被用作改良膨胀土。不同改性剂的改性原理不同，效果也有较大差异。

在膨胀土水泥改性评价指标方面，目前应用较多的还是有关膨胀性的判别指标。膨胀性的判别指标主要分为两类：一类是土的界限含水率（液限含水率、塑性指数、缩限含水率等）、土的粒度成分（黏粒含量、胶粒含量）、自由膨胀率等物理性指标，以及黏土矿物成分、阳离子交换量、比表面积等矿化指标；另一类是线膨胀率、胀缩总率等变形指标。前一类指标可以归类为与土体的天然状态（含水率、密度）无关的非状态指标，后一类可以归类为与土体的天然状态有关的状态指标。非状态指标实际反映的是土壤的亲水能力，它们与土壤最本质的矿物成分、化学成分等有着密切的关联，而状态指标在很大程度上受土体的天然存在状态的影响。

国家标准《膨胀土地区建筑技术规范》(GBJ 112—2013)，根据土的自由膨胀率将膨胀土的膨胀潜势分为强、中、弱膨胀三类。其中，自由膨胀率40%～65%为弱膨胀土，自由膨胀率65%～90%为中膨胀土，自由膨胀率大于90%为强膨胀土。《铁路工程特殊岩土勘察规程》(TB 10038—2012) 规定，对于膨胀十（岩）地区场地应根据地貌、颜色、结构、土质情况、自然地质现象和土的自由膨胀率等特征进行初判，在初判基础上，根据自由膨胀率、蒙脱石含量、阳离子交换量进行详判。在国际上，美国垦务局（US Bureau of Reclamation，USBR）将膨胀土胀缩等级分为四级，评判指标为塑性指数 I_P、缩限含水率 W_s、膨胀体变 δ_p 和粒径小于0.001mm颗粒含量。南非威廉姆斯分类法采用粒径小于2μm颗粒含量百分比与塑性指数，对膨胀土进行判别分类。印度对黑棉土的分类采用液限含水率、塑性指数、收缩指数、胶粒含量、膨胀势、膨胀率、差分自由膨胀率等多项指标，将膨胀土的膨胀程度划分为四个等级。上述的评价指标均具有明确的物理意义，也是目前评价黏性土膨胀性的主要评价指标。为此，在后续改性土的改性效果评价中将主要运用这些指标进行评价分析。

根据膨胀土水泥改性的目的和应用领域，水泥改性土改性目标和重点应有所不同。用于膨胀土挖方渠道的渠坡换填层或弱膨胀土填筑的渠堤保护层（“金包银”土堤），应以改性后土体的膨胀性和强度为改性目标，前者应满足设计对膨胀性的指标要求，后者应以改性土的抗剪强度满足换填层自身稳定及其与被保护体结合面上的抗滑稳定要求为目标；当改性土主要用于建筑物膨胀土地基保护时，其承载能力应满足相应建筑物的设计要求。

本章主要针对膨胀土的水泥改性效果开展论述，重点围绕改性后土体的膨胀性、水理性和改性土的长龄期效果进行分析评价。

3.1　改性土的膨胀性

为研究膨胀土水泥改性的作用和效果，分别选用河南南阳的弱膨胀土和中膨胀土进行不同水泥掺量、不同龄期的改性土膨胀性及收缩性试验，以分析水泥掺量与龄期、膨胀性的关系。

3组改性试验所用的弱膨胀土粉粒含量为58.5%～59.3%，黏粒含量为40.7%～41.5%，液限含水率平均值为48.7%，塑限含水率平均值为21.6%，塑性指数平均值为27.1，自由膨胀率平均值为51.3%，属低液限弱膨胀土；3组中膨胀土粉粒含量为44.7%～49.96%，黏粒含量为45.8%～47.2%，液限含水率指标为64.4%～65.0%，平均值为64.8%，塑限含水率指标为24.1%～26.1%，平均值为25.2%，塑性指数为38.3～40.9，平均值为39.6，自由膨胀率平均值为77%，属高液限黏土。本节所述膨胀土样，在未特别注明情况下均为此3组弱膨胀土或中膨胀土的混合样。弱膨胀土和中膨胀土的颗粒级配及界限含水率、自由膨胀率指标详见表3.1-1。

表3.1-1　　膨胀土的物理性质试验成果表

序号	土样土性	液限含水率 w_{L17} /%	塑限含水率 w_P /%	塑性指数 I_{P17}	土类	土粒组成及占比/%								自由膨胀率 δ_{ef}/%
						细砾		砂粒			粉粒	黏粒	胶粒	
						>5mm	5～2mm	2～0.5mm	0.5～0.25mm	0.25～0.075mm	0.075～0.005mm	<0.005mm	<0.002mm	
1	中膨胀土	65.0	24.1	40.9	CH					4.3	49.9	45.8	29.5	80
2		64.4	26.1	38.3	CH	1.4	0.8	3.0	1.7	1.2	44.7	47.2	29.4	79
3		64.8	25.2	39.6	CH				2.3	1.4	49.9	46.4	29.6	77
1	弱膨胀土	49.0	21.7	27.3	CL						58.5	41.5	29.5	49
2		48.4	21.5	26.9	CL						59.3	40.7	28.2	50
3		48.7	21.6	27.1	CL						58.7	41.3	29.2	51

膨胀土掺拌水泥的掺量配合比为水泥干粉的质量与干土+干粉的总质量之比。膨胀土掺拌水泥后，针对不同掺量、不同压实度、不同龄期的土样进行了系统试验研究，试验项目包括改性土的自由膨胀率、膨胀力、膨胀率及收缩特性等，试验成果分析如下。

3.1.1 自由膨胀率

自由膨胀率是以人工制备的松散、干燥的试样在纯水中膨胀稳定后的体积增量与原体积之比。自由膨胀率试验装置如图 3.1-1 所示。采用松散掺拌和掺拌后击实两种制样方法制备试样进行自由膨胀率试验。松散掺拌制样即是将制备成一定含水率的土料与水泥干粉均匀拌和，随即进行试验；掺拌后击实制样是将上述均匀拌和的混合土料按轻型标准击实，并经过一定的龄期保养后制成试样。试样制备完成后，按照《土工试验方法标准》(GB/T 50123—2019) 中的“24 自由膨胀率试验”进行。

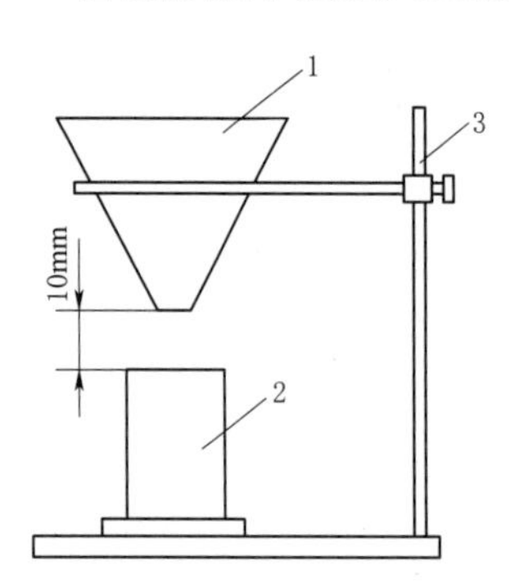

图 3.1-1 自由膨胀率试验装置

1—漏斗；2—量土杯；3—支架

自由膨胀率：

$$\delta_{ef}=\frac{V_{we}-V_0}{V_0}\times 100 \tag{3.1-1}$$

式中：δ_{ef} 为自由膨胀率，%；V_{we} 为土样在水中膨胀稳定后的体积，mL；V_0 为土样初始体积，即量土杯体积，mL。

图 3.1-2、图 3.1-3 和表 3.1-2、表 3.1-3 分别为松散掺拌制样的弱、中膨胀土在不同水泥掺量条件下自由膨胀率与改性土龄期的试验成果。分析表明：无论弱膨胀土或中膨胀土，掺拌水泥后的改性土的自由膨胀率均随水泥掺量的增加而降低；此外，随着龄期的增长，不同掺量的改性土的自由膨胀率也呈下降趋势，并且击实制备的改性土样的自由膨胀率比松散掺拌的改性土样的自由膨胀率更低。

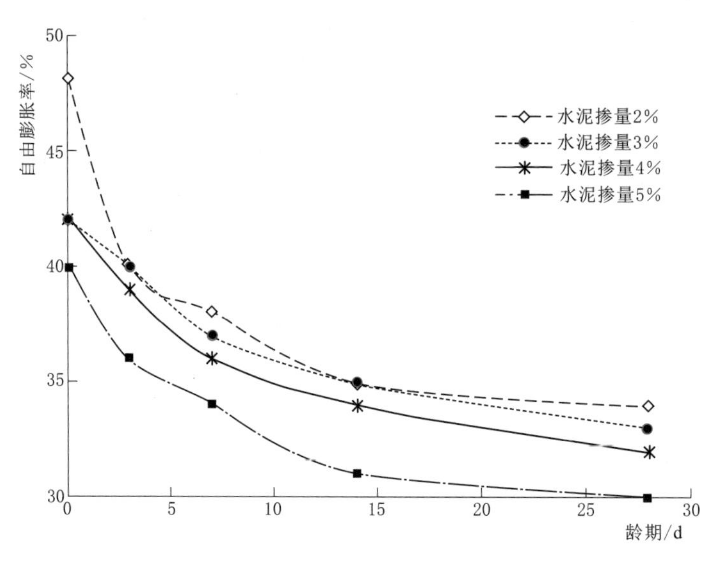

图 3.1-2 弱膨胀土不同水泥掺量改性后自由膨胀率与龄期的关系曲线

由表 3.1-2、表 3.1-3 可见，弱膨胀土在掺入水泥以后，自由膨胀率明显降低，掺量 2%龄期 3d 的改性土即可成为非膨胀土（自由膨胀率低于 40%）；而中膨胀土只有在水泥掺量达到 8%～9%，且龄期 10d 以上，才可能成为非膨胀土。

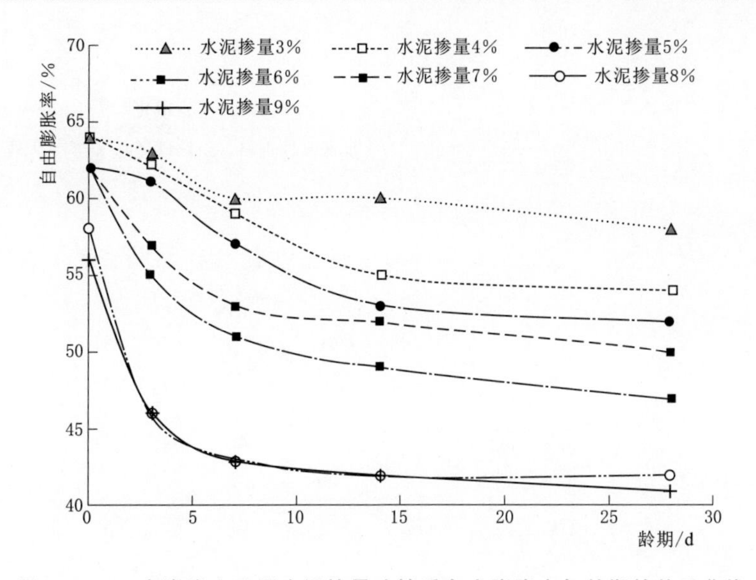

图3.1-3 中膨胀土不同水泥掺量改性后自由膨胀率与龄期的关系曲线

表3.1-2 弱膨胀土水泥改性后的自由膨胀率试验成果表

水泥掺量/%	龄期/d	自由膨胀率 δ_{ef}/%	
		水泥改性土料（松散试样）	击实水泥改性样（击实试样）
0（素土）		51	
2.0	0	48	47
	3	40	40
	7	38	38
	14	35	33
	28	34	31
3.0	0	42	41
	3	40	40
	7	37	35
	14	35	33
	28	33	30
4.0	0	42	40
	3	39	38
	7	36	32
	14	34	31
	28	32	29
5.0	0	40	39
	3	36	35
	7	34	31
	14	31	30
	28	30	28

表 3.1-3　　中膨胀土水泥改性后的自由膨胀率试验成果表

水泥掺量/%	龄期/d	自由膨胀率 δ_{ef}/%	
		水泥改性土料（松散试样）	击实水泥改性样（击实试样）
0（素土）		77	
3.0	0	64	61
	3	63	59
	7	60	56
	14	60	55
	28	58	50
4.0	0	64	60
	3	62	58
	7	59	53
	14	55	49
	28	54	48
5.0	0	62	57
	3	61	55
	7	59	50
	14	53	48
	28	52	46
6.0	0	62	50
	3	57	47
	7	53	45
	14	52	43
	28	50	42
7.0	0	62	50
	3	55	46
	7	56	44
	14	49	42
	28	47	41
8.0	0	58	50
	3	46	46
	7	43	43
	14	42	41
	28	42	40
9.0	0	56	48
	3	46	45
	7	43	42
	14	42	40
	28	41	39

图 3.1-4 和图 3.1-5 分别为弱、中膨胀土在不同水泥掺量、不同掺拌方式条件下 28d 龄期的自由膨胀率试验成果，分析如下：

（1）弱膨胀土只需掺入 2%的水泥，改性土的自由膨胀率即可大幅降低，改性效果十分显著，但继续增大水泥掺量，自由膨胀率的降低幅度并没有明显增大，说明弱膨胀土改性无须大量掺拌水泥。

（2）中膨胀土水泥掺量在 6%以内时，改性土自由膨胀率有显著降低，但只有当掺量达到 8%，且龄期达到 28d 以上，才能将自由膨胀率降低到 40%，而且，再增加水泥掺量，自由膨胀率的降低幅度并没有显著变化。

（3）相同水泥掺量和龄期条件下，掺拌后击实制样的改性土比松散掺拌制样得到的改性土自由膨胀率低，表明压实后改性土的改性效果更佳。

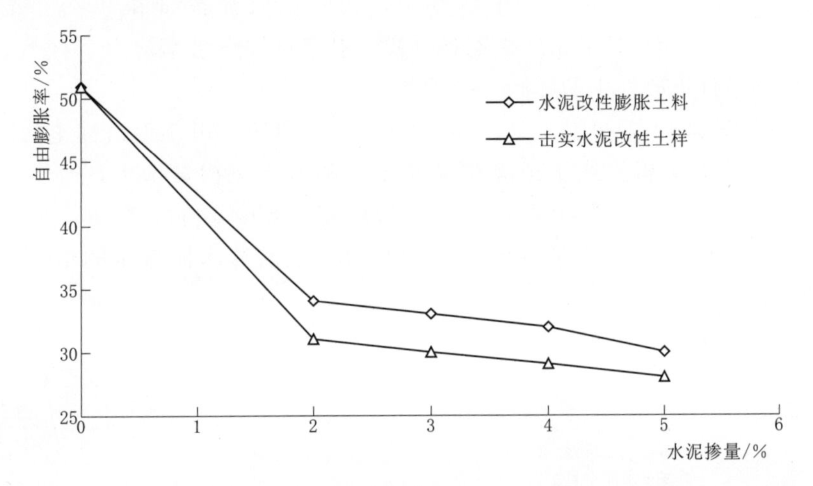

图 3.1-4 弱膨胀土水泥改性后自由膨胀率与水泥掺量的关系曲线（28d 龄期）

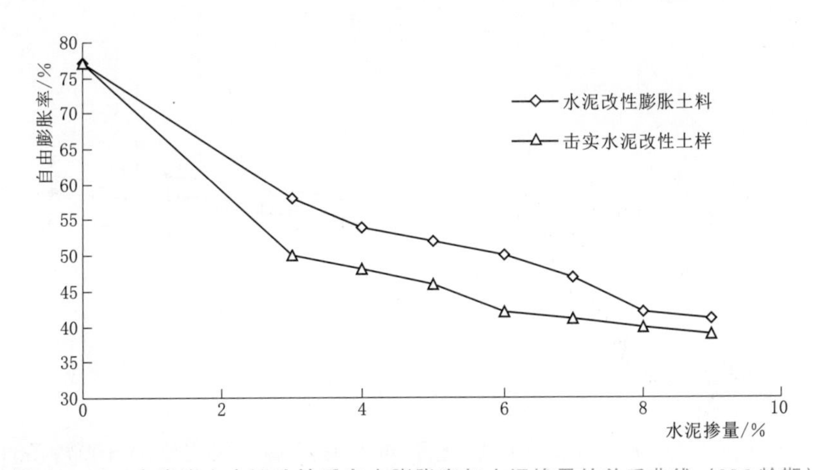

图 3.1-5 中膨胀土水泥改性后自由膨胀率与水泥掺量的关系曲线（28d 龄期）

3.1.2 膨胀力

膨胀力是指土体吸水膨胀时所产生的内应力，是衡量膨胀土膨胀性的重要指标之一。

膨胀土的改性与否可以通过膨胀力的变化来体现。

膨胀力试验按照《土工试验方法标准》(GB/T 50123—2019)中的"27 膨胀力试验"在标准固结仪上进行，试样安装完成后，向水盒内注入纯水，并保持水面高出试样5mm，当试样开始膨胀时，立即施加平衡荷载(加荷载时应避免冲击力)，使量表指针指向初始读数。随着试样的吸水膨胀，持续进行平衡荷载的施加，直到2h内读数不变为止。

膨胀力：

$$p_e = k\frac{W}{A}\times 10 \tag{3.1-2}$$

式中：p_e 为膨胀力，kPa；W 为平衡荷载，N；A 为试样面积，cm^2；k 为仪器杠杆比；10为单位换算系数。

分别采用表3.1-1所述弱、中膨胀土，按不同水泥掺量和90%、95%、98%、100%四种压实度，采用掺拌后击实法制备试样，制备试样含水率均为21.0%。同时，还比较了不同龄期条件下改性土的膨胀力指标。

图3.1-6、图3.1-7和表3.1-4为不同掺量条件下28d龄期改性土的膨胀力试验成果。成果显示：无论弱膨胀土或者中膨胀土，随着水泥掺量增大，改性土膨胀力减小，相比未掺入水泥的素膨胀土而言，减小的幅度达80%左右；此外，随改性土压实度的提高，改性土的膨胀力均呈逐渐增大的趋势，但随着水泥掺量的增大，膨胀力增大的趋势减缓。

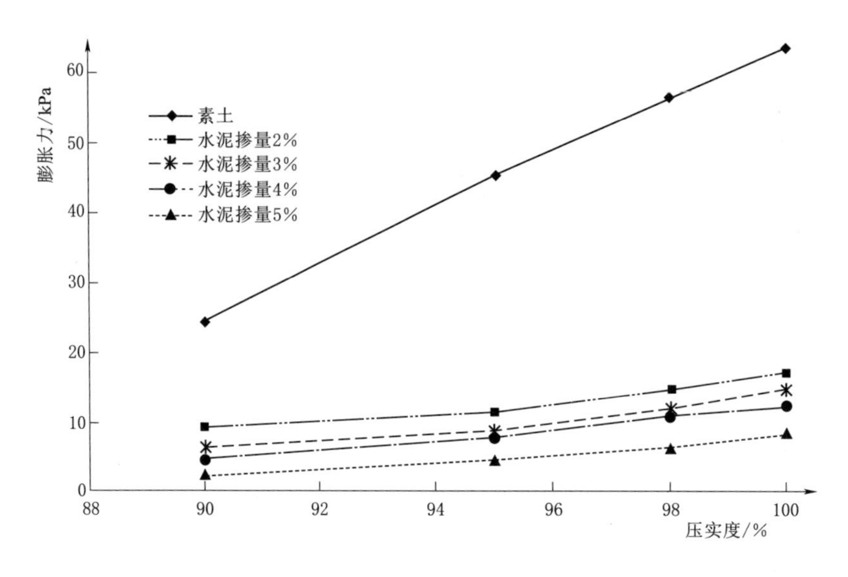

图3.1-6　弱膨胀土不同水泥掺量改性后膨胀力与水泥掺量和压实度的关系曲线(28d龄期)

图3.1-8、图3.1-9为弱、中膨胀土不同水泥掺量、压实度为100%条件下，改性土龄期与膨胀力的关系曲线。成果显示，随着改性土龄期的增长，不同掺量的改性土膨胀力大幅降低，水泥掺量越大，膨胀力降低幅度越大。此外，弱膨胀改性土在7d龄期以内膨胀力降低幅度最大；中膨胀改性土在3d以内膨胀力降低幅度最大，不同掺量改性土膨胀力降低趋势相同。

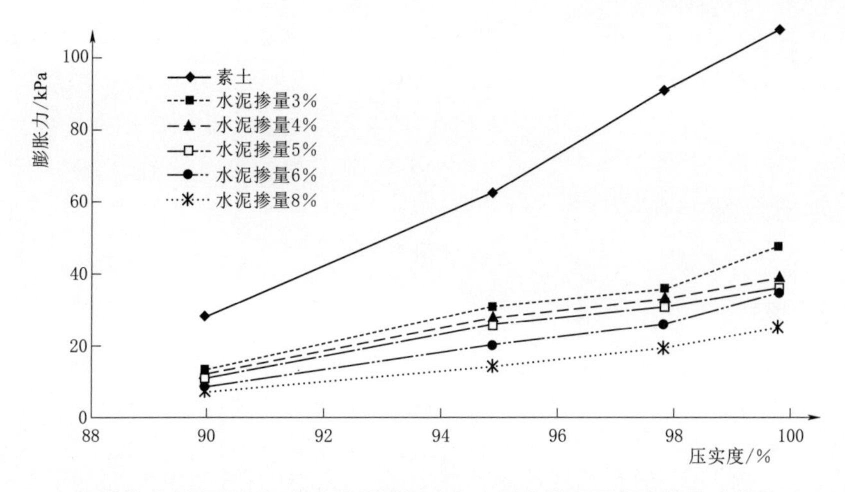

图 3.1-7　中膨胀土不同水泥掺量改性后膨胀力与水泥掺量和压实度的关系曲线（28d 龄期）

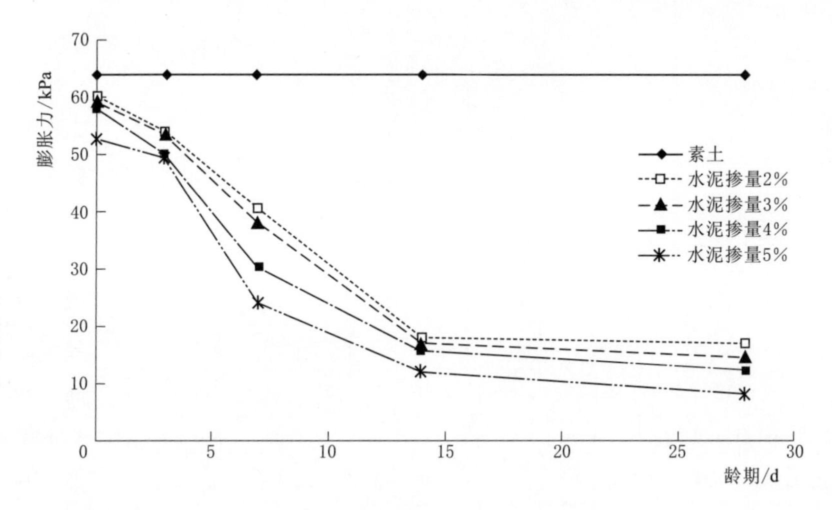

图 3.1-8　弱膨胀土不同水泥掺量改性后膨胀力与水泥掺量和龄期的关系曲线（压实度 100%）

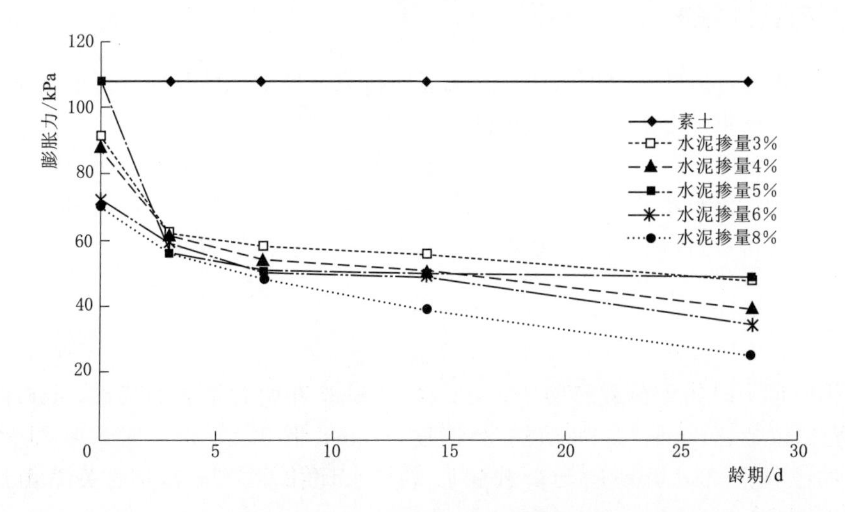

图 3.1-9　中膨胀土不同水泥掺量改性后膨胀力与水泥掺量和龄期的关系曲线（压实度 100%）

表 3.1-4　　膨胀土水泥改性后的膨胀力试验成果表

弱膨胀土水泥掺量/%	龄期/d																			
	0				3				7				14				28			
	压实度/%																			
	100	98	95	90	100	98	95	90	100	98	95	90	100	98	95	90	100	98	95	90
	膨胀力/kPa																			
0（素土）	63.6	56.4	45.2	24.2																
2	60.2	50.8	39.9	20.0	54.0	46.2	34.7	16.5	40.5	33.7	27.2	16.0	17.9	16.4	14.6	9.8	16.9	14.6	11.3	9.0
3	59.2	48.7	32.9	17.0	53.4	46.1	33.0	16.0	38.1	29.4	20.1	15.3	17.0	15.5	13.3	7.8	14.6	11.8	8.7	6.1
4	58.0	45.9	32.0	16.3	49.8	41.0	29.0	14.2	30.3	27.2	18.3	12.4	15.8	14.7	12.1	7.0	12.2	10.7	7.7	4.6
5	52.7	41.2	29.3	15.0	49.2	40.3	28.5	13.5	23.9	18.8	13.1	12.0	11.8	10.7	8.5	5.1	8.2	6.1	4.5	2.1

中膨胀土水泥掺量/%	龄期/d																			
	0				3				7				14				28			
	压实度/%																			
	100	98	95	90	100	98	95	90	100	98	95	90	100	98	95	90	100	98	95	90
	膨胀力/kPa																			
0（素土）	107.7	91.0	62.3	28.0																
3	91.5	80.5	56.0	18.0	62.2	58.6	50.2	16.5	58.1	48.8	36.8	15.5	55.6	46.7	35.6	14.9	47.5	35.8	30.8	13.5
4	88.0	72.5	55.0	17.0	61.3	56.0	46.0	14.2	54.0	46.0	35.8	13.7	50.7	43.7	32.2	12.5	39.3	33.2	27.8	12.1
5	74.0	68.5	50.8	15.0	59.1	54.4	42.8	13.0	53.2	44.5	31.2	12.1	49.8	42.0	30.7	11.9	36.0	30.7	25.6	11.1
6	72.0	65.0	47.9	14.0	58.9	52.0	41.2	12.5	50.1	43.1	30.0	12.0	48.7	38.3	29.6	11.2	34.6	26.1	20.3	8.9
8	70.0	62.7	45.0	13.4	56.0	51.0	40.0	12.0	48.2	40.9	29.2	11.5	38.7	33.0	23.4	10.5	25.2	19.4	14.1	6.9

3.1.3　无荷载膨胀率

无荷载膨胀率是试样在有侧限约束、无竖向荷载条件下土体膨胀变形的增量与初始高度的比值，试验按照《土工试验方法标准》（GB/T 50123—2019）的“25.2 无荷载膨胀率试验”规定在膨胀仪（见图 3.1-10）上进行。分别进行了弱膨胀土改性和中膨胀土改性试验，试样的制备含水率均为 21.0%，压实度分别为 90%、95%、98%和 100%，进行了不同水泥掺量和不同龄期的无荷载膨胀率测定。试验成果见表 3.1-5。

无荷载膨胀率

$$\delta_t=\frac{Z_0-Z_t}{h_0}\times 100 \tag{3.1-3}$$

式中：δ_t 为时间 t 时的无荷载膨胀率，%；Z_0 为试验开始时量表的读数，mm；Z_t 为时间 t 时量表的读数，mm；h_0 为试样初始高度，mm。图 3.1-11、图 3.1-12 为弱、中膨胀土水泥改性后 28d 龄期的无荷载膨胀率与水泥掺量、压实度的关系曲线。分析如下：

表 3.1-5　　　　无荷载膨胀率试验成果表

弱膨胀土水泥掺量/%	龄期/d																			
	0				3				7				14				28			
	压实度/%																			
	100	98	95	90	100	98	95	90	100	98	95	90	100	98	95	90	100	98	95	90
	膨胀率/%																			
0（素土）	9.78	8.50	7.10	5.50																
2	3.08	2.70	2.20	1.98	0.69	0.58	0.51	0.32	0.37	0.29	0.27	0.19	0.25	0.21	0.18	0.16	0.14	0.11	0.07	0.05
3	2.50	2.30	2.15	1.95	0.67	0.50	0.46	0.28	0.31	0.26	0.18	0.15	0.20	0.18	0.15	0.13	0.10	0.06	0.05	0.03
4	2.30	2.18	1.85	1.79	0.49	0.40	0.39	0.26	0.25	0.21	0.17	0.13	0.18	0.16	0.13	0.08	0.07	0.04	0.03	0.01
5	2.24	1.85	1.30	0.49	0.42	0.38	0.33	0.24	0.20	0.16	0.14	0.11	0.11	0.09	0.07	0.04	0.03	0.02	0.01	0.00
中膨胀土水泥掺量/%	龄期/d																			
	0				3				7				14				28			
	压实度/%																			
	100	98	95	90	100	98	95	90	100	98	95	90	100	98	95	90	100	98	95	90
	膨胀率/%																			
0（素土）	15.40	14.10	12.80	10.73																
3	10.80	9.85	8.66	6.50	3.86	3.61	3.45	3.10	3.45	2.60	1.80	1.05	1.83	1.20	1.17	0.75	0.60	0.53	0.35	0.16
4	10.20	9.50	8.00	6.00	2.96	2.60	2.30	1.96	2.60	2.20	1.70	1.02	1.53	1.14	0.91	0.65	0.42	0.35	0.24	0.15
5	9.12	7.81	6.80	5.87	2.20	2.05	2.00	1.87	2.28	1.80	1.45	1.00	1.30	1.05	0.84	0.52	0.31	0.28	0.14	0.11
6	8.20	7.75	6.70	5.65	2.16	2.00	1.80	1.60	2.00	1.72	1.40	0.96	1.14	0.92	0.70	0.31	0.30	0.27	0.12	0.10
8	8.00	7.20	6.00	4.15	2.07	1.89	1.78	1.55	1.80	1.50	1.24	0.90	0.89	0.53	0.42	0.21	0.23	0.18	0.10	0.08

（1）相比改性之前，弱、中膨胀土改性后的无荷载膨胀率大幅降低，28d 龄期的改性土无荷载膨胀率由改性前的 9.78%（弱膨胀土）和 15.4%（中膨胀土），降低到改性后的 0.03%（弱膨胀土掺量 5%、压实度 100%）和 0.23%（中膨胀土掺量 8%、压实度 100%），改性效果十分显著。

（2）随水泥掺量的增大，改性土的无荷载膨胀率减小，当水泥掺量达到 5%、压实度为 90%时，改性土的无荷载膨胀率降低为零。

（3）随着压实度的提高，改性土的无荷载膨胀率逐渐增大，掺量越低的改性土无荷载膨胀率增量越大。

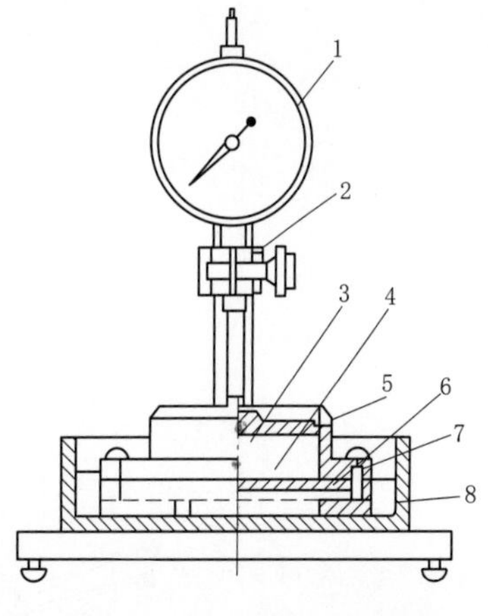

图 3.1-10　膨胀仪示意图

1—量表；2—支架；3—多孔板；4—试样；5—环刀；6—透水板；7—压板；8—水盒

图 3.1-13、图 3.1-14 为弱、中膨胀土不同水泥掺量改性后无荷载膨胀率与龄期的关系曲线。成果显示，相比改性前弱膨胀土 9.78%和中膨胀土 15.4%的无

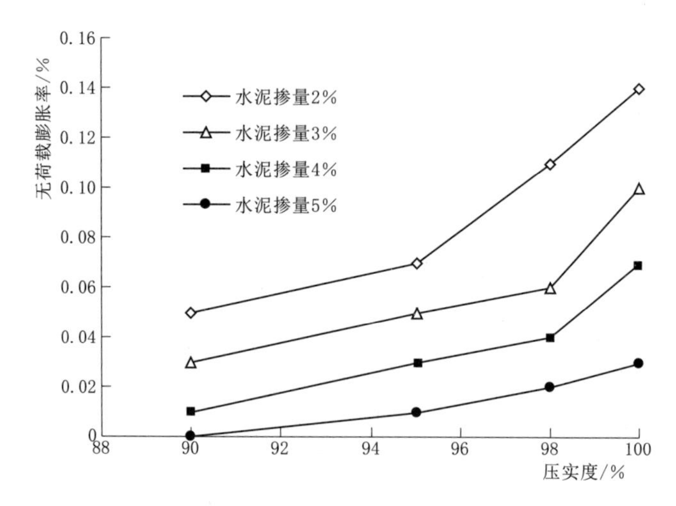

图 3.1-11　弱膨胀土不同水泥掺量改性后无荷载膨胀率与水泥掺量和压实度的关系曲线（28d 龄期）

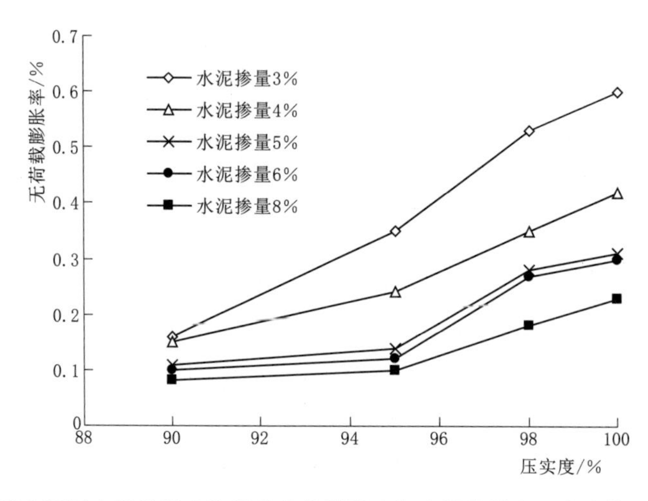

图 3.1-12　中膨胀土不同水泥掺量改性后无荷载膨胀率与水泥掺量和压实度的关系曲线（28d 龄期）

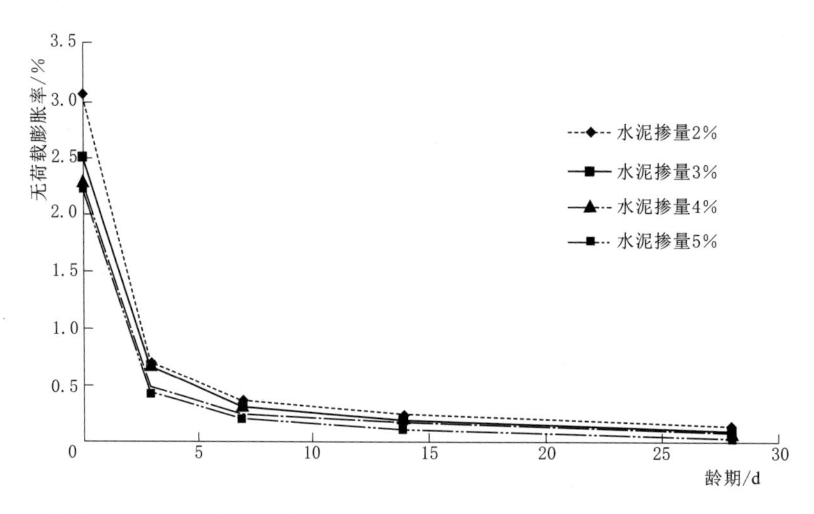

图 3.1-13　弱膨胀土不同水泥掺量改性后无荷载膨胀率与水泥掺量和龄期的关系曲线（压实度 100%）

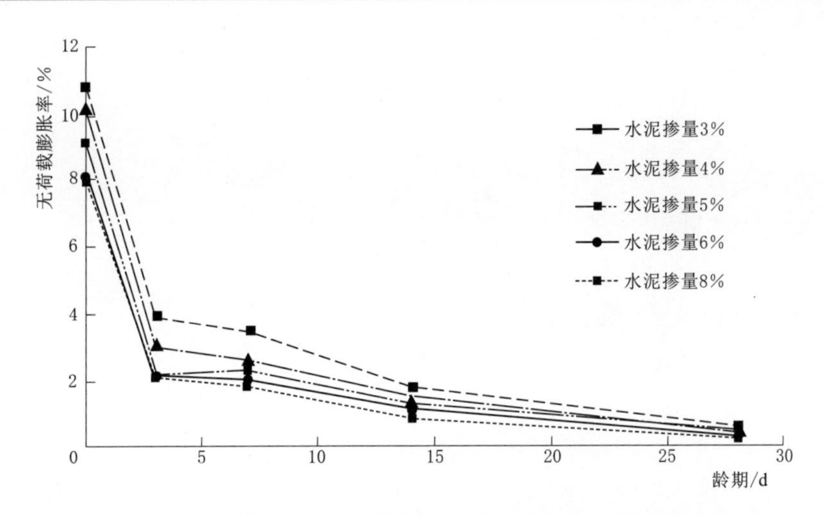

图 3.1-14 中膨胀土不同水泥掺量改性后无荷载膨胀率与水泥掺量和龄期的关系曲线（压实度100%）

荷载膨胀率，弱、中膨胀土掺入2%～3%的水泥后，改性土的无荷载膨胀率均有明显降低，其降低幅度在3d以内最为显著，其中，弱膨胀土在最小掺量2%条件下，无荷载膨胀率降低到0.7%以内，中膨胀土在最小掺量3%条件下，无荷载膨胀率降低到4%以内。

3.1.4 有荷载膨胀率

无荷载膨胀试验规定，在有侧限条件下测定土的膨胀变形，且只允许向上单向膨胀，而有荷载膨胀率试验是模拟建筑物地基的上覆压力或某一特定荷载条件下，测定按实际荷载大小和有侧限状态下的膨胀量。该试验在固结仪上按照《土工试验方法标准》(GB/T 50123—2019)的"21.1有荷载膨胀率试验"进行，根据所要求的荷载，可一次施加或分级施加。一次连续施加荷载是指将总荷载分成几级，一次连续加完，目的是使土样在受压时有一定的时间间歇，同时，避免因荷载太大，对试样产生冲击力或过压。

试验完成后绘制膨胀率与压力的关系曲线。荷载 p 状态下的膨胀率为

$$\delta_{ep}=\frac{Z_{w1}-Z_{w2}}{h_0}\times 100 \tag{3.1-4}$$

式中：δ_{ep} 为在 p 荷载作用下的膨胀率，%；Z_{w1} 为压力 p_1 作用下膨胀稳定后量表的读数，mm；Z_{w2} 为压力 p_2 作用下膨胀稳定后量表的读数，mm；h_0 为试样初始高度，mm。

弱、中膨胀土水泥掺量分别为2%～5%和3%～8%，改性土土样的制备含水率为21.0%，中膨胀改性土压实度为93%，弱膨胀改性土压实度为95%，竖向荷载分别以0kPa、6.25kPa、12.5kPa、25kPa施加。进行了0d、7d和28d龄期的试验。试验成果见表3.1-6、表3.1-7和图3.1-15～图3.1-18，分析试验成果如下：

(1) 膨胀土水泥改性后的有荷载膨胀率明显降低。当荷载为0时，对弱膨胀土，改性前的有荷载膨胀率为7.10%，水泥掺量3%改性后28d龄期的有荷载膨胀率降低为0.05%；对中膨胀土，改性前的有荷载膨胀率为13.6%，水泥掺量6%改性后28d龄期的有荷载膨胀率降低为0.11%。

表 3.1-6　弱膨胀土水泥改性后的有荷载膨胀率成果表（压实度 95%）

龄期/d	水泥掺量/%	荷载/kPa			
		0	6.25	12.5	25
		膨胀率/%			
0	0（素土）	7.10	1.97	1.48	0.55
	2	2.20	1.07	0.85	0.40
	3	1.65	0.44	0.37	0.32
	5	1.30	0.00	−0.03	−0.04
7	3	0.18	0.12	0.09	0.04
28	3	0.05	0.04	0.02	0.00

表 3.1-7　中膨胀土水泥改性后的有荷载膨胀率成果表（压实度 93%）

龄期/d	水泥掺量/%	荷载/kPa			
		0	6.25	12.5	25
		膨胀率/%			
0（素土）	0（素土）	13.6	6.05	4.25	2.22
	4	7.20	1.90	1.63	1.56
	6	6.28	1.23	1.05	0.92
	8	5.26	1.13	0.88	0.73
7	6	1.22	0.64	0.44	0.32
28	6	0.11	0.04	0.02	0.01

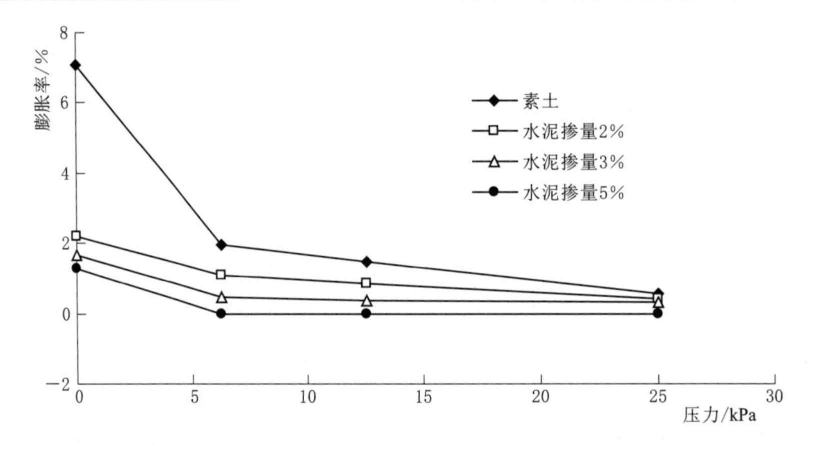

图 3.1-15　弱膨胀土不同水泥掺量改性后膨胀率与水泥掺量和压力的关系曲线
（0d 龄期，压实度 95%，起始含水率 21%）

（2）改性土的有荷载膨胀率随荷载的增大而减小。在低压力作用下的膨胀率降低幅度显著；当荷载大于 6kPa 时，随着荷载的增加，膨胀率降低幅度变小。

（3）随着龄期的增长，水泥改性土的有荷载膨胀率减小。对弱膨胀土，掺入 3%水泥改性后，初始时的无荷载膨胀率为 1.65%，而 7d、28d 龄期的无荷载膨胀率分别降低至

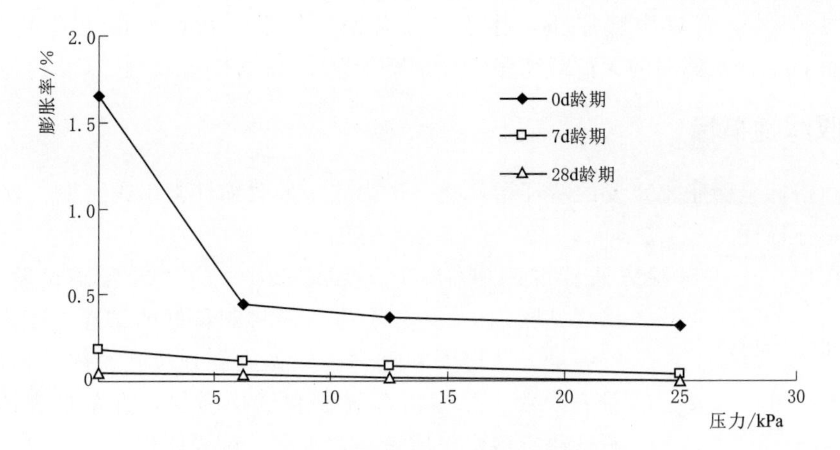

图 3.1-16 弱膨胀土不同水泥掺量改性后膨胀率与龄期和压力的关系曲线
(掺量3%，压实度95%，起始含水率21%)

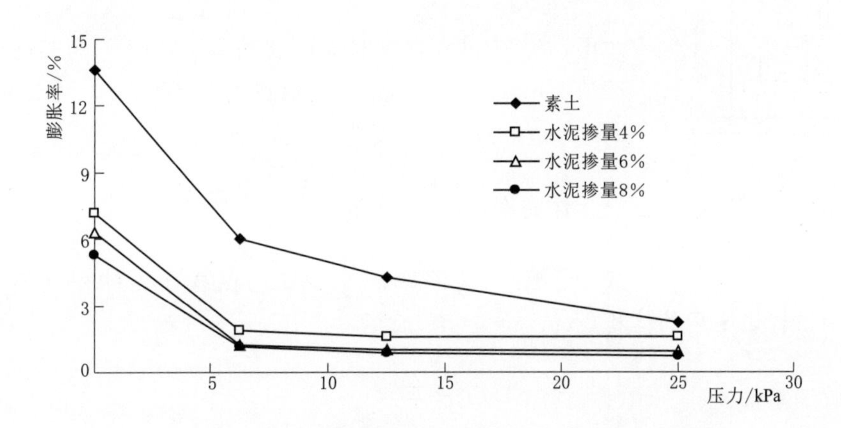

图 3.1-17 中膨胀土不同水泥掺量改性后膨胀率与水泥掺量和压力的关系曲线
(0d龄期，压实度93%，起始含水率21%)

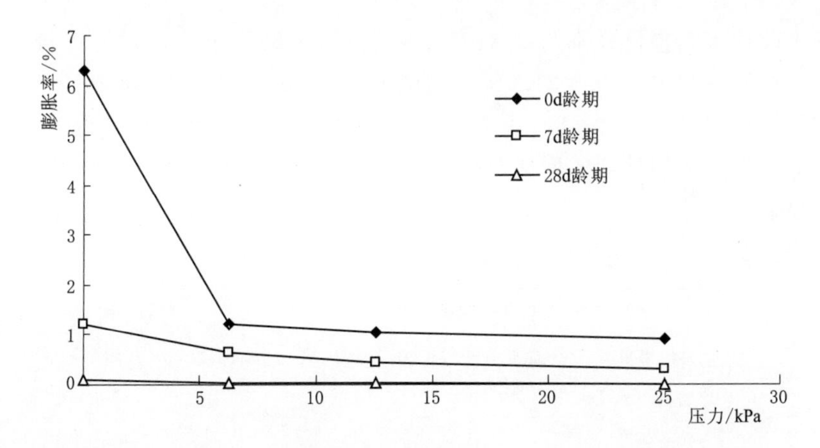

图 3.1-18 中膨胀土不同水泥掺量改性后膨胀率与龄期和压力的关系曲线
(掺量6%，压实度93%，起始含水率21%)

0.18%和 0.05%；而对中膨胀土，掺入 6%水泥改性后，初始时的无荷载膨胀率为 6.28%，而 7d、28d 龄期的无荷载膨胀率分别降低至 1.22%和 0.11%。

3.1.5 收缩性指标

收缩性指标是膨胀土重要的特征指标之一，膨胀土的收缩性常用线缩率、收缩系数和体缩率等指标描述。

试验按照《土工试验方法标准》（GB/T 50123—2019）的“26 收缩试验”在收缩仪（见图 3.1-19）上进行。将制备好的试样置于多孔板上，安装量表并记下初读数。根据收缩速度，每隔一定时间测记量表读数，并称整套装置和试样质量，直至量表读数稳定，测试稳定后干土质量和含水率、试样体积。

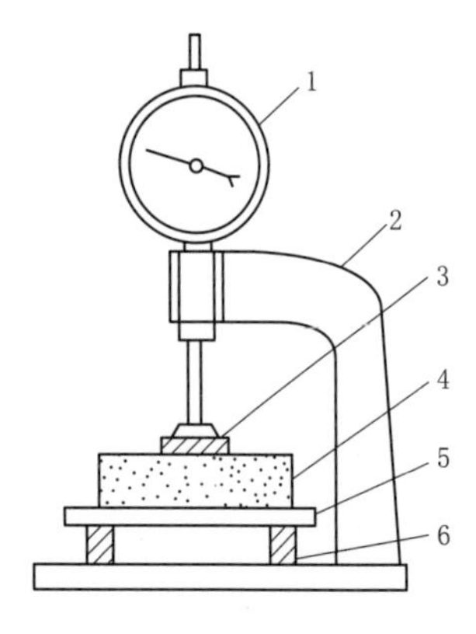

图 3.1-19 收缩仪
1—量表；2—支架；3—测板；4—试样；5—多孔板；6—垫块

线缩率：
$$\delta_{st}=\frac{Z_t-Z_0}{h_0}\times 100 \tag{3.1-5}$$

式中：δ_{st} 为试样在某时刻的线缩率，%；Z_t 为某时刻的量表读数，min；Z_0 为量表初始读数，mm；h_0 为试样初始高度，mm。

体缩率：
$$\delta_V=\frac{V_0-V_d}{V_0}\times 100 \tag{3.1-6}$$

式中：δ_V 为体缩率，%；V_0 为试样初始体积（环刀容积），cm^3；V_d 为试样烘干后的体积，cm^3。

竖向收缩系数：
$$\lambda_s=\frac{\Delta\delta_{st}}{\Delta w} \tag{3.1-7}$$

式中：λ_s 为竖向收缩系数；$\Delta\delta_{st}$ 为收缩曲线上起始阶段（直线段）2 点线缩率之差，%；Δw 为相应于 $\Delta\delta_{st}$ 两点含水率之差，%。

弱膨胀土改性水泥掺量分别为 2%、3%和 5%，中膨胀土改性水泥掺量分别为 4%、6%、8%，土样制备含水率均为 21.0%，测试了 0d、7d 和 28d 龄期的收缩性指标。膨胀土改性后的收缩特性见表 3.1-8、表 3.1-9。成果显示，改性土的线缩率、收缩系数、体缩率等收缩性指标随均龄期的增加而减小，且水泥掺量低的膨胀土的收缩性指标受龄期的影响更加显著。

表 3.1-8 弱膨胀土水泥改性后收缩特性试验成果表

序号	龄期/d	制备样控制条件			收缩特性		
		掺量/%	含水率 w/%	压实度 P/%	收缩系数 λ_s	线缩率 δ_{st}/%	体缩率 δ_V/%
1	—	0（素土）	21.0	95	0.393	3.60	12.02
2	0	2	21.0	95	0.211	2.86	8.91
3		3	21.0	95	0.197	2.40	8.63
4		5	21.0	95	0.194	2.16	7.93

续表

序号	龄期/d	制备样控制条件			收缩特性		
		掺量/%	含水率 w/%	压实度 P/%	收缩系数 λ_s	线缩率 δ_{st}/%	体缩率 δ_V/%
5	7	2	21.0	95	0.114	1.51	
6		3	21.0	95	0.111	1.31	
7		5	21.0	95	0.108	1.16	
8	28	2	21.0	95	0.086	0.89	
9		3	21.0	95	0.082	0.88	
10		5	21.0	95	0.080	0.85	

表 3.1-9　中膨胀土水泥改性后收缩特性试验成果表

序号	龄期/d	制备样控制条件			收缩特性		
		掺量/%	含水率 w/%	压实度 P/%	收缩系数 λ_s	线缩率 δ_{st}/%	体缩率 δ_V/%
1	—	素土	21.0	93	0.420	5.01	15.45
2	0	4	21.0	93	0.315	4.58	10.04
3		6	21.0	93	0.276	1.49	8.69
4		8	21.0	93	0.246	1.21	8.24
5	7	4	21.0	93	0.225	2.16	
6		6	21.0	93	0.164	1.34	
7		8	21.0	93	0.151	1.20	
8	28	4	21.0	93	0.108	1.36	
9		6	21.0	93	0.105	1.23	
10		8	21.0	93	0.101	1.20	

图3.1-20、图3.1-21为不同水泥掺量的改性土的线缩率与试样含水率的关系曲线。试验表明，弱、中膨胀土改性后在不同水泥掺量条件下的线缩率减少，试样含水率与线缩率呈曲线函数关系；中膨胀土改性后在水泥掺量6%以上，线缩率急剧降低，改性效果显著。

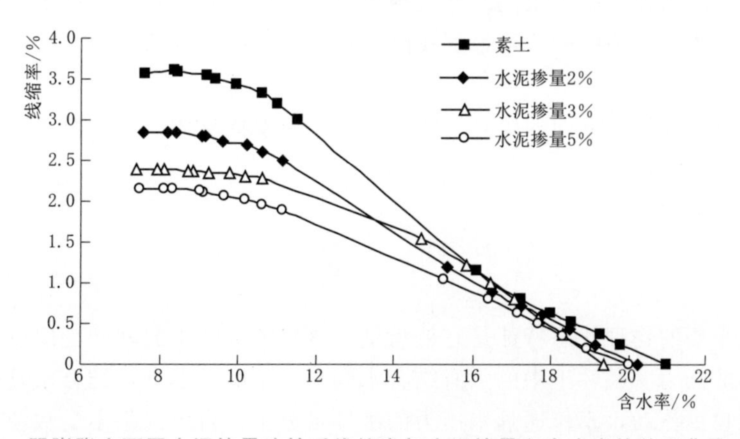

图 3.1-20　弱膨胀土不同水泥掺量改性后线缩率与水泥掺量和含水率的关系曲线（0d 龄期）

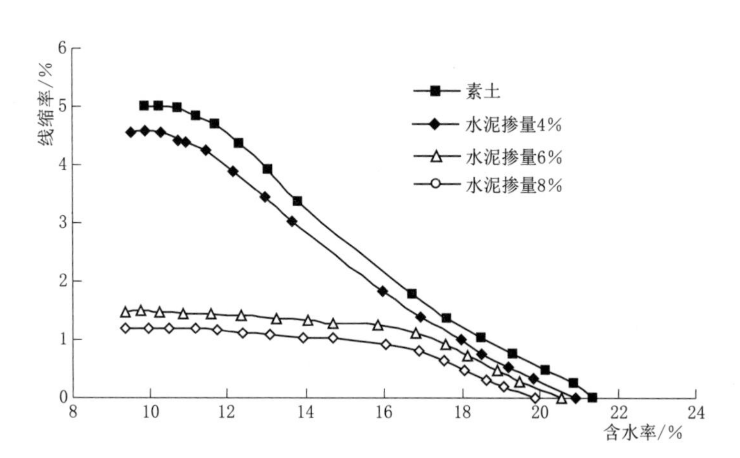

图 3.1-21　中膨胀土不同水泥掺量改性后线缩率与水泥掺量和含水率的关系曲线（0d 龄期）

通过对不同水泥掺量、不同压实度以及不同龄期的弱、中膨胀土的膨胀性以及收缩特性的试验研究，可以得出以下结论：

（1）掺拌水泥对膨胀土的膨胀性改性明显，弱膨胀土掺入 2%的水泥且龄期达 3d，中膨胀土掺入 9%的水泥且龄期 28d 以上，可使膨胀土的自由膨胀率大幅降低，改性土不再具有膨胀性。

（2）相同水泥掺量和龄期条件下，掺拌后击实制样的改性土比松散掺拌制样得到的改性土自由膨胀率低，表明压实后的改性土改性效果更佳。

（3）压实度对改性土的膨胀及收缩性能影响较大，压实度越大，改性土的膨胀性也越大。因此，以水泥改性土作为填料时，与一般填料不同，并不是压实度越大越好，应综合考虑改性土的强度、膨胀性及其他因素要求，水泥改性土的压实度存在合理的取值范围。

（4）改性土的改性效果与龄期有密切的关系，随龄期的增加，膨胀及收缩性能降低，主要反映了水泥对膨胀土的改性有一定的时间效应，从试验成果来看，改性 3d 以后改性土的膨胀性及收缩性指标变化显著，改性效果显现，28d 龄期后上述指标基本趋于稳定。

（5）综合以上分析，膨胀土水泥改性后自由膨胀率、无荷载膨胀率指标变化明显，也较容易测试，可以用作膨胀土水泥改性效果的评价指标，而膨胀力、有荷载膨胀率、线缩率、收缩系数、体缩率等指标，可根据实际工程需要，按一定的应力、荷载条件和工程运用环境进行测试。

（6）鉴于改性效果与龄期的关系，实际工程中应根据具体工程需要考虑一定的龄期对改性土的改性效果进行评价。

3.2　水泥掺量与改性土的物理性、膨胀性的关系

黏性土最主要的物理状态特征是它的稠度，该特征反映土的软硬程度以及抵抗外力引起变形或破坏的能力。黏性土中的水有结合水和自由水两种形态，结合水是受颗粒表面电场作用，不能自由流动，不传递静水压力的极性水分子；自由水是不受颗粒电场引力作用的毛细水或重力水。结合水又分为强结合水和弱结合水两种形态，强结合水是受电场作用

力紧靠颗粒表面，几乎完全固定排列，丧失液体流动特性而接近固态的水分子；弱结合水虽然也受颗粒表面电荷吸引而定向排列于颗粒四周，但电场作用力稍弱，是呈黏滞状态的、可以发生变形和缓慢转移的水膜。弱结合水的存在是黏性土具有可塑性的原因。土中弱结合水的含量取决于土的黏土矿物含量，在表观上是土的比表面积、可交换阳离子量等。土的黏性越大，黏土的比表面积越大，土颗粒的亲水能力越强，吸附结合水的能力也越强。

土从一种状态进入另一种状态的界限含水率称为土的特征含水率，或称为稠度界限。描述土的界限含水率的指标主要有土的塑限含水率、液限含水率和塑性指数等。土的塑限含水率，简称塑限，是土从半固体状态变化到可塑状态时的界限含水率，此时土中水的状态应该是强结合水含量最大的状态。在这种状态下，土体受外力作用可以被捏成任意形状，并且，在外力取消后仍然能保持原始的形状，如果含水率不变，土体的外形将始终不变。土的液限含水率，简称液限，是土体从塑性状态转变到液性状态的界限含水率，此时土中水的状态除结合水以外，已经有较多的自由水。土处在可塑状态的含水率的变化范围，也就是黏性土水理性的基本指标——塑性指数，该指标是土的液限含水率与塑限含水率的差值。从土中水的物理概念上讲，大体上表示土所能吸着的弱结合水质量与土粒质量之比。土的可塑状态的含水率变化范围越大，土的亲水能力越强，膨胀性也越大。膨胀土水泥改性的主要机理就是水泥的化学成分使得膨胀土的弱结合水含量产生了变化。

3.2.1　基本物理性

为进一步了解膨胀土改性后物理性质的变化，选用弱、中膨胀土试样，分别进行水泥掺量为 3%（弱膨胀土改性）和 6%（中膨胀土改性）的水泥改性土的物理性试验研究。试验用改性土的水泥掺拌方法采用前述的松散掺拌法，水泥掺量为水泥干粉的质量与干土+干粉的总质量之比。试验按照《界限含水率试验》（SL 237-007—1999）的规定采用液塑限联合测定仪测定。

改性前的弱、中膨胀土的颗粒级配及界限含水率、自由膨胀率试验成果仍见表 3.1-1，改性土的物理性见表 3.2-1。

表 3.2-1　膨胀土水泥改性前后物理性

土　样	液限含水率 w_{L17}/%	塑限 w_P/%	塑性指数 I_{P17}	按塑性图定名	自由膨胀率平均值 δ_{ef}/%
弱膨胀土	48.7	21.6	27.1	CL	51.3
中膨胀土	64.8	25.2	39.6	CH	77.3
弱膨胀土掺 3%水泥改性后	46.6	31.4	15.2	CL	30（28d 龄期）
中膨胀土掺 6%水泥改性后	61.4	34.8	26.6	CH	42（28d 龄期）

研究表明，弱膨胀土掺入 3%的水泥改性后，28d 龄期的改性土的液限含水率变化不大，为 46.6%，但塑限含水率明显增大，塑性指数由 27.1 减小到 15.2。表明膨胀土掺入水泥以后，其亲水性降低，土颗粒活性钝化。

与弱膨胀土改性效果相似，中膨胀土改性掺入6%的水泥改性后，28d龄期的改性土的液限含水率为61.4%，塑性指数为26.6，改性土的液限含水率略小于素土，但塑性指数明显小于素土。不过，从改性后土的塑性指标来看，无论是弱膨胀土改性还是中膨胀土改性，按塑性图分类定名仍然为低（高）液限黏土（CL或CH），说明改性土仍然保持了土的基本性质，这一点与水泥土是有本质区别的。此外，从自由膨胀率指标来看，对于本次研究所选用的弱、中膨胀土，弱膨胀土水泥掺量3%和中膨胀土水泥掺量6%即可将自由膨胀率分别降低到30%和42%，弱膨胀土已消除膨胀性，中膨胀土已基本成为弱膨胀土或无膨胀土。

3.2.2 水泥掺量与改性土物理性的关系

进行了不同水泥掺量条件下改性土的颗粒级配、塑性指数、自由膨胀率、无荷载膨胀率、有荷载膨胀率、线缩率、膨胀力等物理性和膨胀性指标的测定。为模拟现场填筑碾压后的状态，采用室内掺拌后击实制样。无荷载膨胀率、有荷载膨胀率、收缩、膨胀力试验均采用直径61.8mm、高20mm的环刀样。黏粒含量、塑性指数、自由膨胀率试验则用上述试样破碎后的土样。水泥改性土试样在恒温、恒湿条件下进行龄期养护。下面介绍主要研究成果。

3.2.2.1 弱膨胀土改性

弱膨胀水泥改性土分别研究了水泥掺量为0%、0.5%、1%、2%、3%、4%、5%等不同掺量和7d、28d两个龄期各项指标的变化规律。改性前的弱膨胀土自由膨胀率为51%，试样压实度控制为95%和98%。水泥掺量为水泥干粉的质量与干土＋干粉的总质量之比。

1. 土样黏粒含量和塑性指数

弱膨胀水泥改性土不同龄期土样的黏粒含量和塑性指数试验结果分别如图3.2-1、图3.2-2所示。试验成果表明，随着水泥掺量的增大，改性土的黏粒含量逐渐减小、塑性指数降低，表明改性土的亲水性减弱，黏土性质也相应减弱。当水泥掺量达到3%时，28d龄期的改性土黏粒含量降低到30%以下，塑性指数低于15。对比7d和28d龄期的改性效果可以看出，随着龄期的增长，黏粒含量、塑性指数减小的现象更为明显。

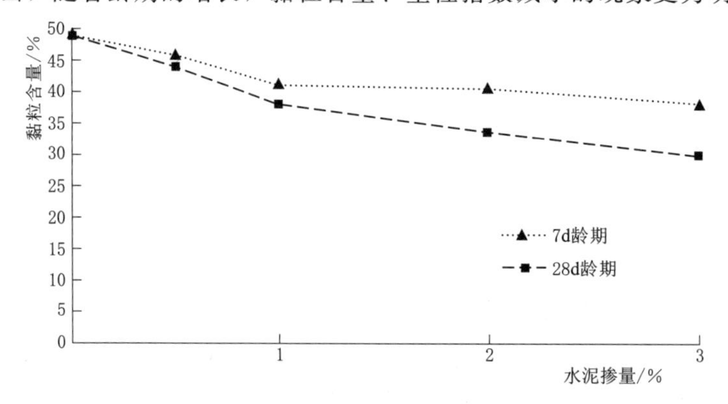

图3.2-1 弱膨胀水泥改性土黏粒含量与龄期和水泥掺量的关系曲线

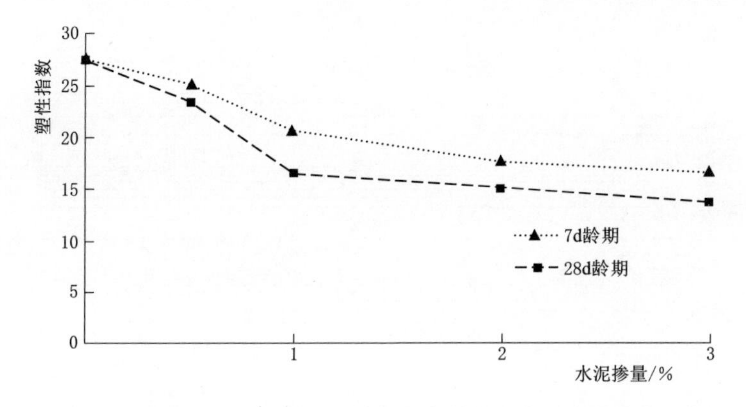

图 3.2-2　弱膨胀水泥改性土塑性指数与龄期和水泥掺量的关系曲线

2. 土样膨胀性和收缩性

水泥改性弱膨胀土不同龄期土样的自由膨胀率、无荷载膨胀率、12.5kPa 有荷载膨胀率以及线缩率、膨胀力指标变化分析如下。

图 3.2-3 中的自由膨胀率试验成果表明，随着水泥掺量的增大，改性土的自由膨胀率明显减小，当水泥掺量达到 2%，龄期为 7d 以后，弱膨胀土即可转换成非膨胀土，同时，这种变化趋势随着掺量和龄期的增加更为明显。

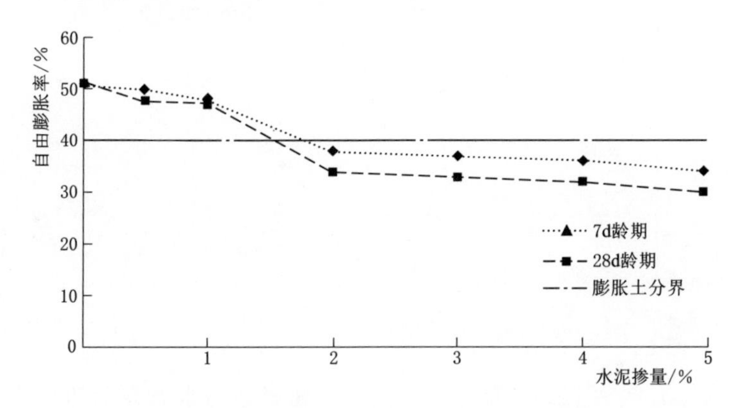

图 3.2-3　弱膨胀水泥改性土自由膨胀率与龄期和水泥掺量的关系曲线

图 3.2-4 为压实度 98%的弱膨胀水泥改性土无荷载膨胀率与水泥掺量的关系曲线。曲线显示，随着水泥掺量的增大，改性土的无荷载膨胀率显著降低。与自由膨胀率试验成果的差异在于，即使掺量小于 1%的改性土，其无荷载膨胀率也有明显的降低（图 3.2-4 以对数坐标形式显示，主要为便于分辨）。分析其中的原因在于，自由膨胀率试验是以松散的、干燥状态的试样所进行的试验，由于人为破坏了改性土的结构，改性效果难以显现；无荷载膨胀率试验是以压实试样的总体膨胀变形为依据，改性土试样保留了压实状态的结构，因此，改性效果更为明显。

图 3.2-5 为 95%压实度的弱膨胀水泥改性土在 12.5kPa 荷载压力下的膨胀率与水泥掺量的关系曲线。曲线显示，12.5kPa 荷载压力下改性土的膨胀率随水泥掺量的增大呈线性降低趋势，其线性相关系数达到 0.977。当水泥掺量达到 5%时，改性土已呈现压缩状

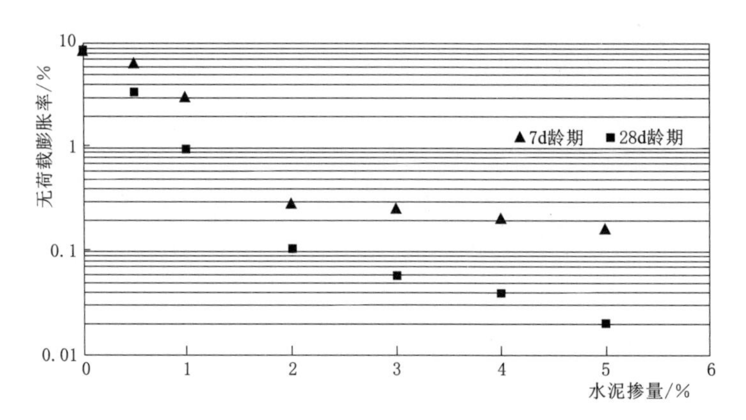

图 3.2-4 弱膨胀水泥改性土无荷载膨胀率与龄期和水泥掺量的关系曲线（压实度98%）

态，说明水泥掺量对降低膨胀土膨胀率作用显著。值得一提的是，这仅仅是龄期为0d的试验成果，若龄期增加，其有荷载膨胀率还将进一步减小，如图中掺量为3%、龄期分别为7d和28d的试验点。

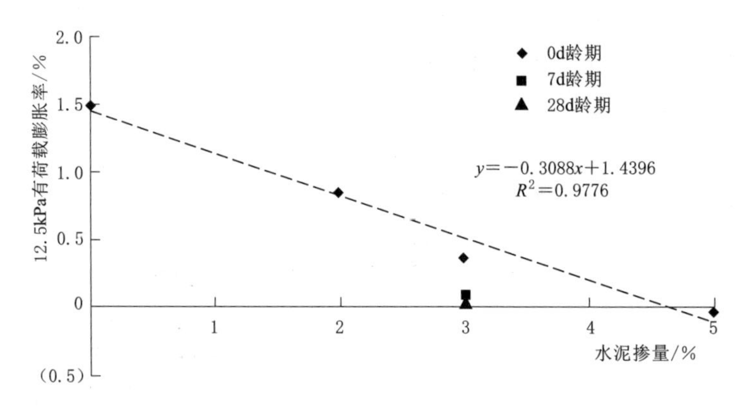

图 3.2-5 弱膨胀水泥改性土12.5kPa有荷载膨胀率与龄期和水泥掺量的关系曲线（压实度95%）

图3.2-6为压实度98%的弱膨胀水泥改性土膨胀力与水泥掺量的关系曲线。曲线显示，随着水泥掺量的增大，改性土的膨胀力呈明显下降趋势。弱膨胀土掺拌2%的水泥以后，7d龄期的改性土膨胀力已经大幅降低，28d龄期的膨胀力约15kPa，并且，随着掺量的继续增加，膨胀力下降的幅度更大。

图3.2-7为龄期为0d、压实度95%的弱膨胀改性土的体缩率、线缩率和收缩系数与水泥掺量的关系曲线。试验成果表明：随水泥掺量的增加，线缩率、收缩系数、体缩率均呈减小趋势。当水泥掺量在2%以内时，收缩性能变化明显，改性效果显著，掺量超过2%后收缩性能变化趋缓。

3. 综合分析

图3.2-8、图3.2-9分别为弱膨胀水泥改性土的黏粒含量、塑性指数、自由膨胀率以及无荷载膨胀率、有荷载膨胀率、线缩率、膨胀力等参数指标与水泥掺量的关系曲线。不难看出：弱膨胀土掺入水泥后黏粒含量、塑性指数以及自由膨胀率具有显著变化，表明

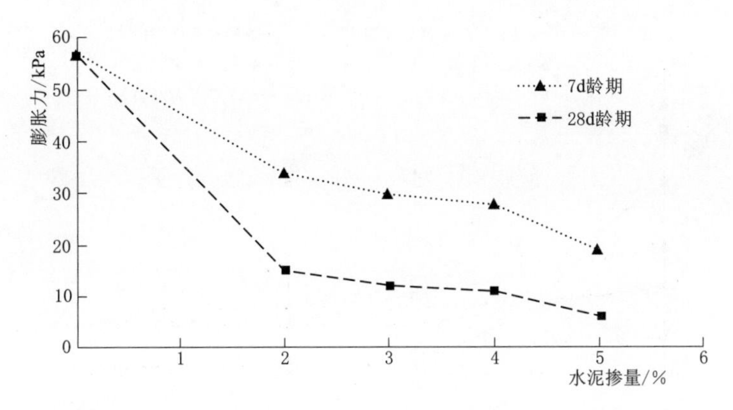

图 3.2-6　弱膨胀水泥改性土膨胀力与龄期和水泥掺量的关系曲线（压实度98%）

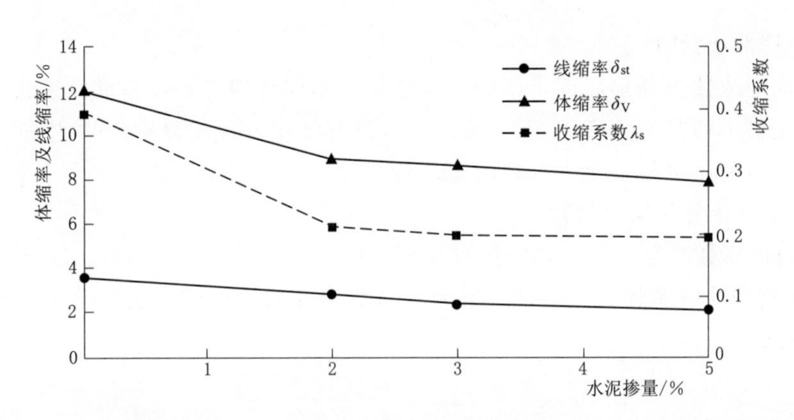

图 3.2-7　弱膨胀水泥改性土收缩指标与水泥掺量的关系曲线（0d龄期、压实度95%）

改性土的亲水性有明显改善。当水泥掺量达到2%以后，改性土的膨胀变形明显减小，收缩性降低；当水泥掺量大于2%后，改性土的各项指标随水泥掺量的变化关系曲线趋于平缓。即在实验室掺拌的条件下，2%水泥掺量是一个拐点，可以视作弱膨胀土的理论临界水泥掺量。

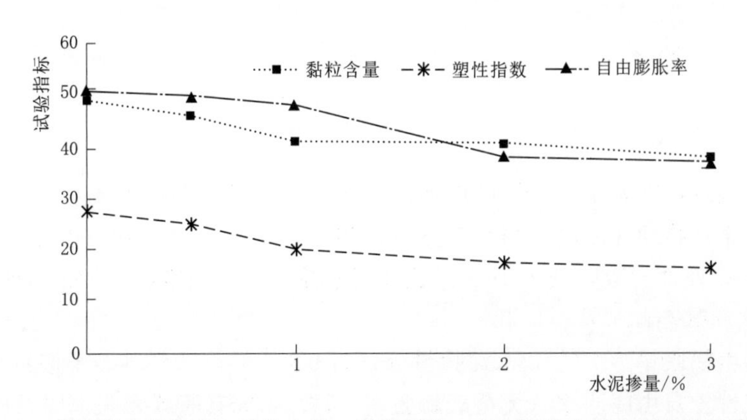

图 3.2-8　弱膨胀水泥改性土黏粒含量、塑性指数、自由膨胀率与水泥掺量的关系曲线

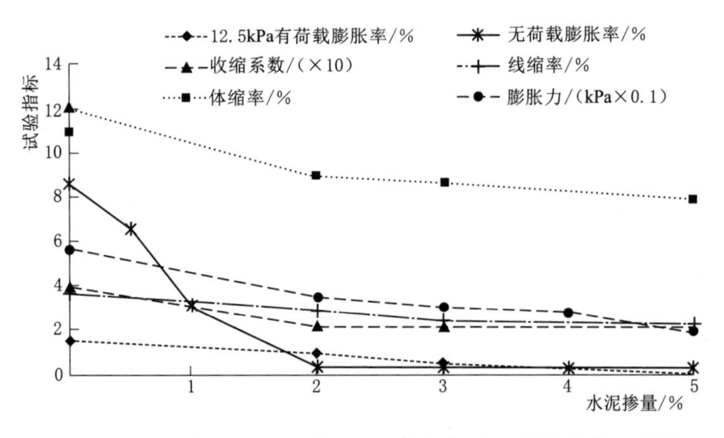

图 3.2-9　弱膨胀水泥改性土不同指标与水泥掺量的关系曲线

3.2.2.2　中膨胀土改性

中膨胀水泥改性土分别研究了不同水泥掺量、不同龄期的各项指标的变化规律。改性前的中膨胀土自由膨胀率分别为67%和77%，试样压实度控制分别为93%和98%。水泥掺量为水泥干粉的质量与干土+干粉的总质量之比。

1. 土样黏粒含量和塑性指数

进行了自由膨胀率为67%，水泥掺量分别为0%、0.5%、1%、3%、5%等5个掺量和7d、28d两个龄期的中膨胀水泥改性土黏粒含量和塑性指数试验，试验结果如图3.2-10、图3.2-11所示。

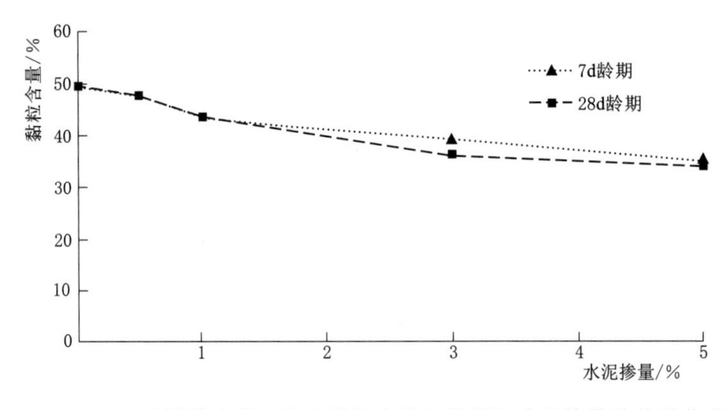

图 3.2-10　中膨胀水泥改性土黏粒含量与龄期和水泥掺量的关系曲线

试验成果显示，随着水泥掺量的增加，改性土的黏粒含量逐渐减少、塑性指数降低，表明改性土的亲水特性在减弱。当水泥掺量达到3%时，28d龄期的改性土的黏粒含量降低到40%以下，塑性指数降低到19。但这种现象随着龄期的增长并不十分明显。

2. 土样膨胀性和收缩性

进行了自由膨胀率为77%，水泥掺量分别为0%、3%～9%等若干掺量和不同龄期的中膨胀水泥改性土自由膨胀率、无荷载膨胀率、12.5kPa有荷载膨胀率以及膨胀力、线缩率指标分别如图3.2-12～图3.2-16所示。

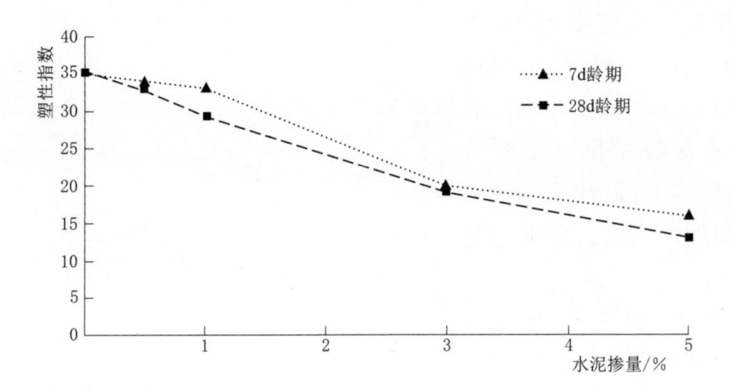

图 3.2-11 中膨胀水泥改性土塑性指数与龄期和水泥掺量的关系曲线

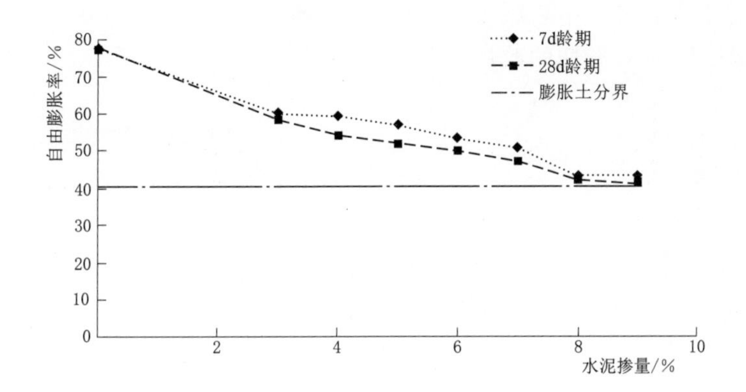

图 3.2-12 中膨胀水泥改性土自由膨胀率与龄期和水泥掺量的关系曲线

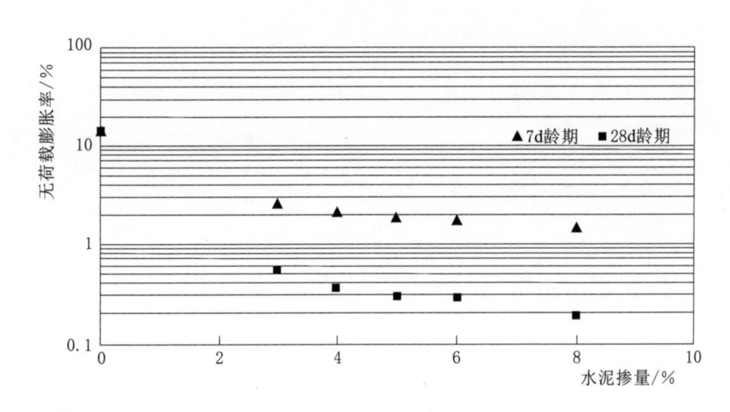

图 3.2-13 中膨胀水泥改性土无荷载膨胀率与龄期和水泥掺量的关系曲线（压实度98%）

随着水泥掺量的增加，改性土的自由膨胀率明显降低，当水泥掺量达到8%以后，自由膨胀率接近40%，不同龄期的改性土该指标变化规律一致。

不同水泥掺量、压实度为98%的改性土的无荷载膨胀率试验表明，随着水泥掺量的增大，改性土的无荷载膨胀率显著降低。当掺量达到3%、龄期为7d时，改性土的无荷载膨胀率即可从14%降低到2.6%（见表3.1-5），无荷载膨胀率降幅达到80%，并且，随着龄期的增长，该指标的降幅更大，说明改性效果更为显著。

不同水泥掺量、压实度为93%、龄期为0d的改性土有荷载膨胀率试验表明，12.5kPa压力下改性土的有荷载膨胀率与水泥掺量呈幂函数分布，水泥掺量越大，有荷载膨胀率越小，并且随着龄期的增长，降低的趋势更为明显。

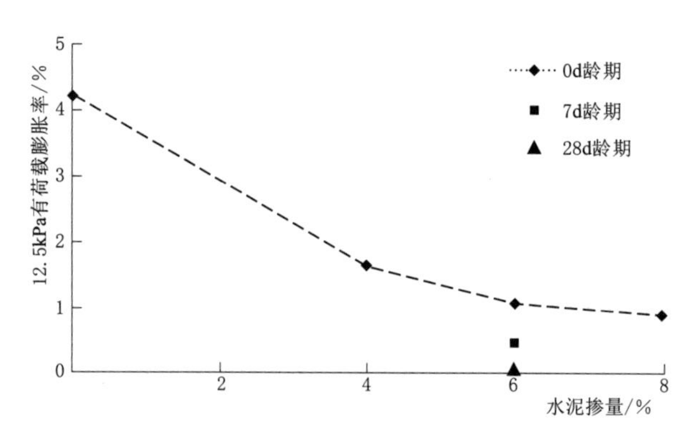

图3.2-14 中膨胀水泥改性土12.5kPa有荷载膨胀率与龄期和水泥掺量的关系曲线（压实度93%）

不同水泥掺量、压实度为98%的改性土膨胀力随水泥掺量变化关系显示，随着水泥掺量的增大，改性土的膨胀力呈明显下降趋势。中膨胀土掺拌3%的水泥以后，7d龄期的改性土膨胀力约降低50%，并且随着龄期和掺量的继续增加，膨胀力下降的幅度更大。

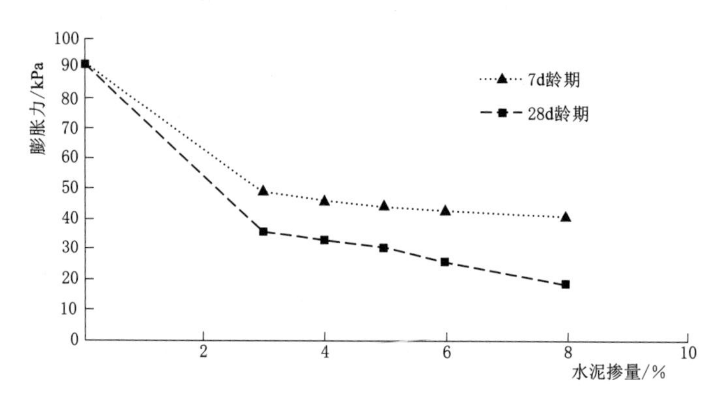

图3.2-15 中膨胀水泥改性土膨胀力与龄期和水泥掺量的关系曲线（压实度98%）

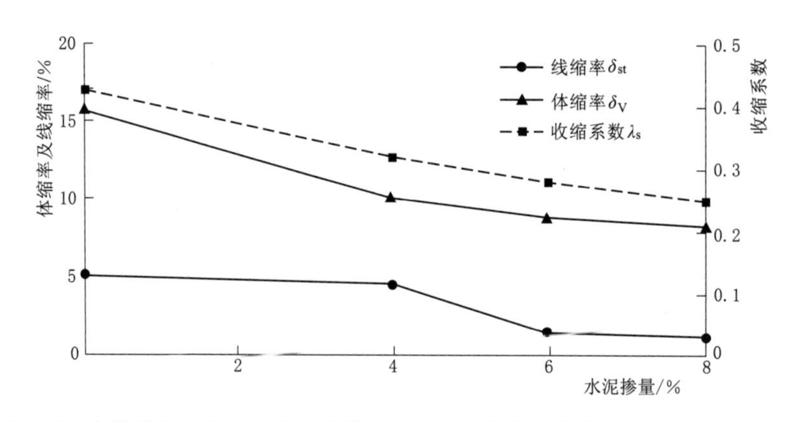

图3.2-16 中膨胀水泥改性土收缩指标与水泥掺量的关系曲线（0d龄期、压实度93%）

压实度为93%的中膨胀土水泥改性土的体缩率、线缩率和收缩系数与水泥掺量的关系曲线显示：随水泥掺量的增加，线缩率、收缩系数、体缩率指标均呈减小趋势。当水泥掺量达到4%时，三项指标均变化明显，在掺量超过6%后变化趋缓。

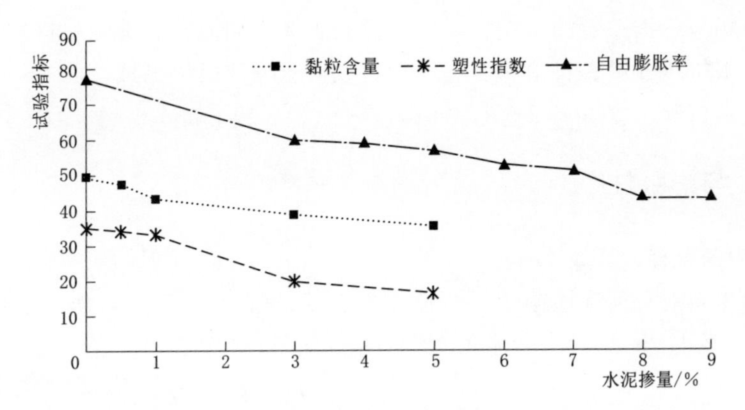

图 3.2-17 中膨胀水泥改性土黏粒含量、塑性指数、自由膨胀率与水泥掺量的关系曲线

3. 综合分析

中膨胀土不同水泥掺量改性后的黏粒含量、塑性指数、自由膨胀率、无荷载膨胀率、有荷载膨胀率、收缩系数、线缩率、体缩率、膨胀力等参数的变化规律分别如图 3.2-17、图 3.2-18 所示。分析可见，中膨胀土掺入水泥后改性土的亲水性及胀缩性均随掺水泥量的增大而减小。当水泥掺量在 3%以内时，上述指标与水泥掺量的变化关系显著，在水泥掺量达到 6%以后，上述指标与水泥掺量的变化关系趋缓。因此，中膨胀土改性水泥掺量 6%可以作为中膨胀土的理论临界水泥掺量。

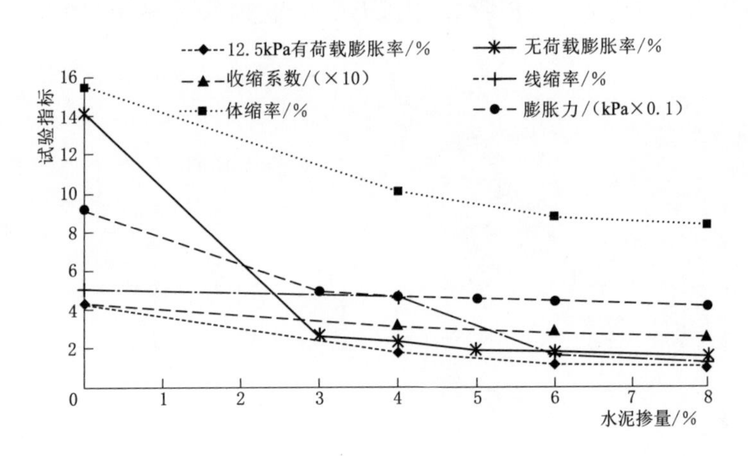

图 3.2-18 中膨胀水泥改性土不同指标与水泥掺量的关系曲线

3.3 改性土的长龄期效果研究

膨胀土水泥改性从其改性机理上看，应属于化学改性范畴，并且，改性效果与水泥掺量和龄期密切相关。因此，这类改性土的耐久性和长期改性效果成为十分重要的问题。对此，分别进行了长龄期的室内制备土样和现场碾压场地取样的土样改性效果试验，室内制备土样采用标准击实法，并按照一定的龄期进行保养；现场取样则结合渠道工程施工特辟

一块碾压试验场地，按一定的龄期将碾压以后的土体定期取样。试验项目主要是改性后不同龄期的无侧限抗压强度、自由膨胀率和有荷载膨胀率等指标测试。此外，还进行了现场试样的室内崩解试验。

3.3.1 强度与膨胀性

3.3.1.1 室内制备样

室内试验土料取自河南南阳镇平，原土料自由膨胀率为50%，属于弱膨胀土。通过击实试验测得掺量为3%的水泥改性土的最大干密度为1.74g/cm^3，最优含水率为18.6%。

按照上述标准，采用击实法制备试样。无荷载膨胀率试验采用直径61.5mm、高20mm环刀样；无侧限抗压强度试验采用直径61.5mm、高125mm的圆柱状试样；自由膨胀率采用无荷载膨胀率试验完以后的破碎样。制样完成后，采用EDTA滴定法实测水泥掺量为4%。

分别制备0d、1d、3d、7d、14d、28d、90d、180d、365d、400d等10种龄期的试样，每3～4个样为1组，考虑到样品的破损，共制备试样100个。制样完成后封装在塑料袋内，并放入保湿缸内养护。每隔一段时间定期取样1组进行试验检测，试验前称试样重。试验龄期及测试项目见表3.3-1。

无侧限抗压强度试验使用YE-600型压力试验机进行，试样未经饱和。

表3.3-1　改性土室内长龄期试验组合表

试验龄期/d	养护条件	测试项目	
		强度试验	膨胀性试验
0	室内环境养护	无侧限抗压强度	自由膨胀率 有荷载膨胀率
1			
3			
7			
14			
28			
90			
180			
365			
400			

3.3.1.2 现场碾压样

在河南南阳镇平施工现场，结合改性土施工工艺试验保留的碾压场地，按照7d、14d、28d、90d、180d、365d、400d等不同龄期，定期取方块样带回室内，根据试验要求削取一定规格的试样，进行无侧限抗压强度、自由膨胀率和无荷载膨胀率试验。

现场由于施工控制原因，实测水泥掺量为4.5%，试验龄期及测试项目见表3.3-2。

表 3.3-2 现场水泥改性土长龄期试验组合表

碾压遍数	计划取样时间/d	养护条件	试验项目	
			强度试验	膨胀性试验
6	7	自然环境	无侧限抗压强度	自由膨胀率 无荷载膨胀率
	14			
	28			
	90			
	180			
	365			
	400			

3.3.1.3 试验成果分析

1. 室内制备样

室内长龄期试验进行了不同龄期条件下的无侧限抗压强度、自由膨胀率、无荷载膨胀量等试验，试验成果见表 3.3-3 和图 3.3-1～图 3.3-4。

表 3.3-3 室内试验成果表

实际养护时间/d	无侧限抗压强度/kPa	初始切线模量/MPa	自由膨胀率/%	无荷载膨胀率/%
0	688.9	46.9	50	3.44
1	844.5	65.6	48	2.00
3	1030.1	90.2	45	0.85
7	1088.5	98.1	40	0.60
14	1133.5	112.1	37	0.40
28	1226.8	133.8	35	0.35
90	1346.7	153.1	33	0.30
180	1348.4	154.8	32	0.30
400	1357.9	155.6	31	0.30

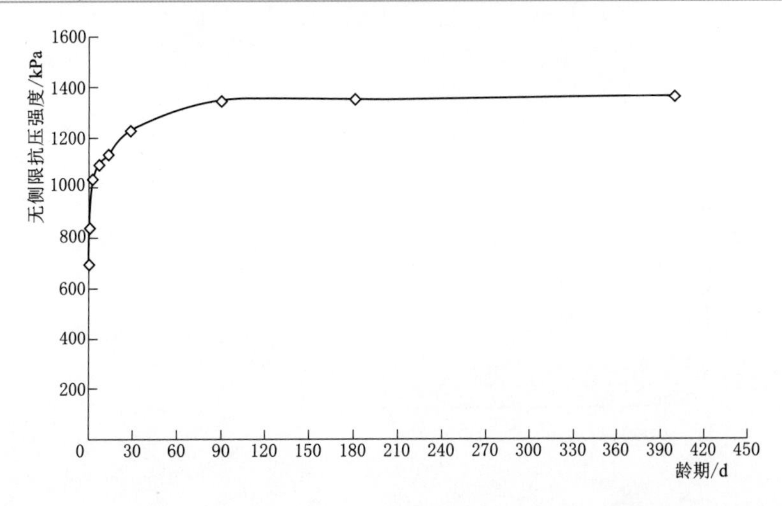

图 3.3-1 室内试验龄期与无侧限抗压强度的关系曲线

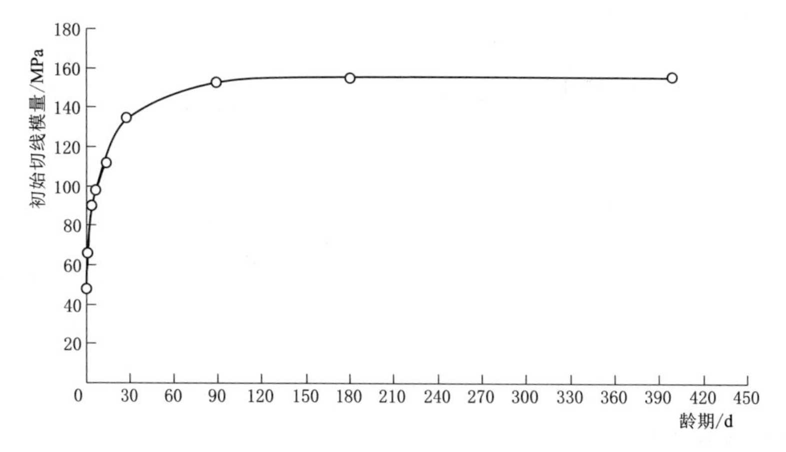

图 3.3-2　室内试验龄期与初始切线模量的关系曲线

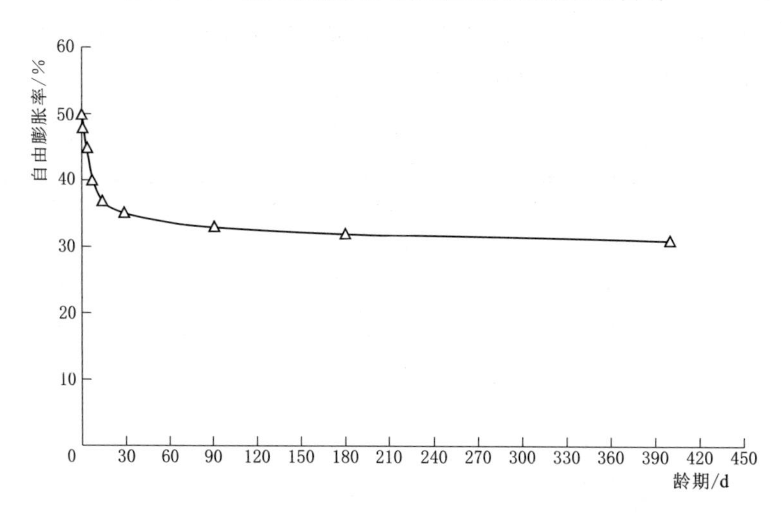

图 3.3-3　室内试验龄期与自由膨胀率的关系曲线

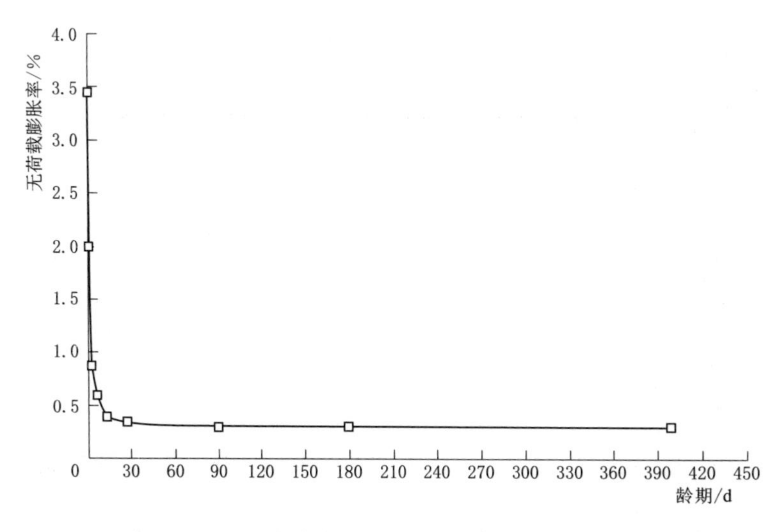

图 3.3-4　室内试验龄期与无荷载膨胀率的关系曲线

试验成果显示：弱膨胀改性土各项指标规律性较好，无侧限抗压强度、初始切线模量均随龄期增长而增大，并在90d后趋于稳定；自由膨胀率指标在水泥掺拌后下降较快，7d以内膨胀性已由50%降低到40%（无膨胀土），90d以后下降速率则基本趋于平缓，400d为31%；无荷载膨胀率指标在30d内下降较快，到90d以后仅为0.3%，并不再变化。从上述指标的变化规律可见，随着时间的增加，改性土的强度稳定增长，膨胀性消失，并未见有膨胀性反复的情况，说明水泥改性土的效果是显著且稳定的。

2. 现场碾压样

现场长龄期试验进行了无侧限抗压强度、自由膨胀率、初始切线模量、无荷载膨胀率等试验，试验成果见表3.3-4、图3.3-5～图3.3-8。从试验数据来分析，现场取样试验成果离散较大，这与现场水泥掺拌均匀性、自然养护条件以及取样代表性有关，但整体仍具有一定的规律性。

表3.3-4　现场长龄期试验成果表

实际取样时间/d	无侧限抗压强度/kPa	初始切线模量/MPa	自由膨胀率/%	无荷载膨胀率/%
0	152.4	34.8	48	3.14
15	431.9	51.9	30	1.4
41	899.2	80.1	25	0.3
120	1002.3	99.8	20	0.18
210	1199	105.7	18	0.06
420	1209	128.9	20	0.1

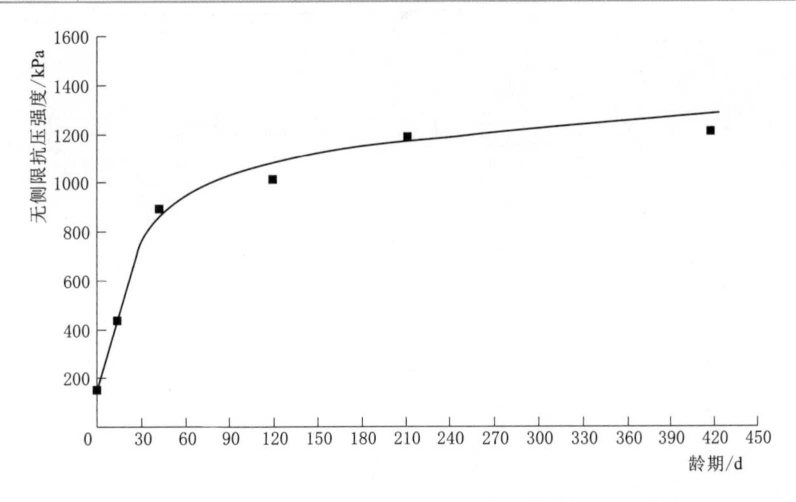

图3.3-5　现场试验龄期与无侧限抗压强度的关系曲线

试验成果显示：现场试样的无侧限抗压强度、初始切线模量在30d内变化显著，到120d后增速减缓；试样的自由膨胀率测得在15d内已下降为30%，到120d以后下降趋势变缓；同样，无荷载膨胀率在30d内已从3.14%降低为0.3%，并在120d之后趋于稳定。从总体趋势来看，现场试样的强度和始切线模量同样随龄期增长而增大，膨胀性消失，也未见有膨胀性反复的情况，只是在时间上比室内试样略缓。

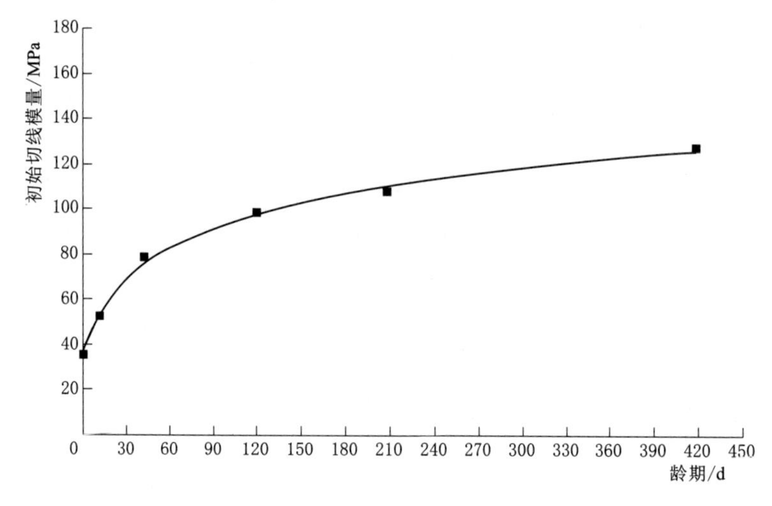

图 3.3-6　现场试验龄期与初始切线模量的关系曲线

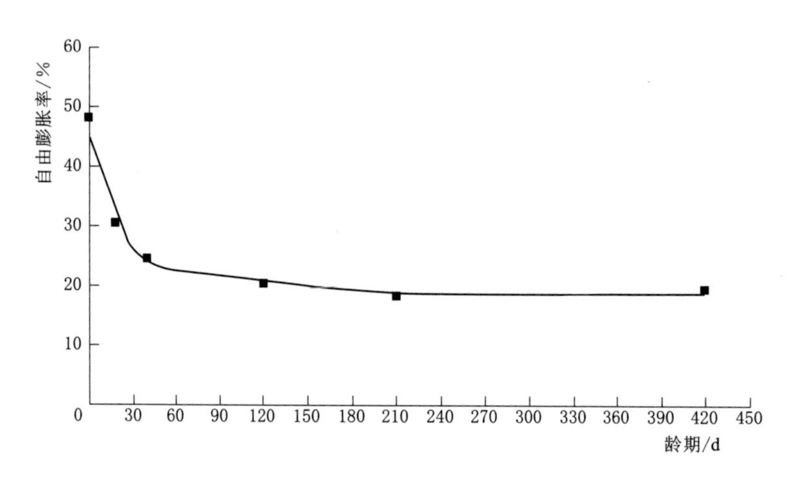

图 3.3-7　现场试验龄期与自由膨胀率的关系曲线

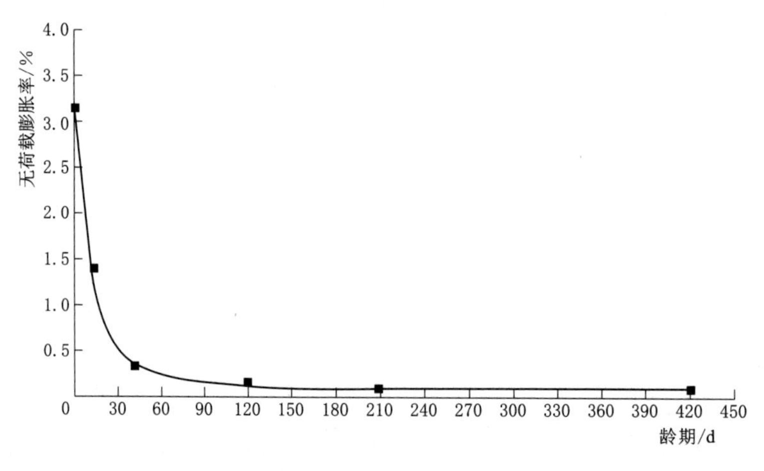

图 3.3-8　现场试验龄期与无荷载膨胀率的关系曲线

3.3.2　室内和现场试验对比分析

表3.3-5为相近龄期条件下室内和现场试样试验指标的对比。分析如下：

（1）弱膨胀土经过掺拌一定量的水泥以后膨胀性明显减小，强度增大，并随着龄期的增加趋势明显。

（2）龄期90d后，无论室内或是现场试样的自由膨胀率、无荷载膨胀率指标均显示为无膨胀性，且基本趋于稳定，而且，这种变化趋势是不可逆的。

（3）以试样的强度进行比较，现场试样各龄期对应的抗压强度明显低于室内试样，这与室内水泥掺拌容易均匀、养护条件更好有关；从自由膨胀率、无荷载膨胀率两项指标来看，现场试样比室内试样改性效果稍好，这与现场土料的水泥掺量略大、起始自由膨胀率现场土料略小有关。

表3.3-5　室内、现场长龄期试验成果比较

养护条件	养护时间/d	水泥掺量/%	无侧限抗压强度/kPa	初始切线模量/MPa	自由膨胀率/%	无荷载膨胀率/%
室内	0	4	688.9	46.9	50	3.44
	90		1346.7	153.1	33	0.3
	400		1357.9	155.6	31	0.3
现场	0	4.5	152.4	34.8	48	3.14
	120		1002.3	99.8	20	0.18
	420		1209	128.9	20	0.1

3.3.3　水泥改性土崩解试验

为分析水泥改性土的长期效果，分别在渠道施工现场选取中、弱膨胀改性土代表性试样，进行土样的室内崩解试验。试样取自中、弱膨胀土处理层底部的坑槽侧壁，中膨胀土水泥掺量为6%，弱膨胀土水泥掺量为3%，施工龄期2年。

试验在2个侧壁完全透明的玻璃水槽中进行，玻璃容器尺寸约30cm×20cm×22cm（长×宽×高）。将现场取回的方块样按照8cm×8cm×10cm（长×宽×高）尺寸切削，然后，向玻璃水槽中注入12cm深的纯净水，使水温保持与室温一致。将试样缓慢放入水槽，此时水槽内水深为13cm。

试验过程中，分别观察、记录试样起始时刻以及5min、10min、20min、30min、1h、2h、5h、10h、24h等时刻土样崩解情况，并用正面和顶面拍照记录崩解状态，测读坍落度及相关试验现象。

观察显示：中、弱膨胀水泥改性土两组试样浸泡24h内均无崩解现象，试样表面仅有少数细小颗粒脱落，证明水泥掺拌比较均匀，改性效果良好（见图3.3-9和图3.3-10）。

(a) 试验起始时

(b) 试验24h时（无崩解现象）

图 3.3-9　弱膨胀水泥改性土崩解试验

(a) 试验起始时

(b) 试验24h时（无崩解现象）

图 3.3-10　中膨胀水泥改性土崩解试验

3.4 改性前后土体结构细观研究

本书第2章从改性前后土体的阳离子浓度、矿物、化学成分变化等方面分析了膨胀土水泥改性的机理，即水泥掺入使得孔隙水溶液pH值增大，黏土颗粒被分解、溶蚀，并在离子作用下重新凝聚，产生CSH和CASH凝胶，使黏土颗粒逐渐固化，并最终产生一种无定型态的水泥土物质。本节将借助细观显微观测技术，进一步对膨胀土改性前后土团结构的变化进行分析，以论述膨胀土的水泥改性的效果。

选用邯郸强膨胀土进行改性前后土体的细观结构扫描，分别将光学显微镜放大倍数设置为75倍和600倍。从扫描的图像可见，强膨胀土浸水前土颗粒（土团）和孔隙轮廓分明，土团中的钙质结核（图中白点处）清晰可见，说明土体具有一定的结构［见图3.4－1(a)］。浸水膨胀以后，土体膨胀，结构破坏［见图3.4－1(b)］，而改性土的扫描图像则完全不同。图3.4－1(c)为强膨胀土掺拌水泥以后浸水前的图像。该图可见土团轮廓、团粒之间的孔隙和土体的架接结构。土体浸水之后［见图3.4－1(d)］上述土体架接结构基本保持稳定，说明水泥的胶结作用使原有的膨胀变形得到控制，改性土的膨胀性大为降低。

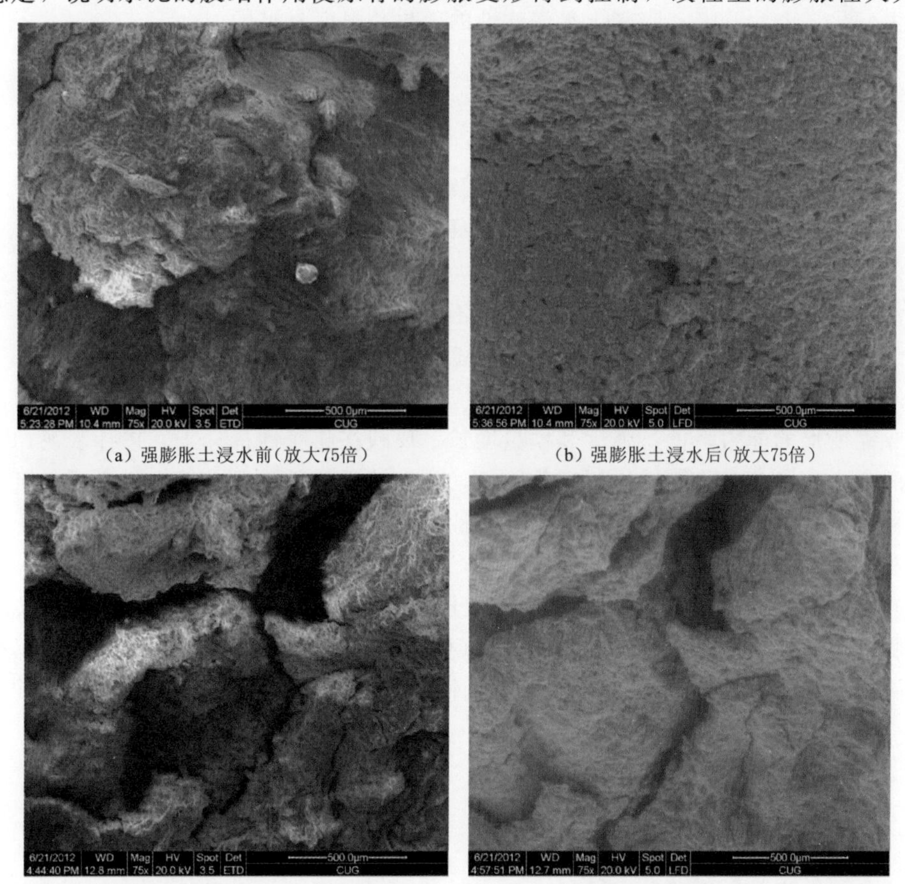

(a) 强膨胀土浸水前(放大75倍)　(b) 强膨胀土浸水后(放大75倍)

(c) 强膨胀改性土浸水前(放大75倍)　(d) 强膨胀改性土浸水后(放大75倍)

图3.4－1（一） 强膨胀土与改性土浸水前后扫描照片

(e) 强膨胀改性土浸水前（放大600倍）

(f) 强膨胀改性土浸水后（放大600倍）

图 3.4-1（二） 强膨胀土与改性土浸水前后扫描照片

图 3.4-1(e)、图 3.4-1(f) 分别为放大 600 倍的强膨胀改性土浸水前后的微细观结构。从该图也可见，浸水前的土体结构保持一定的团聚体形式存在，浸水以后这类团聚体基本没有发生变化。由此看来，膨胀土水泥改性的效果是显而易见的。

3.5 本章小结

（1）膨胀土掺入水泥后改性土的亲水性及胀缩性均随掺水泥量的增大而减小。弱膨胀土掺入 2%的水泥、中膨胀土掺入 6%的水泥即可使膨胀土的自由膨胀率大幅降低。

（2）压实度对改性土的胀缩性能影响较大，压实度越大，改性土的膨胀性也越大。因此，以水泥改性土作为填料时，与一般填料不同，并不是压实度越大越好，应综合考虑改性土的强度、膨胀性及其他因素要求，根据工程特点选择合理的压实度。

（3）膨胀土的水泥改性有一定的时间效应。研究表明，随着改性土龄期的增加，土体膨胀及收缩变形的能力降低，强度和模量增长。反映在膨胀性指标上，掺拌水泥 3d 以后，改性土的自由膨胀率及收缩性指标变化明显，改性效果开始显现；28d 龄期后，相关的膨胀性指标趋于稳定，而强度及模量等则在改性后 90d 趋于稳定。研究还表明，水泥掺拌的均匀性和养护条件对改性效果影响也较大。

（4）改性土的长龄期试验表明，弱膨胀土经过掺拌一定量的水泥以后，7d 以内即可成为非膨胀土，龄期 90d 后，无论室内或是现场试样的自由膨胀率、无荷载膨胀率指标均显示为无膨胀性，且基本趋于稳定，而且这种变化趋势是不可逆的。

第 4 章

水泥改性土的力学及渗透特性

膨胀土的水泥改性是将原膨胀土破碎后，添加一定剂量的水泥干粉掺拌，利用水泥干粉与膨胀土的化学作用改变原膨胀土的土粒结构和土颗粒之间的黏结性能，削弱土的膨胀性或使土的膨胀性完全消失，并以此作为换填土料。由于添加的水泥干粉数量较少，因此，改性后的改性土仍保持着黏土的散粒结构，但其物理力学性能以及工程特性已经发生了显著的变化，具体体现在改性土的压实性、强度特性以及压缩性和渗透特性等几个方面。本章将逐一进行分析论述。

4.1 水泥改性土的压实性

土料填筑施工以前，需要了解在一定的压实功能下，填筑土的密度与含水率的关系，以获取最优压实效果，控制碾压施工质量。

与土的固结过程不同，土的压实是用机械方法将土的固态颗粒聚集到更为密实的状态，土在压实过程中水分并不减少，而仅仅是孔隙压缩，密度增大。最早进行土的压实特性研究的是美国工程师 R. R. Proctor（1933），他曾用一个重约 2500g 的重锤在 943.9cm^3 的试样筒中，用一定的锤击数来进行土的击实试验。此试验方法以后在国际上通用，并称为标准普氏试验。在碾压机具尚未发展的初期，普氏试验所提供的压实标准与现场碾压状态较为吻合，但随着重型碾压设备的出现，实际施工中已能达到更大的密度，该标准已不适应实际施工的情况，由此，重型击实试验开始成为大多数工程的控制标准。

目前，《土工试验方法标准》（GB/T 50123—2019）中规定了两种击实试验方法，其中，轻型击实试验的单位体积击实功能为 592.2kJ/m^3，相应的锤重为 2500g，试样筒体积为 947.4cm^3；重型击实试验的单位体积击实功能为 2684.9kJ/m^3，相应的锤重为 4500g，试样筒体积为 2103.9cm^3。实际运用中，对黏性土的土方工程，通常采用轻型击实标准。本章所述水泥改性土击实试验，除特别说明外，均以轻型击实标准为依据。

4.1.1 压实性与水泥掺量的关系

标准击实试验是在给定击实功能情况下，进行土样干密度和含水率测定，并寻求最有效的（最优含水率及最大干密度）击实效果的试验。由于改性土的特殊性，掺拌水泥以后的土料，在备料以及压实过程中均随时间发生着一定的化学反应，同时，水泥掺量也直接影响着改性土的压实效果。因此，相比一般黏性土的压实，改性土的压实性能更为复杂。

本节主要讨论水泥掺量与改性土压实性能的关系问题，对于影响水泥改性土压实性能的诸多因素，如水泥掺拌方式、备料时间、击实功能大小等，将在后续章节中论述。

水泥掺量与改性土压实性能研究所用膨胀土料的物理性质见表 3.1-1。其中，中膨胀土自由膨胀率平均值为 77%，弱膨胀土自由膨胀率平均值为 51%，改性土的水泥掺量均为

3%。水泥掺拌是在室内将风干土料按所需的含水率制备完成后，闷料 24h，再按照干土的质量比称取水泥干粉拌和均匀，击实试验在掺拌完成后 4h 以内进行。

表 4.1-1 列出了中膨胀土、弱膨胀土和非膨胀性黏土 3 种土料的击实试验成果。其中，相同击实功能下非膨胀性黏土的最大干密度最大，最优含水率最小，而膨胀土的击实性能显示出与膨胀性的密切相关：膨胀性越高的土料，最大干密度越小，最优含水率越高。从压实机理的黏滞水理论上讲，土的结合水越多，土体承受外界剪切力的作用越强，只有当自由水的含量增大到一定程度以后，才能使土粒润滑，进而使土体产生压密效果。因此，膨胀性越高的土，亲水能力越强，土中结合水越多，土体抵抗压实功的作用越强，当土体含水率足够高以后，才能产生一定的压实效果。

对比不同掺量的水泥改性土击实试验成果可见，在水泥掺量相同的条件下中膨胀土和弱膨胀土的压实性能差异显著。见图 4.1-1 和表 4.1-1，掺量为 3%的水泥改性土最优含水率相差约 3%，最大干密度相差约 5%。弱膨胀土掺 3%～5%以后，其压实性能与非膨胀性黏土比较接近。

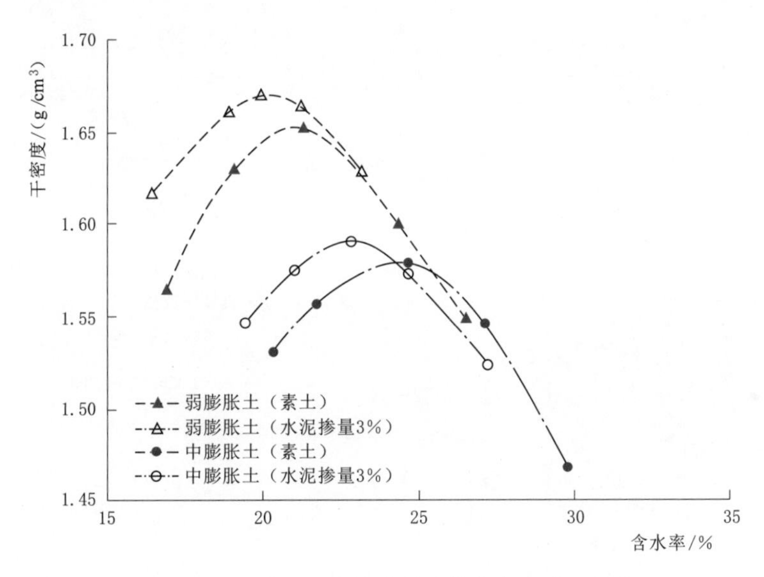

图 4.1-1　中、弱膨胀水泥改性土击实试验曲线

表 4.1-1　土料的击实试验成果

序号	土　样	膨胀土击实试验		水泥掺量/%	改性土击实试验	
		最优含水率 w_{op}/%	最大干密度 ρ_{dmax}/(g/cm³)		最优含水率 w_{op}/%	最大干密度 ρ_{dmax}/(g/cm³)
1	南阳中膨胀土	24.5	1.58	5	22.1	1.60
2				3	22.8	1.59
3	南阳弱膨胀土	21.4	1.65	5	19.5	1.69
4				3	20.0	1.67
5	非膨胀性黏土	20.5	1.68	—	—	—

图4.1-2、图4.1-3显示了不同水泥掺量条件下中、弱膨胀土改性以后的最大干密度、最优含水率关系。由图可见，改性土的最大干密度与水泥掺量呈线性增大的趋势，但总体增大的幅度较小；最优含水率随水泥掺量呈逐渐减小的趋势，其减小幅度略大于干密度的变化幅度。比较中、弱膨胀改性土的最大干密度、最优含水率与水泥掺量的线性拟合关系可见，两者斜率几乎一致。

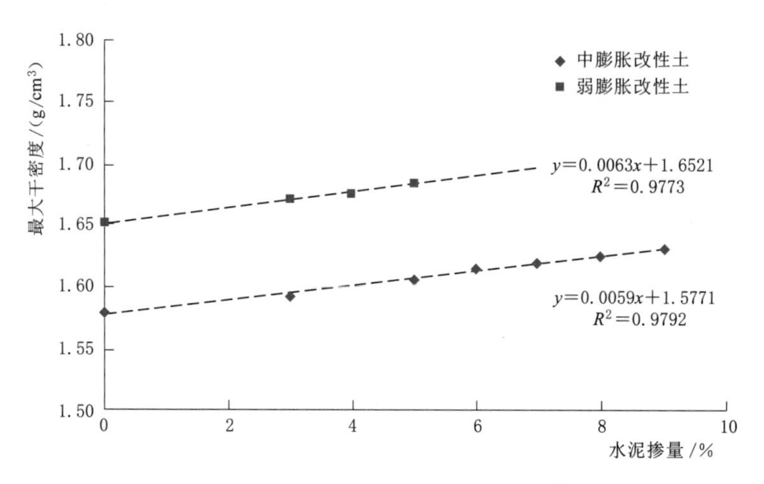

图4.1-2　改性土最大干密度与水泥掺量的关系曲线

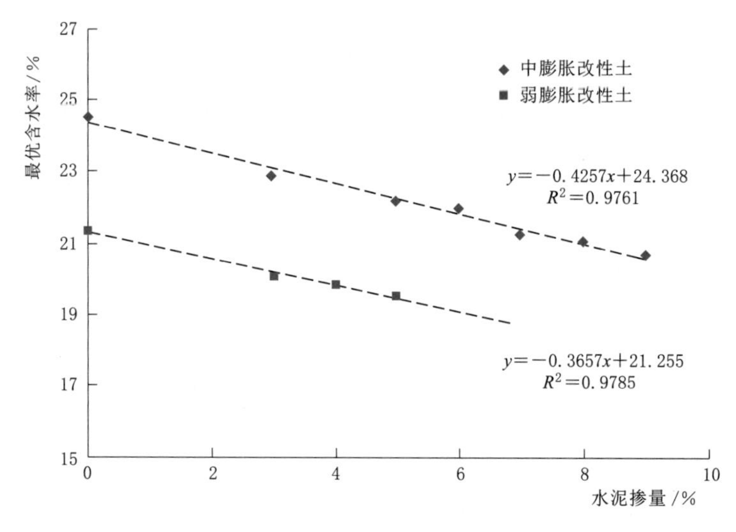

图4.1-3　改性土最优含水率与水泥掺量的关系曲线

4.1.2　水泥掺拌方式对压实性的影响

膨胀土的水泥改性是运用水泥水化物与膨胀土的颗粒结合形成更为牢固的颗粒结构，以抑制黏土颗粒以及颗粒的膨胀。在这一系列的化学反应中，改性土的颗粒和土的结构会随之发生变化，从而影响改性土的压实效果。因此，针对弱膨胀土，进行了湿掺法和干掺法的轻型击实试验，以研究水泥的掺拌方式对压实效果的影响。其中，湿掺法是指将风干膨胀土料制备成一定的含水率后，闷料 24h，再按预定的水泥掺量掺入干粉水泥并拌和均匀，并于 4h 内完成击实试验。干掺法是指将风干膨胀土与预定掺量的干粉水泥先行拌和均匀后，再制备成一定含水率的土样，闷料 24h 后进行击实试验。

弱膨胀土不同掺拌方式试验成果见图 4.1-4 和表 4.1-2。

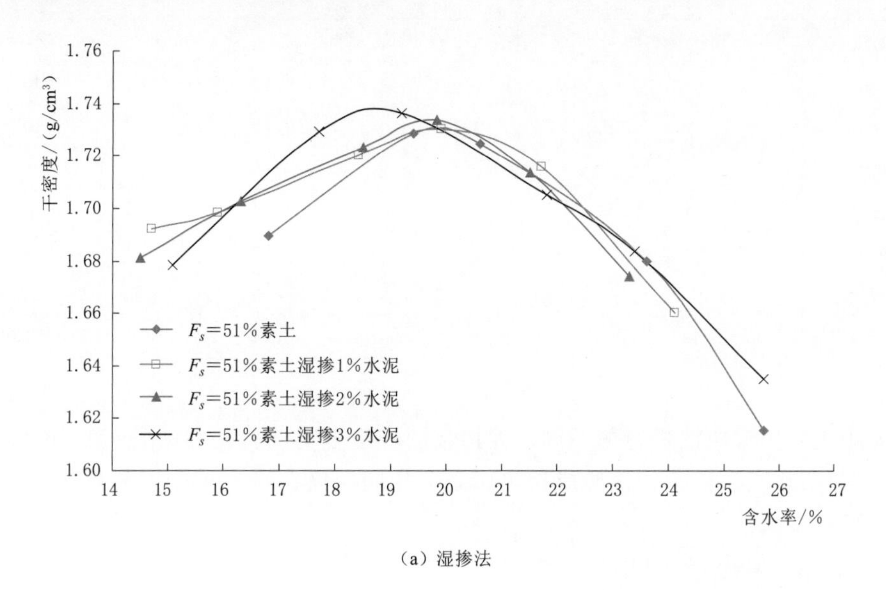

(a) 湿掺法

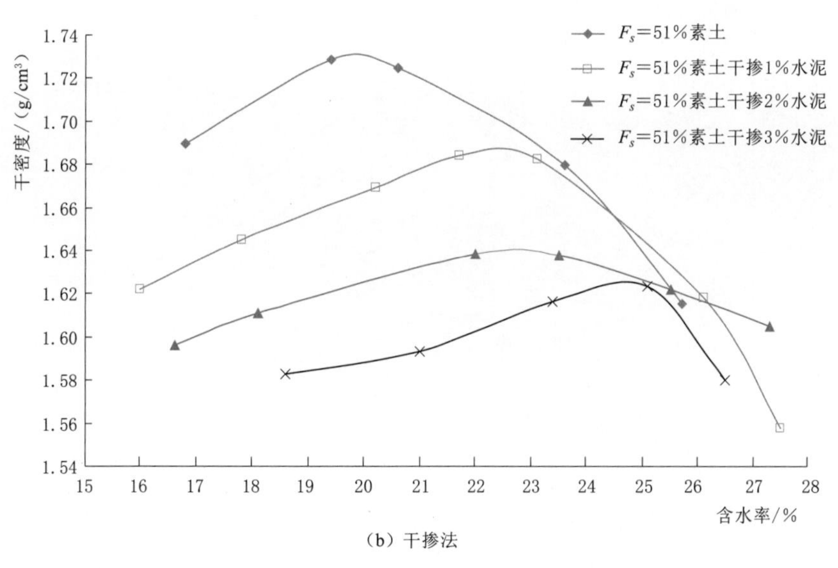

(b) 干掺法

图 4.1-4 弱膨胀土不同水泥掺量时的轻型击实曲线

从图 4.1-4 中可以看出，湿掺法和干掺法在相同击实方式、压实功能条件下的结果差异较大。湿掺法当水泥掺量在 1%～3%之间时，最大干密度随着水泥掺量增大略有增加，最优含水率随着水泥掺量增大而减小；而干掺法在相同条件下，水泥掺量越高，最大干密度越小，最优含水率越大。分析认为，干掺法由于水泥掺拌，后经 24h 闷料，不同掺量的水泥所需的水分不同，水泥水化反应程度不同，导致在相同压实功能条件下的干密度和含水率也不同，且这种差异随着水泥掺量的增大而增大。因此，实际施工中，湿掺法更易控制施工质量。

表 4.1-2　　弱膨胀土在不同水泥掺量时两种掺拌方式的轻型击实试验成果

土样	掺拌方式	水泥掺量/%	最大干密度 ρ_{dmax}/(g/cm³)	最优含水率 w_{op}/%
自由膨胀率 F_s=51% 弱膨胀土	湿掺法	0	1.73	19.8
		1	1.73	19.8
		2	1.73	19.6
		3	1.74	18.6
	干掺法	0	1.73	19.8
		1	1.69	22.5
		2	1.64	22.8
		3	1.63	24.6

中膨胀土采用湿掺法进行的不同水泥掺量的轻型击实试验成果见图 4.1-5 和表 4.1-3。该成果与弱膨胀改性土的试验成果规律完全相同，仅在最大干密度和最优含水率的变化幅度上略有增大。

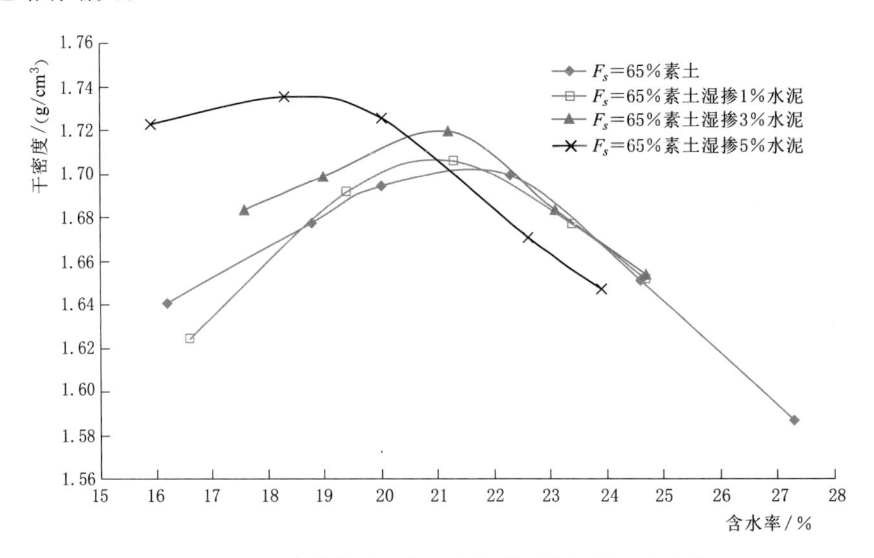

图 4.1-5　中膨胀土不同水泥掺量时的轻型击实曲线

表 4.1-3　　中膨胀土在不同水泥掺量时的轻型击实试验成果

土　样	掺拌方式	水泥掺量/%	最大干密度 ρ_{dmax}/(g/cm³)	最优含水率 w_{op}/%
自由膨胀率 F_s=65%	湿掺法	0	1.70	21.5
		1	1.70	21.3
		3	1.72	21.3
		5	1.74	18.5

4.1.3　闷料时间对改性土压实性的影响

根据前述水泥改性土的微观研究可以看出，水泥的加入改变了膨胀土原有的颗粒结构，并且，这种颗粒结构的变化随时间的增加而不同，因此，改性土在掺拌水泥以后，在相同的压实功能下，不同时间的压实效果是有所不同的，为此，在室内开展不同闷料时间对改性土压实性的影响规律研究。

首先，将备好含水率的中膨胀土掺拌6%或8%的水泥干粉，然后，采用土工膜封存保湿，再在不同时间内采用相同的击实功能进行击实，获得不同闷料时间下土样的击实干密度，见表4.1-4和图4.1-6。成果显示：水泥掺量为6%、土料控制含水率为22%条件下，不经过闷料存放的改性土击实干密度为1.595g/cm^3，对应的压实度为99.3%；闷料12h后击实得到的土样干密度为1.514g/cm^3，对应的压实度为93.3%。水泥掺量为8%、土料控制含水率为22.1%条件下，不经过闷料存放的改性土击实干密度为1.603g/cm^3，对应的压实度为99.3%；闷料时间12h后击实得到的干密度为1.528g/cm^3，对应的压实度为94.6%。试验表明，在初始含水率相同的条件下，水泥掺拌后闷料时间越长，击实获得的干密度越低，表明压实效果越差，这与水泥改性后土料中自由水的减少是密切相关的。因此，现场施工中，为达到预定的干密度指标，应尽可能在水泥掺拌后尽快进行碾压施工，以保证施工质量。

表4.1-4　　改性土不同闷料时间对干密度的影响

水泥掺量/%	拌和后静放时间/h	含水率/%	干密度/(g/cm^3)	压实度/%
6	0	22.1	1.595	99.3
	2	22.2	1.560	97.2
	4	22.0	1.544	96.2
	8	22.0	1.528	95.2
	12	22.2	1.514	94.3
	24	22.0	1.497	93.3
8	0	22.1	1.603	99.3
	2	21.6	1.574	97.4
	4	22.0	1.556	96.3
	8	21.9	1.540	95.3
	12	21.9	1.528	94.6

比较不同水泥掺量的试验成果可见，掺量不同主要影响改性土的干密度，但在相同的闷料时间内，水泥掺量对改性土的压实度影响不大。

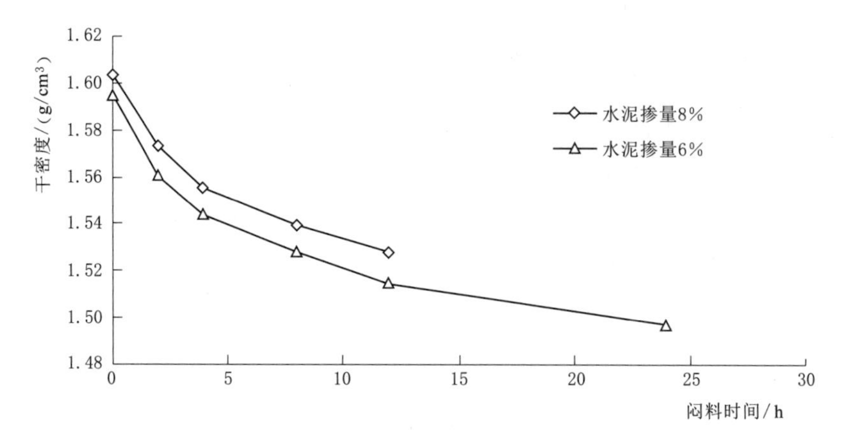

图 4.1-6 改性土干密度与闷料时间的关系曲线

4.1.4 击实功能影响

重型碾压机具出现以前，标准普氏试验（轻型击实）的击实功能与现场碾压机具的能量基本对应，所提供的碾压控制指标基本满足现场施工质量控制的需要。但随着重型碾压机具的发展，尤其是大吨位振动碾的出现，大多数的碾压施工很轻易就能达到轻型击实试验的压实标准，并出现压实度普遍超过100%的情况。为解决这类问题，实际工程中应尽可能使击实试验与现场碾压施工的能量相当。为此，研究了水泥改性土在不同击实功能下的击实效果，见表4.1-5。

表 4.1-5 不同击实功能条件下改性土的击实试验成果

土样编号	水泥掺量 /%	轻型击实		重型击实	
		最优含水率 w_{op} /%	最大干密度 ρ_{dmax} /(g/cm³)	最优含水率 w_{op} /%	最大干密度 ρ_{dmax} /(g/cm³)
中膨胀土	0	24.5	1.58	17.3	1.79
	3	22.8	1.59	16.1	1.81
	5	22.1	1.60	15.8	1.82
弱膨胀土	0	21.4	1.65	14.9	1.86
	3	20.0	1.67	14.7	1.88
	5	19.5	1.69	13.5	1.89

对比中、弱膨胀土不同击实功能的击实试验成果可知，在相同的水泥掺量条件下，中膨胀土改性后重型击实比轻型击实的最大干密度平均增大约13.5%，最优含水率减小7%；弱膨胀土改性后重型击实比轻型击实的最大干密度平均增大约12.5%，最优含水率减小6%。图4.1-7、图4.1-8分别为弱、中膨胀土在水泥掺量为5%和3%条件下的重型/轻型击实试验曲线。曲线显示，重型碾压可使改性土达到更大的密实状态，但同时，所对应的土料最优含水率则要求更低，一旦含水率增大，实际能达到的干密度将会明显减小。因此，实际施工过程中，应根据土料的天然含水状态合理选择碾压机具，以达到最佳的施工效果。

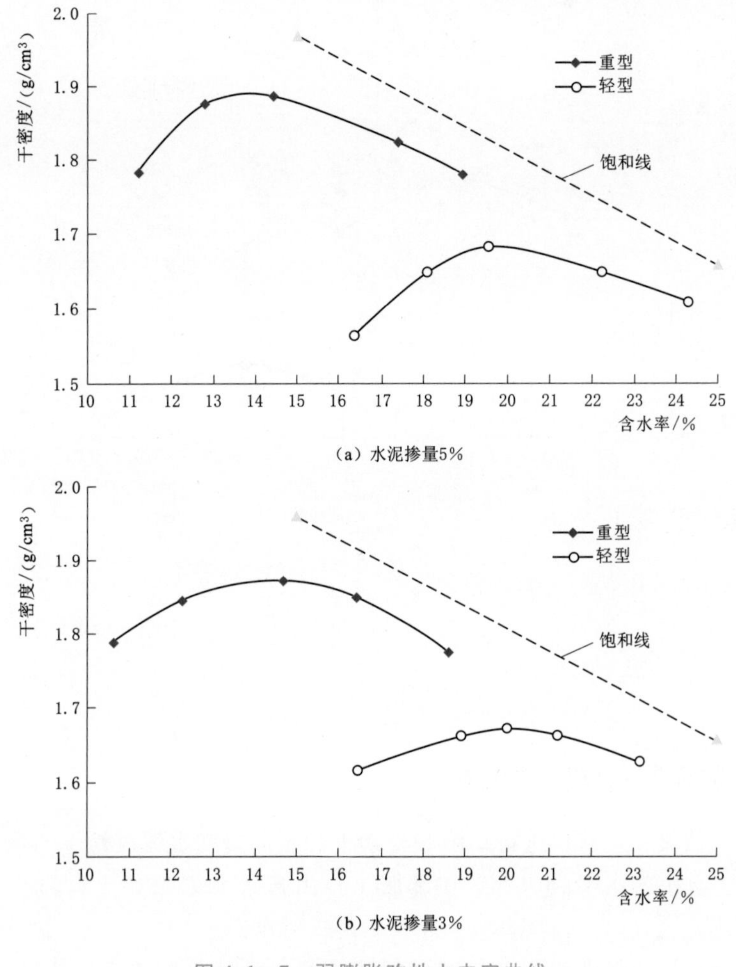

图 4.1-7 弱膨胀改性土击实曲线

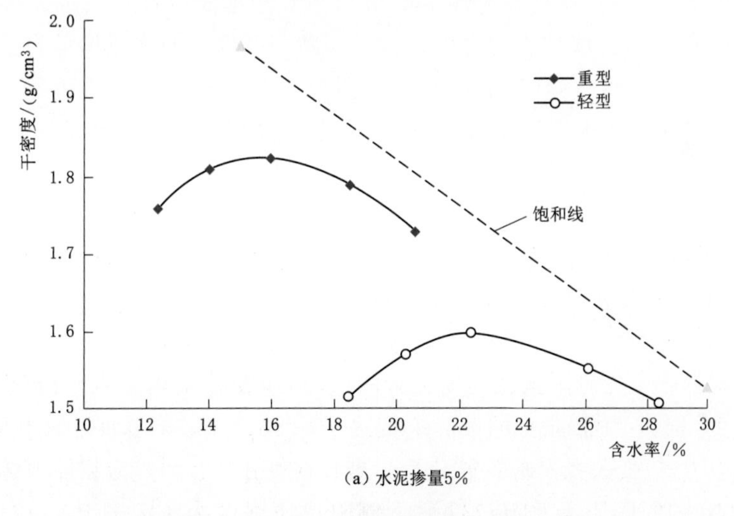

图 4.1-8（一） 中膨胀改性土击实曲线

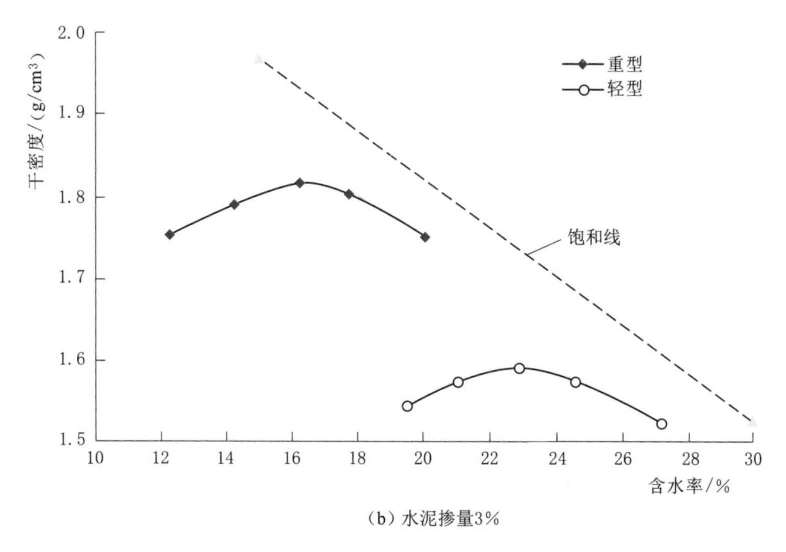

(b) 水泥掺量3%

图 4.1-8（二） 中膨胀改性土击实曲线

4.2 改性土的强度特性

4.2.1 不同龄期制备样室内试验

分别采用三轴仪和直剪仪进行了膨胀土素土和不同龄期水泥改性土的强度试验。试验所用的弱膨胀土自由膨胀率 51.3%，中膨胀土自由膨胀率 77%，土料的基本物理性质如本书第 3 章所述。

改性土无侧限抗压强度和三轴剪切强度试验制备土料的含水率均为 21.0%。弱膨胀改性土的水泥掺量为 3%，制样控制压实度为 95%；中膨胀改性土的水泥掺量为 6%，制样控制压实度均为 93%。改性土的直剪试验，弱膨胀改性土的水泥掺量为 4%，中膨胀土样水泥掺量为 6%和 8%，制样控制压实度分别为 90%、95%、98%和 100%。制样采用轻型击实标准，水泥改性土制样完成后在恒温、恒湿条件下进行不同龄期养护，待到预定龄期后分别在三轴仪和直剪仪上进行无侧限抗压强度、直剪快剪、饱和快剪试验和三轴试验（CU 试验）。

4.2.1.1 无侧限抗压强度试验

饱和状态的无侧限抗压强度试验成果见表 4.2-1 与图 4.2-1～图 4.2-4。成果如下：

(1) 中、弱膨胀土无侧限抗压强度试验的应力-应变关系均呈应变硬化型，弱膨胀土的破坏应变为 14.3%，中膨胀土的破坏应变为 15.0%；中、弱膨胀土改性后的无侧限抗压强度试验的应力-应变关系呈应变软化型，破坏应变小于 1%，为脆性破坏。

(2) 龄期 1d 的弱膨胀土水泥改性后无侧限抗压强度为 137.7kPa，初始切线模量为 46.8MPa；28d 龄期的抗压强度为 370.0kPa，初始切线模量为 57.4MPa。

表4.2-1　　无侧限抗压强度试验成果表

土　型	龄期/d	制备样控制条件		饱和状态无侧限抗压强度指标		
		掺量/%	压实度/%	抗压强度/kPa	初始切线模量/MPa	破坏应变/%
弱膨胀改性土	—	0	95	49.4	2.35	14.3
	1	3	95	137.7	46.8	0.30
	7	3	95	268.1	52.8	0.55
	28	3	95	370.0	57.4	0.71
中膨胀改性土	—	0	93	41.6	1.35	15.0
	1	6	93	47.7	21.6	0.30
	2	6	93	85.6	26.9	0.42
	7	6	93	181.4	39.2	0.48
	28	6	93	247.2	46.4	0.62

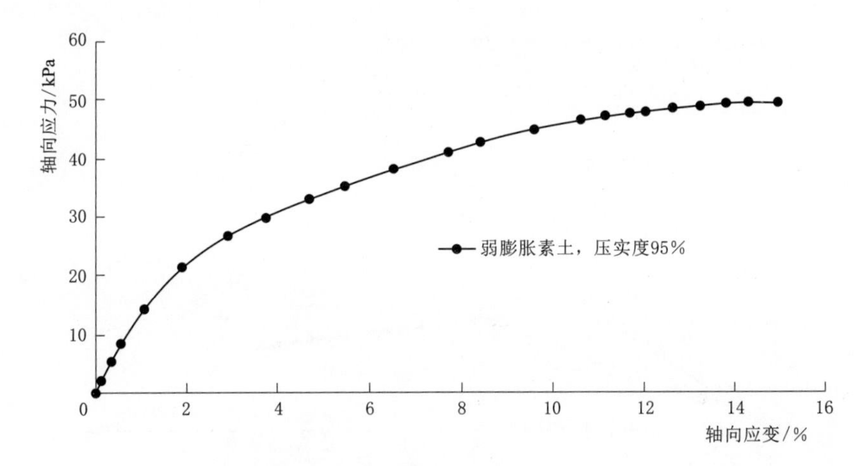

图4.2-1　弱膨胀土无侧限抗压强度试验应力-应变关系曲线

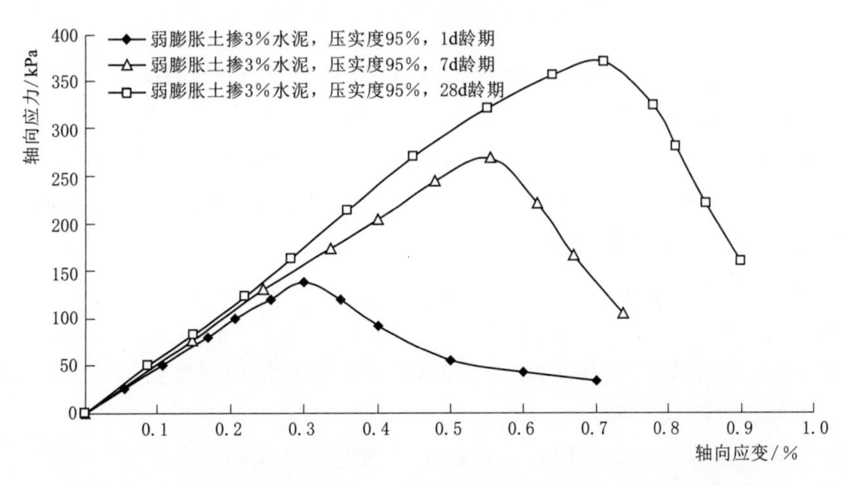

图4.2-2　弱膨胀水泥改性土无侧限抗压强度试验应力-应变关系曲线

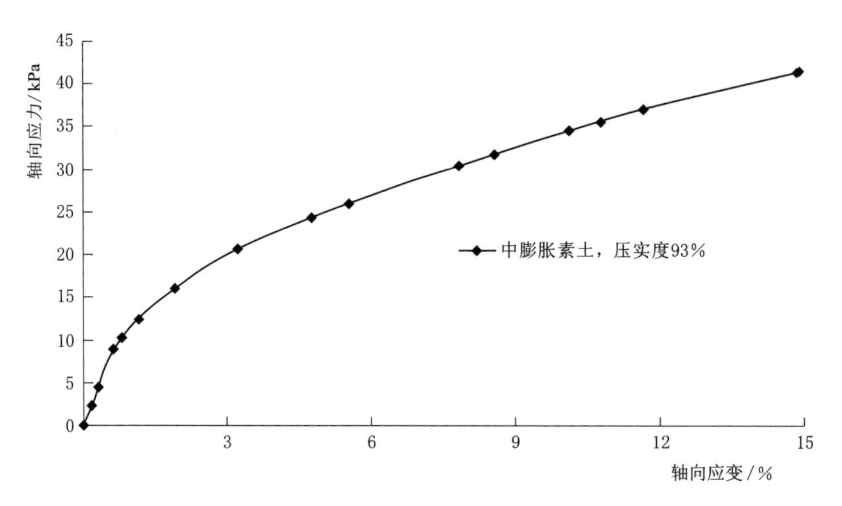

图 4.2-3 中膨胀土无侧限抗压强度试验应力-应变关系曲线

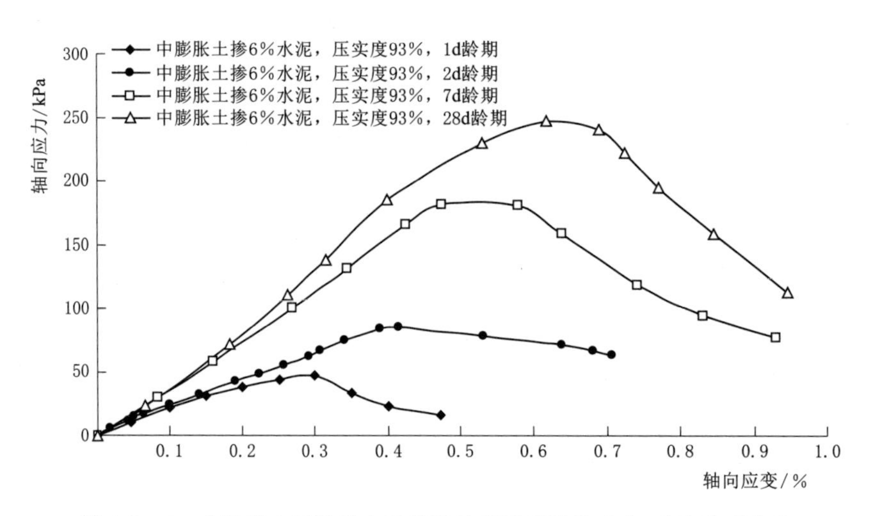

图 4.2-4 中膨胀水泥改性土无侧限抗压强度试验应力-应变关系曲线

（3）龄期 1 天的中膨胀水泥改性土无侧限抗压强度为 37.7kPa，切线模量为 21.6MPa；28d 龄期的抗压强度为 247.2kPa，初始切线模量为 46.4MPa。

（4）土料的膨胀性越强，其改性土的饱和强度、切线模量越低。

（5）随着龄期的增长，改性土的抗压强度、初始切线模量和破坏应变均随之增长，且 7d 以内龄期的改性土各项指标增长最为显著。

4.2.1.2 直剪试验

直剪试验成果见表 4.2-2，成果如下：

（1）弱膨胀改性土的快剪强度指标一般要略高于饱和快剪强度指标，并且，随着压实度的增大，这种趋势越发明显。

（2）随着水泥掺量和龄期的增长，改性土的强度越来越高。

（3）压实度越高，改性土的强度越高。

表 4.2-2 水泥改性土直剪强度试验成果表

土类	水泥掺量/%	龄期/d	压实度															
			100%				98%				95%				90%			
			饱和快剪		快剪		饱和快剪		快剪		饱和快剪		快剪		饱和快剪		快剪	
			c_{cq} /kPa	φ_{cq} /(°)	c_q /kPa	φ_q /(°)	c_{cq} /kPa	φ_{cq} /(°)	c_q /kPa	φ_q /(°)	c_{cq} /kPa	φ_{cq} /(°)	c_q /kPa	φ_q /(°)	c_{cq} /kPa	φ_{cq} /(°)	c_q /kPa	φ_q /(°)
弱膨胀改性土	0	—	55.7	4.8	84.8	14.2	50.0	4.4			43.9	4.0			36.3	3.7	60.2	17.7
	4	7	102.9	20.7	122.4	24.2	109.0	18.2	97.5	19.6	93.5	16.8	92.8	22.7	55.4	17.1	88.8	18.2
		14	156.3	24.4	159.7	28.4	127.0	23.7	141.5	22.9	95.2	21.3	122.5	23.1	77.7	20.0	107.2	22.1
中膨胀改性土	0	—	29.2	5.9	112.4	12.5	22.6	4.8	100.1	11.7	17.9	3.6	85.5	11.2	13.3	2.0	62.9	10.6
	6	3	98.5	15.2	164.2	21.2	82.6	14.6	151.5	20.3	71.5	14.0	134.7	19.6	58.6	13.5	120.8	18.9
		7	124.5	23.9	170.1	25.5	111.5	22.1	154.7	21.3	98.8	22.1	136.1	20.4	84.7	20.2	124.2	19.4
		14	134.5	25.8	175.4	26.6	118.9	25.8	156.9	24.7	105.4	24.9	136.3	23.8	95.6	23.7	127.6	22.5
	8	3	131.0	19.1	158.5	24.6	126.5	18.4	131.7	23.8	104.5	17.5	124.5	23.1	69.0	16.2	123.0	22.1
		7	166.6	27.2	187.3	27.2	142.6	26.6	174.5	26.1	123.3	25.1	166.3	24.8	98.0	25.6	156.7	23.0
		14	189.1	28.9	205.1	29.4	163.5	28.3	201.5	28.2	139.7	27.8	199.5	27.1	109.1	27.1	196.5	26.0

4.2.1.3 三轴试验

水泥改性土三轴试验（CU 试验）成果见表 4.2-3、表 4.2-4 和图 4.2-5、图 4.2-6。试验成果如下：

（1）弱膨胀水泥改性土的应力-应变关系曲线呈应变软化型，其破坏应变一般为 2.0%，并随着围压 σ_3 和龄期的增加，破坏应变呈逐渐增大趋势；而中膨胀水泥改性土在 7d 龄期以内，应力-应变关系曲线呈应变硬化型，其破坏应变为 3.0%～4.0%，但随龄期的增长，应力-应变关系曲线开始呈软化型趋势。

（2）从改性土的强度指标来看，随着龄期的增长，弱、中膨胀改性土的黏聚力与内摩擦角均随龄期的增加而增大，并且，弱膨胀改性土强度的增长幅度略大于中膨胀改性土的增长。

表 4.2-3 弱膨胀水泥改性土三轴试验成果表

水泥掺量/%	压实度/%	龄期/d	c /kPa	φ /(°)	c' /kPa	φ' /(°)
3	95	7	88.8	16.5	93.8	18.8
		28	104.5	20.1	104.0	22.6

表 4.2-4 中膨胀水泥改性土三轴试验成果表

水泥掺量/%	压实度/%	龄期/d	c /kPa	φ /(°)	c' /kPa	φ' /(°)
6	93	1	32.6	18.9	31.9	24.4
		7	32.4	20.4	33.7	25.6
		28	40.8	23.2	36.9	27.0

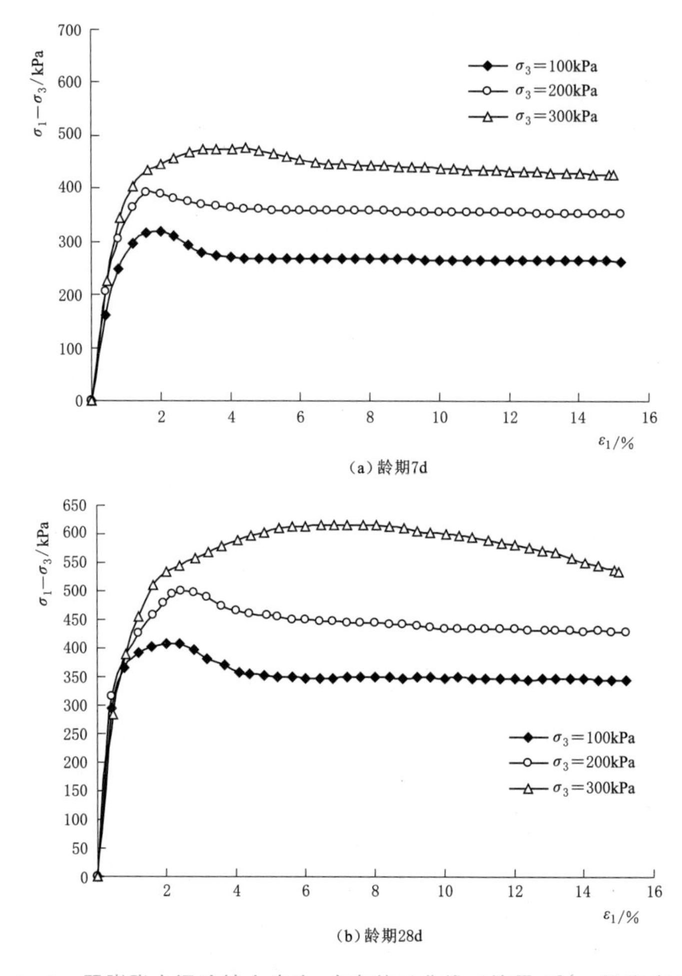

(a) 龄期7d

(b) 龄期28d

图 4.2-5 弱膨胀水泥改性土应力-应变关系曲线（掺量 3%，压实度 95%）

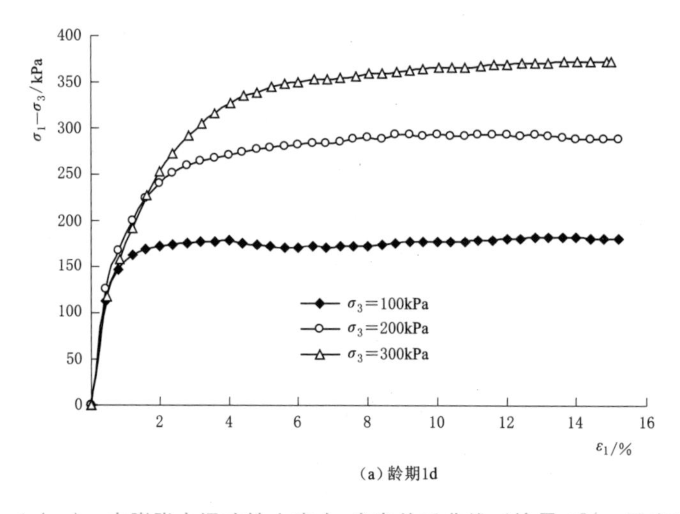

(a) 龄期1d

图 4.2-6（一） 中膨胀水泥改性土应力-应变关系曲线（掺量 6%，压实度 93%）

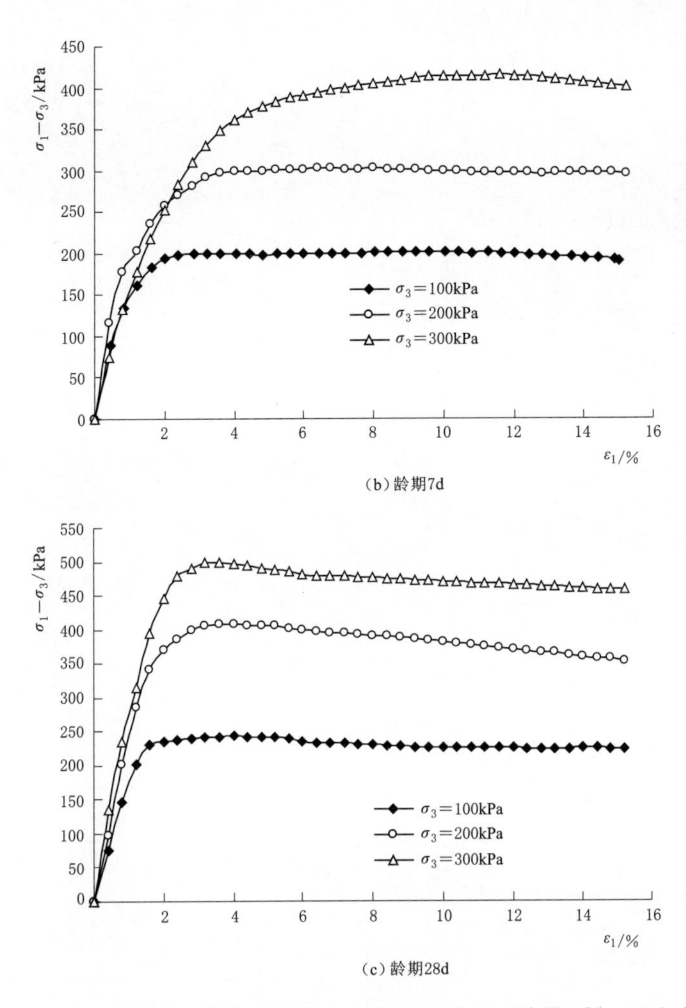

图 4.2-6（二）　中膨胀水泥改性土应力-应变关系曲线（掺量6%，压实度93%）

4.2.2　不同水泥掺量改性土的强度和模量

选用自由膨胀率分别为51%和67%的弱、中膨胀土，进行不同水泥掺量条件下改性土的无侧限抗压强度试验（改性土的物理性指标见本书第3章相关内容）。为模拟现场填筑碾压后的状态，采用室内掺拌后击实制样，试样直径61.8mm、高125mm，圆柱形，制样含水率20.0%，控制压实度98%。经过恒温、恒湿条件养护到达相应龄期后，在YE-600型压力试验机上进行试验。

4.2.2.1　弱膨胀土改性后的强度和模量

弱膨胀改性土水泥掺量分别为0%、0.5%、1%、2%、3%，7d和28d龄期试样的无侧限抗压强度试验成果如图4.2-7～图4.2-12所示。

弱膨胀土水泥改性后的无侧限抗压强度和初始切线模量均随水泥掺量的增大而增大，而且，随着龄期的增长，这种趋势更为明显。此外，从应力-应变关系曲线上看，素土的应力-应变关系曲线呈应变硬化形态，而改性土的应力-应变关系曲线则呈应变软化形态，并且，龄期

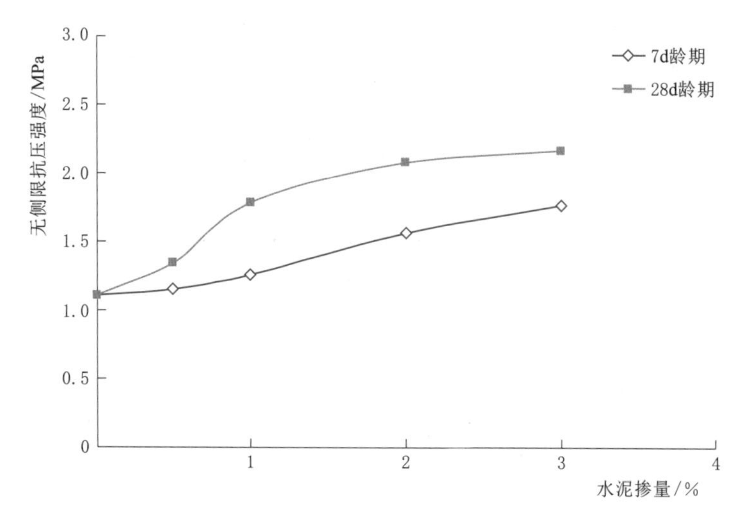

图 4.2-7 弱膨胀水泥改性土无侧限抗压强度与水泥掺量的关系曲线

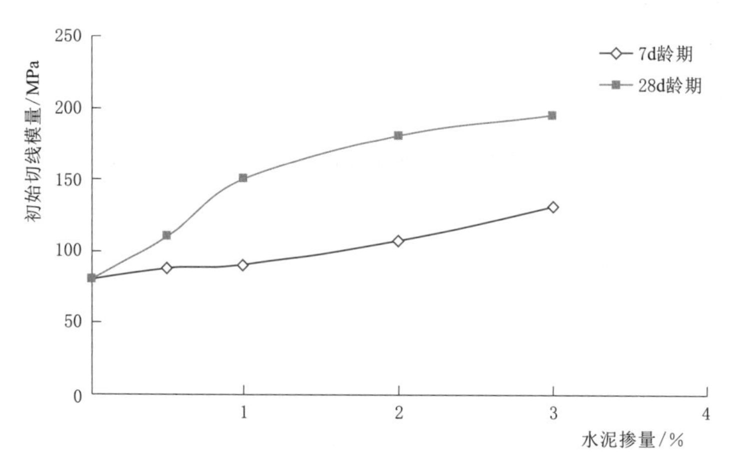

图 4.2-8 弱膨胀水泥改性土初始切线模量与水泥掺量的关系曲线

(a) 素土　(b) 水泥掺量1%　(c) 水泥掺量2%　(d) 水泥掺量3%

图 4.2-9 弱膨胀土水泥改性不同水泥掺量时无侧限抗压试验破坏形式（7d 龄期）

(a) 素土　(b) 水泥掺量1%　(c) 水泥掺量2%　(d) 水泥掺量3%

图 4.2-10　弱膨胀土水泥改性不同水泥掺量时无侧限抗压试验破坏形式（28d 龄期）

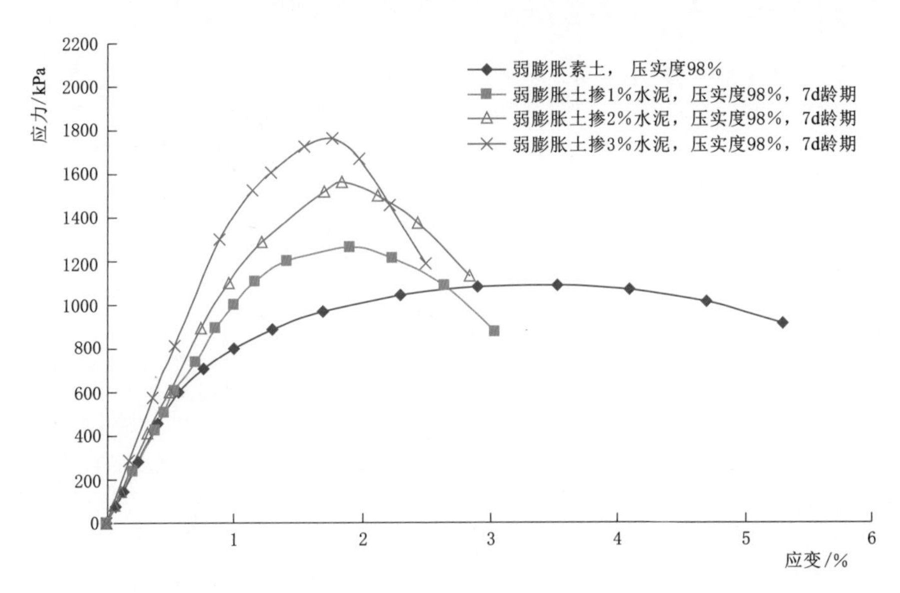

图 4.2-11　弱膨胀土水泥改性不同水泥掺量时的应力-应变关系曲线（7d 龄期）

越长，应变软化现象越明显。表明随着水泥的掺入，改性土的力学性状发生了本质的变化。

4.2.2.2　中膨胀土改性后的强度和模量

中膨胀土的自由膨胀率为 67%，试样压实度控制为 98%，水泥掺量分别为 0%、1%、3%、5%。中膨胀水泥改性土的无侧限抗压强度和模量试验方法与弱膨胀改性土相同，试验成果如图 4.2-13～图 4.2-17 所示。

试验成果表明，中膨胀土掺入 1%的水泥后，其无侧限抗压强度指标即有明显增长。随着水泥掺量的增大，其增长幅度越大；此外，从土的应力-应变关系曲线上看，中膨胀土的应力-应变关系曲线呈应变硬化形态，而改性后的改性土则呈应变软化形态，并且，龄期越长，应变软化现象越明显。

无论弱膨胀土或是中膨胀土改性，改性后的土体的强度均随龄期增大，并且，土的应力-应变关系曲线均呈应变软化型。

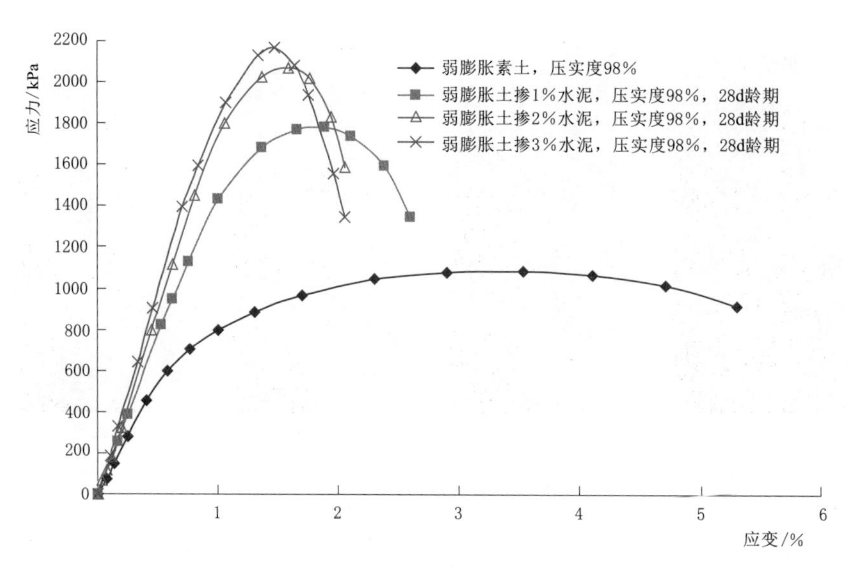

图 4.2-12 弱膨胀土水泥改性不同水泥掺量时的应力-应变关系曲线（28d 龄期）

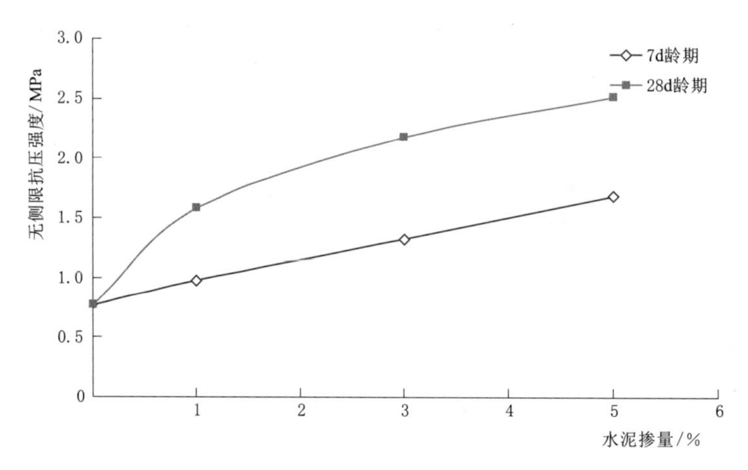

图 4.2-13 中膨胀土水泥改性无侧限抗压强度与水泥掺量的关系曲线

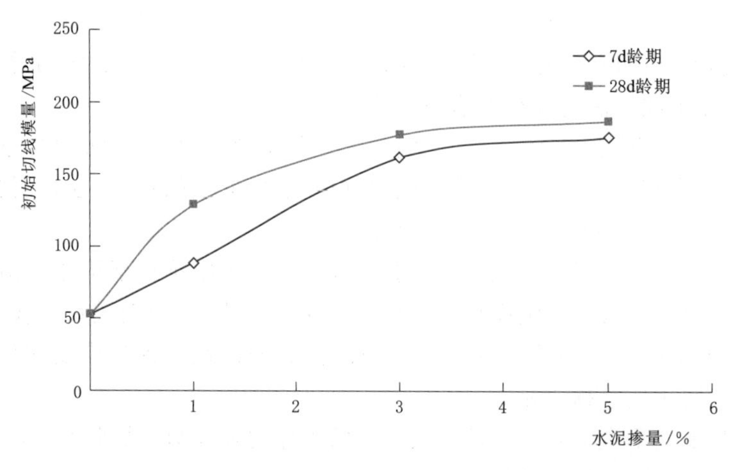

图 4.2-14 中膨胀土水泥改性初始切线模量与水泥掺量的关系曲线

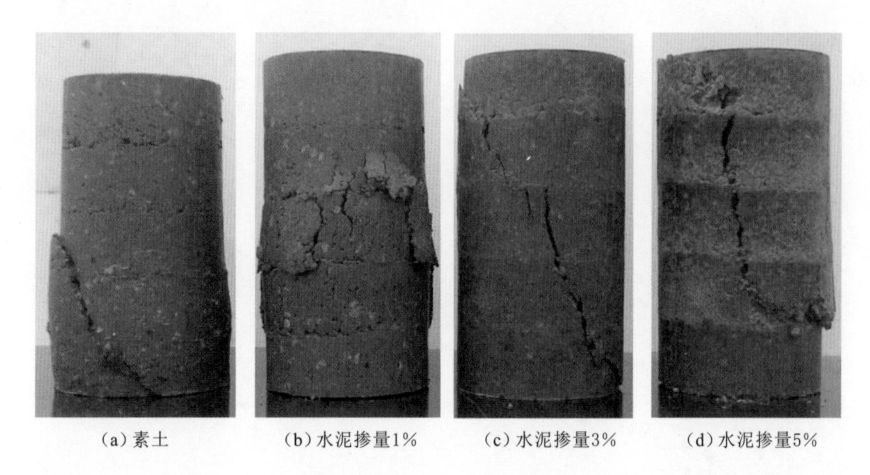

图 4.2-15　中膨胀土水泥改性不同水泥掺量时无侧限抗压试验破坏形式（7d 龄期）

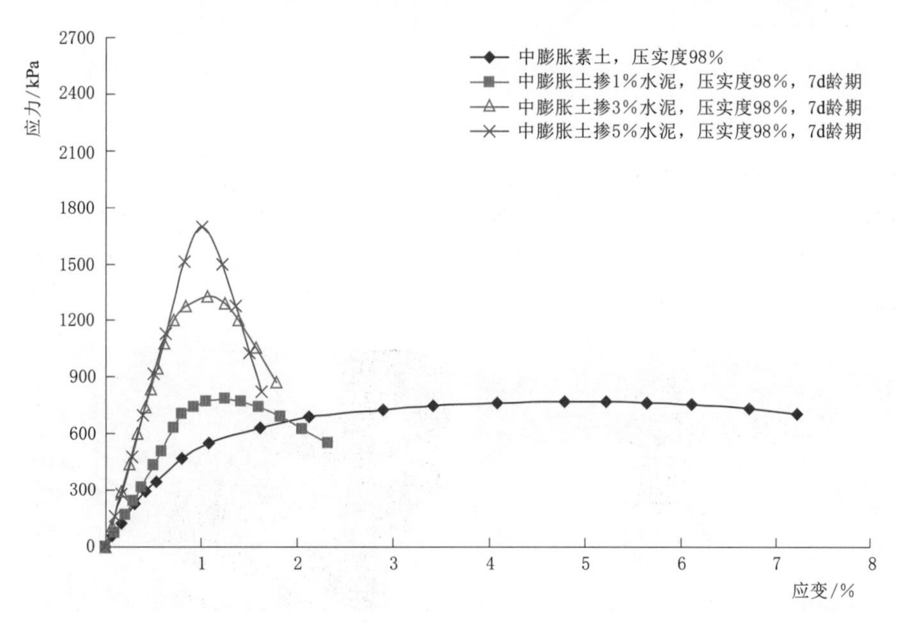

图 4.2-16　中膨胀土水泥改性不同水泥掺量时的应力-应变关系曲线（7d 龄期）

4.2.3　现场取样室内试验

将膨胀土改性作为填料是南水北调中线工程膨胀土的主要处理措施之一。由于缺乏相关的重大工程经验，也没有专门的水泥改性施工技术标准，渠道大规模施工面临无规范可依的局面。为此，“十二五”期间，科技部下达了国家“十二五”科技支撑计划项目，由长江科学院负责牵头完成了“膨胀土水泥改性处理施工技术”研究课题。该课题在南水北调中线工程南阳渠段设置了现场试验段，并开展了为期 2 年的现场试验，深入系统地进行了膨胀土水泥改性处理施工技术研究。其中，室内试验研究见本书第 2～5 章相关内容。本节是该渠道试验运行 2 年后，分别在中膨胀改性土渠段和弱膨胀改性土渠段渠道拆除施

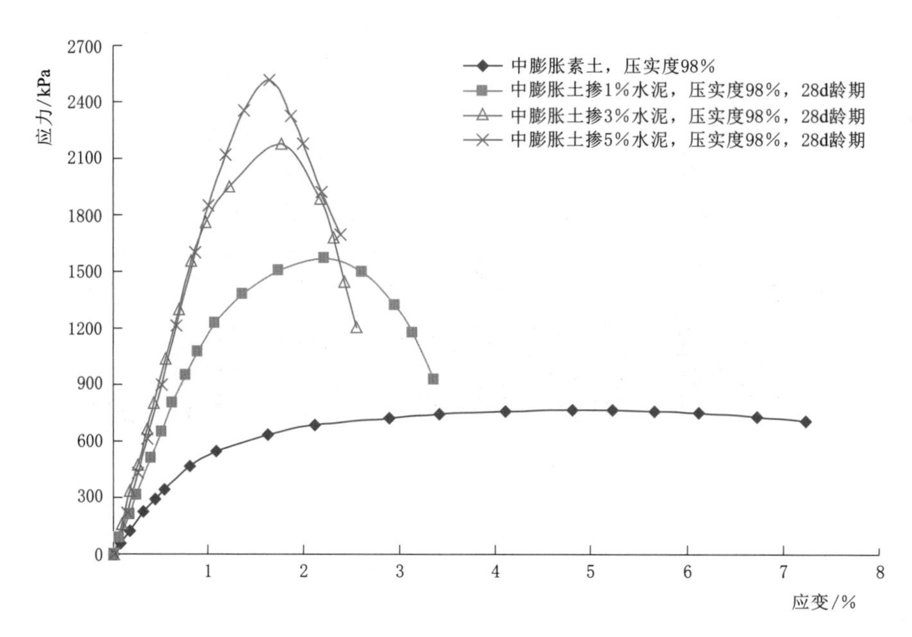

图 4.2-17　中膨胀土水泥改性不同水泥掺量时的应力-应变关系曲线（28d 龄期）

工过程中进行的取样研究成果。

根据试验计划，中膨胀改性土水泥掺量为 6%，弱膨胀改性土水泥掺量为 3%，取样过程中，先用挖掘机开挖长约 7m、深度达到改性土处理层底部的坑槽，然后再由人工在槽的两侧处理层内取样，如图 4.2-18 所示。

（a）开槽　　（b）取样

图 4.2-18　现场开槽及取样

对中、弱膨胀改性土代表性试样分别进行改性土的室内物理性以及无侧限抗压强度和三轴试验，以分析现场碾压施工条件下改性土的强度特性指标。

4.2.3.1　现场改性土样的物理性

现场碾压填筑改性土的基本特性见表 4.2-5。中膨胀土改性前的自由膨胀率为 68%，掺拌水泥改性填筑 2 年后，改性土的自由膨胀率平均值为 32%。对应室内配比试验中，相同水泥掺量（6%）28d 龄期的击实水泥改性土样的自由膨胀率为 42%，现场的水泥改性土自然膨胀率更低，说明水泥土龄期对自由膨胀率仍有一定的影响。

表 4.2-5　　现场碾压填筑改性土的基本特性

土　样	液限含水率 w_{L17} /%	塑限含水率 w_P /%	塑性指数 I_{P17}	颗粒级配/%			自由膨胀率 δ_{ef} /%
				粉粒 (0.075～0.005mm)	黏粒 (<0.005mm)	胶粒 (<0.002mm)	
中膨胀土改性前	60.1	27.6	32.5	54.7	38.8	23.1	68
中膨胀改性土	50.0	33.8	16.2	43.0	15.7	9.9	32
弱膨胀土改性前	56.3	23.3	33.0	49.4	43.5	34.5	48
弱膨胀改性土	50.4	28.1	22.3	64.8	24.2	13.1	35

中膨胀土改性前的液限含水率为60.1%，塑性指数为32.5；水泥改性后的液限含水率为50.0%，塑性指数为16.2。这跟室内配比试验规律一致，改性土的液限含水率小于素土，塑性指数明显较素土小，表明中膨胀土经改性后土中结合水含量的可能变化范围显著减小。而从颗粒级配分析可见，中膨胀土改性后的胶粒含量为9.9%，胶粒含量明显降低，这正是水泥改性土效果显著的主要原因。

4.2.3.2　现场改性土样的无侧限抗压强度

无侧限抗压强度试验试样取自现场原状方块样，根据试验要求在室内制作成直径101mm的圆柱试样，采用YE-600型压力试验机，分别在饱和和非饱和状态下进行土的无侧限抗压强度测试。

试验成果显示，中膨胀改性土在饱和状态下的抗压强度为718.6kPa，初始切线模量为71.9MPa，破坏应变为1.0%，而对应的室内28d龄期试验的抗压强度仅为247.2kPa，初始切线模量为46.4MPa，破坏应变为0.62%。可见现场试样比室内具有更高的强度和更大的模量。其原因在于，现场改性土的龄期为2年，而室内配比试验龄期仅为28d；现场实际施工时改性土中含较多姜石，这一方面增加了土颗粒的骨架作用，另一方面也间接提高了改性土的强度和模量。

中膨胀改性土试验成果见表4.2-6、图4.2-19和图4.2-20。

表 4.2-6　　中膨胀改性土无侧限抗压强度试验成果

含水率状态	抗压强度/kPa	初始切线模量/MPa	破坏应变/%
非饱和状态	1076.4	107.6	1.0
饱和状态	718.6	71.9	1.0
饱和状态（28d室内配比）	247.2	46.4	0.62

现场取样弱膨胀改性土无侧限抗压强度试验成果见表4.2-7、图4.2-21和图4.2-22。成果显示，现场弱膨胀改性土饱和样的抗压强度测量值变化范围较大，而对应的28d龄期的室内配比试验，弱膨胀改性土饱和样的抗压强度为370.0kPa，表明弱膨胀改性土在现场填筑施工中存在难以掺拌均匀的问题，现场掺拌效果均匀的情况下强度可达到或超过室内配比试验的强度。

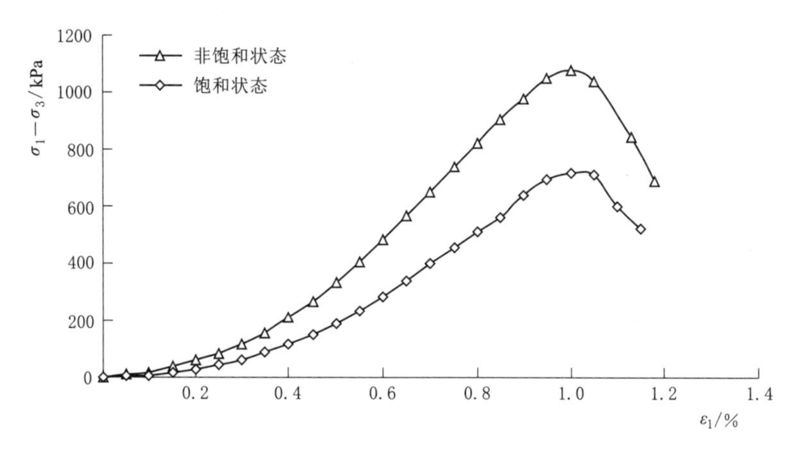

图 4.2-19　中膨胀改性土应力-应变关系曲线

表 4.2-7　弱膨胀改性土无侧限抗压强度试验成果

含水率状态	抗压强度/kPa	初始切线模量/MPa	破坏应变/%
非饱和	151.3	20.2	0.75
饱和 1	118.5	15.8	0.75
饱和 2	468.8	36.1	1.30
饱和 3	399.1	44.3	0.90
饱和（室内 28d 龄期）	370.0	—	—

注　非饱和状态与饱和 1 状态试样同属一块方块样，饱和 2 状态与饱和 3 状态试样同属一块方块样。

(a) 非饱和状态

(b) 饱和状态

图 4.2-20　中膨胀改性土无侧限抗压试验破坏形式

4.2.3.3　现场改性土样的三轴试验

三轴试验在 100kN 全自动土工试验三轴仪（见图 4.2-23）上进行，轴向应力采用安装在量力环上的百分表读出，轴向位移由百分表测量，孔隙水压力通过与仪器压力室底座上中心小孔相连通的孔隙水压力传感器测得，有效围压由空气泵提供。试样取自现场原状方块样，在室内切削成直径 101mm 的圆柱形，采用固结不排水剪切的试验方法。

中膨胀改性土三轴试验成果见图 4.2-24～图 4.2-26、表 4.2-8，相应的中膨胀改性土室内配比试验成果见表 4.2-9。成果显示，现场改性土的三轴试验强度比室内 28d 龄期改性土的强度更高，其峰值应变在 1%～2%之间出现，低围压下改性土的应变软化现象较高围压时更为明显，改性土的初始切线模量随围压增大而增大，其中，现场改性土的初始切线模量为 75～100MPa，室内配比改性土的初始切线模量为 20～40MPa。现场试样和室内配比试样强度差异的原因也在于两者的龄期不同，现场改性土的龄期已近2年，而室内配比试验龄期为28d。此外，如前所述，现场改性土的颗粒级配也与室内配比试验存在一定的差异。

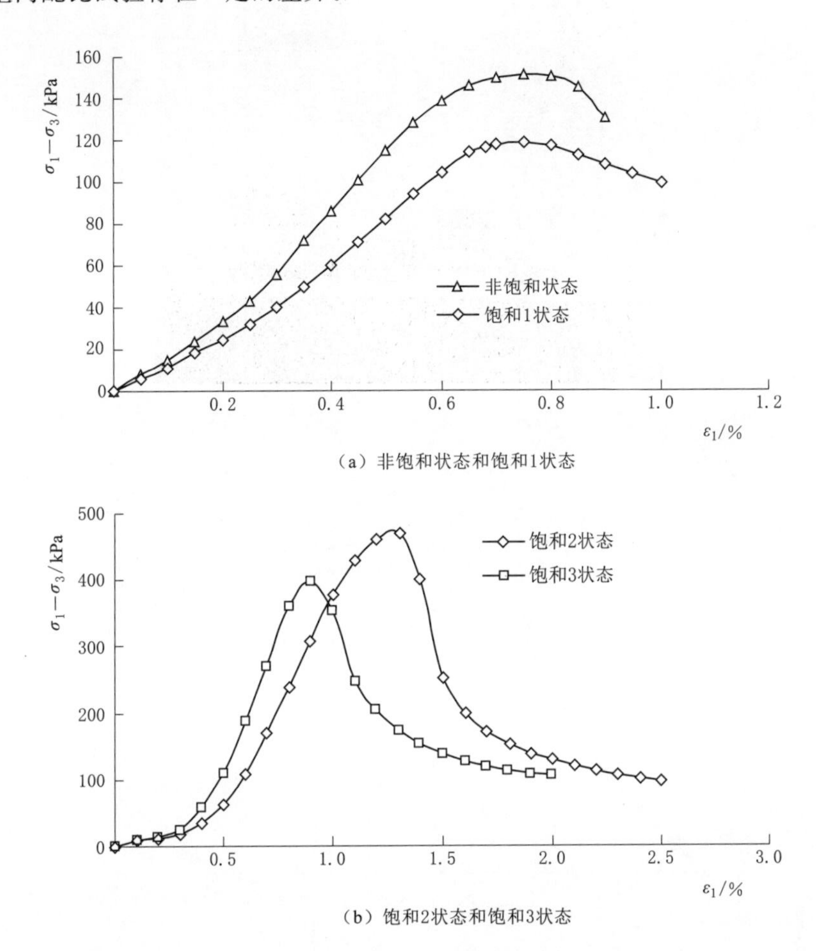

（a）非饱和状态和饱和1状态

（b）饱和2状态和饱和3状态

图4.2-21　弱膨胀改性土应力-应变关系曲线

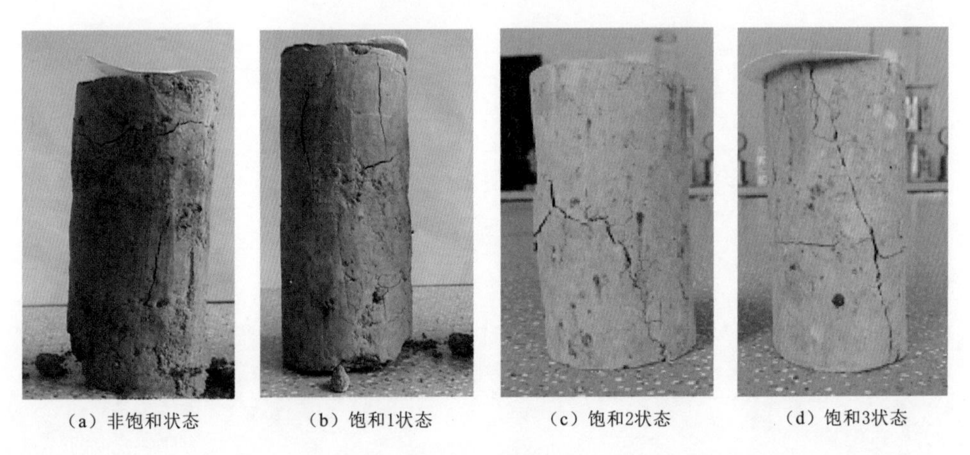

（a）非饱和状态　（b）饱和1状态　（c）饱和2状态　（d）饱和3状态

图4.2-22　弱膨胀改性土无侧限抗压试验破坏形式

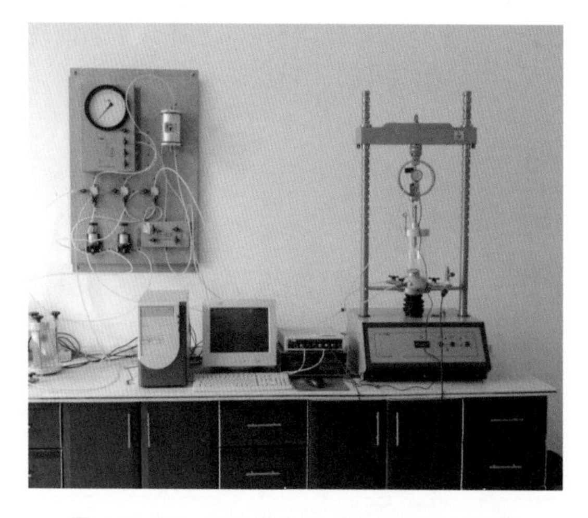

图 4.2-23 100kN 全自动土工试验三轴仪

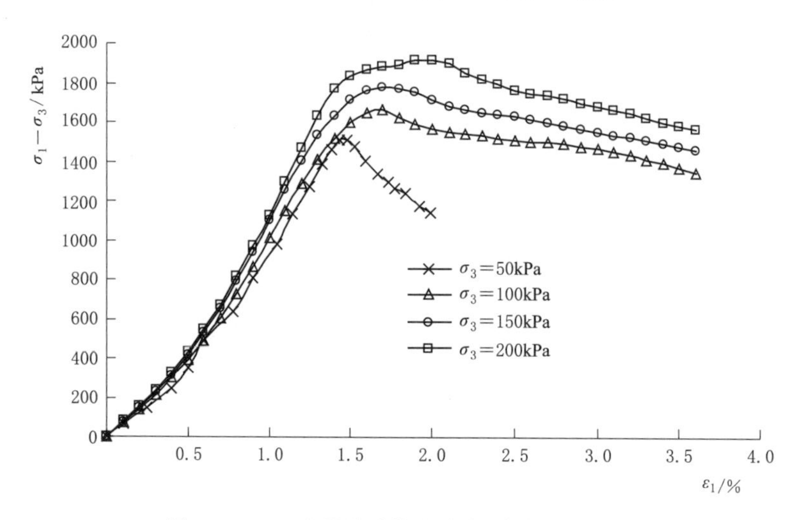

图 4.2-24 中膨胀改性土应力-应变关系曲线

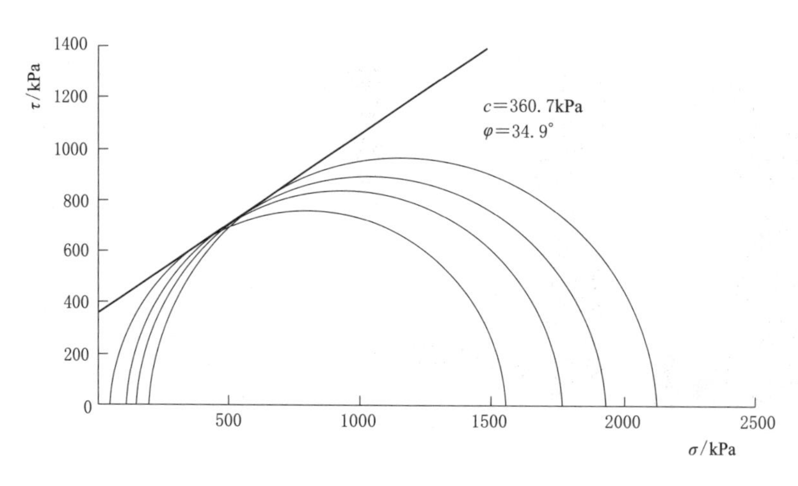

图 4.2-25 强度包线

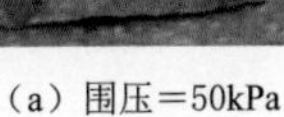

（a）围压=50kPa　（b）围压=100kPa　（c）围压=150kPa　（d）围压=200kPa

图 4.2-26　中膨胀改性土三轴试验破坏形式

表 4.2-8　中膨胀改性土三轴试验成果

c_{CU}/kPa	φ_{CU}/(°)	φ_0/(°)	$\Delta\varphi$/(°)
360.7	34.9	62.9	23.1

表 4.2-9　中膨胀改性土室内配比试验成果

水泥掺量/%	压实度/%	龄期/d	c/kPa	φ/(°)	c'/kPa	φ'/(°)
6	93	1	32.6	18.9	31.9	24.4
6	93	7	32.4	20.4	33.7	25.6
6	93	28	40.8	23.2	36.9	27.0

弱膨胀改性土三轴试验成果见图 4.2-27～图 4.2-29、表 4.2-10，弱膨胀改性土室内配比试验成果见表 4.2-11。

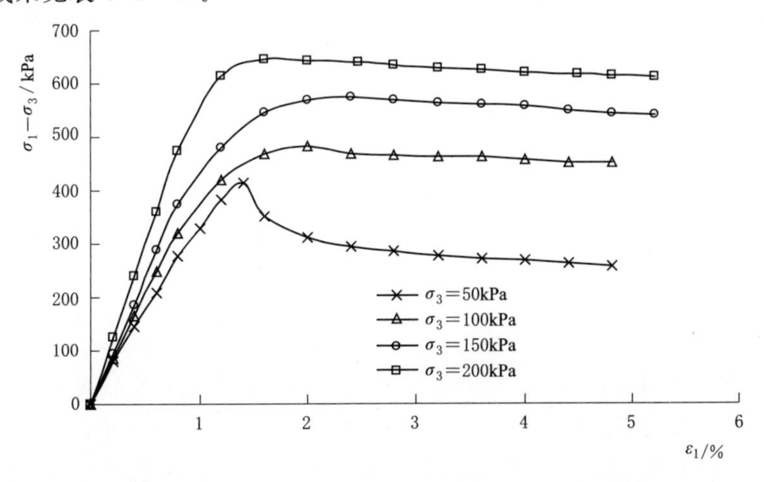

图 4.2-27　弱膨胀改性土应力-应变关系曲线

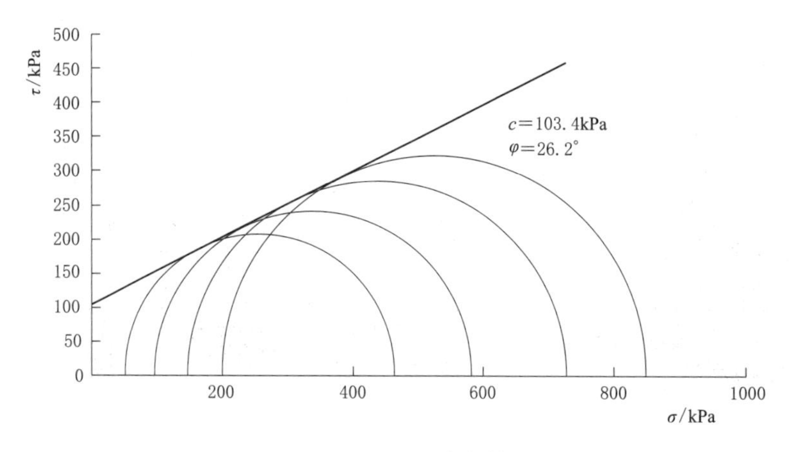

图 4.2-28　强度包线

(a) 围压=50kPa

(b) 围压=100kPa

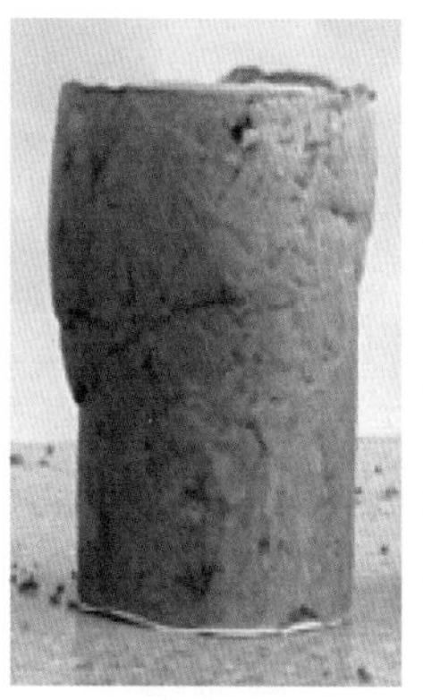
(c) 围压=150kPa

(d) 围压=200kPa

图 4.2-29　弱膨胀改性土三轴试验破坏形式

表 4.2-10　弱膨胀改性土三轴试验成果

c_{CU}/kPa	φ_{CU}/(°)	φ_0/(°)	$\Delta\varphi$/(°)
103.4	26.2	45.6	25.8

表 4.2-11　弱膨胀水泥改性室内配比试验成果

水泥掺量/%	压实度/%	龄期/d	c/kPa	φ/(°)	c'/kPa	φ'/(°)
3	95	7	88.8	16.5	93.8	18.8
3	95	28	104.5	20.1	104.0	22.6

与中膨胀改性土的规律相同，现场弱膨胀改性土的强度大于室内配比试验 28d 龄期改性土的强度，尤其表现在摩擦角上，原因也在于龄期和颗粒组成的不同。200kPa 围压下，弱膨胀改性土应变峰值在 1%～2%之间，低围压下应变软化现象较为明显，初始切线模量随围压增大而增大。与中膨胀改性土相比，弱膨胀改性土的强度更低。

4.2.4　水泥改性土的干湿循环强度

从现场取回中、弱膨胀水泥改性土方块样，按照直径61.8mm、高125mm的试样尺寸切削成三轴试验用样。以干密度相近的试样为1组，每组4个试样，共制备16组64个原状土样。其中，中膨胀水泥改性土试样的天然含水率为22.7%～28.2%，干密度为1.39～1.59g/cm^3；弱膨胀水泥改性土试样的天然含水率为23.4%～25.4%，干密度为1.44～1.58g/cm^3。

干湿循环的脱湿过程采用低温（70℃）烘干法，将切削好的试样饱和后放入烘箱烘干，当试样的含水率达到控制含水率时终止脱湿；吸湿过程采用负压真空抽气饱和方法，保持负1个大气压的抽气时间为3h，抽气完成后再浸泡24h。试样从饱和到烘干再到饱和，为一个完整的干湿循环周期，如此反复，最多循环5次以模拟反复干湿循环。

共进行两种不同含水率变化幅度干湿循环试验，试样饱和状态控制含水率均为28.2%，干燥状态的控制含水率分别为4%和14%。干湿循环后改性土的强度试验在100kN全自动土工试验三轴仪上进行，取干密度相近的4个试样为1组。

图4.2-30～图4.2-33分别为中、弱膨胀水泥改性土在含水率变化范围为4%～28.2%和14%～28.2%的抗剪强度与干湿循环次数的关系曲线。表4.2-12～表4.2-15为相应的强度参数统计表。

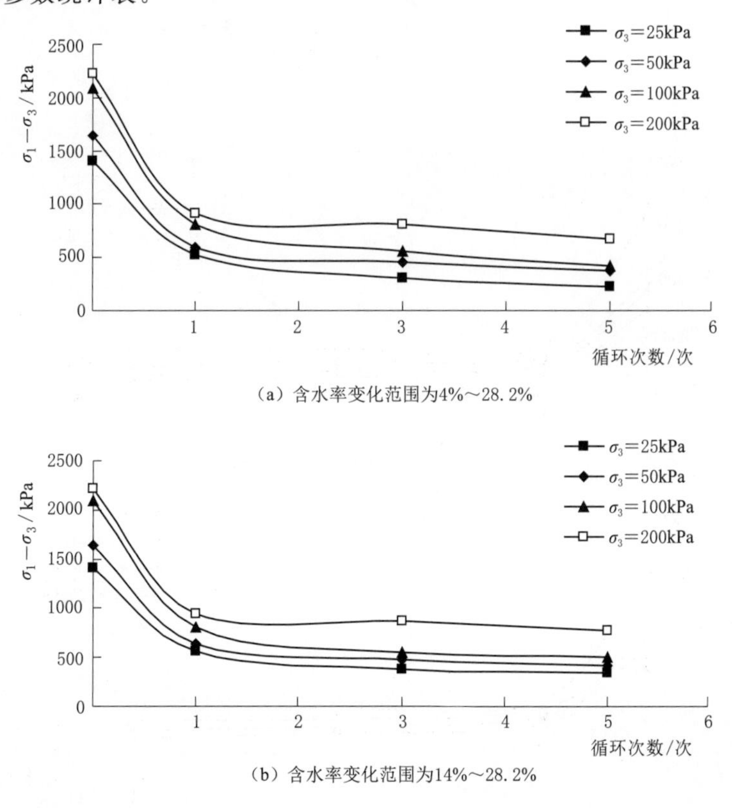

（a）含水率变化范围为4%～28.2%

（b）含水率变化范围为14%～28.2%

图4.2-30　中膨胀水泥改性土抗剪强度与干湿循环次数的关系曲线

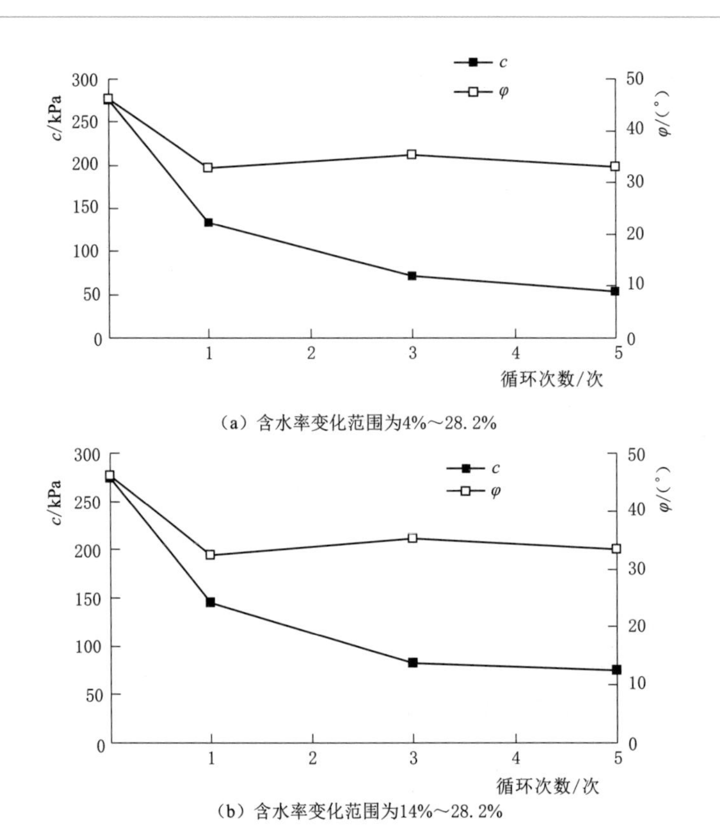

（a）含水率变化范围为4%～28.2%

（b）含水率变化范围为14%～28.2%

图 4.2－31　中膨胀水泥改性土试样剪切强度参数与干湿循环次数的关系曲线

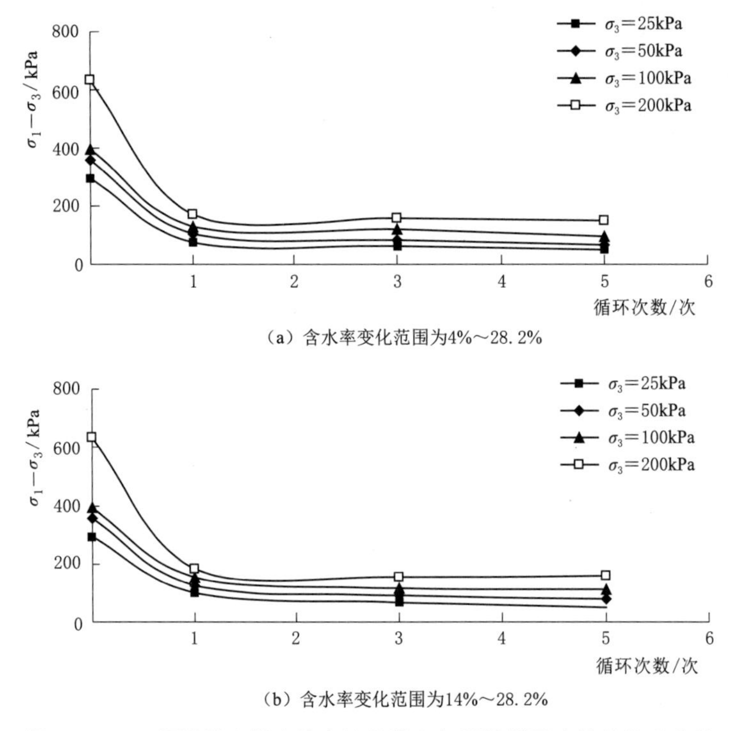

（a）含水率变化范围为4%～28.2%

（b）含水率变化范围为14%～28.2%

图 4.2－32　弱膨胀水泥改性土抗剪强度与干湿循环次数的关系曲线

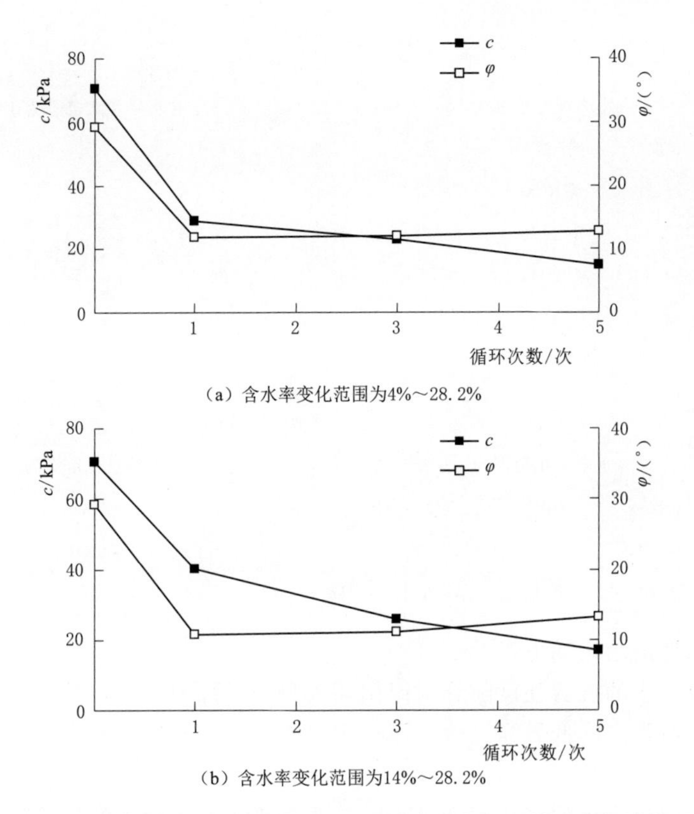

图 4.2-33　弱膨胀水泥改性土试样剪切强度参数与干湿循环次数的关系曲线

表 4.2-12　干湿循环条件下中膨胀水泥改性土抗剪强度

围压 σ_3 /kPa	抗剪强度/kPa							
	含水率变化范围为 4%～28.2%				含水率变化范围为 14%～28.2%			
	0 次	1 次	3 次	5 次	0 次	1 次	3 次	5 次
25	1404.52	524.98	307.39	229.95	1404.52	559.12	385.61	337.17
50	1647.17	594.48	456.46	374.25	1647.17	636.41	477.26	422.66
100	2093.31	805.58	559.22	422.36	2093.31	812.05	548.21	497.36
200	2221.42	916.69	809.87	675.33	2221.42	942.26	868.12	774.83

表 4.2-13　不同含水率变化幅度下中膨胀水泥改性土干湿循环试样强度参数

强度指标参数	抗剪强度/kPa							
	含水率变化范围为 4%～28.2%				含水率变化范围为 14%～28.2%			
	0 次	1 次	3 次	5 次	0 次	1 次	3 次	5 次
c/kPa	274.72	133.37	71.54	54.29	274.72	144.77	81.84	74.90
φ/(°)	46.02	32.78	35.30	33.07	46.02	32.28	35.15	33.41

表 4.2-14　干湿循环条件下弱膨胀水泥改性土抗剪强度

围压 σ_3 /kPa	抗剪强度/kPa							
	含水率变化范围为 4%～28.2%				含水率变化范围为 14%～28.2%			
	0 次	1 次	3 次	5 次	0 次	1 次	3 次	5 次
25	294.70	75.84	63.35	49.27	294.70	100.88	67.22	48.31
50	358.13	104.38	84.68	68.72	358.13	123.20	90.74	77.79
100	394.14	128.44	122.79	95.24	394.14	152.02	117.45	110.59
200	633.03	171.67	157.39	150.48	633.03	183.76	153.45	156.81

表 4.2-15　不同含水率变化幅度下弱膨胀水泥改性土干湿循环试样强度参数

强度指标参数	抗剪强度/kPa							
	含水率变化范围为 4%～28.2%				含水率变化范围为 14%～28.2%			
	0 次	1 次	3 次	5 次	0 次	1 次	3 次	5 次
c/kPa	70.63	28.98	23.18	15.07	70.63	40.20	25.89	16.83
φ/(°)	29.24	11.89	12.09	12.77	29.24	10.73	11.03	13.27

由试验成果得出结论如下：

（1）水泥改性土的抗剪强度随着干湿循环次数的增加而减小，其中第一次干湿循环后水泥改性土的抗剪强度降低最为显著，而经历三次干湿循环后水泥改性土的抗剪强度变化趋于稳定。

（2）干湿循环含水率的变化幅度对于中、弱膨胀水泥改性土的抗剪强度均有一定的影响，经历相同干湿循环的中膨胀水泥改性土，在相同循环次数和围压条件下，含水率变化幅度大的试样相应的抗剪强度略低。

（3）强度参数方面，不同含水率变化幅度的中、弱膨胀水泥改性土其黏聚力随着干湿循环次数的增加而减小，第一次干湿循环后黏聚力显著降低，在第三次干湿循环后趋于稳定。中膨胀水泥改性土内摩擦角在第一次干湿循环后有所降低，之后基本不变，而弱膨胀水泥改性土内摩擦角在第一次干湿循环后降低比较明显，之后基本不变。

（4）根据以往的研究成果，未经改性的中膨胀土经过五次干湿循环后黏聚力 c 约为 23kPa，内摩擦角约为 18°，干湿循环后的黏聚力大幅度降低，内摩擦角基本不变；而本次试验中含水率变化范围为 4%～28.2%的中膨胀水泥改性土经五次干湿循环后的黏聚力 c 约为 54kPa，内摩擦角约为 33°，干湿循环后的黏聚力和内摩擦角均发生了较大的变化，其中，黏聚力的降低幅度较大，说明干湿循环对水泥改性土的强度有显著影响。

整体上讲，水泥改性土与未经改性的膨胀土相比，其干湿循环后的抗剪强度仍然有明显差别，水泥改性使得膨胀土在干湿循环后的强度参数显著提高。

4.3　改性土的压缩性及渗透性

分别对中、弱膨胀改性土的压缩性和渗透性进行了试验研究，对比了室内制备样 28d 龄期和渠道试验运行 2 年后的现场开挖试样，试验按照《土工试验方法标准》（GB/T

50123—2019）进行。

4.3.1 改性土的压缩性

4.3.1.1 室内制备样压缩性

用于改性土压缩试验的膨胀土料的基本物理特性见表3.1-1。其中，中膨胀土自由膨胀率平均值为77%，弱膨胀土自由膨胀率平均值为51%，弱膨胀改性土的水泥掺量为3%，中膨胀改性土的水泥掺量为6%。水泥掺拌是在室内将风干土料按所需的含水率制备完成后，闷料24h，再按照干土的重量比称取水泥干粉拌和均匀，按照一定的压实度进行击实制样，完成后的试样置入恒温恒湿环境下，待一定龄期后取出进行试验。

水泥改性土压缩试验试样采用直径为61.8mm、高度为20mm的标准试样，荷载按25kPa、50kPa、100kPa、200kPa、400kPa五级施加。试样成果见表4.3-1。

表4.3-1 水泥改性土压缩试验成果表

土类	压实度 P /%	龄期 /d	制备样控制条件			压缩指标			
						天然状态		饱和状态	
			水泥掺量 /%	含水率 w /%	干密度 ρ_d /(g/cm^3)	压缩系数 a_{v1-2} /MPa^{-1}	压缩模量 E_{s1-2} /MPa	压缩系数 a_{v1-2} /MPa^{-1}	压缩模量 E_{s1-2} /MPa
弱膨胀水泥改性	93	—	0	21.0	1.53			0.550	3.36
	96	—	0	21.0	1.58			0.285	6.23
	98	—	0	21.0	1.62			0.272	6.41
	93	1	3	21.0	1.55	0.045	39.2	0.046	37.7
	93	7	3	21.0	1.55	0.037	47.6	0.038	45.5
	95	1	3	21.0	1.57			0.037	45.5
	95	7	3	21.0	1.57			0.033	51.3
	95	28	3	21.0	1.57			0.024	63.6
中膨胀水泥改性	93	—	0	21.0	1.47			0.868	2.60
	93	1	6	21.0	1.48			0.038	46.5
	93	7	6	21.0	1.48			0.030	60.6
	93	28	6	21.0	1.48			0.023	69.4

（1）改性前弱膨胀土的压缩系数随着压实度的增大逐渐减小，当压实度为93%时，弱膨胀土的压缩系数最大达到0.550MPa^{-1}，压缩模量为3.36MPa，属高压缩性土；掺入3%的水泥改性后，对应7d龄期、压实度93%的改性土，压缩系数仅为0.038MPa^{-1}，压缩模量为45.5MP。改性土的压缩系数明显降低，压缩模量显著增大。

（2）改性前压实度为93%的中膨胀土的压缩系数为0.868MPa^{-1}，属高压缩性土；掺6%水泥以后，压缩系数明显减小，对应7d龄期的改性土的压缩系数为0.03MPa^{-1}，为低压缩性，改性后的压缩模量也有显著增大，对应7d龄期的改性土的压缩模量达到

60.6MPa，28d龄期的压缩模量增加到69.4MPa。

综上，中、弱膨胀土掺和水泥改性后，压缩性明显降低，压缩模量大幅提高。另外，随龄期的增加，压缩模量增大，且龄期的初始阶段对模量的影响程度更大。

4.3.1.2　现场填筑试样压缩性

现场填筑试样的基本特性同第4.2节，现场填筑施工近2年以后，将现场取回的方块样进行切削，再在室内进行水泥改性土的压缩试验，成果见图4.3-1、图4.3-2和表4.3-2。

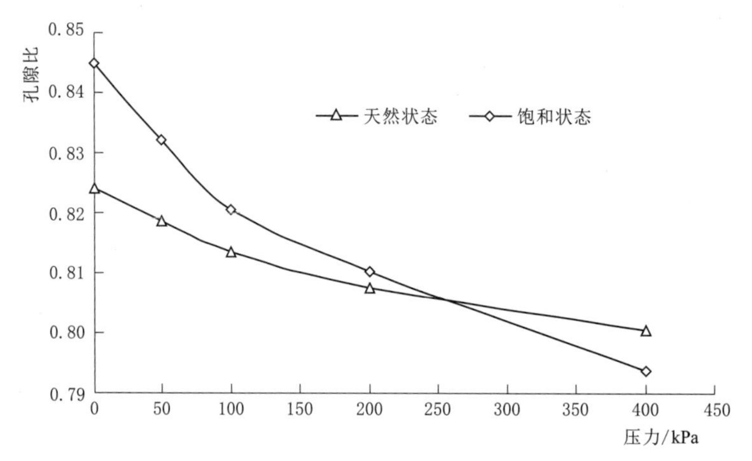

图4.3-1　弱膨胀改性土孔隙比与压力的关系曲线

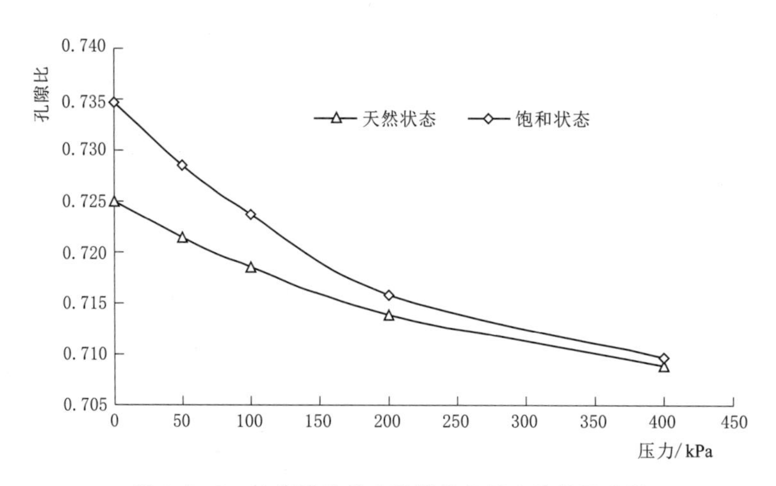

图4.3-2　中膨胀改性土孔隙比与压力的关系曲线

中膨胀改性土的压缩系数为0.079MPa^{-1}，弱膨胀改性土的压缩系数为0.102MPa^{-1}，均属于低压缩性土，表明经过改性后土的压缩性能明显改善。对比室内配比试验成果，现场填筑试样的压缩系数明显偏高，压缩模量偏低，说明现场填筑质量难以达到室内击实的制样标准，如考虑到龄期的影响，其差异将更大。

天然状态与饱和状态的改性土试样，压缩系数和压缩模量没有本质的区别，天然状态的改性土样压缩模量更大，压缩系数更低。

表 4.3-2 水泥改性土现场取样压缩试验成果

土样	天然状态物理性指标				压缩指标				
	含水率 w /%	比重 G_s	干密度 ρ_d /(g/cm³)	孔隙比 e	饱和度 S_r /%	天然状态 压缩系数 a_{v1-2} /MPa⁻¹	天然状态 压缩模量 E_{s1-2} /MPa	饱和状态 压缩系数 a_{v1-2} /MPa⁻¹	饱和状态 压缩模量 E_{s1-2} /MPa
中膨胀改性土（现场龄期2年）	23.9	2.73	1.60	0.708	92.1	0.046	37.1	0.079	22.0
中膨胀改性土室内配比（压实度93%、龄期28d）	21.0	—	1.48	—	—	—	—	0.023	69.4
弱膨胀改性土（现场龄期2年）	24.8	2.70	1.47	0.834	80.3	0.058	31.4	0.102	18.1
弱膨胀改性土室内配比（压实度95%、龄期28d）	21.0	—	1.57	—	—	—	—	0.024	63.6

4.3.2 渗透性

4.3.2.1 室内制备样渗透性

改性土的渗透试验采用变水头渗透试验，试样直径为61.8mm、高度为40mm，试验按《土工试验方法标准》(GB/T 50123—2019) 进行。分别对弱膨胀土水泥掺量为3%和中膨胀土水泥掺量为6%的水泥改性土进行渗透性试验。试验成果见表4.3-3，弱、中膨胀性改性土的渗透系数均为10^{-6}cm/s量级，而且，随龄期的增加，渗透系数有进一步减小的趋势，但变化幅度很小。

表 4.3-3 渗透性试验成果表

土样名称	龄期 /d	制备样控制条件 掺量/%	制备样控制条件 压实度/%	渗透系数 K_{20} /(cm/s)
弱膨胀改性土	—	0	95	5.35×10^{-6}
	1	3	95	3.38×10^{-6}
	28	3	95	1.87×10^{-6}
中膨胀改性土	—	0	93	4.51×10^{-6}
	1	6	93	3.17×10^{-6}
	28	6	93	1.55×10^{-6}

4.3.2.2 现场填筑试样渗透性

将现场取得方块样进行切削，仍采用《土工试验方法标准》(GB/T 50123—2019) 所规定变水头试验方法进行，试验成果见表4.3-4。其中，中膨胀改性土水泥掺量6%的试样渗透系数为10^{-7}cm/s量级；弱膨胀改性土水泥掺量3%的试样渗透系数为10^{-4}～10^{-6}cm/s量级。分析认为，中膨胀改性土水泥掺量较大，现场施工时水泥比较容易掺拌均匀，取样时也不容易产生细微的脆性裂隙，因而试验成果比较稳定；而弱膨胀改性土水泥掺量少，现场施工拌和不均匀，加之现场取得的试样容易产生脆性裂隙，由此，导致试验成果差异较大。

表 4.3-4　改性土渗透试验成果

序号	土　样	渗透系数 K_{20}/(cm/s)
1	中膨胀改性土（现场龄期 2 年）	3.00×10^{-7}
2		1.89×10^{-7}
3	弱膨胀改性土（现场龄期 2 年）	1.37×10^{-6}
4		1.70×10^{-4}
5		6.80×10^{-4}
6		3.80×10^{-4}

从现场改性土的渗透试验成果及其成果差异所揭示的规律来看，由于试样尺寸所限，试样的均匀性难以保证。对现场改性土样，采用室内常规变水头试验方法是存在一定问题的。建议今后宜参照粗粒土的渗透试验方法，采用方块样进行渗透试验，或直接在现场进行渗透性试验（见图 4.3-3）。

图 4.3-3　现场双环渗透试验

第 5 章

改性土水泥掺量检测方法

水泥掺量检测是水泥改性土施工质量控制的关键步骤之一，其准确性对工程质量影响很大。现行涉及膨胀土水泥改性掺量检测的规程规范十分匮乏，最为相关的有《公路工程无机结合料稳定材料试验规程》(JTG E51—2009)，其中，针对水泥或石灰稳定材料的水泥或石灰剂量检测规定采用 EDTA 滴定法。EDTA 滴定法亦称“乙二胺四乙酸滴定法”。EDTA（乙二胺四乙酸）是一种强络合剂，能和许多金属离子形成稳定的络合物。利用其与钙、镁等金属离子的络合反应，采用金属指示剂的变色确定滴定终点，根据标准溶液的用量来测定被测物质的含量。该方法可直接或间接测定约 70 种元素。最常用来测定钙和镁。EDTA 滴定法的特点是可以在现场以最快的速度测定土中的水泥剂量，其次，还能够回避检测过程中某些不确定因素对水泥剂量测定的影响。此外，还有采用直读式测钙仪测定石灰稳定土中石灰剂量的方法，该方法测量过程简单、直观，但其检测设备普及程度不高，实际应用并不多，仅适用于测定新拌石灰稳定土中的石灰剂量。由于膨胀土改性的水泥用量相比一般公路工程无机结合料的水泥用量明显减少，现有《公路工程无机结合料稳定材料试验规程》(JTG E51—2009) 是否适用是一个值得研究的问题。为此，研究人员针对膨胀土水泥改性施工中水泥掺量的检测技术，开展一系列的试验研究，并取得了相应的成果。

本章主要针对水泥掺量检测的 EDTA 滴定法的基本原理、检测时效性以及检测成果的影响因素等问题开展论述。

5.1 EDTA 滴定法

5.1.1 基本原理

普通硅酸盐水泥的主要成分为硅酸三钙、硅酸二钙、铝酸三钙、铁铝酸四钙以及少量的游离氧化钙等，其剂量的大小与 Ca^{2+} 的浓度成正比。EDTA 滴定法实际上就是利用乙二胺四乙酸钠盐与 Ca^{2+} 的交换作用，借助 EDTA 的消耗量与相应的 Ca^{2+} 浓度存在近似线性关系进行测试的方法。EDTA 滴定法测量水泥剂量的方法是：先用 10％的 NH_4Cl 弱酸溶出水泥稳定材料中的 Ca^{2+}，再用 EDTA 溶液置换 Ca^{2+}，然后根据事先率定的 EDTA 溶液的消耗量与水泥剂量的关系曲线，便可查得水泥的掺量。

文献 [33] 对于不同粒径范围的水泥改性土颗粒进行取样滴定试验，发现 EDTA 消耗量相差达数倍，粗颗粒组中检测得到的 Ca^{2+} 浓度相对较低。由此认为 EDTA 滴定法比较适用于细粒土，用于粗、中粒土时，测定结果受取样的影响较大。文献 [34] 探讨了水泥稳定基层中检测水泥剂量随龄期变化的规律和 EDTA 滴定法的龄期条件与校正方法，采用校正曲线对某工程水泥稳定基层的水泥剂量进行了校正并取得了较好的效果。文献

[35] 采用分段函数拟合EDTA滴定曲线中实际水泥剂量与龄期的关系，将曲线分为恒等区、衰减区和线性平稳区三个部分，认为此“EDTA滴定扩展法”可用于施工过程中不同龄期水泥稳定料中水泥剂量的测试。文献 [36] 在江阴大桥收费站路基施工时，试验得出8%石灰土成品混合料的实测灰剂量在2h后开始随时间发生衰减。文献 [37] 在宁淮公路膨胀土路段水泥改性掺灰量测定中发现，EDTA消耗量随龄期呈现对数衰减规律。文献 [38] 针对石灰处理膨胀土中石灰含量的EDTA滴定法，研究了膨胀土含水率和龄期对试验结果的影响。试验结果表明在一定含水率范围内，同等剂量的石灰土初始含水率越高，标准EDTA耗量相对越低，反之当初始含水率越低时，标准EDTA耗量相对越高。

EDTA滴定法能够在施工现场第一时间测定水泥稳定土的水泥剂量，但其在现场取样、制样、测试过程控制以及掺灰剂量、龄期效应对试验成果的影响等多方面需要进一步的研究。此外，以往水泥改性土的施工主要应用于规模较小、填筑方量不大的局部路基工程等，土料也是一般的黏性土料，而对大型渠道工程，土料又是膨胀土，在水泥掺量比较低的情况下，如何进行水泥掺量的检测是一个值得深入研究的问题。

5.1.2 滴定试验的主要步骤

EDTA滴定法测量水泥剂量的原理是利用络合剂乙二胺四乙酸钠盐与水泥改性土中的Ca^{2+}发生络合反应，以EDTA滴定变色为终点来确定试样的EDTA消耗量，再利用水泥剂量与EDTA消耗量的标准曲线，查出其所对应的水泥剂量，其试验的主要步骤如下：

(1) 准备标准曲线。

(2) 水泥改性土取样。

(3) 加入10%的NH_4Cl溶液，进行Ca^{2+}浸取，其化学反应如下：

$$3CaO \cdot SiO_2 + 6NH_4Cl \longrightarrow 3CaCl_2 + H_2SiO_3 + 6NH_3 \uparrow + 2H_2O$$

$$2CaO \cdot SiO_2 + 4NH_4Cl \longrightarrow 2CaCl_2 + H_2SiO_3 + 4NH_3 \uparrow + 2H_2O$$

$$3CaO \cdot Al_2O_3 + 12NH_4Cl \longrightarrow 3CaCl_2 + 2AlCl_3 + H_2SiO_3 + 12NH_3 \uparrow + 6H_2O$$

$$4CaO \cdot Al_2O_3 \cdot Fe_2O_3 + 20NH_4Cl \longrightarrow 4CaCl_2 + 2AlCl_3 + 2FeCl_3 + 20NH_3 \uparrow + 10H_2O$$

(4) 调节pH值，排除干扰离子。

(5) 加入钙红指示剂，滴定至终点。

(6) 根据EDTA消耗量查找标准曲线，计算水泥改性土中的水泥剂量。

5.1.3 检测样品取样标准分析

水泥改性土中的水泥一般附着在粒料表面，或以细颗粒的形式单独存在。附着在颗粒表面的水泥大部分附着在具有较大比表面积的细颗粒表面，只有极少数吸附于大颗粒表面。对于不同的粒径范围的颗粒取样进行的滴定试验，EDTA消耗量相差达数倍。粗颗粒中的Ca^{2+}含量相对很小，水泥主要集中在粒径小于4.75mm的颗粒中。要提高EDTA滴定法的测定精度，减少取样对测定结果的影响，只有通过增加取样量来实现。试验表明，对于粗集料宜采用1000g左右的总质量放入体积（mL）是湿料质量（g）两倍的氯化铵溶液进行拌和，然后取样进行滴定。该方法制作的标准曲线和现场取样差别最小，可最大限度减少室内试验取样的离散。但采用该方法以后氯化铵溶液的用量将显著增加，同时为了达到拌和的均匀性，搅拌时间和搅拌力度增大。

《公路工程无机结合料稳定材料试验规程》(JTG E51—2009) 针对不同粒径试样的取样数量规定如下：对中、粗粒土取试样约 3000g，对细粒土取试样约 1000g。在实际运用中发现，EDTA 方法比较适用于细粒土，用于中、粗粒土时，测定结果受取样的影响很大，有时能达到 30%左右，从而造成测定结果的失真。

进行 EDTA 滴定的目的是确定施工所拌和的水泥改性土的实际剂量，以便指导生产和施工。如果实际拌制的水泥改性土不均匀，抽取的样品数量有限且位置相近的情况下，很容易造成抽样不具有代表性。以不具代表性的样品进行滴定试验，即便试验过程再精确，最终也是以错误的信息指导生产和施工。样品的选择尤为关键，生产和施工都是以样品的试验结果为依据的，所以抽样频率在符合要求的前提下要尽可能多，所选位置要尽可能代表全部，抽样过程中，若发现拌制的水泥改性土剂相差较大，则说明拌制不匀，应重新拌匀。

由于膨胀土均为细粒土，因此，每个滴定试验样品取湿样质量建议为 300g，对应含水率为现场预期达到的最佳含水率。

5.1.4 滴定试验的试剂标准分析

EDTA 滴定法检测结果的准确性与试验所用的化学试剂有很大的关系。溶液配制、试剂用量以及放置时间都会直接影响 EDTA 滴定的精度，几种主要化学试剂的配制方法如下：

(1) EDTA 溶液配制。EDTA 消耗量是衡量水泥改性土中水泥剂量的直接标准，所以在试验过程中必须严格按照规范配制，保证 EDTA 溶液浓度的准确性。试验表明，如果 EDTA 浓度低于设计值，其消耗量将成倍增加，导致极大的检测误差。

滴定试验中采用 0.1mol/m^3 乙二胺四乙酸二钠作为标准溶液，准确称取 37.23g 分析纯 EDTA，并全部溶解于 40～50℃ 的无二氧化碳蒸馏水中，待冷至室温后，定容至 1000mL。

(2) NH_4Cl 溶液配制。在滴定过程中，NH_4Cl 溶液用于溶解水泥改性土土并使水泥中的 Ca^{2+} 析出，而 NH_4Cl 溶液对 Ca^{2+} 的溶出率受到多种因素的影响，特别是上层清液的沉淀时间和溶液的放置时间将直接影响检测的准确性。

将 500g 氯化铵 (NH_4Cl) 加入 10L 的聚乙烯量筒，加蒸馏水 4500mL，充分振荡，使氯化铵完全溶解，制备成 10%氯化铵溶液。也可分批在 1000mL 的烧杯内配制，然后倒入塑料桶内摇匀。

(3) NaOH 溶液配制。NaOH 溶液主要起调节溶液 pH 值的作用，在 NaOH 溶液中加入的三乙醇胺会与 Fe^{3+}、Al^{3+} 和 Mg^{2+} 形成络合物，避免其对 Ca^{2+} 测定的干扰。在试验过程中，主要需精确控制 NaOH 溶液的浓度，既避免杂质离子的干扰又不会使溶液的碱性太强。

将 18g 分析用纯氢氧化钠 (NaOH) 倒入洁净干燥的 1000mL 烧杯中，加 1000mL 蒸馏水使其全部溶解，待溶液冷至室温后，再加入2mL分析纯三乙醇胺，搅拌均匀后储存在塑料桶中，制成1.8%氢氧化钠（内含三乙醇胺）溶液待用。

（4）钙红指示剂配制。滴定终点由钙红指示剂判断，而指示剂的用量是终点判定的关键，如果钙红指示剂用量过多，溶液的颜色会过深，而指示剂用量过少又会使颜色过浅，无论是过深或者过浅都会导致溶液变色的界线难以判断。

将20g硫酸钾预先在105℃烘箱中烘干1h，与0.2g钙试剂羧酸钠（分子式$C_{21}H_{13}N_2NaO_7S$，分子量460.39）一起放入研钵中，研成极细粉末状，储存在棕色广口瓶中避光防潮备用。

5.2 南阳膨胀土水泥改性掺量检测试验

根据上述原理和试验方法，针对南水北调中线工程的膨胀土进行水泥改性土掺量的检测试验，以进一步研究膨胀土水泥改性掺量的最佳检测方法。

5.2.1 试验样品

试验用膨胀土样取自南水北调中线工程河南南阳段，根据《土工试验方法标准》（GB/T 50123—2019）得到两种水泥改性土料土样的物理性质，见表5.2-1。其中，弱膨胀土料自由膨胀率为49%，中膨胀土料自由膨胀率为73%，两种土料的黏粒含量分别达到41.5%和46.4%。

表5.2-1 膨胀土基本物理特性

土样类别	自由膨胀率 δ_{ef} /%	液限含水率 w_L /%	塑限含水率 w_p /%	颗粒级配/%		
				粉粒（0.075～0.005mm）	黏粒（<0.005mm）	胶粒（<0.002mm）
中膨胀土	73	64.9	25.3	49.9	46.4	29.6
弱膨胀土	49	49.0	21.7	58.5	41.5	29.5

试验用水泥为42.5复合硅酸盐水泥，其性能指标见表5.2-2。

表5.2-2 试验所用水泥性能指标

标准稠度/%	初凝时间/min	终凝时间/min	体积安定性	抗压强度/MPa		抗折强度/MPa	
				3d	28d	3d	28d
29.4	149	234	合格	25.8	53.8	5.3	9.2

5.2.2 水泥掺量标准曲线

分别配制中、弱膨胀水泥改性土，掺灰量选定为2%、3%、4%、5%、6%、8%、10%、12%，按第5.1节方法进行EDTA滴定（见图5.2-1），即可得到EDTA消耗量与掺灰量之间的关系，也即是水泥掺量与EDTA消耗量的标准曲线。为了使标准曲线尽可能准确，选取进行滴定的测试点在数量上较一般常规方法更多。

水泥掺量总体以 2%为间隔，而在南水北调中线工程中，由于膨胀土水泥改性推荐掺量为 3%～6%，本次试验在 6%掺量以下将差值控制为 1%，以更精准地进行标准曲线的测定。

图 5.2-1　EDTA 滴定标准曲线测定试验图

具体的试验步骤如下：选取上述南阳中、弱膨胀土试样，用烘干法测得土料的风干含水率分别为 8.5%和 7.6%；根据土料的风干含水率计算干土质量，并按照设定的水泥掺量，计算需要添加的水泥质量，然后，再根据不同掺量的水泥改性土的击实曲线，确定水泥改性土的最优含水率，计算需要添加的水量，将土料与水掺拌均匀，并用塑料袋保湿静置 12h 以上待用；将配制好含水率的水泥改性土料与水泥进行掺拌，配制掺灰量为 0%（素土）、2%、3%、4%、5%、6%、8%、10%、12%的水泥改性土（见表 5.2-3）。

不同掺量的水泥改性土试样制备完成后，在 4h 以内进行 Ca^{2+} 的提取和 EDTA 滴定，获得水泥改性土水泥掺量的标准曲线。

表 5.2-3　　河南南阳膨胀土各掺灰量水泥改性土配比表

土样	掺灰量/%	干土质量/g	水泥质量/g	素土质量/g	加水质量/g
中膨胀土	0	251.68	0.00	273.07	26.93
	2	246.74	4.93	267.72	27.35
	3	244.35	7.33	265.12	27.55
	4	242.00	9.68	262.57	27.75
	5	239.69	11.98	260.07	27.95
	6	237.43	14.25	257.61	28.14
	8	233.04	18.64	252.84	28.51
	10	228.80	22.88	248.25	28.87
	12	224.71	26.97	243.81	29.22

续表

土样	掺灰量/%	干土质量/g	水泥质量/g	素土质量/g	加水质量/g
弱膨胀土	0	255.10	0.00	274.49	25.51
	2	250.10	5.00	269.11	25.89
	3	247.67	7.43	266.49	26.07
	4	245.29	9.81	263.93	26.26
	5	242.95	12.15	261.42	26.43
	6	240.66	14.44	258.95	26.61
	8	236.21	18.90	254.16	26.95
	10	231.91	23.19	249.54	27.27
	12	227.77	27.33	245.08	27.59

对于每一种掺量，分别进行了三组 EDTA 滴定测试，滴定结果见表 5.2-4。分析中、弱膨胀水泥改性土两种土样的滴定成果可见，相同掺灰量的中膨胀水泥改性土滴定成果的离散性大于弱膨胀土，尤其是掺灰量为 3%、4%和 5%的情况，中膨胀水泥改性土三组平行试验的标准差达到 0.7 左右，而弱膨胀土的标准差保持在 0.1 以下。从室内试验的角度看来，弱膨胀土改性掺拌更容易均匀一些。

表 5.2-4　　南阳膨胀土 EDTA 标准曲线试验滴定结果

掺灰量/%	EDTA 消耗量/mL									
	中膨胀土					弱膨胀土				
	第 1 组	第 2 组	第 3 组	平均值 A_v	标准差 S_{td}	第 1 组	第 2 组	第 3 组	平均值 A_v	标准差 S_{td}
0	4.85	4.65	4.75	4.75	0.10	5.33	5.54	5.55	5.47	0.12
2	9.21	9.61	9.16	9.33	0.25	9.10	9.29	9.13	9.17	0.10
3	9.95	11.30	11.13	10.79	0.74	10.79	10.97	10.84	10.87	0.09
4	11.71	13.25	12.93	12.63	0.81	12.52	12.41	12.50	12.48	0.06
5	13.51	14.71	13.61	13.94	0.67	14.47	14.07	14.23	14.26	0.20
6	15.37	15.61	15.85	15.61	0.24	16.17	16.09	16.04	16.10	0.07
8	19.06	19.28	18.90	19.08	0.19	18.73	18.97	18.93	18.88	0.13
10	22.20	21.92	21.75	21.96	0.23	21.47	21.29	21.07	21.28	0.20
12	26.30	25.24	25.12	25.55	0.65	24.30	25.24	25.12	24.89	0.51
标准曲线	$y=167.45x+5.55$　$R^2=0.997$					$y=158.14x+5.04$　$R^2=0.996$				

取平行试验结果的平均值作为每种掺量的 EDTA 滴定消耗量，两种土样的 EDTA 消耗量随掺灰量的变化如图 5.2-2 所示。其中，横坐标为掺灰量，纵坐标为相应的 EDTA 消耗量标准值。由试验结果可以看出，对于两种土样，随着水泥改性土掺灰量的增加，相应 EDTA 消耗量成比例增大。根据标准点的试验结果作线性趋势线，得到相应土样的“EDTA 消耗量-掺灰量”标准曲线，用数学公式表达分别为

中膨胀土：
$$y=167.45x+5.55 \tag{5.2-1}$$

弱膨胀土：$$y=158.14x+6.04 \tag{5.2-2}$$

式中：y 为 EDTA 消耗量，mL；x 为掺灰量，%。

两种土样标准曲线的回归指数拟合优度 R^2 分别为 0.997 和 0.996，说明本次试验得出的标准曲线准确有效，可为现场水泥改性土拌和的掺灰量检测作为依据。此外，两种土样虽属于同一性质土，且都取自南阳膨胀土地区，检测试剂、仪器及操作方法都完全相同，但得出的标准曲线并不完全一致，说明对于不同膨胀性的膨胀土，其 EDTA 消耗量与掺灰量的数学关系是特定的，即每种土样都有专属的“EDTA 消耗量-掺灰量”标准曲线。一旦土样性质、水泥、试剂甚至水源发生改变，都必须重新进行室内 EDTA 滴定试验，绘制新样品的标准曲线。

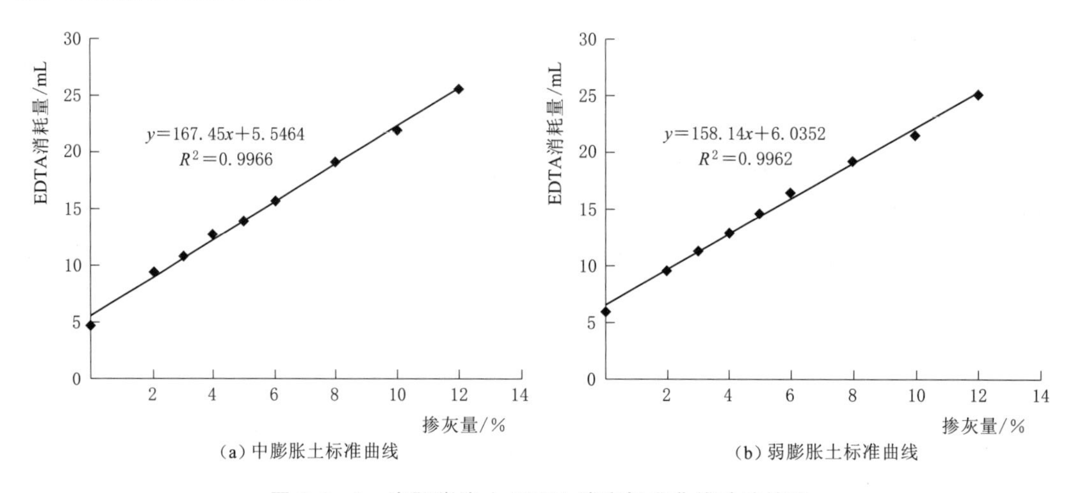

(a) 中膨胀土标准曲线　　(b) 弱膨胀土标准曲线

图 5.2-2　南阳膨胀土 EDTA 滴定标准曲线试验结果

5.2.3　滴定试验溶液沉淀时间影响分析

5.2.3.1　掺灰剂量与溶液沉淀时间的关系

EDTA 滴定试验过程中，NH_4Cl 溶液起到了溶解水泥改性土并将水泥和土壤中的钙化物转化成 Ca^{2+} 析出的作用，析出的 Ca^{2+} 可与 EDTA 标准溶液发生滴定反应。由于 EDTA 消耗量是衡量水泥改性土中有效 Ca^{2+} 浓度的标准，而 Ca^{2+} 的浓度又直接反映了待测水泥改性土中的水泥掺量，所以必须保证 NH_4Cl 溶液能将水泥改性土中的 Ca^{2+} 100% 溶出。如果 Ca^{2+} 并没有完全析出就取浸提液滴定，检测结果必将小于待测土样中实际的水泥掺量。此外，NH_4Cl 溶液的浓度和沉淀试剂以及水泥改性土搅拌的时间、力度等也都对检测成果影响较大，其中 NH_4Cl 浸提液的沉淀时间是直接影响 Ca^{2+} 浸取率的重要因素。如果沉淀时间过短，会导致 Ca^{2+} 的浸取不完全，使滴定结果偏小；如果沉淀静置时间过长，一方面降低了现场试验的效率，延误检测，另一方面过长的静置时间可能导致 Ca^{2+} 的逆反应，使检测得到的水泥剂量小于实际剂量。一些学者还提出过久的沉淀时间会使吸取的悬浮液过清，水泥颗粒沉积在烧杯底部，导致检测结果失误。

以往在进行水泥改性土的掺灰剂量检测时，仅提出应提取水泥改性土溶液的上层清液进行检测的要求，但对于“上层清液”究竟应该达到多少，没有量化指标，这就使不同的人在实际操作过程中时间把握得不同，并导致检测结果的不同。本次试验为规范水泥改性土提取液的提取时间，参考了化学试验中移液管提取浸提液一般取上层清液液面以下 1～2cm 处的溶液的做法，将溶液的沉淀时间统一规定为上层清液达到 3cm 的时间（见图 5.2-3，溶液总量 250mL）。同时，试验对比分析了上述南阳膨胀土在不同掺灰量条件下，水泥改性土溶液上层清液达到 3cm 所需的时间，发现其变化规律如下：随着掺灰量的增加，沉淀速率加快，上层无明显颗粒悬浮液达到基本澄清的时间也越短。表 5.2-5 为 EDTA 标准曲线试验过程中，多组不同掺灰量的水泥改性土 NH_4Cl 溶液沉淀上层清液达到 3cm 所需要的时间统计结果。

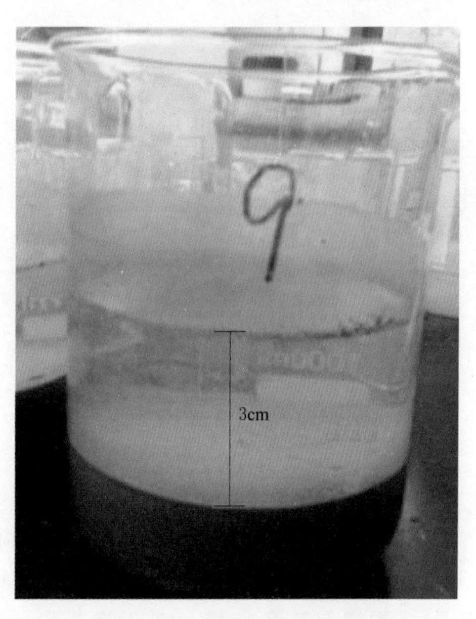

图 5.2-3　水泥改性土溶液

从不同掺灰量的水泥改性土溶液上层清液达到 3cm 所需的时间统计可以看出：掺灰剂量越大的水泥改性土溶液沉淀时间越短，上层浸提液澄清速率越快，这是由于水泥掺量较高的水泥改性土中 Ca^{2+} 的含量越多，NH_4Cl 溶液将水泥改性土的钙化物溶出生成 $CaCl_2$ 的反应越迅速，所以 Ca^{2+} 的溶出速率及浸提量都大大提高；相反地，对于掺灰量较小的水泥改性土所含的钙较少，浸提反应较掺灰量大的水泥改性土更慢，上层清液达到 3cm 所需的时间也较长；特别值得关注的是，素土和掺灰量为 2%的水泥改性土 NH_4Cl 溶液沉淀速度较慢，上层清液达到 3cm 所需的时间基本超过了 10min。所以，对于掺灰量低于 3%的水泥改性土，10min 的溶液沉淀时间不足以使水泥改性土中 Ca^{2+} 的完全析出。

表 5.2-5　不同掺灰量的水泥改性土溶液沉淀上层清液达到 3cm 所需要的时间

掺灰量/%	沉淀时间/min	掺灰量/%	沉淀时间/min	掺灰量/%	沉淀时间/min
0	10～12	4	5～7	8	4～6
2	9～11	5	5～7	10	3～5
3	6～8	6	4～6	12	2～4

5.2.3.2　溶液沉淀时间对滴定结果的影响

上述试验揭示了掺灰量较低的水泥改性土溶液沉淀速率较慢，上层浸提液澄清所需时间较长。为此，针对 2%、3%和 4%三种低掺灰剂量的水泥改性土，进行了不同沉淀时间的浸提液滴定试验，以研究水泥改性土溶液沉淀时间对滴定结果的影响。

试验仍取用南阳中膨胀土，按照掺灰量分别为 2%、3%和 4%的比例制备水泥改性土各 300g，并向每个试样中加入 600mL 浓度为 10%的 NH_4Cl 溶液，用玻璃棒充分搅拌后将溶液静置，在沉淀时间分别达到 5min、10min、15min 和 30min 时，用移液管在无明显颗粒的悬浮液面以下 1～2cm 处提取 10mL 的上层清液进行 EDTA 滴定，不同沉淀时间浸提液的滴定结果如图 5.2-4 所示。

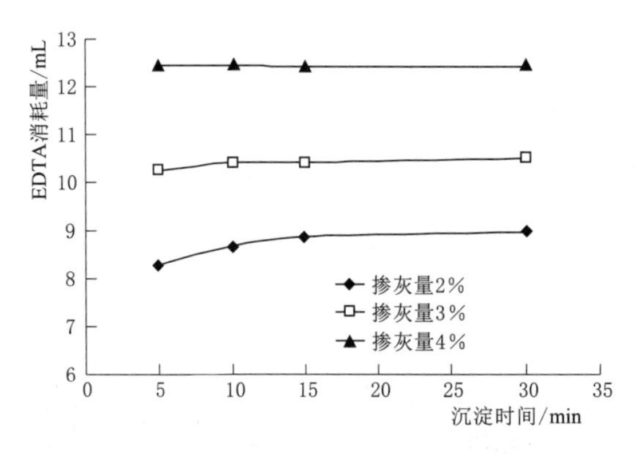

图 5.2-4 EDTA 消耗量随水泥改性土溶液沉淀时间的变化曲线

从试验结果可以看出，对于掺灰量为4%的水泥改性土，沉淀 5min、10min、15min 和 30min 的浸提液滴定结果基本一致，说明当 NH_4Cl 溶液静置 5min 时，水泥改性土中的 Ca^{2+} 已经被全部析出；对于掺灰量为 3%的水泥改性土，沉淀下降速率略有下降，主要表现在 5min 的浸提液滴定结果偏小，说明此时 Ca^{2+} 的溶出尚未完全，而在沉淀时间达到 10min 及以上时，滴定结果保持稳定；但是对于掺灰量为 2%的水泥改性土而言，沉淀时间在15min 时滴定结果才开始稳定，5min 和 10min 的静置时间检测结果均小于最终滴定结果。

综上所述，水泥改性土溶液的沉淀速率随着掺灰量的增加而加快，也即是水泥改性土中 Ca^{2+} 的浸取速率加快，对于掺灰量大于 3%的水泥改性土，以 NH_4Cl 溶液静置 10min 的沉淀时间为标准，足以保证 Ca^{2+} 被完全析出，但对于掺灰量小于 3%的水泥改性土，该标准导致浸提液滴定结果偏小。考虑到龄期效应还会使水泥改性土中有效钙量发生衰减从而减缓 Ca^{2+} 的析出速率，对于掺灰量小于等于 3%的水泥改性土，需将其 NH_4Cl 溶液的沉淀时间适当延长，待水泥改性土中的 Ca^{2+} 充分析出后再进行 EDTA 标准液的滴定。

南水北调中线工程膨胀土改性的水泥掺量推荐值为 3%～6%，为节省测试时间，最终推荐的水泥改性土溶液沉淀时间仍为 10min。对于个别样品在 10min 后仍有浑浊悬浮液的情况，建议适当延长沉淀时间，直到无明显悬浮颗粒为止，此时应记录所需的时间，以后所有该类水泥稳定材料的检测，均应以同一时间为准。

5.2.3.3 滴定检测的过程控制

1. EDTA 标准曲线测试

(1) 进行 EDTA 滴定标准曲线测试时，土的含水率应等于现场预期达到的最佳含水率，土中所加的水应与现场所用的水相同。

(2) 配制的氯化铵溶液最好当天用完，不要存放过久，否则因为氯化铵分解挥发以致浓度降低，影响试验精度。

(3) 每个样品搅拌的时间、速率和方式力求相同，否则将影响试验的精度。建议搅拌 3min（110～120 次/min)，如用 1000mL 具塞三角瓶，则手握三角瓶（瓶口向上）用力振荡 3min [(120±5) 次/min]，以代替搅拌棒搅拌。

(4) 水泥改性土溶液沉淀时间为 10min，以节省试验时间。对于 10min 后得到的是浑浊悬浮液，则应增加防止沉淀时间，直到出现无明显悬浮颗粒的悬浮液为止，并记录所需的时间。以后所有该种水泥稳定材料的试验，均应以同一时间为准。

(5) 滴定试验是变色的化学试验，因此如果其用量过大或过小，将会使滴定结果最终偏大或偏小。钙红指示剂的标准使用质量为 0.2g。

(6) 滴定终点颜色的观测直接影响 EDTA 消耗量，进而影响水泥剂量的确定。用

EDTA滴定到纯蓝色终点的判定必须恰到好处。在接近滴定终点时，减慢滴定速率，提高滴定精度。

2. 现场测试

(1) 现场土料、水泥和水的影响。因为EDTA滴定法是一种对比试验法，所以当现场所用的土料性质和水泥的品种、强度等级、出厂批次及拌和用水发生变化时，都应进行相应的室内标准曲线测试。

(2) 水泥中氧化物的变化。即使是同一种水泥，由于生产时间的不同，水泥中MgO和CaO的含量都会不同，甚至先后进场的同一批号水泥也有差异。游离氧化物的不稳定对施工检测产生很大的影响。解决办法是：在水泥进场时取少许样品，以设计水泥剂量做标准测定，检测时以该指标进行修正。

(3) 厂拌法施工多使用连续式搅拌机，其供料系统没有称量设备，为控制混合料的质量，在机下取样用以检测级配和水泥剂量。在机下取样时首先应观察后方上料是否正常，然后用搪瓷杯在皮带机上取样。搅拌机水泥料斗内水泥的储位高低会对进入搅拌机的水泥量产生影响，就使用的搅拌机而言，高低位水泥剂量平均相差15%，因此，检验人员应向操机手了解这个情况，采取在高低位变化区间多次取样混合的方法，减少误差。

(4) 现场宜在摊铺好的部位挖孔取样，不宜只取表面。

(5) 南水北调中线工程弱膨胀水泥改性土水泥剂量标准差采用0.7、中膨胀水泥改性土水泥剂量标准差采用0.5控制。检测频率为每拌和场次（小于600m^3水泥改性土）抽测不少于6个样品，每个样品质量不少于300g，中后期检测频次适当减少。

5.2.3.4 Ca^{2+}来源验证试验

EDTA滴定法是利用络合剂乙二胺四乙酸二钠盐与水泥改性土中的Ca^{2+}发生络合反应。水泥的主要化学成分为：硅酸三钙$3CaO \cdot SiO_2$、硅酸二钙$2CaO \cdot SiO_2$、铝酸三钙$3CaO \cdot Al_2O_3$和铁铝酸四钙$4CaO \cdot Al_2O_3 \cdot Fe_2O_3$，而水泥和膨胀土中均存在着一定量的CaO，因此，乙二胺四乙酸二钠盐发生络合反应的Ca^{2+}就可能包括了水泥和膨胀土两个来源。为了验证EDTA的原理，分别采用素膨胀土、纯水泥和水泥改性土进行了EDTA滴定试验。具体试验过程如下：

(1) 选取南阳中膨胀土代表性土样，用烘干法测得素土的风干含水率为8.5%。将风干土样过1mm筛，然后按照表5.2-6计算的比例，采用0%、2%、4%、6%、8%掺灰量，以水泥改性土样品300g为目标质量，称取素土、水泥和水。将素干和干水泥混合，搅拌均匀后再用喷瓶洒入相应质量的水，边加水边搅拌，使土、水泥和水三者均匀混合，制备水泥改性土。

(2) 将配制好的水泥改性土进行EDTA滴定，记录每个试样的EDTA消耗量。

(3) 针对试验编号Ⅰ～Ⅴ采用相同剂量的干水泥和素膨胀土进行EDTA试验，记录每个水泥试样的EDTA消耗量。

(4) 重复上述过程，再进行1组平行试验。

(5) 整理试验数据。取2组试验的平均值作为滴定结果，以掺灰量为横坐标，EDTA消耗量为纵坐标，作“EDTA消耗量-掺灰量”标准曲线。分析可知，水泥和水泥改性土的 EDTA 消耗量与水泥剂量（或水泥质量）之间均具有较好的线性关系。

表 5.2-6　　南阳中膨胀土各掺灰量水泥改性土配比表

试验编号	掺灰量/%	素土质量/g	干土质量/g	水泥质量/g	加水质量/g
Ⅰ	0	273.07	251.68	0.00	26.93
Ⅱ	2	267.72	246.74	4.93	27.35
Ⅲ	4	262.57	242.00	9.68	27.75
Ⅳ	6	257.61	237.43	14.25	28.14
Ⅴ	8	252.84	233.04	18.64	28.51

图 5.2-5 所示为素膨胀土、水泥与水泥改性土 EDTA 消耗量对比图。由图可知，素膨胀土的 EDTA 消耗量保持不变，而水泥＋干膨胀土的 EDTA 消耗量要高于水泥改性土，而且，随着水泥剂量的增大，两者之间的差值有增大的趋势。由此可以得出以下结论：

1）素膨胀土中 Ca^{2+} 浓度始终保持恒定，因此不会影响 EDTA 滴定成果。

2）水泥改性土在掺拌过程中水泥已经与膨胀土发生了复杂的化学反应，Ca^{2+} 的溶出率降低，导致水泥改性土的 EDTA 消耗量低于同质量的干膨胀土＋水泥的消耗量。

3）随着水泥剂量的增加，水泥水化后与膨胀土颗粒发生的化学反应更加充分，结合更加致密，Ca^{2+} 的溶出率降低，从而 EDTA 消耗量随着水泥掺量增加而远小于同质量的素膨胀土和水泥的标准溶液消耗量之和。因此，根据上述方法进行的 EDTA 滴定所测得的 Ca^{2+} 浓度能准确地反映水泥改性土的掺灰剂量。

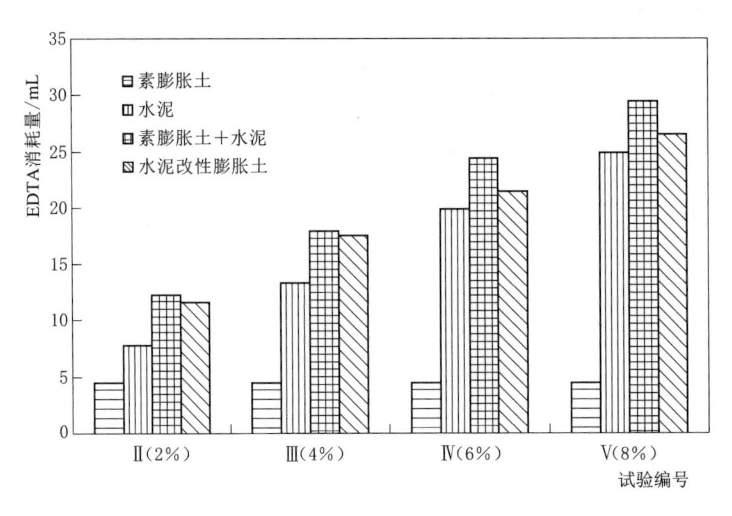

图 5.2-5　素膨胀土、水泥与水泥改性土 EDTA 消耗量对比图

5.3　水泥改性土 EDTA 滴定的龄期效应

EDTA 滴定法是目前现场快速测定水泥稳定土中水泥剂量，评价拌和质量的一种快

速方法。该方法具有检测速度快，一致性、稳定性、准确性良好，试验费用低等优点。在施工现场进行一次掺灰量测定只需10min，因此，可以及早发现剂量不足或拌和不均匀等问题并及时进行质量问题反馈，以确保工程质量。

本章系统地对南阳膨胀土水泥改性的掺灰量检测进行龄期效应的研究，通过对不同龄期的水泥改性土进行EDTA滴定，分析水泥改性土龄期对滴定成果的影响及其解决方法。

5.3.1 试验内容及方法

试验选取不同龄期的水泥改性土进行EDTA滴定，对比后找出龄期对EDTA滴定法测定掺灰量的影响及分析其原因。具体的试验内容如下：将南阳中膨胀土按照计算配比配制成为0%、2%、3%、4%、5%、6%、8%、10%和12%的水泥改性土，将这9种不同掺灰量的水泥改性土分别放置0min、10min、20min、30min、1h、2h、4h、12h、1d、7d、28d和90d后进行EDTA滴定检测，得到EDTA消耗量随龄期的时程曲线与相应龄期的“EDTA消耗量-掺灰量”标准曲线。

与标准曲线分析试验同理，由于南水北调中线膨胀土改性的最优水泥掺灰量为3%～6%之间，所以将此区间内的标准点间隔缩进为1%，在其余区间取间隔为2%的9个标准点，系统地研究不同水泥剂量水泥改性土的龄期效应。

前已述及，在实际工程施工中，水泥改性土掺灰量检测主要包括两个方面：①施工单位在拌和现场实时检测水泥掺量及拌和均匀性，以保证施工按照设计要求进行，这属于自检过程；②质检部门在水泥改性土拌和完毕到上堤填筑期间及之后，对所用水泥改性土进行抽检，以保证施工质量。两个方面的掺灰量检测不可能在水泥改性土拌和后立即进行，都或多或少存在时间延误：对于施工单位，《南水北调中线一期工程总干渠渠道水泥改性土施工技术规定》中要求“拌和合格后的水泥改性土，应及时上堤填筑。从加水拌和到碾压终了的延续时间不宜超过4h”，所以施工单位的现场实时检测基本在加水拌和后较短时间内完成，水泥改性土放置时间在4h之内且集中在0～1h段，龄期试验中就选取0min、10min、20min、30min、1h、2h、4h这7个具有代表性的标准点；对于质检部门，对水泥改性土的抽检时间较不确定，水泥改性土的放置时间一般会超过4h，有时甚至会达到龄期3个月，所以考虑到试验结果的代表性和全面性，对于大于4h的龄期选定了1d、7d、28d和90d这4个标准点。

每种掺灰量的水泥改性土在每个龄期下的EDTA滴定均要增加1组平行试验以提高试验结果的准确性，如果2组试验的误差大于5%，试验结果视为无效须重新进行，本系列试验共进行了216组EDTA滴定。

5.3.2 试验结果及分析

各掺灰量的中膨胀水泥改性土在不同龄期下用EDTA进行滴定后，得到的EDTA消耗量见表5.3-1，试验结果取两次平行试验的平均值。图5.3-1为不同掺灰量的水泥改性土EDTA消耗量随龄期变化的时程曲线。

表 5.3-1　各掺灰量的中膨胀水泥改性土在不同龄期下的 EDTA 消耗量

龄期	掺灰量/%								
	0	2	3	4	5	6	8	10	12
	EDTA 消耗量/mL								
0h	4.85	9.21	10.95	12.11	13.59	15.37	19.06	22.20	25.30
10min	4.75	9.16	11.13	12.23	13.91	15.85	18.90	22.75	25.12
20min	4.93	9.55	11.30	12.17	13.87	15.54	19.15	22.73	25.05
30min	5.10	9.24	11.25	12.49	14.34	15.62	19.12	22.99	25.68
1h	4.92	9.05	11.09	12.35	14.45	15.78	19.24	22.33	24.65
2h	5.09	9.25	11.24	12.64	14.18	15.48	19.04	22.07	24.97
4h	5.01	8.74	10.11	11.34	13.74	14.52	16.73	17.93	20.87
1d	4.91	8.82	10.46	11.45	13.17	13.98	14.94	16.56	17.63
7d	5.21	9.21	10.44	11.23	12.12	13.08	14.60	15.25	15.66
28d	5.29	8.77	10.08	11.22	11.94	12.73	13.76	14.79	15.07
90d	5.32	8.83	9.85	10.81	11.77	12.67	13.64	14.53	14.64

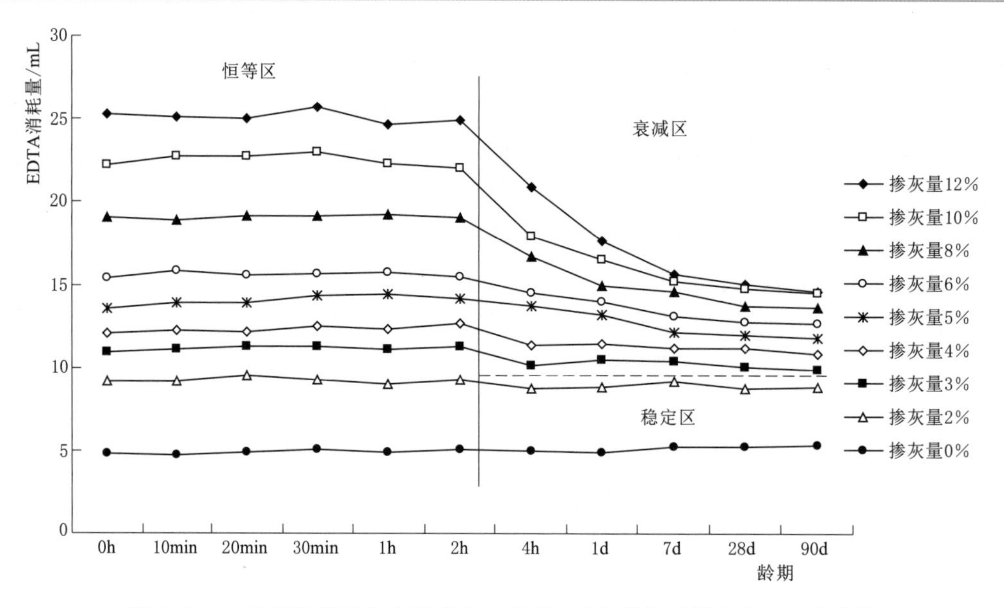

图 5.3-1　各掺灰量改性中膨胀土的 EDTA 消耗量随龄期变化的时程曲线

由试验结果可以看出龄期对不同掺灰量的水泥改性土 EDTA 滴定结果有很大影响，主要有以下两个阶段：①当龄期小于等于 2h 时，对于设计掺灰量从 0%（素土）到 12%的水泥改性土，EDTA 消耗量基本保持稳定，未发生明显衰减，称此区域为恒等区。②当龄期增长到 4h 及更长时间后，对于设计掺灰量小于 3%的水泥改性土，EDTA 滴定结果不随龄期的增长而变化，称此区域为稳定区；对于掺灰量大于 3%（图 5.3-1 中虚线以上）的水泥改性土，EDTA 消耗量明显随龄期增长而减少，且掺灰量越大，衰减程度越严重，称此区域为衰减区。因 EDTA 滴定法是用 EDTA 消耗量来衡量水泥稳定材料的掺灰量，此时再查标准曲线得到的掺灰量检测值必将小于实际拌和时的真实水泥掺量，由此可见，EDTA 消耗量会受龄期的影响而发生明显变化，且在一定龄期条件下对于较大掺灰剂量的水泥改性土，将产生龄期效应。分析龄期效应的产生，有以下两个方面的原因：

1）水泥的水化反应。EDTA 滴定法的检测原理在于用 EDTA 的消耗量来测定水泥改性土溶液中 Ca^{2+} 的浓度，从而确定水泥的含量。而 Ca^{2+} 的溶出是由 NH_4Cl 溶液浸提出的，一定浓度的 NH_4Cl 溶液析出 Ca^{2+} 的能力取决于浸提时间、外力辅助方式和水泥内部结构等。前两者都比较容易控制，但水泥内部结构就不能保持稳定。随着水泥稳定土加水拌和和龄期的增加，水泥发生水化反应，即初凝开始，直到水泥稳定土终凝后，形成了稳定的板体性结构，此时水泥原有的结构发生了变化，影响了一定酸度下 NH_4Cl 溶液对 Ca^{2+} 的溶出率。而根据实际经验，硅酸盐水泥的初凝时间在 120～180min 之间，所以当龄期大于 2h 时，Ca^{2+} 的溶出率减小，EDTA 消耗量开始衰减。水泥改性土浸提液中被溶出的 Ca^{2+} 浓度可定义为水泥改性土的有效钙量。

2）水泥与土中矿物质的反应。从龄期时程曲线可以看出，当水泥终凝（7h）后，水泥改性土结构稳定，但 EDTA 消耗量仍在继续减少。这是由于随着放置时间的增加，水泥改性土中一部分水化产物 $Ca(OH)_2$ 在一定条件下会与土中的矿物发生反应，形成新的化合物，影响了 EDTA 滴定中 Ca^{2+} 的溶出，因此游离 Ca^{2+} 减少，而 EDTA 消耗量与水泥改性土浸提液中的有效钙量成正比，所以 EDTA 消耗量会继续随着试样放置时间的增加而减少。水泥中 $Ca(OH)_2$ 与土中矿物反应使有效钙量减少是后期 EDTA 消耗量减少的主要原因。

在恒等区，即龄期 2h 内进行 EDTA 滴定，EDTA 消耗量未发生变化。此时，将滴定结果与室内试验测得的“EDTA 消耗量-掺灰量”标准曲线对照查出的掺灰量检测值可以真实有效地反映拌和时膨胀土中掺入的水泥剂量。也说明了在此阶段，室内试验得到的 0h 标准曲线可以作为施工现场滴定的依据，为控制现场拌和掺灰量准确性与均匀性提供有效参照。所以，建议现场即时掺灰量检测的间隔时间小于 2h，且取样测定须及时迅速。

在稳定区，即龄期超过 2h 但设计掺灰量小于 3%的水泥改性土检测，EDTA 消耗量不随龄期变化而衰减，EDTA 消耗量代表了土样中的有效钙量，说明即使龄期超过了《公路工程无机结合料稳定材料试验规程》（JTG E51—2009）所要求的 7d 标准，有效钙量仍保持稳定。这表明水泥与土中矿物的反应受掺灰量的影响，过少掺灰量或者过低浓度的 Ca^{2+} 并不能激活反应的发生。此外，虽然水泥本身水化反应已经发生，但因为水泥剂量较低，较小结构的变化对 Ca^{2+} 的溶出率影响也不大。所以，在此区间，初始测定的“EDTA 消耗量-掺灰量”标准曲线仍然有效，滴定结果可以真实反映掺灰土拌和时的水泥掺量。

在衰减区，即龄期超过 2h 且设计掺灰量大于等于 3%的水泥剂量检测，随着龄期的增加，水泥水化反应导致结构发生改变，从而影响了有效 Ca^{2+} 的溶出率，所以 EDTA 消耗量开始发生明显衰减。此外，在水泥终凝后，一部分水化产物 $Ca(OH)_2$ 与土中矿物发生反应，游离的 Ca^{2+} 持续减少，使 EDTA 消耗量的衰减进一步加强。EDTA 消耗量的衰减程度随着掺灰量的增加而显著提高，这也进一步证实了掺灰量对水泥与土中矿物质反应的影响，对于大掺灰量的水泥改性土反应较为剧烈。另外，从试验结果还可以看出，EDTA 消耗量的衰减主要集中在 7d 龄期以内，当龄期大于 7d 时，衰减程度减缓，EDTA

消耗量趋于稳定。这是由于水泥与土的反应主要在7d龄期内，超过7d时，反应基本完成，速率放缓。在衰减区，用滴定结果查标准曲线得出的掺灰量检测值必然小于实际拌和时的水泥掺入值，得出质量不合格需要返工处理的结论，造成不必要的工程损失。

综上所述，对于素土为中等膨胀性的土，用EDTA滴定法对其水泥改性土进行掺灰量测定存在龄期效应。对于龄期大于2h且掺灰量大于等于3%的水泥改性土，EDTA滴定法测定出的掺灰量将小于实际水泥掺量。

5.3.3 龄期效应机理验证

龄期效应产生机理的分析主要为两个方面：水泥本身的水化反应导致结构发生改变，从而影响了有效钙量的析出和水化产物$Ca(OH)_2$与土发生反应导致游离Ca^{2+}减少。通过密封干燥养护条件下28d龄期水泥改性土的EDTA滴定试验和不同龄期下水泥改性土自由膨胀率的变化检测，对龄期效应的机理进行验证。

5.3.3.1 密封干燥养护下水泥改性土的EDTA滴定

对于水泥初凝时的水化反应，水是反应产生的必须条件；$Ca(OH)_2$与土中矿物的反应就较为复杂。从水泥改性的原理来看，前期主要为离子交换反应，离子交换反应的必要条件是水，后期反应为胶凝反应，即$Ca(OH)_2$和土中矿物质SiO_2、Al_2O_3反应生成极具黏结力的硅酸钙、铝酸钙，该反应也是在水的参与下进行的。所以本试验将对水泥改性土的养护条件进行控制，在烘干的膨胀土中分别掺入4%、6%和8%的水泥后放在如图5.3-2所示的密封罐中，密封干燥养护28d后，将水泥改性土取出加水到土样最佳含水率时拌匀，对试样进行EDTA滴定试验，将试验EDTA消耗量与即时滴定（龄期为0d）标准消耗量、常规养护条件下龄期28d的水泥改性土滴定消耗量进行对比，试验结果如图5.3-3所示。

图5.3-2 密封罐

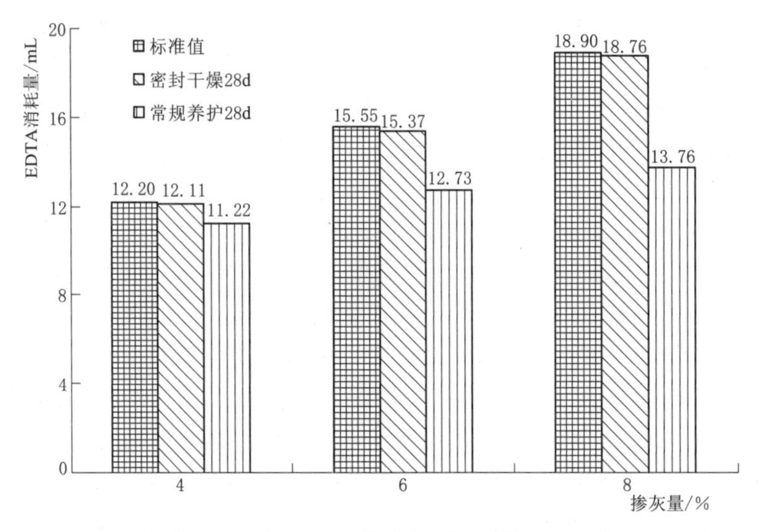

图5.3-3 不同养护条件下的EDTA消耗量对比图

图 5.3－3 中，横坐标为掺灰量，纵坐标为 EDTA 消耗量，不同柱体系列代表了三种水泥改性土条件，柱体上的数字为 EDTA 消耗值，单位为 mL。可见，对于同一掺灰量的水泥改性土，对比 EDTA 消耗量的标准值，常规养护 28d 后，消耗量明显衰减，特别是掺灰量 8%的水泥改性土，EDTA 消耗量标准值为 18.90mL，常规养护放置 28d 后 EDTA 滴定的消耗量为 13.76mL，下降了 27.2%。但是在密封干燥养护条件下，龄期 28d 的水泥改性土 EDTA 消耗量基本与标准值一致，未发生龄期效应。

当水泥改性土处于干燥无水的环境下，水泥无法进行水化反应，水泥改性土中的钙也不能和土中矿物发生反应生成难溶于水的钙化物，这是密封干燥养护和常规养护的最大区别。而在密封干燥养护条件下，即使放置了 28d，EDTA 消耗量也未减少，此时不存在龄期效应。这一结果验证了水泥改性土掺灰量检测的龄期效应与水泥的水化反应和水化产物与土中矿物反应有关，且这些反应必须在水的参与下才能进行。

5.3.3.2　不同龄期下的自由膨胀率检测

水泥改性土的原理主要为：①水化反应和团粒作用——水泥水化反应的胶凝产物将土颗粒料结合起来，提高土体的稳定性和耐水性；②离子交换作用——水泥与膨胀土发生离子交换反应，改变了膨胀土颗粒与水分子的作用力；③凝硬反应和碳酸化作用——水泥硬凝反应以及 $Ca(OH)_2$ 与空气中的 CO_2 发生反应生成不溶于水的 $CaCO_3$，提高膨胀土的强度。

将水泥改性的原理与掺灰量检测龄期效应的原理联系起来可以发现，这些物理化学反应一方面减小了膨胀土的胀缩性，提高了膨胀土的强度，另一方面也是导致 EDTA 滴定检测龄期效应的主要原因。自由膨胀率是直观衡量膨胀土胀缩性的指标，因此为了进一步理解水泥改性土 EDTA 检测的龄期效应机理，将进行掺灰量分别为 2%、4%、6%和 8%的水泥改性土在龄期 1d、3d、7d、14d 和 28d 时的自由膨胀率检测试验（见图 5.3－4），测定方法参照《土工试验规程》（SL 237—1999）进行。

图 5.3－5 为不同龄期下水泥改性土自由膨胀率的检测结果。因为中膨胀土掺入 2%的水泥后改良效果并不明显，且掺灰量 2%的水泥改性土掺灰量检测并不存在龄期效应，所以将 2%实验组的自由膨胀率结果舍去。可以看出，随着龄期的增加，膨胀土的自由膨胀率逐渐减小，向膨胀土中掺入水泥的改性效果明显，在龄期 7d 后，改性速率减缓，自由膨胀率趋于稳定，最终自由膨胀率都由原先的 70%降低到 40%以下，土样不再属于膨胀土，改性成功。

图 5.3－6 为水泥改性土 EDTA 消耗量随龄期的时程曲线，随着龄期增加，EDTA 消耗量减少，在龄期 7d 时，衰减同样趋于稳定。对比两个试验结果，虽然检测的是水泥改性土的不同指标，但是两者的变化规律相近，这也进一步证明了水泥改性土 EDTA 检测龄期效应与水泥改性土的原理之间存在联系，即水泥与土之间的物理-化学反应是导致龄期效应的主要原因。

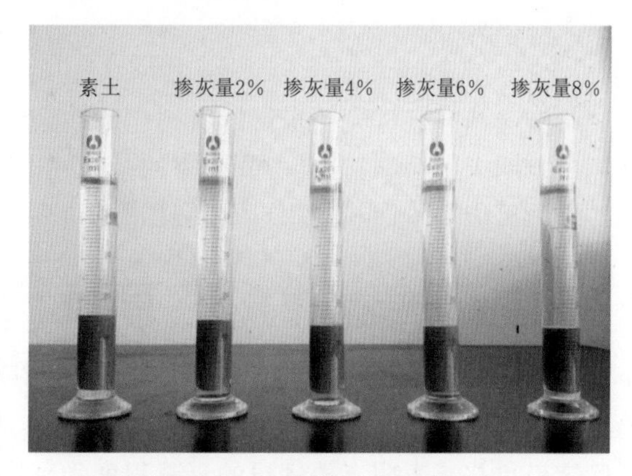

图 5.3－4　中膨胀水泥改性土的自由膨胀率检测

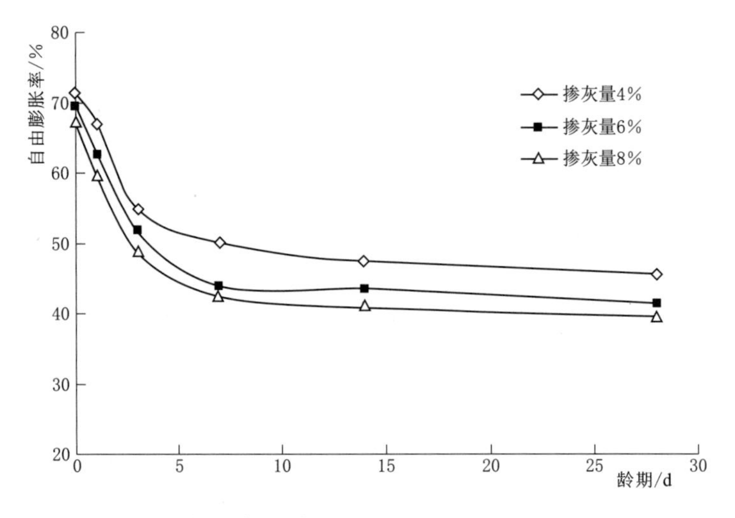

图 5.3-5　掺灰量 4%、6%、8%水泥改性土自由膨胀率随龄期变化的时程曲线

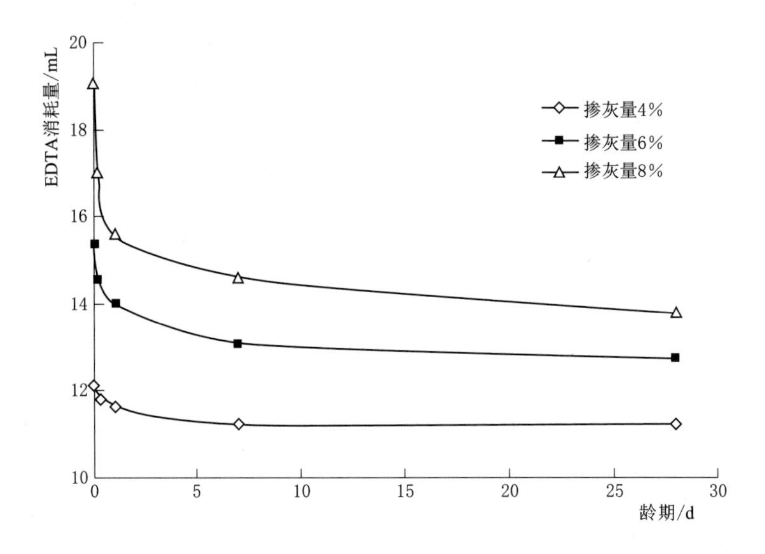

图 5.3-6　掺灰量 4%、6%、8%水泥改性土 EDTA 消耗量随龄期变化的时程曲线

此外，从本次试验结果可以得到，龄期 7d 为自由膨胀率和 EDTA 消耗量衰减的平稳点，当龄期大于 7d 时，自由膨胀率的减少和 EDTA 消耗量的衰减速率放缓，说明此时水泥与土的反应基本饱和，EDTA 消耗量不再发生明显减少，将趋于稳定。

5.3.4　龄期效应误差分析及校正方法

试验研究及分析已经验证了中膨胀土的 EDTA 检测存在龄期效应，EDTA 消耗量随龄期的增加而减小，而 EDTA 消耗量衰减的实质是水泥改性土浸提液中有效钙量的衰减。试验结果也初步表明有效钙量的衰减程度受到掺灰量及龄期长短的影响，本节将详细地研究水泥改性土的有效钙量衰减规律及龄期效应的校正方法。

5.3.4.1　龄期效应误差分析

掺灰量高于 3%的水泥改性土，在龄期 2h 以后检测得到的水泥掺量将出现明显的误差。将掺灰量检测值与实际掺灰量的比值定义为“EDTA 实测率（%）”，将 EDTA 消耗量的减少值与标准值的比值定义为“EDTA 消耗量衰减率（%）”。由于 EDTA 滴定是以有效钙量衡量土样的掺灰量，该值也可以称之为“有效钙量衰减率（%）”。用有效钙量衰减率可以衡量龄期效应而引起的相对误差，为此，针对掺灰量不小于 3%、龄期 2h 以上的水泥改性土的 EDTA 滴定成果，进行误差分析。

EDTA 实测率和相对误差的计算结果见表 5.3-2，水泥改性土 EDTA 检测的有效钙量衰减曲线如图 5.3-7 所示。

表 5.3-2　　龄期效应试验实测率及相对误差分析

龄期	实际掺灰量/%	EDTA 消耗量/mL	检测掺灰量/%	实测率/%	相对误差/%
4h	3	10.41	2.93	97.7	2.3
1d		10.46	2.96	98.7	1.3
7d		10.44	2.95	98.3	1.7
28d		10.08	2.74	91.2	8.8
90d		9.85	2.60	86.6	**13.4**
4h	4	11.34	3.49	87.2	12.8
1d		11.45	3.55	88.8	11.2
7d		11.23	3.42	85.5	14.5
28d		11.22	3.42	85.4	14.6
90d		10.81	3.17	79.3	**20.7**
4h	5	13.74	4.92	98.4	1.6
1d		13.17	4.58	91.6	8.4
7d		12.12	3.95	79.1	20.9
28d		11.94	3.85	76.9	23.1
90d		11.77	3.74	74.9	**25.1**
4h	6	14.52	5.39	89.8	10.2
1d		13.98	5.06	84.4	15.6
7d		13.08	4.53	75.4	24.6
28d		12.73	4.32	72.0	28.0
90d		12.67	4.28	71.4	**28.6**
4h	8	16.73	6.71	83.8	16.2
1d		14.94	5.64	70.5	29.5
7d		14.60	5.43	67.9	32.1
28d		13.76	4.93	61.7	38.3
90d		13.64	4.86	60.8	**39.2**

续表

龄期	实际掺灰量/%	EDTA 消耗量/mL	检测掺灰量/%	实测率/%	相对误差/%
4h	10	17.93	7.42	74.2	25.8
1d		16.56	6.60	66.0	34.0
7d		15.25	5.82	58.2	41.8
28d		14.79	5.55	55.5	44.5
90d		14.53	5.39	53.9	**46.1**
4h	12	20.87	9.18	76.5	23.5
1d		17.63	7.24	60.4	39.6
7d		15.66	6.07	50.6	49.4
28d		15.07	5.72	47.6	52.4
90d		14.64	5.46	45.5	**54.5**

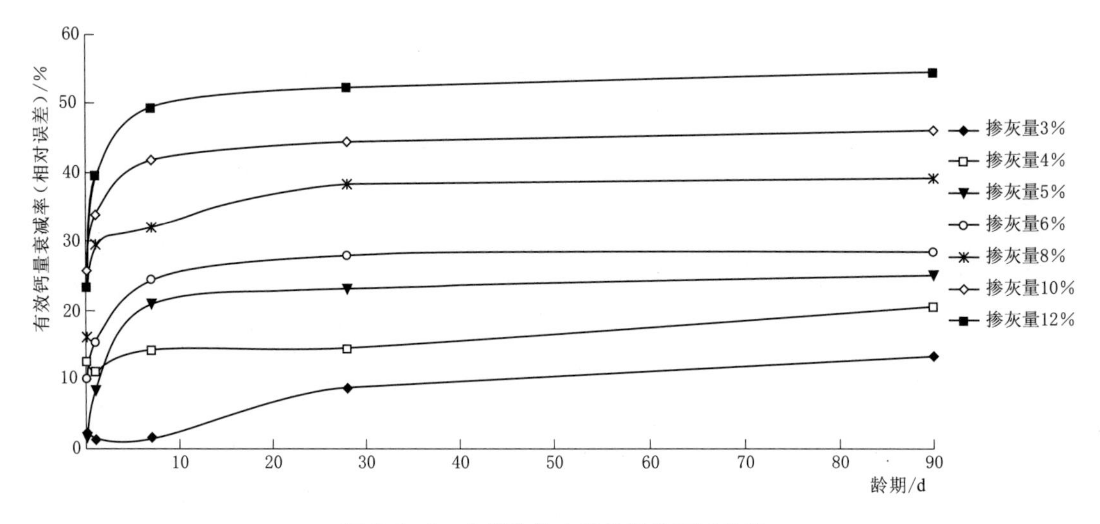

图 5.3-7　水泥改性土有效钙量衰减曲线

由统计结果可以得到以下结论：

(1) 龄期 4h 开始，掺灰量检测的实测率开始下降，龄期效应明显，误差也随之相应地增加，龄期 4h 的最大误差为 10%掺灰量的水泥改性土检测，实测率只有 74.2%，相对误差高达 25.8%。

(2) 随着龄期的增长，EDTA 滴定法掺灰量检测的实测率不断减小，相对误差继续增加，从有效钙量衰减曲线可以看出，有效钙量衰减率即相对误差的增加集中在 7d 以内，衰减幅度较大。龄期 7d 之后，有效钙量衰减速率减缓，相对误差趋于稳定值。所以，对于水泥改性土从拌和到检测的放置时间超过 7d 的掺灰量检测，可以理解为检测的误差已经达到最大。

(3) 龄期效应的相对误差还与水泥改性土的设计掺灰量有关：对于相同龄期下的水泥改性土 EDTA 检测，随着掺灰量的增加，实测率下降，相对误差提高，从误差分析表中可以看出掺灰量为 3%的水泥改性土在放置 28d 后进行 EDTA 滴定，实测率为 91.2%，相对误差为8.8%，但是对于12%掺灰量的水泥改性土同样放置28d后检测，实测率仅仅为47.6%，相对误差高达52.4%。

(4) 将相对误差最终的稳定值定为相应设计掺灰量水泥改性土的EDTA检测龄期效应的最大相对误差值。最大相对误差是评价检测优劣的最终标准，确定土样掺灰量检测龄期效应的最大相对误差，有助于检测现场通过EDTA滴定结果估算出水泥改性土拌和时的掺灰量范围。

对南阳中膨胀土不同掺灰量的水泥改性土进行EDTA滴定，由龄期效应引起的最大检测误差随掺灰量的变化曲线，如图5.3-8所示。可以看出，随着掺灰量的增加，最大相对误差以近似正比的关系增长，对于掺灰量3%的水泥改性土，最大检测误差为14%左右，对于掺灰量12%的水泥改性土，最大检测误差增大到55%左右，最大相对误差受待测土实际掺灰剂量的影响较大。

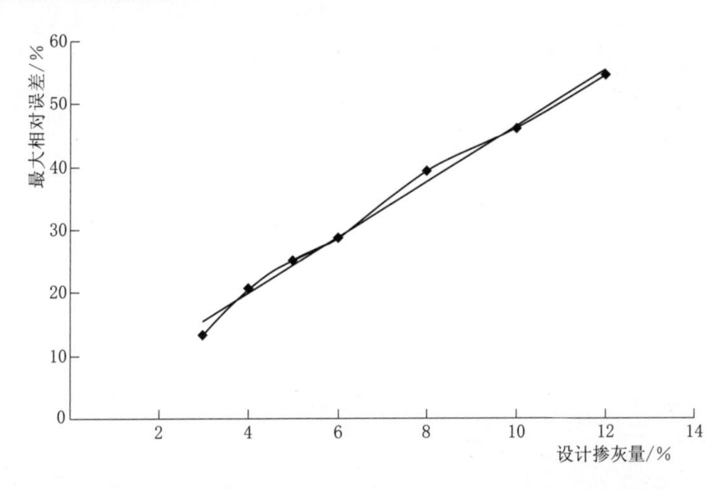

图5.3-8　水泥改性土EDTA检测龄期效应的最大相对误差

5.3.4.2　龄期效应的校正方法

试验的结果及分析和龄期效应机理的验证都可以说明，水泥改性土的掺灰量检测存在龄期效应，水泥改性土有效钙量随龄期发生衰减的问题不可避免。为了更加精确地利用EDTA滴定法检测出土样拌和时的实际水泥掺量，建议现场施工实时拌和检测须迅速及时，且两次检测时间间隔不得超过2h。而对于龄期超过2h甚至超过7d的水泥改性土EDTA检测，必须对结果进行校正，具体的校正方法有以下两种：

(1) 方法一：使用相应龄期的“EDTA消耗量-掺灰量”标准曲线来测定。

一般来说，室内试验得出的标准曲线都为即时测定，可以认为是该土样的“0hEDTA消耗量”标准曲线。对于龄期小于2h的水泥改性土来说，有效钙量还未衰减，该曲线仍可以作为检测的标准曲线，为确定待测土的掺灰量提供依据；但对于龄期大于2h且设计掺灰量大于等于3%的水泥改性土来说，由于水泥改性土中有效钙量随龄期发生衰减，如果继续用初始标准曲线查得的掺灰量检测值必将小于实际值。所以，对于龄期大于2h的水泥改性土掺灰量检测，可以重新进行室内试验，配制相应龄期下不同掺灰量的水泥改性土进行EDTA滴定，并绘制出相应龄期水泥改性土的“EDTA消耗量-掺灰量”标准曲线，再将滴定结果查新绘制的标准曲线来求得测定土样的掺灰量。

组图 5.3-9 所示为由龄期效应试验结果得到的不同龄期下“EDTA 消耗量-掺灰量”标准曲线，EDTA 消耗量为横坐标，掺灰量为纵坐标，各分图中虚线为室内试验得到的 EDTA 检测 0h 标准曲线，作为各龄期下标准曲线的参照物。其中，图 5.3-9(a) 为各龄期下 EDTA 消耗量随掺灰量的变化结果，图 5.3-9(b)～图 5.3-9(f) 分别为龄期 4h、1d、7d、28d 和 90d 的 EDTA 滴定标准曲线，曲线下方标注了拟合公式和拟合优度 R^2。可以看出，由于不同掺灰量的水泥改性土有效钙量衰减速率及程度不同，龄期 4h 以上的滴定结果趋向于抛物线，不再是初始标准曲线的直线，也就是说 EDTA 消耗量不再与掺灰量成正比关系，而是呈现出二项式的关系。另外，各龄期下标准曲线的二项式拟合优度

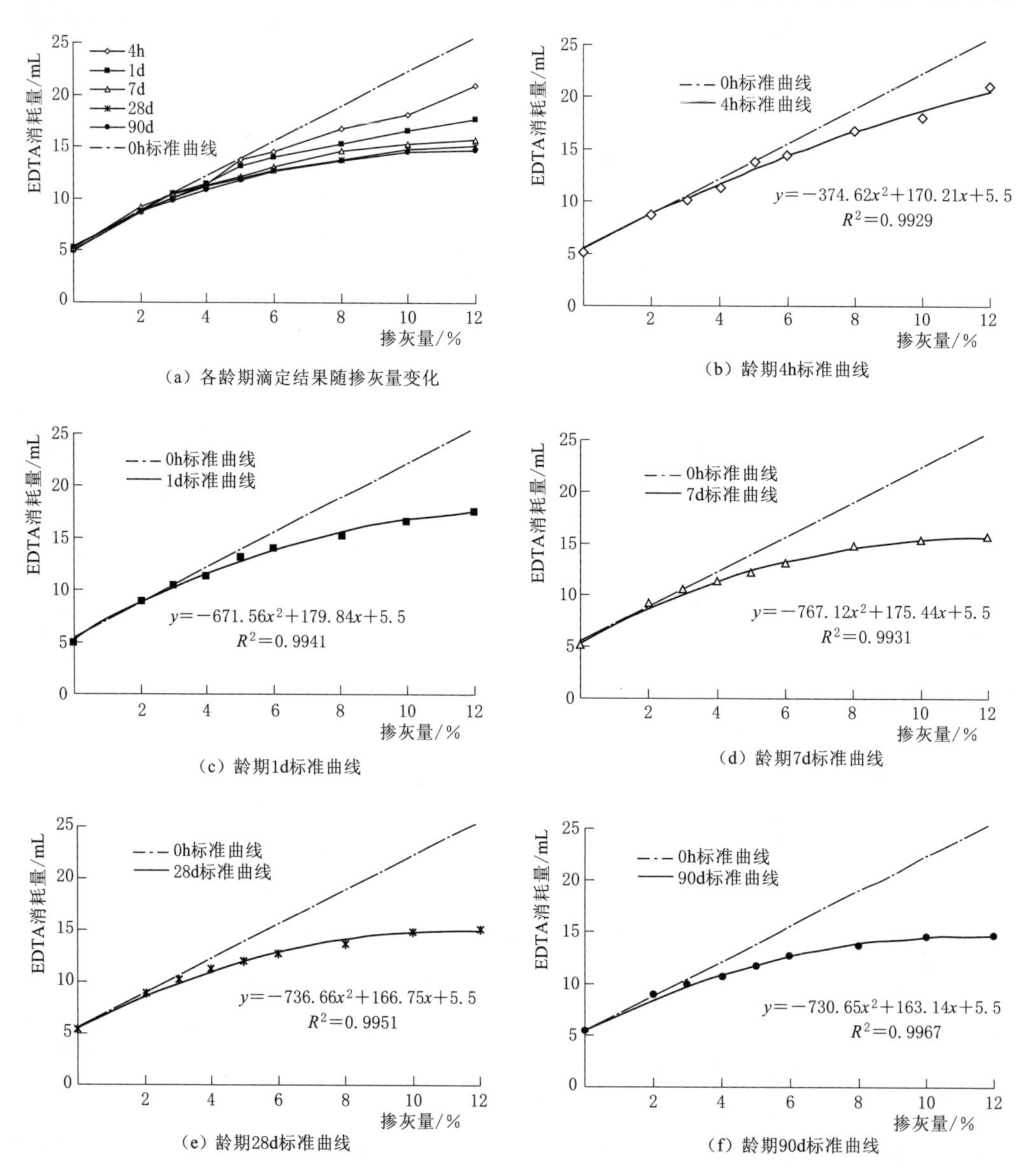

图 5.3-9 南阳水泥改性土不同龄期下的“EDTA 消耗量-掺灰量”标准曲线

R^2 都在0.993以上，说明了结果统计的准确性。该结果也证明了不同龄期下的EDTA消耗量与掺灰量之间存在抛物线的关系，试验结果收敛性较好，用相应龄期的标准曲线来测定水泥改性土的掺灰量可以有效地将龄期效应考虑进试验结果，避免由有效钙量衰减而引起的检测误差。

综上所述，该校正方法的技术路线为：仍用EDTA滴定法对待测土样进行滴定试验，用得到的EDTA消耗量查与待测土样相同龄期的“EDTA消耗量-掺灰量”标准曲线，最终得到待测土的掺灰量。用该方法检测龄期较长掺灰土的水泥剂量，结果相对准确真实。但该方法的缺点在于，实际工程中对水泥改性土掺灰量的检测较为随机，待测土的龄期也较不确定，所以很难保证室内试验绘制标准曲线的龄期与现场检测水泥改性土的放置时间保持实时性与一致性。

（2）方法二：用有效钙量衰减曲线对滴定结果进行校正。

该方法的技术路线是：用EDTA滴定待测土得到EDTA消耗量后，仍使用初始“0hEDTA消耗量-掺灰量”的标准曲线，所得的掺灰量检测初值代入该土样有效钙量衰减曲线中，反推出待测土拌和时的水泥剂量，即为掺灰量检测的最终值。

例如某龄期28d的水泥改性土进行EDTA滴定检测，得到所需的EDTA消耗量为11.2mL，代入初始“0hEDTA消耗量-掺灰量”标准曲线得到掺灰量检测初值为3.37%，考虑到检测的龄期效应，假定待测土的实际掺灰量约为4%，再将结果查该土样4%掺灰量检测的有效钙量衰减曲线，得到龄期28d掺灰量的水泥改性土EDTA检测约有15%的有效钙量衰减，所以将检测初始值3.37%除以（1%～15%），修正后得到检测最终值3.96%，与查有效钙量衰减曲线时的假定值误差不大，说明有效钙量衰减误差取定较准确有效。

通过用有效钙量衰减曲线来修正EDTA滴定检测结果的方法，可以在一定程度上考虑龄期效应对检测带来的影响，并使检测初值得到校正，最终接近于待测土样的实际掺灰量。该方法试验过程与原试验完全相同，初始标准曲线仍可使用，有效钙量衰减修正的数学反推也极为简单。但是，该校正方法也存在许多问题：在进行有效钙量衰减查表时，须根据检测初值假定待测土的掺灰量范围，因为不同掺灰量的水泥改性土有效钙量衰减速率及程度相差较大，所以用假定掺灰量再查表的方法本身会引起二次误差，用该方案校正后得到的结果相对不准确；此外，绘制土样有效钙量衰减曲线需大量试验验证分析，才能保证衰减曲线的有效参考性，而有效钙量衰减与诸多因素有关，一旦土样、试剂甚至水源改变，都须重新绘制衰减曲线，所需工作量较大。

对比分析来说，校正方法一的计算结果较方法二更加准确，标准曲线的绘制也较有效钙量衰减曲线方便，操作更加简单。所以，推荐采用方法一进行南阳水泥改性土掺灰量检测的龄期效应校正。

5.3.5 弱膨胀土与中膨胀土的对比试验

上文通过对南阳中膨胀土水泥改性不同龄期的掺灰量检测试验以及用拟合统计的方法，从龄期效应的原理及其验证、有效钙量的衰减和龄期效应产生的误差校正方法三个角度，验证了改性中膨胀土的EDTA滴定存在龄期效应，并系统、详细地分析了其龄期效应的规律。

从中膨胀土的龄期试验结果可以得到，对于掺灰量大于等于3%的水泥改性土在放置超过2h后进行EDTA滴定，检测得到的掺灰量小于水泥改性土拌和时的实际水泥掺量。根据此结果，本节选取南阳弱膨胀土进行龄期效应的对比试验，以更加全面地研究膨胀土地区掺灰量检测的龄期效应。

具体的试验方案如下：取南阳弱膨胀土样，根据配比计算结果，将弱膨胀土分别配制成掺灰量为0%（素土）、2%、3%、4%、5%、6%的水泥改性土，分别放置0h、30min、1h、2h、4h、1d、7d、28d和90d后进行EDTA滴定，得到弱膨胀土样EDTA消耗量随龄期的变化。由于中膨胀土龄期效应研究试验表明，掺灰量3%以上的水泥改性土存在龄期效应，不同掺灰量的有效钙量衰减规律相近，只是大掺灰剂量的衰减程度较小掺灰剂量的衰减程度大一些，考虑到南阳水泥改性土的设计掺灰量为3%～6%，所以在弱膨胀土的龄期效应研究中舍去8%、10%和12%这三组大掺灰剂量的试验。此外，中膨胀土试验结果表明对于同一种掺灰量的水泥改性土，在放置2h内的EDTA消耗量是稳定的，龄期2h内的标准曲线也几乎完全重合，所以在弱膨胀土的龄期效应对比试验中，将2h内龄期点缩减为30min、1h和2h。

弱膨胀水泥改性土的试验结果如图5.3-10所示，作为对比，将南阳中膨胀土掺灰量0%～6%之间的水泥改性土龄期效应的试验结果整理在图5.3-11中。由弱膨胀土的龄期试验结果来看，与中膨胀土的试验结果相似，随着龄期的增加，EDTA滴定的消耗量变化也可以分为三个区域：恒等区、衰减区和稳定区。

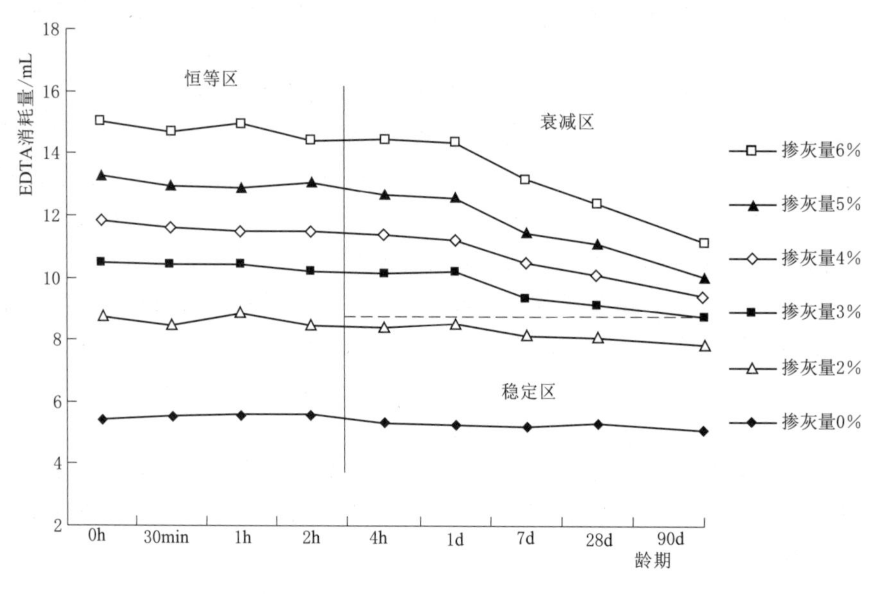

图5.3-10　弱膨胀水泥改性土的EDTA消耗量与龄期的关系曲线

当龄期小于等于2h时，对于所有掺灰量的弱膨胀水泥改性土，掺灰量检测的结果保持稳定，EDTA消耗量不随龄期的增加而变化，此区域为恒等区。在恒等区，龄期效应尚未发生，初始“0h EDTA消耗量-掺灰量”标准曲线可以作为测定的有效依据，用滴定

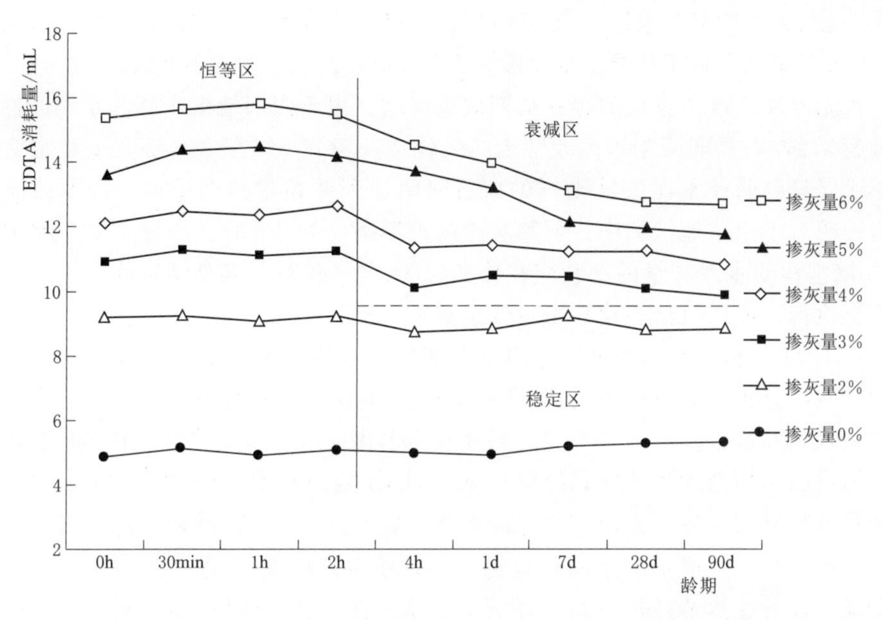

图 5.3-11 中膨胀水泥改性土的 EDTA 消耗量与龄期的关系曲线

得到的 EDTA 消耗量查标准曲线的方法可以检测出待测土样的实际水泥掺量。

当龄期大于 2h 时，对于掺灰量小于 3%的小剂量水泥改性土，EDTA 消耗量仍基本不变，此区域为稳定区，在稳定区用初始标准曲线得到的检测结果准确。但对于掺灰量大于等于 3%的水泥改性土，EDTA 消耗量发生明显衰减，此时查初始标准曲线后得到的掺灰量检测值必将小于水泥改性土拌和时的实际值，此区域就为掺灰量检测的衰减区。因此，弱膨胀土的水泥改性掺灰量检测也存在龄期效应，这也进一步证实了龄期效应普遍存在于膨胀土的水泥剂量检测中。

对比来自同一地区的两种土样，龄期试验结果具有相似之处。对于小掺灰量（小于3%）的水泥改性土，用 EDTA 滴定法对两种土样的水泥稳定土进行检测，滴定结果都随龄期保持稳定，不会发生龄期效应。对于水泥剂量大于等于 3%的水泥改性土掺灰量检测，中膨胀土和弱膨胀土的滴定结果都分为了两个阶段：2h 内 EDTA 消耗量尚未随龄期增长而改变，属于恒等区；当龄期延长到 2h 后，EDTA 消耗量开始发生明显衰减，进入衰减区，且衰减程度随着掺灰量的增大而增强。

5.3.6 小结

（1）由不同掺灰量的水泥改性土 EDTA 消耗量随龄期变化的试验结果看出，龄期对 EDTA 滴定的影响可以分为三个区域：恒等区、稳定区和衰减区。当水泥改性土的放置时间尚未达到土样的龄期条件时，EDTA 滴定结果不随龄期的增加而发生改变，用初始标准曲线得到的掺灰量检测值可以真实地反映待测土在拌和时的水泥掺量，称此区域为恒等区；当龄期大于土样的龄期条件时，对于掺灰量小于 3%的水泥改性土来说，EDTA 消耗量随着龄期保持稳定，初始的“EDTA 消耗量-掺灰量”标准曲线仍然可以作为掺灰量查询的依据，此区域为稳定区；对于大掺灰剂量（≥3%）的水泥改性土，当放置时间达到龄期条件时，

EDTA 消耗量会发生明显的衰减，进入 EDTA 滴定的衰减区，此时再查初始标准曲线求得的掺灰量检测值显然会低于待测土水泥掺量的真实值，造成检测的不准确。

（2）水泥改性土掺灰量检测存在龄期效应问题。由于南阳地区中膨胀水泥改性土的最优掺灰量为6%左右，弱膨胀水泥改性土的最优掺灰量在3%左右，都大于稳定区的掺灰量临界，所以只要两种水泥改性土样的放置时间达到并超过龄期条件，龄期效应就会产生。试验证明对于南阳地区的中、弱膨胀土的龄期条件为2～3h。因此，对于水泥改性土的 EDTA 滴定检测水泥剂量的试验应在拌和后的2h内进行。其他地区膨胀土可参照南阳地区膨胀土执行，或通过试验建立本地区掺灰剂量检测标准。

（3）从 EDTA 滴定的原理可得，EDTA 消耗量衰减的本质是水泥改性土浸提液中有效钙量的衰减。分析水泥改性土的 EDTA 检测存在龄期效应的原因为：一方面，当向膨胀土中掺入水泥并加水拌和后，水泥会与水发生水化反应，水泥稳定土在经历初凝、终凝后，水泥原有的结构会发生改变，这将影响 NH_4Cl 溶液对水泥改性土中 Ca^{2+} 的溶出率，使有效钙量发生衰减；另一方面，水泥的水化产物 $Ca(OH)_2$ 在龄期增加过程中会与土中的矿物质发生反应，生成不溶水的稳定钙化物，使游离的 Ca^{2+} 进一步减少，导致有效钙量持续衰减。此外，本节还从密封干燥养护下水泥改性土的 EDTA 检测和不同龄期下水泥改性土的自由膨胀率检测这两个补充试验中，进一步证实了 EDTA 消耗量的衰减与水泥改性土中的物理-化学反应有关。

（4）从有效钙量衰减曲线及检测误差分析来看，在放置时间达到龄期条件之后，有效钙量衰减率即 EDTA 检测的相对误差快速增加，检测的实测率不断减小，在龄期7d以后，衰减速度减缓，有效钙量衰减率基本保持稳定。不同掺灰量的有效钙量衰减率不同，大掺灰剂量的衰减速度较小掺灰剂量的快，龄期7d之后的龄期效应最大衰减程度随掺灰量呈近正比关系。

（5）由于膨胀土掺灰量检测的龄期效应不可避免，为了保证掺灰量检测的准确性和工程施工的安全，必须对达到龄期条件的 EDTA 滴定结果进行校正。对于施工单位的现场拌和实时检测，建议检测间隔小于2h，每次取样检测须在水泥改性土加水成型后及时进行。而对于超过龄期条件的掺灰量检测，可以用以下方法对检测结果进行校正：方法一，在试验得到待测土的 EDTA 消耗量后，使用相应龄期的 EDTA 消耗标准曲线来确定土样的掺灰剂量；方法二，滴定结果仍以初始“0hEDTA 消耗量”标准曲线为依据，所得结果再根据该土样的有效钙量衰减曲线反推出拌和时的水泥剂量，以保证检测结果与实际掺量一致。南水北调中线工程采用方法一进行校正。

5.4 膨胀土含水率对 EDTA 滴定法检测结果的影响

在南水北调中线工程膨胀土改性的施工中，由于水泥改性土料施工量大，周期长，现场膨胀土开挖料的含水率控制难度大。根据研究成果，膨胀土料的含水率对水泥改性土 EDTA 滴定测定结果存在影响。已有的交通部门规范并未对现场的土料含水率进行详细的规定，实际工程运用中没有参考依据。本节选取南阳中、弱膨胀土进行不同含水率的水泥改性土进行 EDTA 滴定试验，研究含水率对 EDTA 滴定法检测水泥剂量的影响。

5.4.1 试验内容与方法

5.4.1.1 试验所用膨胀土样及水泥

试验采用中、弱膨胀土两种土料，改性所掺的水泥为普通硅酸盐水泥，水泥强度等级为42.5，中、弱膨胀土的基本物理性质及矿物成分见第5.2节。

5.4.1.2 试验内容

本组试验将配制掺灰量为0%（素土)、2%、3%、4%、5%、6%、8%、10%、12%的中、弱膨胀水泥改性土，进行EDTA滴定得到EDTA消耗量与掺灰量之间的关系，即标准曲线。分别制备含水率为21%、18%和15%的水泥改性土。采用风干的膨胀土与干水泥充分混合均匀，加水至目标含水率。其他部分试验过程与前述的EDTA滴定试验相同。

5.4.2 试验成果及分析

5.4.2.1 中膨胀土含水率对EDTA滴定结果影响分析

各掺灰量的中膨胀水泥改性土在不同龄期下用EDTA进行滴定后，得到的EDTA消耗量见表5.4-1，试验结果取两次平行试验的平均值。由表5.4-1可知，对于特定含水率的水泥改性中膨胀土，EDTA滴定标准溶液的消耗量随着水泥掺量的增大而增大；对于相同掺量的水泥改性中膨胀土，EDTA滴定标准溶液的消耗量随着含水率的增大而减小。

表5.4-1 不同含水率中膨胀水泥改性土在不同龄期下的EDTA消耗量

龄期	水泥掺量	含水率/%			龄期	水泥掺量	含水率/%		
		15	18	21			15	18	21
		EDTA消耗量/mL					EDTA消耗量/mL		
1d	2%	12.0	11.5	10.1	28d	2%	9.3	8.1	6.7
	3%	14.8	13.8	12.4		3%	11.9	10.8	9.8
	4%	17.2	16.7	15.2		4%	14.6	12.9	12.4
	5%	19.6	19.2	17.5		5%	16.6	15.0	14.2
	6%	22.0	21.2	19.8		6%	19.6	17.0	15.2
	8%	26.7	25.8	23.1		8%	23.2	20.6	18.4
	10%	30.9	29	26.4		10%	27.3	23.1	19.6
	12%	34.6	32.9	29.1		12%	30.5	25.5	21.0
7d	2%	10.7	10.3	9.6	90d	2%	8.0	7.6	7.2
	3%	13.1	13.0	12.3		3%	9.8	9.6	9.2
	4%	15.7	15.5	14.8		4%	12.1	11.5	10.9
	5%	18.4	17.5	16.9		5%	13.7	12.9	12.7
	6%	20.9	20.1	19.4		6%	15.4	14.4	13.3
	8%	25.2	23.6	22.7		8%	18.6	17.2	16.5
	10%	29.3	28.4	24.7		10%	21.7	20.6	19.3
	12%	33.1	31.8	28.3		12%	25.8	23.4	21.0

图 5.4-1 所示为不同含水率中膨胀水泥改性土不同龄期“EDTA 消耗量-水泥掺量”标准曲线。以含水率为 18%的水泥改性土“EDTA 消耗量-水泥掺量”关系曲线为标准曲线，该标准曲线为一条稍向上凸起的平滑曲线。采用二次多项式对标准曲线进行拟合，分析含水率变化为±3%时 EDTA 滴定检测水泥剂量的误差。

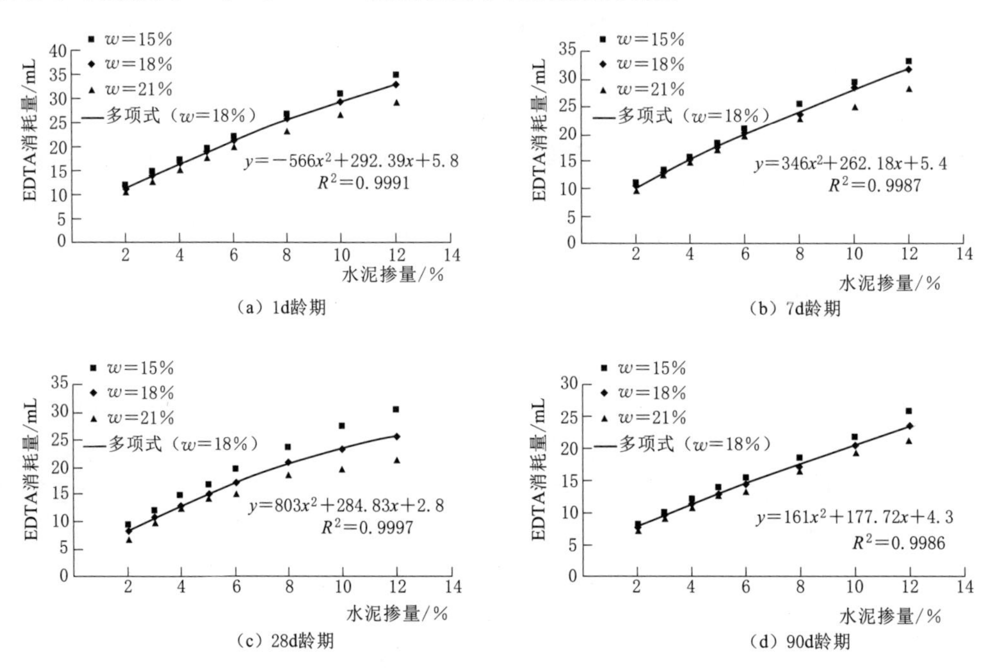

图 5.4-1 不同含水率中膨胀水泥改性土不同龄期“EDTA 消耗量-水泥掺量”标准曲线

以含水率为 15%和 18%的中膨胀水泥改性土 EDTA 消耗量代入图 5.4-1 中对应龄期标准曲线的二次多项式，计算得到实际检测水泥剂量，并计算相对误差。表 5.4-2 所示为不同含水率中膨胀水泥改性土 EDTA 滴定的检测水泥掺量和水泥剂量偏差。

表 5.4-2 不同含水率中膨胀水泥改性土 EDTA 滴定的检测水泥掺量和偏差

龄期/d	水泥掺量/%	含水率/%					
		15	18	21	15	18	21
		检测水泥掺量/%			水泥剂量偏差/%		
1	2	2.24	2.07	1.60	0.24	0.07	−0.40
	3	3.27	2.89	2.38	0.27	−0.11	−0.62
	4	4.22	4.01	3.42	0.22	0.01	−0.58
	5	5.23	5.06	4.34	0.23	0.06	−0.66
	6	6.31	5.94	5.32	0.31	−0.06	−0.68
	8	8.62	8.16	6.83	0.62	0.16	−1.17
	10	10.89	9.84	8.46	0.89	−0.16	−1.54
	12	13.07	12.05	9.90	1.07	0.05	−2.10

续表

龄期/d	水泥掺量/%	含水率/%					
		15	18	21	15	18	21
		检测水泥掺量/%			水泥剂量偏差/%		
7	2	2.10	1.95	1.67	0.10	−0.05	−0.33
	3	3.07	3.02	2.74	0.07	0.02	−0.26
	4	4.15	4.07	3.77	0.15	0.07	−0.23
	5	5.33	4.93	4.67	0.33	−0.07	−0.33
	6	6.47	6.10	5.78	0.47	0.10	−0.22
	8	8.52	7.74	7.31	0.52	−0.26	−0.69
	10	10.59	10.12	8.27	0.59	0.12	−1.73
	12	12.61	11.91	10.07	0.61	−0.09	−1.93
28	2	2.46	2.07	1.67	0.46	0.07	−0.33
	3	3.45	3.01	2.64	0.45	0.01	−0.36
	4	4.69	3.89	3.67	0.69	−0.11	−0.33
	5	5.75	4.89	4.50	0.75	−0.11	−0.50
	6	7.56	5.98	5.00	1.56	−0.02	−1.00
	8	10.07	8.22	6.80	2.07	0.22	−1.20
	10	13.40	10.00	7.56	3.40	0.00	−2.44
	12	16.35	11.88	8.49	4.35	−0.12	−3.51
90	2	8	7.6	7.2	0.11	−0.12	−0.34
	3	9.8	9.6	9.2	0.16	0.05	−0.19
	4	12.1	11.5	10.9	0.55	0.18	−0.18
	5	13.7	12.9	12.7	0.54	0.04	−0.08
	6	15.4	14.4	13.3	0.61	−0.02	−0.71
	8	18.6	17.2	16.5	0.71	−0.22	−0.68
	10	21.7	20.6	19.3	0.83	0.07	−0.82
	12	25.8	23.4	21	1.75	0.02	−1.66

注　相对误差为正表明检测结果偏大，相对误差为负表明检测结果偏小。

从表5.4-2可知，对于相同掺量的中膨胀水泥改性土，由于EDTA滴定标准溶液的消耗量随着含水率的增大而减小，因此实际水泥检测掺量随着含水率的增大而减小。在龄期一定的条件下，特定含水率中膨胀水泥改性土的实际水泥检测掺量偏差，随着水泥掺量的增加而增大。以含水率15%的中膨胀水泥改性土28d龄期的水泥剂量检测偏差为例，水泥掺量由2%增加至12%的过程中，水泥剂量检测偏差由0.46%增大至4.35%。

5.4.2.2　弱膨胀土含水率对EDTA滴定结果影响分析

各掺灰量的弱膨胀水泥改性土在不同龄期下用EDTA进行滴定后，得到的EDTA消耗量见表 5.4-3，试验结果取两次平行试验的平均值。由表 5.4-3 可知，对于特定含水率的弱膨胀水泥改性土，EDTA 滴定标准溶液的消耗量随着水泥掺量的增大而增大。对于相同掺量的水泥改性弱膨胀土，EDTA 滴定标准溶液的消耗量随着含水率的增大而减小。

表 5.4-3　　不同含水率弱膨胀水泥改性土在不同龄期下的 EDTA 消耗量

龄期	水泥掺量	含水率/%			龄期	水泥掺量	含水率/%		
		15	18	21			15	18	21
		EDTA 消耗量/mL					EDTA 消耗量/mL		
1d	2%	11.5	11.2	10.5	28d	2%	8.2	7.8	7.2
	3%	13.8	13.3	12.7		3%	10.8	10.2	9.5
	4%	16.7	16.0	15.1		4%	12.9	11.3	11.1
	5%	18.9	18.5	17.4		5%	15.0	14.2	12.1
	6%	21.2	20.5	19.5		6%	17.0	15.7	13.7
	8%	25.8	24.7	23.6		8%	20.6	18.8	14.9
	10%	30.1	29.3	28		10%	23.7	21.7	16.1
	12%	34.9	33.5	31.9		12%	25.5	23.0	18.5
7d	2%	10.3	9.5	8.6	90d	2%	8.0	7.5	6.2
	3%	13.0	11.9	11.0		3%	10.0	8.9	8.0
	4%	15.2	14.0	13.0		4%	11.8	10.7	9.3
	5%	17.5	16.5	15.0		5%	13.5	11.9	11.1
	6%	19.4	18.6	17.0		6%	14.9	13.6	12.3
	8%	23.9	22.6	20.5		8%	17.4	16.1	14.0
	10%	28.4	26.9	24.0		10%	19.5	18.7	15.0
	12%	32.6	31.2	26.1		12%	21.9	20.3	17.5

图 5.4-2 为不同含水率弱膨胀水泥改性土不同龄期"EDTA 消耗量-水泥掺量"标准曲线。以含水率为 18%的弱膨胀水泥改性土"EDTA 消耗量-水泥掺量"关系曲线为标准曲线。对于 1d 龄期的弱膨胀水泥改性土采用线性拟合，对于 7d、28d 和 90d 的弱膨胀水泥改性土标准曲线采用二次多项式进行拟合，分析含水率变化为±3%时 EDTA 滴定检测

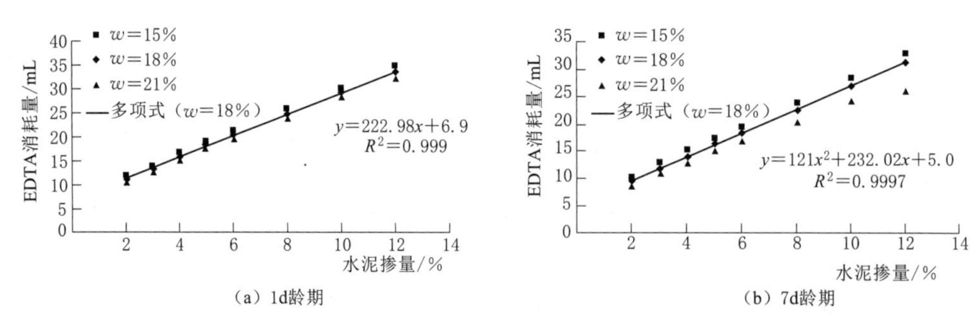

(a) 1d龄期　　(b) 7d龄期

图 5.4-2（一）　不同含水率弱膨胀水泥改性土不同龄期"EDTA 消耗量-水泥掺量"标准曲线

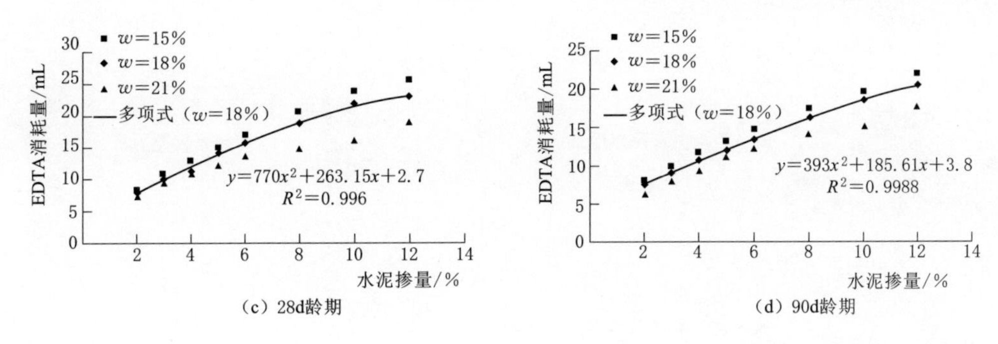

(c) 28d龄期　　(d) 90d龄期

图5.4-2（二）　不同含水率弱膨胀水泥改性土不同龄期“EDTA消耗量-水泥掺量”标准曲线

水泥剂量的误差。

以含水率为15%和18%的水泥改性弱膨胀土EDTA消耗量代入图5.4-2中对应龄期标准曲线的拟合公式计算得到实际检测水泥剂量，并计算相对误差。表5.4-4所示为不同含水率水泥改性弱膨胀土EDTA滴定的检测水泥掺量和水泥剂量偏差。

表5.4-4　不同含水率弱膨胀水泥改性土EDTA滴定的检测水泥掺量和水泥剂量偏差

龄期/d	水泥掺量/%	含水率/%					
		15	18	21	15	18	21
		检测水泥掺量/%			水泥剂量偏差/%		
1	2	2.05	1.92	1.60	0.05	−0.08	−0.40
	3	3.08	2.86	2.59	0.08	−0.14	−0.41
	4	4.38	4.07	3.66	0.38	0.07	−0.34
	5	5.36	5.19	4.69	0.36	0.19	−0.31
	6	6.40	6.08	5.63	0.40	0.08	−0.37
	8	8.46	7.96	7.47	0.46	−0.04	−0.53
	10	10.38	10.02	9.44	0.38	0.02	−0.56
	12	12.53	11.91	11.19	0.53	−0.09	−0.81
7	2	2.31	1.96	1.57	0.31	−0.04	−0.43
	3	3.51	3.02	2.62	0.51	0.02	−0.38
	4	4.50	3.96	3.51	0.50	−0.04	−0.49
	5	5.54	5.09	4.41	0.54	0.09	−0.59
	6	6.42	6.05	5.32	0.42	0.05	−0.68
	8	8.52	7.91	6.93	0.52	−0.09	−1.07
	10	10.67	9.95	8.57	0.67	−0.05	−1.43
	12	12.72	12.03	9.56	0.72	0.03	−2.44
28	2	2.31	2.18	1.98	0.31	0.18	−0.02
	3	3.34	3.08	2.79	0.34	0.08	−0.21
	4	4.36	3.57	3.47	0.36	−0.43	−0.53

续表

龄期/d	水泥掺量/%	含水率/%					
		15	18	21	15	18	21
		检测水泥掺量/%			水泥剂量偏差/%		
28	5	5.54	5.07	3.95	0.54	0.07	−1.05
	6	6.83	5.98	4.79	0.83	−0.02	−1.21
	8	9.53	8.12	5.48	1.53	0.12	−2.52
	10	12.24	10.45	6.23	2.24	0.45	−3.77
	12	13.99	11.60	7.89	1.99	−0.40	−4.11
90	2	2.39	2.12	1.44	0.39	0.12	−0.56
	3	3.57	2.91	2.39	0.57	−0.09	−0.61
	4	4.75	4.02	3.14	0.75	0.02	−0.86
	5	5.96	4.82	4.28	0.96	−0.18	−0.72
	6	7.04	6.04	5.10	1.04	0.04	−0.90
	8	9.11	8.01	6.34	1.11	0.01	−1.66
	10	11.02	10.27	7.11	1.02	0.27	−2.89
	12	13.37	11.78	9.20	1.37	−0.22	−2.80

注 相对误差为正表明检测结果偏大，相对误差为负表明检测结果偏小。

从表5.4-4可知，对于相同掺量的弱膨胀水泥改性土，由于EDTA滴定标准溶液的消耗量随着含水率的增大而减小，因此实际水泥检测掺量随着含水率的增大而减小。在龄期一定的条件下，特定含水率弱膨胀水泥改性土的实际水泥检测掺量偏差，随着水泥掺量的增加而增大。以含水率21%的弱膨胀水泥改性土7d龄期的水泥剂量检测偏差为例，水泥掺量由2%增加至12%的过程中，水泥剂量检测偏差由0.38%增大至2.44%。

5.4.3 小结

（1）在龄期一定的条件下，土样含水率越大，EDTA滴定试验的滴定值越小。

（2）在龄期一定的条件下，特定含水率的弱膨胀水泥改性土的实际水泥检测掺量偏差，随着水泥掺量的增加而增大。

（3）《公路工程无机结合料稳定材料试验规程》（JTG E51—2009）中，在进行EDTA标准曲线时规定，“土的含水率应等于现场预期达到的最佳含水率，土中所加的水应与现场所用的水一致”，而土样检测试验中“对于水泥或石灰稳定细粒土，称300g放在搪瓷杯中，用搅拌棒将结块搅散，加10%的氯化铵溶液600mL”，并未规定试验土样的含水率。本次试验中，以弱膨胀土为例，其最优含水率为18%，标准曲线即为含水率为18%的曲线，对于弱膨胀土而言，当测试土样的含水率为21%时，而采用最优含水率为18%的标准曲线，所得到的水泥剂量偏低。反之，若测试土样的含水率为15%时，检测得到的水泥剂量偏高。

（4）现场施工中膨胀土料的含水率应严格控制在现场预期达到的最佳含水率。若含水率发生变化，应采用同样含水率的室内EDTA标准滴定曲线进行水泥剂量的测定。

5.5　水泥改性土掺灰剂量检测方法

本书在《公路工程无机结合料稳定材料试验规程》（JTG E51—2009）基础上，结合上述章节研究成果，形成水泥改性土掺灰剂量的检测方法。

5.5.1　检测标准的使用范围

本试验方法适用于在现场快速测定水泥改性土中水泥的剂量，并可用于检查拌和的均匀性，水泥改性土可以是细粒土和粗粒土。

5.5.2　主要仪器设备

（1）滴定管（酸式）：50mL，1支。

（2）滴定台：1个。

（3）滴定管夹：1个。

（4）大肚移液管：10mL、50mL，10支。

（5）锥形瓶（即三角瓶）200mL，20个。

（6）烧杯：2000mL（或1000mL），1支；300mL，10支。

（7）容量瓶：1000mL，1个。

（8）搪瓷杯：容量大于1200mL，10只。

（9）不锈钢棒（或粗玻璃棒），10根。

（10）量筒：100mL和5mL，各1只；50mL，2只。

（11）棕色广口瓶：60mL，1只（装钙红指示剂）。

（12）电子天平：量程不小于1500g，感量0.01g。

（13）秒表：1只。

（14）表面皿：ϕ9cm，10个。

（15）研钵：ϕ12～13cm，1个。

（16）土样筛：筛孔2.0mm或2.5mm，1个。

（17）洗耳球：1个。

（18）精密试纸：pH值为12～14。

（19）聚乙烯桶：20L（装蒸馏水和氯化铵及EDTA），3个；5L（装氢氧化钠），1个；5L（大口桶），10个。

（20）毛刷、去污粉、吸水管、塑料勺、特种铅笔、厘米纸。

（21）洗瓶（塑料）：500mL，1只。

5.5.3　试验所用试剂标准

（1）0.1mol/m^3 乙二胺四乙酸二钠标准溶液：准确称取EDTA（分析纯）37.23g，用40～50℃的无二氧化碳蒸馏水溶解，待全部溶解并冷至室温后，定容至1000mL。

（2）10%氯化铵（NH_4CL）溶液：将500g氯化铵（分析纯或化学纯）放在10L的聚

乙烯桶内，加蒸馏水 4500mL，充分振荡，使氯化铵完全溶解，也可分批在 1000mL 的烧杯内配制，然后倒入塑料桶内摇匀。

(3) 1.8% 氢氧化钠（内含三乙醇胺）溶液，用电子天平称 18g 氢氧化钠（NaOH）（分析纯），放入洁净干燥的 1000mL 烧杯中，加 1000mL 蒸馏水使其全部溶解，待溶液冷至室温后，加入 2mL 三乙醇胺（分析纯），搅拌均匀后储于塑料桶中。

(4) 钙红指示剂：将 0.2g 钙试剂羧酸钠（分子式 $C_{21}H_{13}N_2NaO_7S$，分子量 460.39）与 20g 预先在 105℃烘箱中烘 1h 的硫酸钾混合。一起放入研钵中，研成极细粉末，储于棕色广口瓶中，以防吸潮。

5.5.4 标准曲线试验

(1) 取样：取现场用水泥和土，风干后分别过 2.0 或 2.5mm 筛，用烘干法测其含水率（水泥可假定其含水率为 0%）。

(2) 混合料组成的计算：

1) 公式：干料质量＝湿料质量/(1＋含水率)。

2) 计算步骤：

(a)干混合料质量＝湿混合料质量/(1＋最佳含水率)。

(b)干土质量＝干混合料质量×(1＋水泥剂量)。

(c)水泥质量＝干混合料质量－干土质量。

(d)湿土质量＝干土质量×(1＋土的风干含水率)。

(3) 根据水泥建议掺量的不同，每个标准曲线需准备 5 种式样，每种 2 个样品，每种样品取 300g 左右准备试验。5 种混合料的水泥剂量分别为：水泥剂量为 0，设计水泥剂量±2%，设计水泥剂量±4%，每种剂量（为湿质量）取两个试样，共 10 个试样，分别放在搪瓷杯内或 1000mL 具塞三角瓶，集料的含水率应等于现场预期达到的最佳含水率，集料中所用的水应与现场所用水相同（300g 为湿质量）。

准备标准曲线的水泥剂量也可为 0%、2%、4%、6%和 8%，实际工作中应使现场实际所用水泥剂量位于准备标准曲线时所用剂量的中间。

(4) 取一个盛有试样的搪瓷杯，在杯内加 600mL，10%氯化铵溶液，用不锈钢棒充分搅拌 3min（每分钟搅拌 110～120 次）。如水泥改性土的土是细粒土，则可以用 1000mL 具塞三角瓶代替搪瓷杯，手握三角瓶（瓶口向上）用力振荡 3min [(120±5) 次/min]，以代替搅拌棒搅拌。放置沉淀 10min（如 10min 后得到的是混浊悬浮液，则应增加放置沉淀时间，直到出现澄清悬浮液为止，并记录所需的时间，以后所用该种水泥的水泥改性土实验，均应以同一时间为准），然后将上部清液转移到 300mL 烧杯内，搅匀，加盖表面皿待测。

(5) 用移液管吸取上层（液面下 1～2cm）悬浮液 10.0mL 放入 200mL 的三角瓶内，用量筒量取 50mL1.8%氢氧化钠（内含三乙酸铵）溶液倒入三角瓶中，此时溶液的 pH 值为 12.5～13.0（可用 pH 值为 12～14 的精密试纸检验），然后加入钙红指示剂（质量约为 0.2g），摇匀，溶液呈玫瑰红色。然后用 EDTA 滴定，边滴定边摇匀，并仔细观察溶液的颜色；在溶液颜色变为紫色时，放慢滴定速度，并摇匀；直到纯蓝色为终点。记录

EDTA 的消耗量（以 mL 为计，读至 0.1mL）。

（6）对其他几个盛样器中的试样，用同样的方法进行试验，并记录各自的 EDTA 消耗量。

（7）以同一水泥剂量混合料 EDTA 消耗量（mL）的平均值为纵坐标，以水泥剂量（%）为横坐标制图，两者的关系曲线应是一根顺滑的曲线（一般水泥剂量标准曲线应为一条稍向上凸起的平滑曲线）。如素土或水泥改变，必须重作标准曲线。

5.5.5　试样检测及成果整理

（1）选取有代表性的工程用水泥改性土料（宜在拌和后 2h 以内），称 300g 放在搪瓷杯中，用搅拌棒将其结块搅散，加 10%氯化铵溶液 600mL，然后如第 5.5.4 节的步骤进行试验。

（2）利用所绘制的标准曲线，根据 EDTA 消耗量，确定水泥改性土中的水泥剂量。

本试验应进行两次平行测定，取算术平均值，精确值 0.1mL。允许重复性误差不得大于均值的 5%，否则，重新进行试验。

5.5.6　现场检测注意事项及要求

（1）试验用的土料必须具有代表性，水泥改性土滴定准备标准曲线所用的土料、试验用水及水泥厂家、强度等级必须与施工用土料的料源、水源、水泥厂家、强度等级相一致。当上述条件发生变化时，应重新试验制作水泥改性土标准曲线。

（2）工程实践证明，水泥改性土在不同龄期测出的灰含量在下降，随着龄期的增长，水泥稳定材料中的 Ca^{2+} 与土料的矿物质产生化学反应，生成新的化合物，因此，游离 Ca^{2+} 减少，用初始的 EDTA 消耗量的标准曲线确定的灰含量必然下降，因此，必须根据工程实际用同样的方法测定不同龄期的水泥用量的标准曲线，以利工程质量检查。

（3）现场施工中膨胀土料的含水率应严格控制在现场预期达到的最佳含水率。若含水率发生变化，应采用同样含水率的室内 EDTA 标准滴定曲线进行水泥剂量的测定。

（4）初期弱膨胀水泥改性土水泥剂量标准差不大于 0.7，中膨胀水泥改性土水泥剂量标准差不大于 0.5。每拌和场次且不大于 $600m^3$ 水泥改性土抽测不少于 6 个样（每个样品质量不小于 300g），中后期检测频次可适当减少。

5.6　本章小结

针对水泥改性土水泥掺灰剂量检测的检测样品、试剂标准、龄期效应以及膨胀土含水率对检测结果的影响等问题开展试验研究，在此基础上，提出了膨胀土水泥改性的掺灰剂量检测标准。主要研究结论如下：

（1）中、弱膨胀水泥改性土 EDTA 滴定试验成果表明，测试土样虽均取自南阳膨胀土地区，且检测试剂、检测设备及操作方法都完全相同，但得出的标准曲线却并不完全相同，说明 EDTA 消耗量与掺灰量的数学关系与土样个体的特性相关，不同膨胀性甚至颗粒级配的膨胀土都存在特定的“EDTA 消耗量-掺灰量”标准曲线。一旦土样、水泥、试剂甚至水源发生改变，都必须重新进行室内 EDTA 滴定试验，绘制新样品的标准曲线。

（2）不同水泥剂量的水泥改性土溶液沉淀时间的 EDTA 滴定试验结果表明，对于掺灰量大于 3%的水泥改性土，10min 的沉淀时间足以保证 Ca^{2+} 被完全析出，但对于掺灰量小于 3%的水泥改性土，NH_4Cl 溶液静置 10min 时的浸提液滴定结果偏小。考虑到南水北调中线工程膨胀土改性的水泥掺量推荐值在 3%～6%，推荐水泥改性土溶液沉淀时间为 10min，以节省检测时间。若 10min 后得到的是浑浊悬浮液，则应增加防止沉淀时间，直到出现无明显悬浮颗粒的悬浮液为止，并记录所需的时间。以后所有该种水泥稳定材料的试验，均应以同一时间为准。

（3）水泥改性土龄期对 EDTA 滴定的影响可以分为三个区域：恒等区、稳定区和衰减区。对于水泥改性土的 EDTA 滴定检测水泥剂量的试验应在拌和后的 2h 内进行。超过 2h 龄期的检测需要采取相应龄期的标准滴定曲线进行水泥掺量的检测。

（4）膨胀土含水率对检测结果存在着较大的影响。现场施工中膨胀土料的含水率应严格控制在现场预期达到的最佳含水率，若含水率发生变化，应采用同样含水率的室内 EDTA 标准滴定曲线进行水泥含量的检测。

（5）EDTA 滴定法适用于现场快速测定水泥或石灰稳定土中的掺灰剂量，并可用于检查拌和料的均匀性，具有方便、快捷的特点。在对试验标准溶液制备及使用、搅拌方式、水泥改性土溶液沉淀时间以及滴定终点等进行详细规定的基础上，提出了膨胀土水泥改性掺灰剂量的检测标准。

第 6 章

土料控制及施工技术

膨胀土水泥改性填筑是将适量的水泥干粉与一定含水率的膨胀土料进行掺拌，再经过碾压成型，填筑到需要换填的部位。要达到良好的改性和填筑效果，首先，需保证改性土料中水泥的掺拌均匀性。根据南水北调中线工程“十一五”科技支撑课题的研究成果，设计提出了弱膨胀水泥改性土水泥含量标准差不大于0.7，中膨胀水泥水泥改性土标准差不大于0.5的控制标准，要达到这一设计指标要求，涉及土料的粒径、含水率控制等诸多因素，还与土料的破碎工艺、水泥掺拌方式、碾压工艺等施工技术相关。此外，由于采用水泥干粉作为改性剂，水泥干粉与膨胀土料结合的时间（龄期）具有一定的时效性，因此，改性土的碾压时间、保湿工艺等也是控制改性效果的关键因素。

本章以南水北调中线工程水泥改性土现场试验工程为背景，以设计要求指标为目标，系统分析了土料团径、含水率等因素对水泥改性土掺拌均匀性的影响，在此基础上，提出了满足水泥掺拌均匀性控制标准的改性土料的粒径、含水率等。通过现场碾压试验，研究了膨胀土开挖料含水率速降工艺和土团破碎工艺，研究了改性土碾压时效与碾压机械配置等填筑工艺问题。此外，还对超填削坡弃料的利用问题，分别从压实性、力学性以及膨胀性等方面进行了系统研究，并提出了改性土弃料的再利用原则。

6.1　水泥改性土现场试验概述

为研究水泥改性土的填筑技术和施工工艺，开展了水泥改性土的现场试验性施工，并在施工过程中对水泥改性土的施工效果进行了现场检测和测试。试验目的为：①针对设计提出的水泥改性土均匀度的要求，进行改性土颗粒级配、含水率与水泥掺拌均匀度的关系研究，提出满足设计要求的土料级配、含水率控制指标；②针对研究提出的土料级配，根据现场开挖料的天然含水率、级配情况，研究提出含水率速降和土团破碎工艺；③针对水泥改性土的碾压方法、施工工艺等关键技术开展试验，为大规模渠道施工取得经验。

现场试验研究内容、方法及目标见表6.1-1。

表6.1-1　现场试验研究内容、方法及目标

研究内容	试验方法	研究目标
水泥掺拌均匀性的控制方法研究	针对不同土团团径组，开展改性土自由膨胀率、无荷膨胀率试验，分析不同团径组下改性土的改性效果；针对不同含水率、土团团径组的开挖土料，进行土料掺拌水泥后的EDTA滴定测试，根据滴定标准差，分析含水率、土团团径对改性土水泥均匀性的影响	提出满足水泥改性土均匀性要求的开挖料土团团径和含水率控制指标

续表

研究内容	试 验 方 法	研究目标
开挖料含水率速降及土团破碎施工工艺研究	采用旋耕机、条筛、破碎机等多种破碎机械，进行碎土功效、破碎下过的比较试验，研究开挖料土团破碎施工工艺	提出满足土团团径和含水率控制指标的开挖料碎土施工工法
水泥改性土碾压施工技术研究	开展改性土现场碾压试验，采用20t凸块振动碾，进行不同铺厚和遍数碾压试验。 开展改性土施工时效性试验，按不同间隔时间进行现场碾压试验，研究施工时间对水泥改性土压实度的影响	确定改性土碾压控制参数和最佳施工时间

现场试验段位于河南省镇平县南水北调中线一期工程总干渠镇平1标段。该试验段渠线起点桩号52+100，终点桩号64+100，明渠渠道长12km，过水断面采用梯形断面，渠道断面为半挖半填方型式，渠道设计水深7.5m，渠道底宽18.0～22.0m，渠道断面如图6.1-1所示。渠道地基土为弱～中膨胀土，且地下水位较高，按设计要求，渠道采用换填水泥改性土填筑，其主要工程量见表6.1-2。

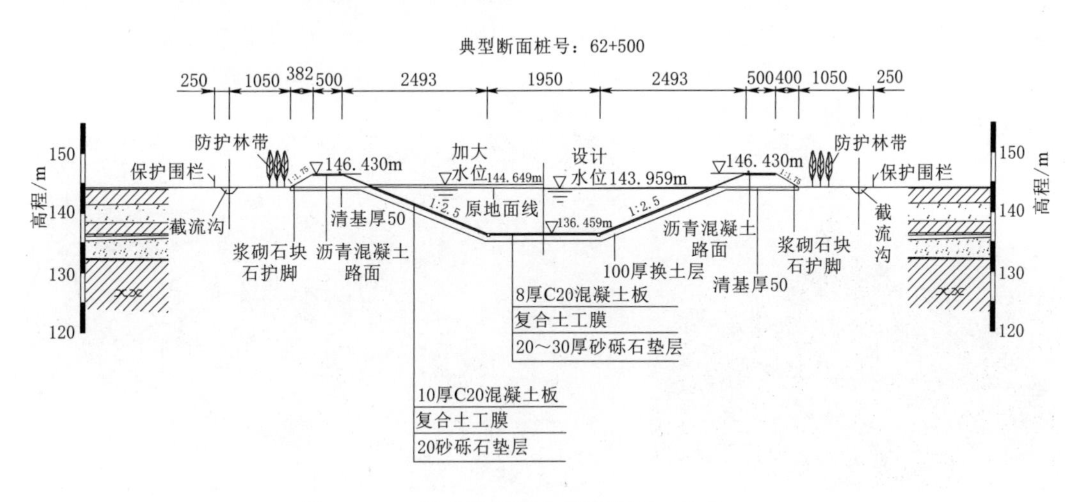

图6.1-1 试验段渠道典型断面图（单位：cm）

表6.1-2 现场试验渠道土方填筑工程量汇总表

编号	项目名称	工程量/m^3	备 注
1	水泥改性土换填	900960	渠坡换填
2	土方填筑	320512	土堤内部填筑
3	填土置换	526525	土堤外包改性土或非膨胀土
合 计		1747997	

试验段主要施工特点如下：

（1）水泥改性土生产全部采用厂拌。

（2）土料场天然含水率均偏高，在使用前需要进行翻晒处理以降低含水率，开挖土料存在大量超径尺土团。

（3）渠段开挖揭露情况显示，该段地下水位高，部分渠段基础底部地下水局部存在承压性，在开挖时采用明沟排水和管井降水方式。

为尽可能结合工程实际，现场改性土土料直接采用渠道开挖料。根据取样室内试验，渠道开挖料基本物理性指标为：天然含水率 21.0%～32.6%、黏粒含量 36.5%；塑限含水率 21%、塑性指数 24.6；自由膨胀率 44%。击实试验取得土料最大干密度 1.71g/cm^3、最优含水率 22%。

由于渠道开挖膨胀土含水率普遍较高，开挖料大多以超径的土团形式存在（见图 6.1-2），若严格按照《土工试验规程》（SL 237—1999）中全级配颗分试验方法进行级配分析，则难以真实描述现场土料的团粒情况，此外，实际施工中也不可能将开挖料完全分散，因此，现场取代表性土样进行"土团筛分"试验：对开挖料不进行破碎处理，经风干后直接进行筛分，土团大小以"团径"表述，土团"团径"是指土团最短边的长度。土团筛分参考《土工试验规程》（SL 237—1999）筛分试验方法，分别采用 100mm、80mm、60mm、40mm、20mm、10mm、5mm 圆孔筛。测得土团团径大小分布曲线见表 6.1-3 和图 6.1-3。从团径分布曲线平均线看，大于 100mm 超大团径占总质量的 61%，5～100mm 的占 35%，小于 5mm 的仅占 4%。

（a）开挖堆载

（b）翻晒晾干

图 6.1-2　现场开挖料

表 6.1-3　　开挖土料土团团径分布成果表

级配包线	不同团径土团质量占比/%							
	400～800mm	200～400mm	100～200mm	50～100mm	20～50mm	10～20mm	5～10mm	<5mm
上包线	19	35	26	9	7	1	2	1
下包线		25	16	15	14	12	11	7
平均线	9	31	21	12	10	7	6	4

按照改性土的掺拌要求，现场开挖料是不能直接进行水泥掺拌的，因此，需将开挖料进一步粉碎，降低土料含水率和调整级配以后再进行改性。

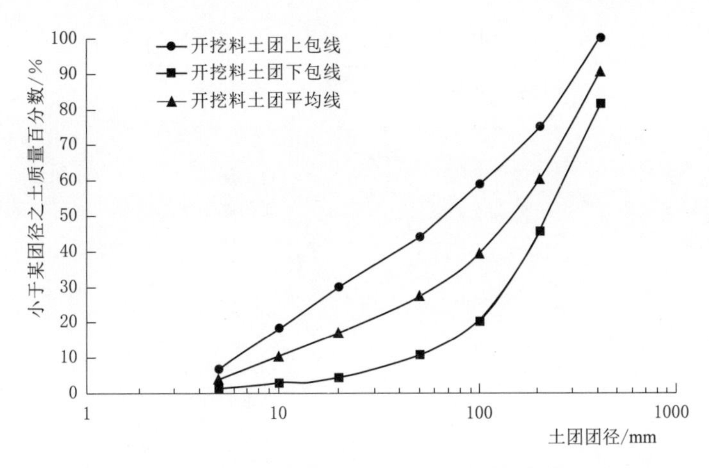

图 6.1-3　开挖土料土团团径分布曲线

6.2　水泥掺拌均匀性影响因素分析

水泥改性土掺拌均匀性主要受土料含水率和土团团径两个因素的影响。开挖料含水率偏高使土团不易分散，而开挖料存在大量超径土团也对水泥的均匀掺拌不利。为此，分别开展土团尺寸对改性效果的影响、土团尺寸对水泥掺拌均匀性影响以及土料含水率对均匀性影响试验研究。

水泥掺拌剂量的测定方法参照本书推荐采用的 EDTA 滴定法，掺拌的均匀性以检测水泥掺量的标准差评定。根据设计文件要求，弱膨胀改性土标准差不大于 0.7、中膨胀改性土标准差不大于 0.5。具体研究内容如下：

(1) 土团尺寸对改性效果的影响。以上述粒径分析中某一个团径区间范围（以下简称“单一团径”）作为土团团径组进行水泥掺拌，并对制样后的土样进行自由膨胀率和无荷膨胀率试验，分析不同团径组试样的试验指标和对应的标准差，以得出影响改性效果的土团敏感团径组。

(2) 土团尺寸对水泥掺拌均匀性影响试验。首先，以单一土团团径组的土料进行水泥拌和均匀性检测，当大于某团径组水泥掺拌检测结果不满足设计标准时，取该团径组下限为敏感团径 d_o（自定义标识），则团径大于 d_o 的土料为水泥掺拌不易均匀团径（组）。其次，进行混合团径组的土料掺拌均匀性试验，即根据现场碎土施工团径分布曲线，作为试验混合团径土料参考，围绕敏感 d_o 按比例增加大于 d_o 团径组含量，同时也增加小于 d_o 团径组含量，以平衡各团径组土料带来的不均匀，由此产生若干碎土混合料。根据若干碎土混合料评定结果可概化确定满足水泥掺拌均匀最大土团团径分布曲线。具体试验安排见表 6.2-1。

(3) 土料含水率对均匀性影响试验。在土团团径大小、水泥掺量相同条件下，根据土料塑限含水率 w_P，制备不同含水率土样，研究土料含水率变化对水泥掺拌均匀性影响，试验时避免团径大小对均匀性试验干扰，统一选择最易掺拌均匀的粒径为 5mm 以下的细料。

表 6.2-1　　土团团径大小分布均匀性试验组合表

均匀性试验	土团团径组成范围	检测指标	目　的
单一团径土料（自由膨胀率 44%）	<5mm	自由膨胀率 无荷膨胀率	土团“团径级配”对改性效果的影响
	5～20mm		
	20～60mm		
	60～100mm		
单一团径土料（自由膨胀率 50%）	<5mm	EDTA 滴定 标准差评定	确定敏感团径 d_0
	5～10mm		
	10～20mm		
	20～40mm		
	40～60mm		
混合团径土料	>d_0 团径 10%， d_0～5mm 团径 20%， <5mm 团径 70%	EDTA 滴定 标准差评定	概化最大土团团径分布曲线
	>d_0 团径 20%， d_0～5mm 团径 30%， <5mm 团径 50%		
	>d_0 团径 30%， d_0～5mm 团径 40%， <5mm 团径 30%		
	以此类推		

6.2.1　土团团径对改性土均匀性的影响分析

6.2.1.1　土团尺寸对改性效果的影响

采用现场新开挖土料直接进行筛分，分别获得：60～100mm、20～60mm、5～20mm、小于 5mm 等若干个团径组的土料。开挖土料的自由膨胀率 44%为弱膨胀土，因此，水泥掺量选 3%。

将上述的粒组土样均匀掺拌水泥后，在模型箱中制样模拟现场碾压，模型尺寸 300mm×400mm×60mm，分 2 层每层 30mm 人工击实。试验中各团径组土样制样控制标准为：最大干密度、最优含水率均取小于 5mm 粒组的击实成果，压实度为 98%。对于素土，取 2 个环刀样做无荷膨胀率试验和自由膨胀率试验；对于水泥改性土，击实完成后即刻在模型内取 6 组试样做 EDTA 滴定试验，然后在制模 7d 龄期后再次取样 3 组，进行自由膨胀率和无荷膨胀率试验（见图 6.2-1 和图 6.2-2）。

不同团径组弱膨胀土掺 3%水泥后，改性土的自由膨胀率、无荷膨胀率的试验结果如图 6.2-3、图 6.2-4 所示。

分析上述成果可以看出，随着土团最大粒组尺寸的增大，样品的自由膨胀率、无荷膨胀率测量指标也随之增大，说明在相同的水泥掺量下，土团越大，改性土越难以掺拌均匀，改性的效果也越差。同时还可以发现，自由膨胀率的增长是逐渐变化的过程，而无荷

(a) 装料

(b) 筛分

图 6.2-1 开挖料土团筛分试验

(a) 称重

(b) 分组

图 6.2-2 开挖料土团筛分各团径组土料

膨胀率的增长是突变式的增长。原因在于前者的试验方法是将样品破碎以后进行测试，而后者是制样后直接测试，其样品的均匀性更差。

图 6.2-5、图 6.2-6 为不同团径弱膨胀土掺 3%水泥后，自由膨胀率、无荷膨胀率测量值的标准差。由图可见，随着土团尺寸的增大，自由膨胀率、无荷膨胀率测量值的标准差总体呈增大的趋势，表明试验指标结果的离散性越来越大，水泥掺拌均匀性和改性效果也越来越差，尤其是团径大于 20mm 之后。由此，初步选定 20～60mm 团径组为敏感团径组，在以下的研究中还将进一步细分该团径组。

6.2.1.2 单一团径土料均匀性试验

将风干后的试验用料分别按＜5mm、5～10mm、10～20mm、20～40mm、40～60mm 等 5 个团径组筛出土料，再根据表 6.2-1 试验计划，分别对每组单一团径土料掺拌 4%水泥，并进行 EDTA 滴定测试，每组土料均进行 6 组平行试验，最终以 6 组试验成

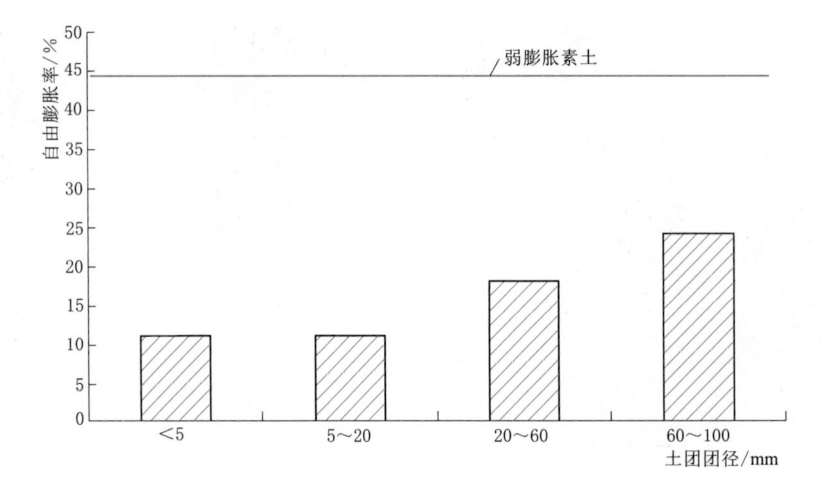

图 6.2-3 不同团径弱膨胀土掺 3%水泥后的自由膨胀率试验结果

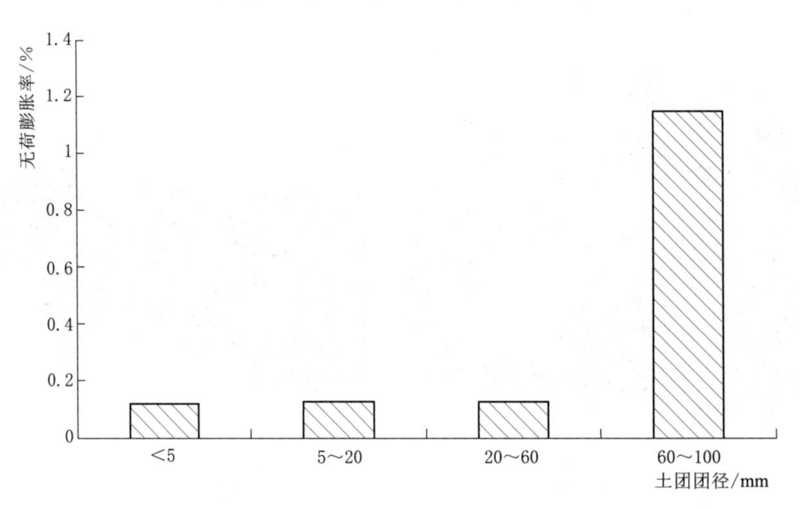

图 6.2-4 不同团径弱膨胀土掺 3%水泥后的无荷膨胀率试验结果

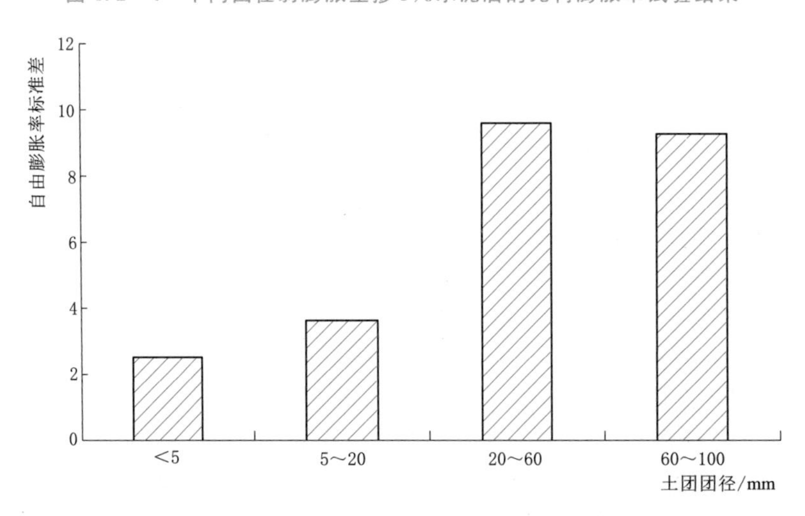

图 6.2-5 不同团径弱膨胀土掺 3%水泥后的自由膨胀率标准差

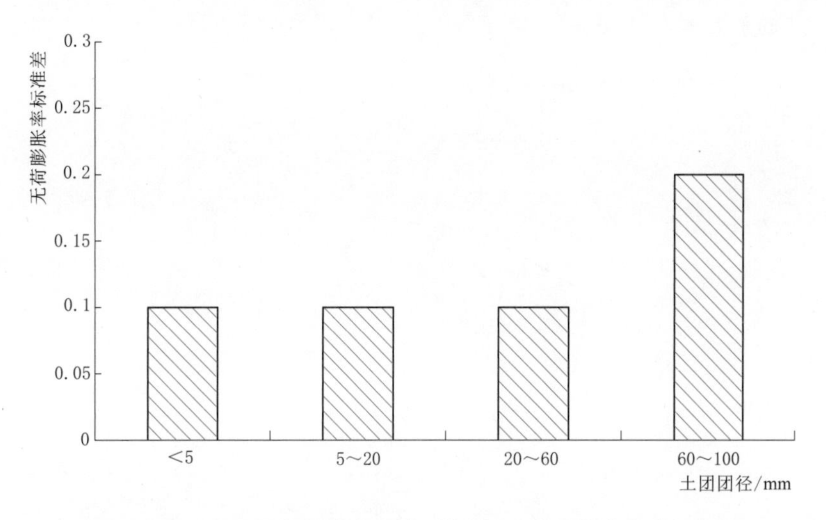

图 6.2-6　不同团径弱膨胀土掺3%水泥后的无荷膨胀率标准差

果的标准差评定水泥掺拌均匀性。

进行土团水泥掺拌均匀性试验时，从细粒土团土料向粗土团土料进行，直至某一级团径土料 EDTA 测试，标准差评定大于 0.7 时即判断为水泥掺拌不均匀，则确定上一级团径组为敏感团径组，取其粒组的下限为敏感团径 d_0。

表 6.2-2 和图 6.2-7 为单一团径土料 EDTA 滴定测试成果，其中，水泥掺拌方式采用人工拌和，拌和时间参考机械拌和时间约 2min，EDTA 滴定试样采用四分法取样。

表 6.2-2　　单一团径土料 EDTA 滴定测试成果表

序号	团径组成							
	<5mm		5～10mm		10～20mm		20～40mm	
	EDTA消耗量/mL	水泥掺量/%	EDTA消耗量/mL	水泥掺量/%	EDTA消耗量/mL	水泥掺量/%	EDTA消耗量/mL	水泥掺量/%
1	16.7	4.03	17.5	4.79	19.1	4.28	19	4.76
2	17.3	4.22	15.6	4.28	17.5	3.69	18.1	4.47
3	16.8	4.06	17.5	4.06	16.8	4.28	15.3	3.59
4	17.1	4.16	16.4	4.13	17	3.94	14.9	3.46
5	16.5	3.97	17.8	4.44	18	4.38	18.9	4.72
6	16.8	4.06	15.4	4.66	18.7	3.62	19.7	4.98
平均值		4.08		4.39		4.03		4.33
标准差		0.09		0.29		0.33		0.64
偏差系数		0.02		0.07		0.08		0.15

注　由于 40～60mm 团径尺寸过大，EDTA 测试无法进行。

分析图 6.2-7 可知，小于 5mm 土团组土料掺拌水泥后，测试得到的水泥掺拌标准差仅为 0.09，远小于设计要求的弱膨胀土改性的标准差要求；5～10mm、10～20mm 土团

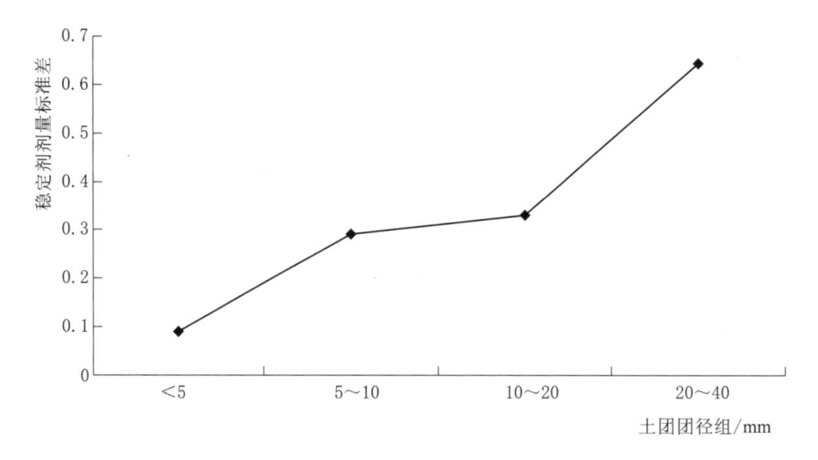

图 6.2-7　单一土团团径土料与4%水泥掺量 EDTA 测试标准差的关系曲线

组土料水泥掺拌后，测试标准差相差不大，约 0.3；20～40mm 土团组土料水泥掺拌后，测试标准差为 0.64，接近设计控制标准值 0.7 上限；而 40～60mm 土团组，因土团尺寸过大，基本上不可能使水泥掺拌均匀，EDTA 测试也难以取得代表性样品而放弃测试。

根据上述试验结果，参照前述定义可将 20～40mm 团径组确定为敏感团径组，而将 20mm 的土料确定为敏感团径 d_s。开挖料达到团径为 20～40mm 的土料即能满足水泥掺拌均匀性 0.7 的设计要求。

6.2.1.3　混合团径土料均匀性试验

以上试验研究了级配范围较窄的“单一”团径组的土料掺拌均匀性问题，下面将继续讨论级配范围更宽的开挖料的掺拌均匀性问题。

根据表 6.2-1 所列试验计划和敏感团径 d_s 试验成果，以现场条筛碎土工艺（具体工艺方法见下节）所取得的团径大小分布曲线为参考，按比例增加大于和小于 d_s 团径的粗、细团径组土料，用人工掺拌水泥的方式合成 4 组混合团径组土料（见图 6.2-8），每组制备 12 个试样进行水泥掺拌，并分别进行 EDTA 滴定测试，再计算 12 个试样掺量的平均值、标准值和标准差，以标准差值作为评价掺拌均匀性的指标。

图 6.2-8　混合团径组土料人工水泥掺拌（水泥掺量 4%）

4组团径土料均匀性试验粒径范围及占比见表6.2-3，团径分布曲线如图6.2-9所示。每组水泥掺量均为4%，土料含水率为17%。

表6.2-3　　混合土料水泥掺拌均匀性土团团径大小分布

试样编组	团径组成/mm	团径土料占比/%	不同团径土团质量占比/%					
			80～100mm	50～80mm	20～50mm	10～20mm	5～10mm	<5mm
1	<5	20	3	8	19	20	30	20
	<20	70						
	>100	0						
2	<5	10		7	23	25	35	10
	<20	70						
	>100	0						
	>80	0						
3	<5	50	2	3	13	14	18	50
	<20	82						
	>100	0						
4	<5	70	1	2	8	8	11	70
	<20	89						
	>100	0						
条筛碎土平均线			10		15	31	27	17

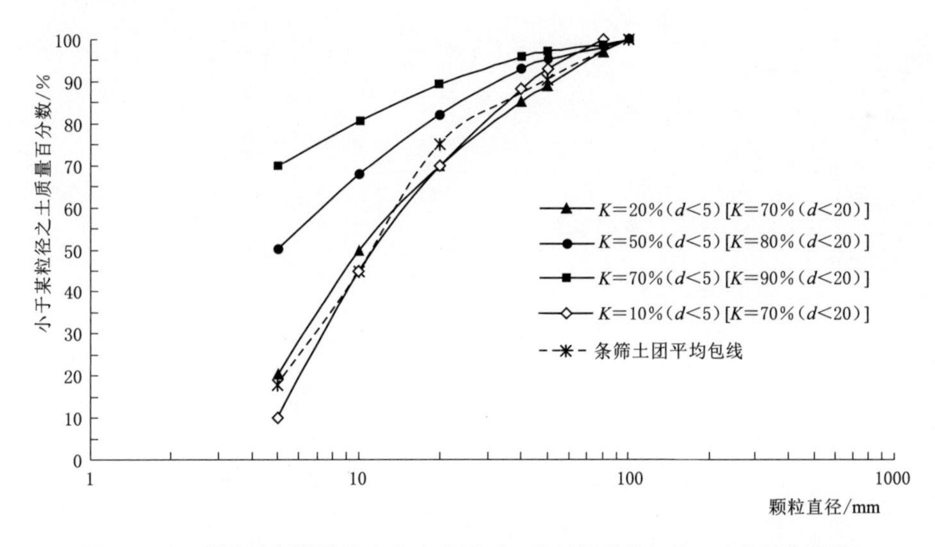

图6.2-9　混合土料团径大小分布曲线（*K*为某团径下占比，*d*为对应团径）

表6.2-4为4组混合团径土料EDTA滴定检测标准差成果表，图6.2-10为每组混合土料EDTA检测标准差。试验成果揭示了两个规律：①只要混合土料中没有超过100mm的土块，且小于20mm团径含量大于70%时，则混合土料EDTA滴定测试标准差均小于0.7，满足设计的水泥掺拌均匀性要求。②若混合土料中小于20mm的团径含量

不超过70%时，则80mm以上团径含量成为控制因素；当大于80mm土团含量为0%时，混合土料的均匀度也能满足设计要求，反之，则不满足设计要求。

表6.2-4　　混合团径土料EDTA滴定检测标准差成果表

试样编组	1		2		3		4	
团径组成及占比	<5mm，20%； <20mm，70%； >100mm，0%		<5mm，10%； <20mm，70%； >100mm，0%； >80mm，0%		<5mm，50%； <20mm，82%； >100mm，0%		<5mm，70%； <20mm，89%； >100mm，0%	
序号	消耗量/mL	掺量/%	消耗量/mL	掺量/%	消耗量/mL	掺量/%	消耗量/mL	掺量/%
1	20.5	5.23	19.6	4.94	15.9	3.78	16.9	4.09
2	19	4.76	17.3	4.22	14.5	3.34	14.6	3.37
3	19.1	4.79	19.5	4.91	20	5.07	18.6	4.63
4	15.3	3.59	21.5	5.54	19	4.76	17.6	4.31
5	17.4	4.25	16.6	4.00	16.9	4.09	17.9	4.41
6	19.3	4.85	18.5	4.60	14.7	3.40	16.6	4.00
7	20.8	5.32	23	6.02	17.5	4.28	19.7	4.98
8	19	4.76	21.4	5.51	17.3	4.22	19.7	4.98
9	14.6	3.37	20.5	5.23	16.9	4.09	18.4	4.57
10	15.5	3.65	18.5	4.60	15.7	3.72	17.1	4.16
11	14.9	3.46	22.5	5.86	19.8	5.01	16.1	3.84
12	16.3	3.91	20.4	5.20	16.3	3.91	16	3.81
平均值		4.33		5.05		4.14		4.26
标准差		0.71		0.63		0.57		0.48
偏差系数		0.16		0.12		0.14		0.11

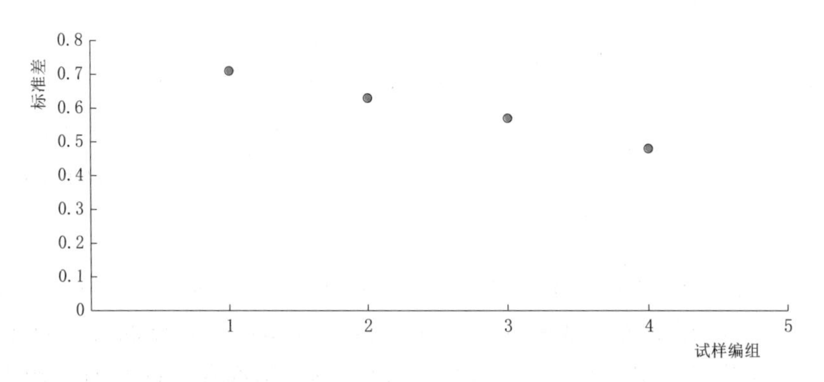

图6.2-10　混合土料与EDTA测试水泥掺量标准差的关系曲线

对比第1组和第2组试样的试验成果，发现小于5mm的团径含量增大，而滴定标准差反而增大，说明该团径组对掺拌均匀性影响较小。结合上述分析结果，再次证明20mm粒组的土料是控制水泥掺拌均匀的敏感团径。

由以上成果分析可见，4组试样中仅第1组标准差略大于0.70，其余3组均满足标准差不大于0.7的设计标准。因此，本工程最终推荐的水泥改性土土料的团径控制标准为最大团径小于100mm且小于20mm团径含量应大于70%。

上述改性土团径控制标准可供其他膨胀土工程借鉴参考，对于特别重要的工程，应根据设计提出的水泥掺拌均匀性控制指标，经过现场土料团径级配测定及水泥掺量的均匀性现场试验来进一步确定。

6.2.2　土料含水率对水泥掺拌均匀性的影响

选取小于5mm的单一土团团径开挖料进行土料含水率对水泥掺拌均匀性影响研究。根据土料塑限含水率 $w_P=21\%$，配备不同含水率的试验土样，每组土样掺拌水泥后均进行6组EDTA滴定测试，并计算标准差，试验成果见表6.2-5、图6.2-11。

表6.2-5　　单一团径 $d<5$mm 土料含水率与标准差试验成果表

编号	W_{12}		W_{18}		W_{20}		W_{22}		W_{24}		W_{27}	
含水率/%	11.1		16.1		17.3		19.1		21.0		24.0	
序号	EDTA /mL	掺量 /%	EDTA /mL	掺量 /%	EDTA /mL	掺量 /%	EDTA /mL	掺量 /%	EDTA /mL	掺量 /%	EDTA /mL	掺量 /%
1	17.2	4.19	16.7	4.03	16.4	3.94	17.6	4.31	15.8	3.75	18.1	4.47
2	17.1	4.16	17.3	4.22	16.5	3.97	16.9	4.09	15.3	3.59	14.6	3.37
3	16.8	4.06	16.8	4.06	17.1	4.16	15.8	3.75	16.5	3.97	19.5	4.91
4	16.7	4.03	17.1	4.16	16.3	3.91	18	4.44	18.3	4.54	14.9	3.46
5	17	4.13	16.5	3.97	15.6	3.69	17	4.13	19.5	4.91	19.5	4.91
6	17	4.13	16.8	4.06	17.6	4.31	15.4	3.62	20.5	5.23	20.5	5.23
7	16.7	4.03										
8	17	4.13										
平均值		4.11		4.08		3.99		4.06		4.33		4.39
标准差		0.06		0.09		0.22		0.32		0.66		0.79
偏差系数		0.01		0.02		0.05		0.08		0.15		0.18

试验成果表明：水泥掺拌均匀性随着土料含水率增大而减弱。当含水率低于19%时，EDTA滴定标准差增长较小；当含水率超过19%后，标准差增速加快；当含水率达到土料塑限值21%时，EDTA滴定测试准差达到0.66，接近设计指标0.7的标准差要求；当含水率大于21%以后，EDTA滴定测试准差不满足要求。由此分析，为满足设计要求水泥掺拌均匀性标准差的要求，水泥改性土土料的含水率应控制在土料塑限含水率以下。

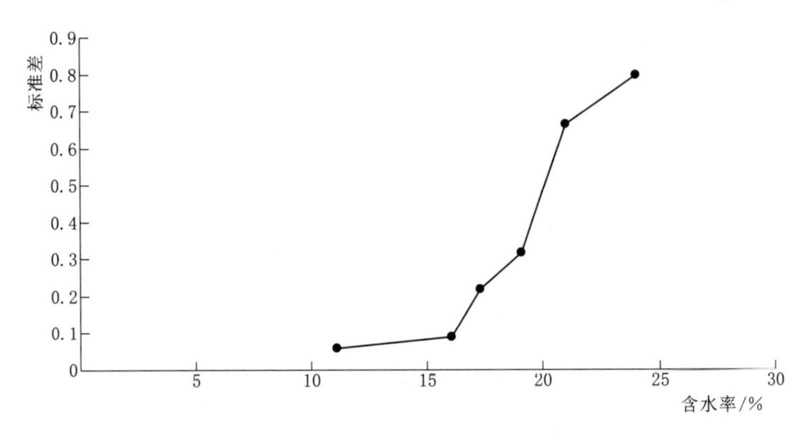

图 6.2-11　单一团径 $d<5$mm 土料含水率与标准差的关系曲线

6.3　开挖料土团破碎工艺

第 6.2 节重点讨论了满足水泥改性土掺拌均匀性要求的土团尺寸和含水率问题。本节主要针对高含水率条件下土料的含水率快速降低和破碎工艺问题开展讨论。

土料的含水率速降和破碎工艺有两方面内容：①土团含水率速降方法，包括料场井点降水、土料自然翻晒和机械翻晒。速降后土团的含水率应使土块（团）便于破碎，同时，破碎后的土团团径应满足水泥掺拌均匀性要求。②土团破碎工艺和效率，包括不同破碎机械或工具，如破碎机、旋耕机、条筛等，以及不同工法组合条件下的土团破碎效果。具体试验内容见表 6.3-1。

表 6.3-1　　土料的含水率速降和破碎工艺对比试验表

序号	方　法	试验用料	检测内容
1	料场井点降水	料场原土	含水率
2	旋耕机破碎	开挖料通过自然翻晒处理	含水率、颗粒级配
		开挖料未通过自然翻晒处理	
3	破碎机	通过旋耕机旋耕翻晒土料	含水率、颗粒级配
4		旋耕机旋耕翻晒土料或条筛土料	含水率、颗粒级配
5	条筛	开挖料通过自然翻晒处理	含水率、颗粒级配
6	旋耕机＋破碎机	开挖料通过自然翻晒处理	含水率、颗粒级配
7	条筛＋破碎机	开挖料通过自然翻晒处理	含水率、颗粒级配

6.3.1　含水率速降施工工艺试验

通过现场试验比较了料场井点降水、自然翻晒和旋耕机旋耕翻晒的效率。

(1) 井点降水。中国水利水电第七工程局有限公司在南水北调中线一期工程总干渠鲁山南 1 标段进行了料场井点降水试验。在料场范围布置了井深 5m、间距 10m 井点降水系统，通过观察该区内土料含水变化情况，分析井点降水的效果。表6.3-2为井点降水不同时段、不同深度土层的含水率变化情况。

表6.3-2　　井点降水不同时段、不同深度土层含水率变化表

降水时间	取样深度/m		
	1	2	3
	含水率/%		
12h	25.1	25.3	25.3
24h	25.0	24.9	24.3
48h	24.7	24.8	24.0
4d	24.1	24.1	24.2
8d	24.1	24.3	23.7
16d	24.8	24.1	23.5

井点降水前后不同埋深土层的含水率分析可知，料场土料起始含水率高于25%，随井点降水抽排时间增长，土层含水率逐渐降低，但16d以后也仅仅降低约1%即趋于稳定，井点降水工效太差，而对膨胀土改性施工而言，土料的含水率23%～24%仍难以破碎，因此，必须采用其他降水措施才能满足改性土生产需要。

(2) 自然翻晒。自然翻晒主要是指在土料开挖场地利用阳光、风等自然措施，辅以挖槽、排水等进行含水率速降的方法。该措施主要包括：①利用现场有利气候，在多风地段采用"土堆过风法"降低土体含水率；②先采用"犁耕法"深耕土地，形成土垅就地晾晒，然后再按犁耕深度进行表层开挖，循环往复；③用挖掘机在料场开挖通风槽，通风槽宽1～2m、深3～4m、长20～30m（见图6.3-1），以加速空气流动和土体排水。

图6.3-1　土料场开挖通风槽降低土料含水率

从现场试验的效果上看，开挖通风槽的方式降低土料含水率效果较好。但是，从整体上看，土料自然翻晒速降含水率工艺，24h也仅能使表层土料的含水率降低1%～3%，而且还需要天气情况良好，效率较低，而且，随着含水率的降低，其效果会越来越差。

（3）旋耕机旋耕翻晒＋碎土。旋耕机属于耕耘使用的农具，可与拖拉机配套使用，可以一次性完成土的耕、耙、翻晒、破碎等作业。旋耕机安装的刀头长 15cm，间距 30cm，具有较强的碎土、翻晒能力，可以同时发挥含水率速降和碎土两种作用。为此，重点针对旋耕机旋耕翻晒碎土的效果开展论证。

现场旋耕机旋耕翻晒试验在南阳镇平进行，翻晒土料为渠道弱膨胀土开挖料，共完成了两个场次的现场试验，试验场地约 20m×8m，试验过程如图 6.3－2 所示。

（a）旋耕机旋耕翻晒

（b）旋耕机刀头

图 6.3－2　现场试验旋耕机碎土翻晒

第一场试验于 2011 年 11 月 24—26 日进行，当时气候为多云间阴天气，白天气温为 13～14℃，微风。试验土料先通过了自然晾晒，检测土料初始含水率为 25.4％。试验中利用 ZL50 装载机先将土料摊铺均匀，然后，分别用旋耕机旋耕翻晒 1 遍、5 遍、10 遍，每次完成后用烘干法检测土料含水率，得出历次翻晒后土料的含水率（见表 6.3－3）。旋耕机单次循环间隔时间 30min，旋耕土有效深度约 15cm，本次试验历时约 6h。在试验时间 6h 内，含水率从 25.4％降至 21.6％，含水率降低幅度近 4 个百分点，继续翻晒，土团继续破碎和含水率降低的效果有限。

第二场试验于 2012 年 5 月 10—16 日进行，当时气候为多云天气，白天气温为 23～28℃，微风。试验土料直接采用开挖料，检测土料初始含水率高达 28.4％。装载机摊铺后，用旋耕机旋耕翻晒 2 遍、4 遍、6 遍、8 遍、10 遍、12 遍，同样，采用烘干法检测土料含水率，得出历次翻晒土块含水率（见表 6.3－3）。旋耕机单次循环间隔时间约 40min，整个试验耗时 8h 完成。

表 6.3－3　开挖料旋耕机旋耕翻晒试验成果

试验时间	气温/℃	翻晒遍数	含水率/％	试验间隔时间
2011 年 11 月 24—26 日	13～14	0	25.4	整个试验累积耗时约 6h，单次循环间隔 30min
		1	24.4	
		5	22.4	
		10	21.6	

续表

试验时间	气温/℃	翻晒遍数	含水率/%	试验间隔时间
2012年5月10—16日	23～28	0	28.4	整个试验累积耗时约8h，单次循环间隔40min
		2	26.1	
		4	23.2	
		6	21.7	
		8	20.0	
		10	19.8	
		12	19.0	

根据试验得到旋耕机旋耕翻晒遍数与土料含水率的关系如图6.3-3所示。通过两场含水率速降试验，按旋耕机一次作业时间以30～40min计，分析成果表明：①不同季节现场开挖土料的起始含水率差别很大，2011年11月冬季，开挖土料天然含水率25.4%，而在2012年春季，开挖土料天然含水率达28.4%，这主要与开挖渠段地下水高程有关；②初始含水率不同的开挖土料，经过旋耕机旋耕翻晒8～10遍后，含水率均能降低至20%左右，即接近土料的塑限值，此后，再使用旋耕机旋耕翻晒则无论是碎土还是含水率减低的效果均有限；③前后两场试验分别处于冬季和春季，大气温度相差10℃左右，第一场试验初始含水率相对较低，旋耕机旋耕翻晒10遍后含水率降低为21.6%，第二场试验初始含水率高，旋耕机旋耕翻晒6遍后含水率降低为21.7%，翻晒10遍后含水率进一步降低为19.8%，如果考虑到气候、温度的影响，土料含水率的降低应仅仅与翻晒遍数和时间有关，而与起始含水率关系不大。

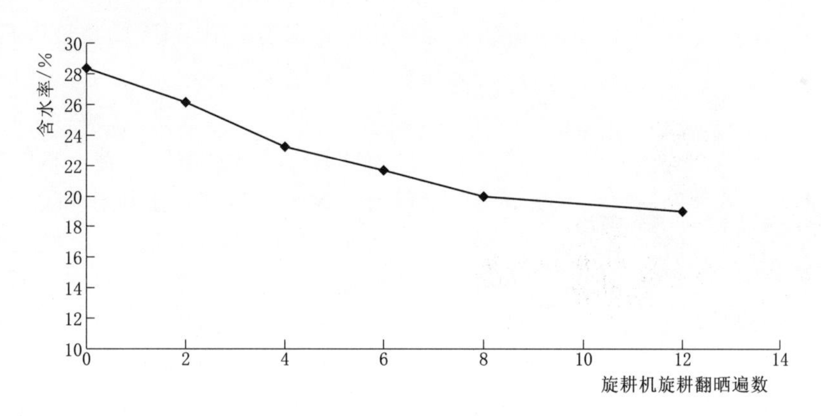

图6.3-3 旋耕机旋耕翻晒遍数与土料含水率的关系曲线

有关旋耕机翻耙碎土的效果在第6.3.2节中论述。

6.3.2 土团破碎工艺及功效试验

分别研究了机械碎土工艺、条筛碎土工艺、机械组合碎土工艺和黏土掺砂工艺，以及机械碎土的功效。其中，机械碎土工艺研究了土壤破碎机碎土、拌和机碎土、旋耕机碎土等三种碎土方式；机械组合碎土工艺则主要研究了旋耕机+土壤破碎机、条筛+破碎机两种组合方式；黏土掺砂工艺主要分析了将现场开挖的细砂（砾）按10%～60%的比例掺入开挖料，以达到降低土料塑限含水率、方便土团分散的目的。

6.3.2.1 机械碎土

（1）土壤破碎机碎土。现场采用的土壤破碎机为XTP-600A型铣削式破碎机，设计碎土功效200～300m^3/h，其工作原理是在高速旋转的破碎刀鼓上安装多组拆卸式硬质合金刀头，对土块进行高速铣削，并达到强制破碎目的，如图6.3-4所示。

现场试验发现，如果直接将现场开挖土料用装载机装入破碎机，极易造成机械堵塞，导致碎土功效低下。分析原因主要是因为土料含水率较高，破碎机内高速旋转的碎土刀头，易将高塑性的土料挤压成面饼状，导致机器堵死。超大团径的土团还可能导致进料斗完全堵死，使机械无法连续运转，如图6.3-5所示。

图6.3-4 XTP-600A型铣削式土壤破碎机

图6.3-5 XTP-600A型铣削式土壤破碎机料斗淤堵

（2）破碎机碎土。破碎机拌和原理类似破碎机，机械在拌和过程实际上也有一定程度碎土功能。现场采用WC600型破碎机进行碎土和水泥拌和施工试验，如图6.3-6所示。现场试验表明，破碎机功效主要受两方面因素影响：一是土料的天然含水率，二是土料的塑性指数。土料天然含水率越高，土料拌和过程中越容易相互粘连，易使机械负荷过重，导致电机烧毁，机械需时常清理，生产效率低下，如图6.3-7所示。而土料的塑性指数越大，土料越难破碎，水泥拌和越不易均匀。因此，为了达到破碎机120m^3/h的生产功效，土料进入破碎机前也需要控制含水率低于塑限含水率。

图6.3-6 WC600型改性土破碎机

（3）旋耕机碎土。由于黏性土料含水率普遍偏高，直接采用破碎机和拌和机一般都难以达到碎土的最大效率，而旋耕机碎土除了可使超大团径土料团块破碎外，还能同时降低土料的含水率。为此，前述两场旋耕机现场试验后，还进行了土团团径的筛分试验，分析成果如下：

第一场试验，土料预先通过自然翻晒，将现场开挖土料含水率降低为25.4%，再经过旋耕机碎土，通过现场筛分，得到不同翻晒遍数下土团团径分布曲线，见表6.3-4和图6.3-8。成果表明，旋耕机旋耕翻晒碎土5遍后，大于80mm团径组的土团含量由

（a）破碎机

（b）进料传输带

图 6.3-7　破碎土料含水率偏高机械堵塞

66%减少至 1%，20～80mm 团径组含量由 17%增至 41%，5～20mm 团径组含量增至 47%，说明旋耕机破碎超大团径效果明显，但旋耕机旋耕翻晒 10 遍后，土团团径破碎速率减缓。从图 6.3-8 也可见，随着翻晒次数的增加，土团团径分布曲线逐渐向土团团径的控制标准接近，说明旋耕机的碎土效果显著。

表 6.3-4　　旋耕机碎土团径分布成果表（第一场）

翻晒遍数	含水率/%	不同团径土团质量占比/%					
		>100mm	80～100mm	20～80mm	10～20mm	5～10mm	<5mm
0	25.4	61	5	17	7	6	4
1	24.4	5	5	60	15	8	7
5	22.4	0	1	41	29	18	11
10	19.5	0	1	31	32	20	16
土团团径控制标准				30	50		20

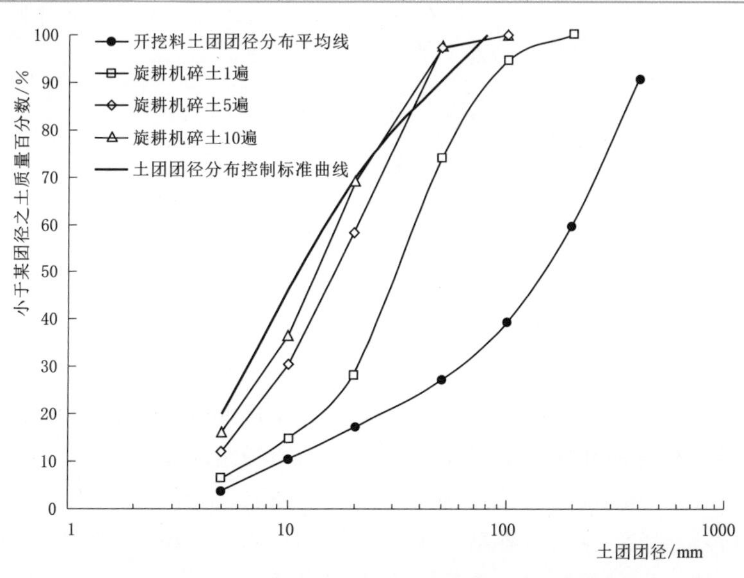

图 6.3-8　旋耕机碎土前后土团级配曲线（第一场）

第二场试验，土料未通过自然翻晒，直接用旋耕机碎土。试验成果见表6.3-5、图6.3-9。成果表明，土料翻晒6遍以内，大于80mm的超团径土团碎土效果明显；土料翻晒6遍以后，碎土效率减缓，大于80mm超团径土团减少至1%，20～80mm团径组含量增至40%，5～20mm团径组含量为43%；旋耕机碎土12遍后，大于80mm团径组含量消失，大于20mm团径组含量为32%，5～20mm团径组含量接近50%，5mm以下团径组改变不大。

表6.3-5　旋耕机碎土团径分布成果表（第二场）

翻晒遍数	含水率/%	不同团径土团质量占比/%					
		>100mm	80～100mm	20～80mm	10～20mm	5～10mm	<5mm
0	28.4	61	5	17	7	6	4
2	26.1	18	6	48	16	7	5
4	23.2	5	4	41	21	18	11
6	21.7		1	40	25	18	16
8	20.0			37	27	19	17
12	19.0			32	28	21	19
土团团径控制标准				30	50		20

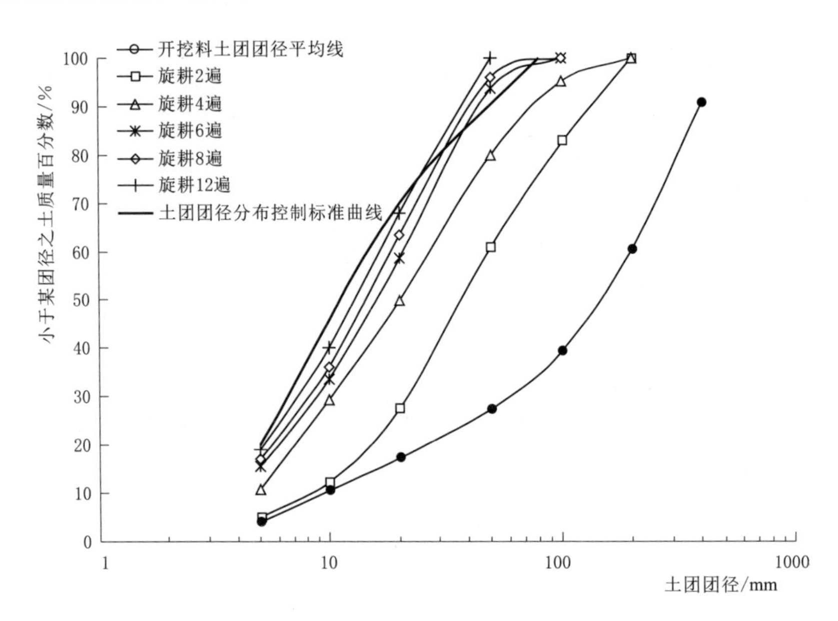

图6.3-9　旋耕机碎土前后土团团径分布曲线（第二场）

排除现场温度和湿度差异，单从碎土效果上综合分析两次试验成果见表6.3-6。两场试验中未经碎土处理的开挖料土团大于80mm的团径组含量均占66%，旋耕机旋耕翻晒5～6遍后，大于80mm团径组含量仅占1%，5～80mm团径组含量达80%以上，小于5mm含量为14%；当旋耕机旋耕翻晒10～12遍时，20～80mm团径组含量继续降低，20mm以下团径组增大，并且十分接近土团团径控制标准。

由此可见，旋耕机在破碎 80mm 以上超大土团团径方面效果明显，破碎后的土团以 5～80mm 中间团径为主。一般来讲，旋耕机旋耕翻晒 5～6 遍以后，土团团径进一步破碎的效果开始减缓，翻晒 12 遍以后，基本能满足水泥掺拌均匀性对土料团径分布控制标准的要求。

表 6.3-6　　旋耕机碎土团径分布成果表

翻晒遍数	含水率/%	不同团径土团质量占比/%				
		>100mm	80～100mm	20～80mm	5～20mm	<5mm
0	25～28	61	5	17	13	4
5～6	22～21		1	40	45	14
10～12	19～20			30	51	19
土团团径控制标准		0		30	50	20

6.3.2.2　条筛碎土工艺

条筛由人工在现场用工型钢焊接而成，筛网间距可根据实际需要调整。图 6.3-10 为本现场试验所用钢构条筛，该条筛长 6m、宽 4m，架起以后高 5m，筛网间距 10cm。施工时利用反铲将土料抛下，使土块、泥团在自重作用下经条筛破碎、过筛，必要时还可以通过反铲施压过筛。开挖料通过条筛破碎后，大于 100mm 的团块基本消除。条筛碎土工法最大优点是可将开挖土料中的超大团径土团快速破碎，相比旋耕机碎土更节省工时，但对土料含水率降低，几乎没有作用，若土料天然含水率较高，则条筛的碎土效率也将降低。因此，条筛碎土土料含水率应控制在塑限含水率 $w_P+2\%$以下。

条筛碎土前后土团团径大小成果见表 6.3-7、图 6.3-11。从条筛碎土后团径分布情况看，80%的土团主要集中在 5～80mm 之间，大于 80mm 的含量仍有 3%，小于 5mm 的含量为 17%，与旋耕机旋耕翻晒 5～6 遍后的团径分布基本接近。就条筛土团团径分布平均线来说，与土团团径控制标准较为接近，但仍未完全满足控制标准。

(a) 型钢条筛

(b) 条筛碎土

图 6.3-10　型钢条筛现场施工图

表 6.3-7　　条筛+旋耕机组合碎土前后土团团径分布表

料　源	含水率/%	不同团径土团质量占比/%				
		>100mm	80～100mm	20～80mm	5～20mm	<5mm
开挖料土团团径平均线	25	61	5	17	13	4
经条筛碎土前后平均线	22		3	23	57	17
旋耕机旋耕翻晒 5～6 遍	22～21		1	40	45	14
土团团径控制标准				30	50	20

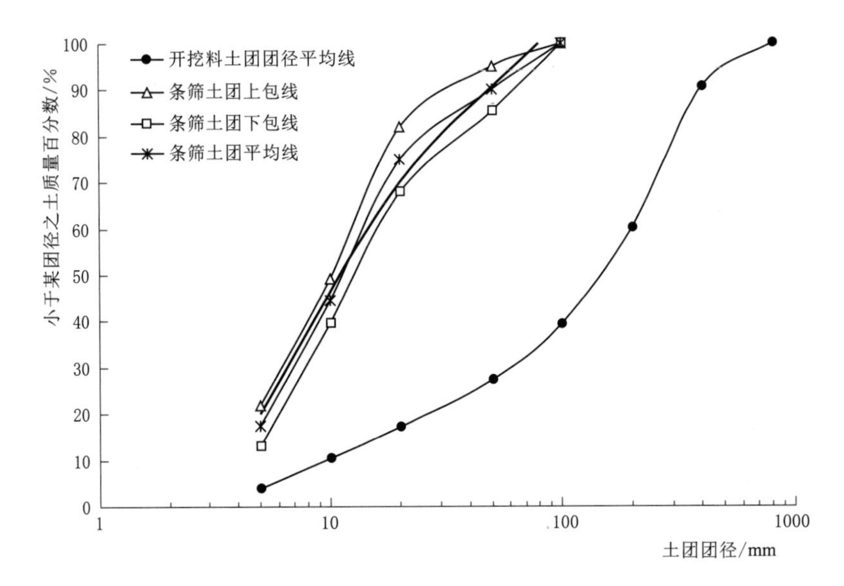

图 6.3-11　条筛碎土前后土团团径分布曲线

6.3.2.3　机械组合碎土

旋耕机、条筛或破碎机碎土均能在一定程度上实现碎土的目的，也能大大减少超大团径土团含量，但每种工艺均存在一定优势和局限性，如旋耕机和条筛碎土后土团团径大小主要集中在 5～80mm 范围，且进一步碎土效果有限，小于 5mm 土团含量偏低，且碎土效率较低；而破碎机虽然效率高，但同时又受到土料含水率的控制，三种工艺的组合应能达到取长补短的效果，为此，下文比较了两种组合碎土方式。

（1）旋耕机+破碎机。破碎机或旋耕机单独使用的试验表明，当土料含水率低于塑限含水率 w_P 时，直接采用破碎机碎土，碎土土团团径主要集中在小于 5mm 团径组内，含量可达 50%左右；当土料含水率高于塑限含水率 w_P 时，采用旋耕机旋耕翻晒，在降低土料含水率同时，也能大大减少土团超大团径含量，但对 5～80mm 中间团径的破碎效果有限。因此，对于天然含水率较高的土料，可以考虑将旋耕机与破碎机进行组合，开挖料先用旋耕机旋耕翻晒，待含水率降至土料塑限含水率 w_P 附近后，再用破碎机碎土。

旋耕机与破碎机组合试验成果见表 6.3-8、图 6.3-12。分析试验成果表明：起始含水率 28.4%的土料，用旋耕机旋耕翻晒 4～6 遍后再进行机械碎土，土团团径已满足团径分布控制标准曲线，但由于含水率偏高，机械堵塞严重，碎土效率低下，同时，过高的含水率也使得改性土的均匀性难以满足要求；当用旋耕机旋耕翻晒8遍以后，土料含水率降至塑限含水率附近，再进行破碎机碎土，则大于80mm土团的含量为0，20～80mm团径的含量从37%减少到8%，小于5mm团径的含量从17%增至35%，已经完全满足土团团径控制曲线标准；当旋耕机旋耕翻晒12遍后再进行破碎机破碎，20～80mm团径的含量进一步减少，小于5mm团径的含量继续增加，说明旋耕机和破碎机的效率均达到最佳状态。

表6.3-8　旋耕机+破碎机组合前后土团团径分布表

破碎机料源（含水率）	机械碎土组合前后	机械碎土堵塞情况	不同团径土团质量占比/%				
			>100mm	80～100mm	20～80mm	5～20mm	<5mm
旋耕机旋耕翻晒2遍（26.1%）	前	很严重	18	6	48	23	5
	后			10	39	38	13
旋耕机旋耕翻晒4遍（23.2%）	前	很严重	5	4	41	39	11
	后				15	65	20
旋耕机旋耕翻晒6遍（21%）	前	较严重		1	40	43	16
	后				10	59	31
旋耕机旋耕翻晒8遍（20%）	前	一般			37	46	17
	后				8	57	35
旋耕机旋耕翻晒10遍（19%）	前	较畅通			33	49	18
	后				5	46	49
土团团径控制标准					30	50	20

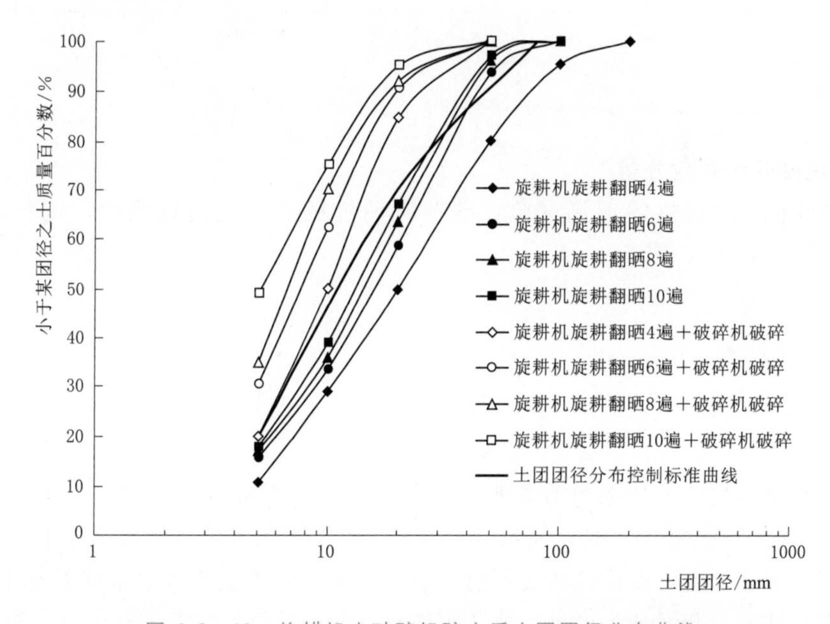

图6.3-12　旋耕机+破碎机碎土后土团团径分布曲线

（2）条筛+破碎机。表6.3-9和图6.3-13为经过条筛和破碎机碎土的土团团径分布。分析表明：当土料含水率为塑限含水率w_P+2%时，单独利用条筛碎土，不满足团径分布控制标准曲线要求；如果采用条筛与破碎机组合碎土，则完全能满足土团团径控制标准。

表 6.3-9　　条筛＋破碎机组合前后土团团径分布表

料　　源	含水率/%	不同团径土团质量占比/%				
		＞100mm	80～100mm	20～80mm	5～20mm	＜5mm
条筛碎土前后团径平均线	22		3	23	57	17
条筛＋破碎机团径平均线	20.2～23.3			20	43	37
土团团径控制标准				30	50	20

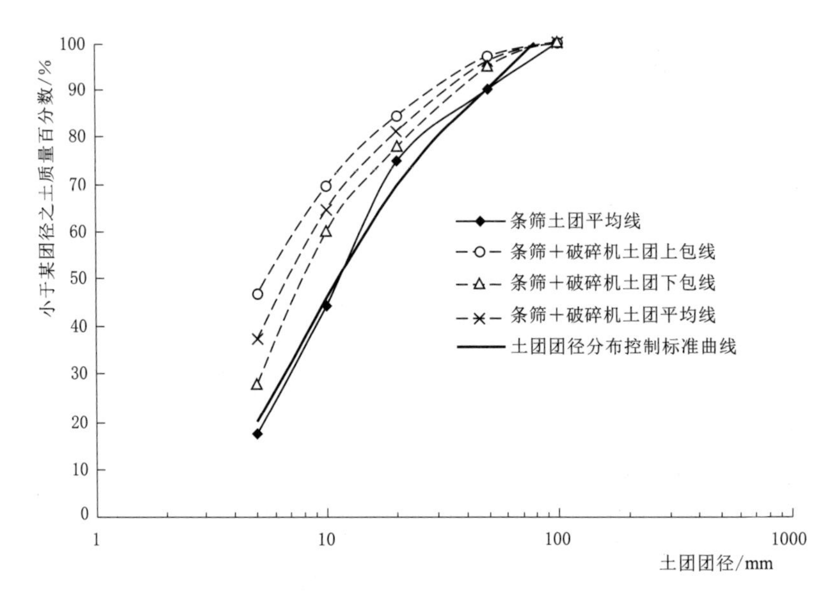

图 6.3-13　破碎机碎土前后土团团径分布曲线

6.3.2.4　机械碎土功效分析

根据破碎机、旋耕机的现场试验，整理两种机械的碎土功效曲线，试验成果见表 6.3-10 和图 6.3-14、图 6.3-15。

表 6.3-10　　旋耕机旋耕翻晒遍数、含水率、破碎机功效总表

旋耕机旋耕翻晒遍数	0	2	4	6	8	12	16
旋耕机旋耕翻晒后含水率/%	28.4	26.1	23.2	21.7	20.0	19.0	17.1
破碎机功效/(m^3/h)	0	0	12	56	100	150	200

从土料含水率与碎土效率的关系曲线可见，当土料含水率较高时，碎土效率几乎为 0；当土料含水率降低到 23%时，土料的破碎功效才开始上升；当土料降低至 20%，即低于土料塑限含水率以后，破碎机功效可达到 100m^3/h；而当土料含水率降低至 17.1%时，破碎机功效可达到 200m^3/h。可见，要达到破碎机的最低设计功效 200m^3/h，则土料含水率应比塑限含水率低 2%～3%。此外，从碎土功效与旋耕翻晒的遍数关系曲线上看，破碎机的功效随着旋耕翻晒的遍数增大而提高，当旋耕翻晒达到 8 遍以后，破碎机的功效可以达到 100～150m^3/h。

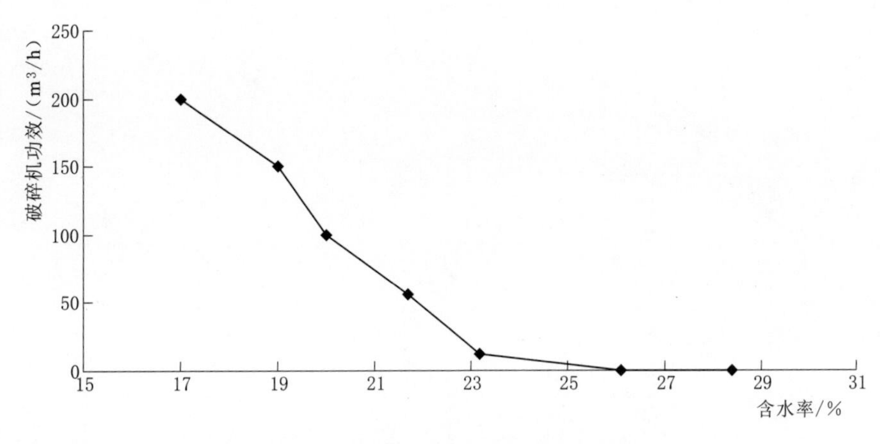

图 6.3-14 破碎机功效与含水率的关系曲线

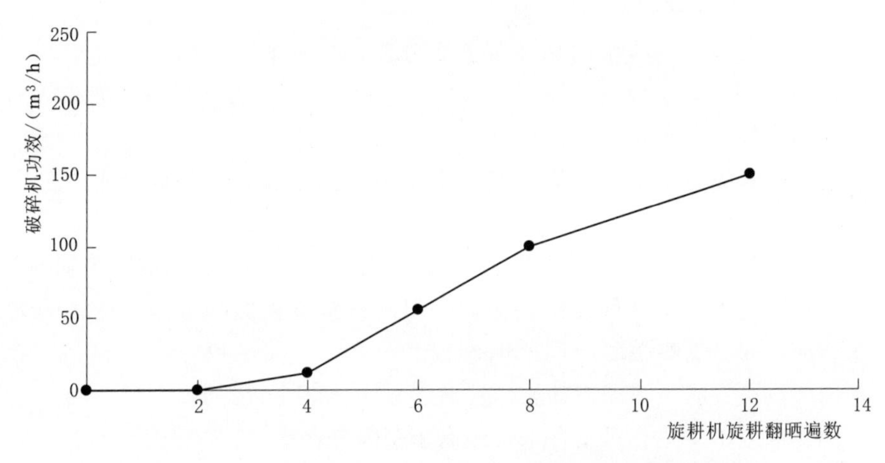

图 6.3-15 旋耕机旋耕翻晒遍数与破碎机功效的关系曲线

6.3.2.5 掺砂处理

土料难以破碎的另一个原因是开挖料的黏粒含量比例过高，塑性指数较大。为了降低开挖料的塑性指数，尝试采用掺拌施工现场的河沙的方式加速土料的破碎，以达到快速分离黏土和降低土料含水率目的。掺砂处理试验主要在室内进行，砂料来自镇平渠道渠底开挖料。

将现场取回的土样按照0%～60%不同的掺砂量进行掺拌，掺拌完成后即进行土壤含水率、液塑限和自由膨胀率试验，试验结果见表6.3-11、表6.3-12。分析表明：掺砂对土样液限含水率影响显著，对塑限含水率影响不大，土料的塑性指数从23.2降至15.4，说明掺砂后土料中黏粒含量占比下降，有利于掺拌均匀；从膨胀性指标分析，掺砂对土料自由膨胀率影响很小；掺砂对土料含水率的影响主要是掺拌过程中土料的失水作用。

开挖料掺砂后虽能降低土料掺拌的难度，但现场施工还存在问题：①掺砂的均匀性一样有较高的工艺要求；②施工现场应保证有廉价粉细砂源。

表 6.3-11　掺砂土料界限含水率成果

液塑限指标	掺砂量						
	0%	10%	20%	30%	40%	50%	60%
液限含水率/%	46.4	48.6	46.5	43.6	42.7	40.5	38.9
塑限含水率/%	23.2	25.6	23.8	22.1	22.3	24.6	23.5
塑性指数	23.2	23	22.7	21.5	20.4	15.6	15.4

表 6.3-12　土料含水率与掺砂量关系　%

掺砂量	掺砂后含水率	含水率变化	掺砂量	掺砂后含水率	含水率变化
0	20.0	0	40	15.2	4.8
10	19.6	0.4	50	14.5	5.5
20	17.7	2.3	60	12.5	7.5
30	16.2	3.8			

综上所述，膨胀土开挖料土团超径现象十分普遍。对本工程而言，大于 80mm 超大团径的含量达 66%以上，天然含水率高达 33%。为满足水泥掺拌均匀性要求，对原开挖土料进行破碎和降低含水率处理是必要的。

通过现场土团破碎施工试验研究，归纳膨胀土开挖料破碎和降低含水率的主要手段如下：

（1）含水率速降施工工法。采用“土堆过风法”“犁耕法”“通风槽”等翻晒工艺具有一定的作用，但土料含水率降低速率较慢。采用旋耕机旋耕翻晒工艺，按 20m×20m 场地计，一次作业时间（旋耕翻晒＋间隔时间）30～40min，经翻晒 6～8 遍后，含水率基本能降至塑限值以下。满足水泥掺拌均匀性对土料含水率控制要求。

（2）土团破碎施工工法。对于含水率远高于塑限含水率 w_P 的情况，直接采用通常的破碎机碎土，机械堵塞严重，无法有效碎土。推荐的碎土施工工法如下：

1）旋耕机碎土。以本工程起始含水率 28.5%的膨胀土开挖料而言，经旋耕机旋耕翻晒 10～12 遍以后基本能满足水泥掺拌均匀性对土料团径大小的要求。

2）条筛碎土。条筛（筛网间距为 10cm，筛高 5m）碎土工法要求土料含水率不高于 w_P＋2%，条筛碎土后土团主要集中在 5～80mm 之间，与旋耕机旋耕翻晒 5～6 遍基本接近，因此，单纯条筛碎土不能满足水泥掺拌均匀性对土料团径大小要求。

3）旋耕机（或条筛）＋机械组合碎土。开挖料在旋耕机旋耕翻晒或条筛碎土基础上，再与机械碎土（破碎机）组合进行碎土，可以提高小于 5mm 土团团径含量。旋耕机旋耕翻晒＋破碎机碎土与条筛＋破碎机碎土，小于 5mm 团径含量可从 17%增至 37%左右，其大于 80mm 的土团含量也能满足掺拌均匀性要求（见表 6.3-13），因此，采用上述两种组合工法均完全能满足水泥掺拌均匀性对土料团径的控制标准。

（3）土团破碎施工工法。根据第 6.2 节提出的水泥掺拌均匀性对土团团径级配和含水率具体要求，结合本节碎土施工工艺研究成果，建议开挖料碎土施工工法如下：

1）当开挖料的天然含水率小于塑限含水率 w_P 时，可直接采用破碎机碎土。

表 6.3-13　　开挖料不同施工组合工法碎土土团团径大小分布成果表

碎土施工工法		含水率	不同团径土团质量占比/%				
			>100mm	80～100mm	20～80mm	5～20mm	<5mm
工法一：开挖料天然含水率<w_P	采用破碎机碎土	<w_P			8	57	35
工法二：w_P+2%>开挖料天然含水率>w_P	条筛碎土	(w_P+2%)～w_P	0	4	21	58	17
	组合机械机				19	43.5	37.5
工法三：开挖料天然含水率>w_P+2%	旋耕机旋耕翻晒土料含水率降至<w_P+2%	>w_P+2%	0	1	36	45	18
	组合机械机				8	57	35

2）当开挖料的天然含水率小于塑限含水率 w_P+2%时，采用条筛与破碎机组合碎土。

3）当开挖料的天然含水率大于塑限含水率 w_P+2%时，采用旋耕机+破碎机组合碎土。

值得注意的是，由于各地黏性土的水理特性并不完全一致，实际工程中，宜针对具体的料源土料，进行生产性试验，进一步确定具体的碎土工艺。

6.4　水泥改性土碾压施工技术

6.4.1　碾压时效性问题

大规模膨胀土渠道回填改性土建议主要采用厂拌的方式掺入水泥，即在一个场地集中进行土料的破碎、掺拌水泥施工，然后再运输到作业面现场进行碾压施工。由于水泥掺入到膨胀土以后将发生一系列物理、化学反应，如果从拌和楼到施工现场距离过远，水泥掺拌后静置时间过长，土料硬化，将影响改性土的压实效果，并最终影响改性土的施工质量。此外，水泥改性土从掺灰到碾压填筑过程中，水泥的水化反应在不间断地进行着，土料的含水率会随着水化反应和运输、施工的过程随时发生变化，水化反应所产生的热量，也加速了水分蒸发，这些因素对于改性土的碾压施工以及质量控制都是不利的，为此，开展了改性土的碾压时效与含水率变化规律分析。

（1）改性土焖料时间对干密度的影响。在室内将新鲜的中膨胀土料按一定的水泥掺量进行掺拌，然后，将掺拌好的改性土料封装在塑料袋内密闭保存，分别在掺拌完成以后的0～24h之间完成改性土的单点击实，通过观察干密度随时间的变化规律，分析改性土焖料时间对压实性能的影响。

研究表明：随着焖料时间的增长，击实后改性土的干密度呈下降趋势（见表 6.4-1、图 6.4-1）。在水泥掺量为6%、制样含水率为22%的条件下，焖料 24h 后击实得到的改性土干密度为 1.497g/cm^3，与未经过焖料的改性土的干密度 1.595g/cm^3 相比，密度减小了约 0.1g/cm^3，对应的压实度约为 93.3%；在水泥掺量为 8%、制样含水率为

21.6%～22.1%的条件下，焖料 12h 后击实得到的改性土干密度为 1.528g/cm³，比未焖料的改性土的干密度 1.603g/cm³ 减小了约 0.08g/cm³，对应的压实度为 94.6%。

表 6.4-1　　不同焖料时间对改性土干密度的影响

水泥掺量/%	拌和后焖料时间/h	土料含水率/%	击实样干密度/(g/cm³)	压实度/%
6	0	22.1	1.595	99.3
	2	22.2	1.560	97.2
	4	22.0	1.544	96.2
	8	22.0	1.528	95.2
	12	22.2	1.514	94.3
	24	22.0	1.497	93.3
8	0	22.1	1.603	99.3
	2	21.6	1.574	97.4
	4	22.0	1.556	96.3
	8	21.9	1.540	95.3
	12	21.9	1.528	94.6

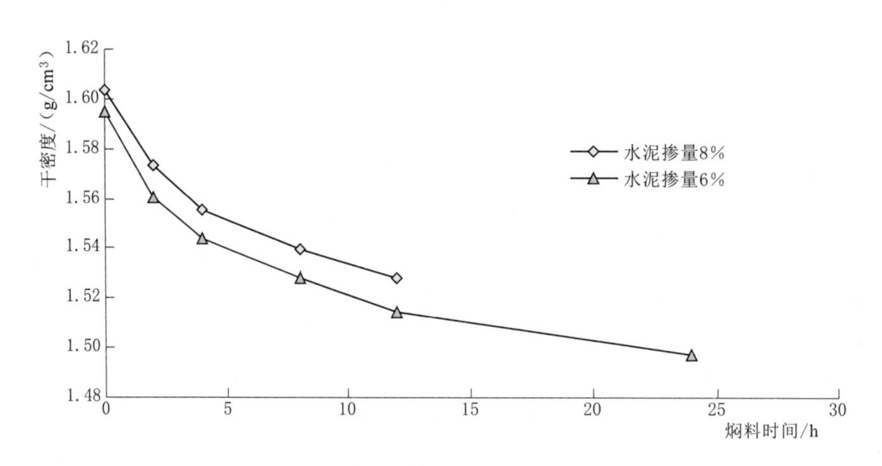

图 6.4-1　改性土干密度与焖料时间的关系曲线

以上研究表明，在土料的起始含水率相同的条件下，土料掺拌水泥后间歇的时间越长，在相同碾压功能条件下的干密度越低，水泥改性土的压实效果也越差。因此，焖料时间对水泥改性土的压实性能影响非常之大，在施工中必须严格控制该施工参数指标。

（2）改性土碾压时效性现场试验。水泥改性土碾压时效试验在现场进行，碾压施工机具采用现场常用的 20t 凸块振动碾，摊铺土料厚度 30cm。试验前将新鲜膨胀土料按一定比例进行水泥掺拌，然后将掺拌完成的改性土料用土工膜覆盖保护、静置。以后，每隔 2h 取一部分改性土料进行一场铺料、碾压。每场碾压 6 遍，碾压完成后进行填筑体密度、含水率检测，分析密度、含水率与填筑时间的相关关系，通过试验曲线，确定改性土的最佳碾压施工时间。

图 6.4－2 为现场碾压试验场景，现场试验场次见表 6.4－2。

图 6.4－2　现场碾压试验场景

表 6.4－2　水泥改性土施工时效性试验计划表

试验土料	摊铺厚度 /cm	改性土料静置时间 /h	碾压机具	碾压遍数	检测项目
水泥改性土料	30	0	20t 凸块振动碾	6	密度、含水率
		2			
		4			
		6			
		8			
		10			
		12			

表 6.4－3、图 6.4－3、图 6.4－4 为改性土填筑施工时间与碾压效果试验成果，分析可见：改性土料静置时间与碾压密度、含水率的关系曲线呈单调下降的趋势，随着静置时间的增加，改性土碾压层干密度从 1.74g/cm^3 降低到 1.52g/cm^3，改性土料的含水率从 22.7%降低至 17%，说明改性土料的碾压性能逐渐劣化，相同的压实功能下的压实性逐渐变差。从水泥改性土静置时间与干密度关系曲线上看，4h 以内，该曲线变化相对平缓，说明碾压层干密度和含水率随时间的变化均较小。超过 4h 以后，该曲线下降趋势增大，6h 以后，曲线出现明显变化，密度、含水率下降开始加速。由此可见，土料静置时间 4h 以内是碾压施工最佳时间，超过 4h 以后，相同的压实功能下水泥改性土的碾压性能劣化，并可能使改性土料含水率大量降低，导致土料沙化。

根据本项研究，提出了水泥改性土拌和后应在 4h 内完成碾压填筑施工的控制标准。

表 6.4-3　水泥改性填筑施工时间对碾压效果的影响

实际碾压起始时间/h	碾压、检测要求	密度/(g/cm³)	含水率/%	备注
0	摊铺 30cm，20t 振动凸块碾，碾压 6 遍、水泥掺量 4.5%，检测密度、含水率		22.7	碾压前
1.42		1.74	22.0	
4.55		1.72	21.5	
6.02		1.70	20.9	
7.52		1.65	19.0	
9.90		1.57	18.0	
11.90		1.52	17.0	

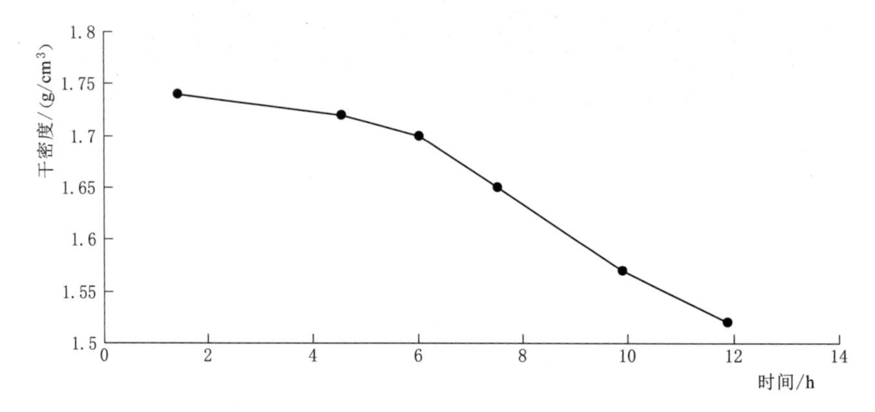

图 6.4-3　水泥改性土静置时间与干密度的关系曲线

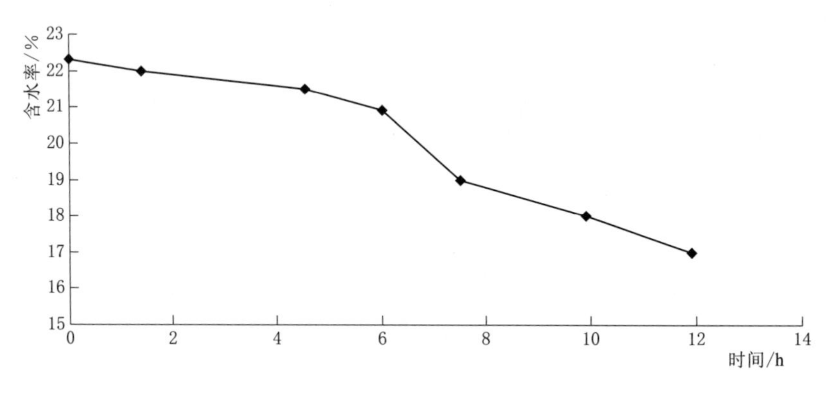

图 6.4-4　水泥改性填筑施工静置时间与含水率的关系曲线

6.4.2　摊铺厚度与碾压遍数

本节重点讨论水泥改性土的摊铺厚度与碾压遍数的相关研究成果。根据碾压时效性研究成果，在水泥改性土最大静置时间 4h 内，在尺寸为 30m×30m 的场地进行改性土不同摊铺厚度的现场碾压试验，以获得最优摊铺厚度和最优碾压遍数等施工控制参数，试验组合见表 6.4-4。

表 6.4-4　　碾压试验参数组合表

试验土料	摊铺厚度/cm	碾压机具	碾压遍数	检测项目
水泥改性土料	20	20t 凸块振动碾	2、4、6、8、10、12	密度、含水率、沉降
	30			
	40			

现场改性土料为弱膨胀土，水泥掺量按湿土质量的4%控制，实测水泥掺量为4.5%。碾压控制标准按改性土标准击实试验得到的最大干密度1.75g/cm³、最优含水率20%，以及设计要求的压实度98%控制。实测土料的含水率为18.9%～21.9%。

6.4.2.1　试验步骤

（1）拌和站出料。

（2）在规定时间4h内，运至碾压场。

（3）推土机按摊铺厚度粗平。

（4）人工按摊铺厚度精平。

（5）20t 凸块振动碾按试验要求进行碾压。

（6）每层碾压完成后，进行密度、含水率以及碾压厚度检测。

现场施工如图6.4-5～图6.4-8所示。

图 6.4-5　水泥改性土拌和出料

图 6.4-6　水泥改性土运到碾压试验场地

图 6.4-7　推土机按试验铺厚粗平

图 6.4-8　人工试验铺厚精平

图 6.4-9　20t 凸块振动碾碾压

6.4.2.2　施工检测

（1）碾压层变形观测：采用水准仪分别进行碾压层顶面沉降和碾压层底面的沉降观测，将碾压层顶面的沉降量减去碾压层底面的沉降量即为该碾压层的实际变形量。

（2）密度、含水率检测：按照《土工试验规程》（SL 237—1999）的有关规定，采用环刀法进行碾压土层的密度和含水率检测。对于碾压铺厚为 20cm 和 30cm 的碾压层，分别在碾压层中部挖坑取样（深度为 10～15cm）；对于铺厚为 40cm 的碾压层，分别在探坑上层和下层各取 1 组环刀样（深度分别为 15cm、35cm）。每碾压层数检测数量不低于 4 组。

不同摊铺厚度的碾压试验成果见表 6.4-5，碾压遍数与干密度关系如图 6.4-10 所示，碾压遍数与沉降量关系如图 6.4-11 所示。

表 6.4-5　　　　现场碾压试验成果表

摊铺厚度 /cm	取样部位	遍数	含水率 /%	干密度 /(g/cm³)	沉降量 /mm
20	中部	2	17	1.74	65
		4	17	1.75	67
		6	16	1.77	68
		8	17	1.79	69
		10	17	1.80	71
30	中部	2	19	1.63	67
		4	18	1.66	70
		6	19	1.69	75
		8	18	1.69	80
		10	19	1.69	83

续表

摊铺厚度 /cm	取样 部位	遍数	含水率 /%	干密度 /(g/cm³)	沉降量 /mm
40	上部	2	18	1.71	67
		4	17	1.74	73
		6	19	1.74	79
		8	18	1.75	85
		10	18	1.75	87
40	下部	2	18	1.64	
		4	17	1.66	
		6	19	1.67	
		8	18	1.67	
		10	18	1.67	

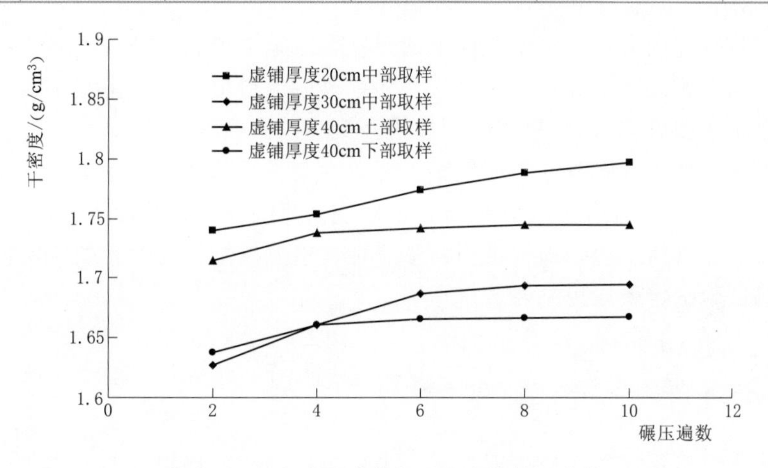

图6.4-10 碾压遍数与干密度的关系曲线

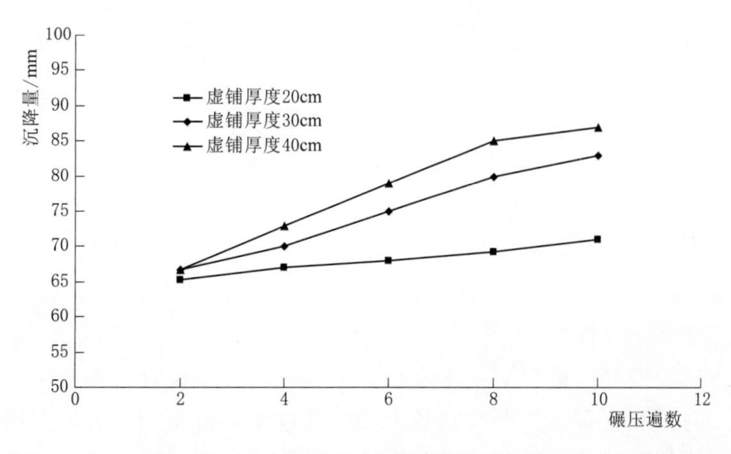

图6.4-11 碾压遍数与沉降量的关系曲线

分析表明，摊铺厚度不变的情况下，随着碾压遍数增加，碾压层的干密度逐渐增大，当碾压遍数达到 6 遍以后，干密度增加趋势减缓；碾压遍数不变时（6 遍），摊铺厚度越大，碾压层干密度越小，并且，碾压层上部与下部的密度相差也越大。对比不同摊铺厚度的干密度检测成果可见，厚度为 20cm、30cm、40cm 的碾压层，平均干密度分别为 1.77g/cm^3、1.69g/cm^3、1.74g/cm^3（40cm 上部）和 1.67g/cm^3（40cm 下部），对应的压实度分别为 101%、97%、99%和 95%。由此可见，按照碾压 6 遍的施工标准，摊铺厚度为 20cm 的碾压层已经出现超压；摊铺厚度为 30cm 的碾压层基本满足压实度 98%的要求；摊铺厚度为 40cm 碾压层密度上下层不易均匀，施工质量难以保证。

从碾压层的沉降观测资料上看，碾压 6 遍时，摊铺厚度为 20cm、30cm、40cm 的碾压层的平均沉降量分别为 68mm、75mm、79mm；摊铺厚度 30cm 和 40cm 的碾压层沉降量相差不大，表明摊铺 40cm 的碾压层碾压功效较低。

6.4.3 碾压施工控制

综合考虑施工机具以及密度、含水率检测结果，将水泥改性土碾压施工控制要求确定为 20t 凸块振动碾，摊铺厚度 30cm，碾压 6 遍。

从上述试验研究成果归纳水泥改性土的现场碾压施工控制关键技术如下：

（1）为避免水泥改性土静置时间过长，导致改性土料填筑含水率、压实度降低，需要求改性土在水泥拌和后 4h 以内完成碾压填筑施工和质量检测工作。

（2）以河南镇平弱膨胀改性土为例，水泥改性土碾压施工参数宜选定为：20t 凸块振动碾，摊铺厚度 30cm，碾压 6 遍，碾压含水率控制范围以土料的最优含水率+2%，压实度满足设计标准。具体工程，应根据土料膨胀性、水泥掺量、改性土的压实特性和设计指标，通过现场试验确定碾压控制参数。

6.5 超填碾压削坡土料再利用

黏性土碾压填筑形成的边坡一般均采用平铺分层碾压，再削坡的方式。为保证边坡表面的密实度，通常采用超填 30～50cm 形成台阶状，再将超填部分按设计坡比削坡（见图 6.5-1）。对于黏土料，削坡后的弃料可以就地重复利用，而对于水泥改性土，由于改性土的压实性能随时间逐渐劣化，超填碾压水泥固化以后的改性土是否能够重复使用，以及该部分土料的力学性能和渗透特性是否仍满足工程要求是需要探讨的问题。

本节以现场试验为背景，重点分析有关超填削坡土料的利用问题。具体研究方法如下：

（1）对现场碾压试验区进行取样，分别获取 28d 龄期、水泥掺量分别为 6%和 3%的中、弱膨胀水泥改性土削坡土料，同时，在室内制备相同水泥掺量、新鲜掺拌（未经碾压）的中、弱膨胀水泥改性试样。

（2）将上述试样破碎后进行室内击实试验，获取试样最优含水率和最大干密度。

（3）按一定的压实度对上述两种制备方法的改性土进行重塑，开展室内土工试验，以考察削坡土料再填筑时的各项物理、力学性能。试验项目包括：土料的击实试验，击实后

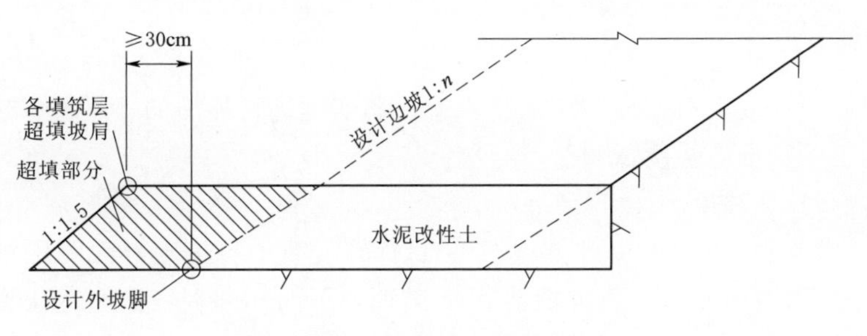

图 6.5-1 改性土超填施工断面图

重塑土样的强度、变形（压缩）、膨胀、收缩及渗透性试验等。试验操作均按照《土工试验方法标准》（GB/T 50123—2019）进行。

6.5.1 压实特性

将现场取得的改性土削坡土料进行破碎，并重新进行含水率制备，采用标准击实试验获得削坡土料的压实特性，如图 6.5-2 所示。同时，在室内按照相同的水泥配比制备新鲜的改性土进行击实试验，试验成果见表 6.5-1。

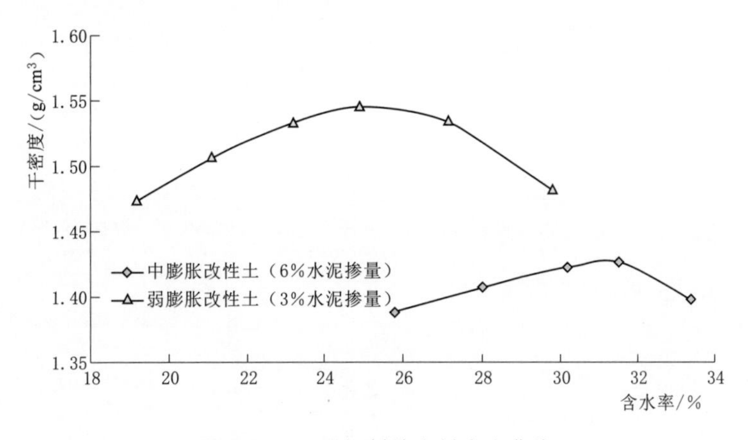

图 6.5-2 现场削坡土料击实曲线

表 6.5-1 击实试验成果

土类	现场削坡土料		室内改性土料（新鲜掺拌）	
	最优含水率/%	最大干密度/(g/cm³)	最优含水率/%	最大干密度/(g/cm³)
中膨胀改性土（6%水泥掺量）	31.0	1.43	21.8	1.61
弱膨胀改性土（3%水泥掺量）	24.9	1.55	20.0	1.67

分析成果表明，与室内新鲜掺拌的水泥改性土压实性能相比，削坡土料达到最大干密度所要求的最优含水率更大，而最大干密度值更小。而且，水泥掺量越高，两者差距越大。从土的压实原理上讲，水泥掺量越高，意味着土壤颗粒之间的润滑作用越弱，胶结越强，在相同的击实功能下，土壤更难压密，密度也越低。

6.5.2 强度特性

将现场取回的削坡土料按照一定的含水率、压实度进行样品的再重塑，进行标准的无侧限抗压强度、三轴抗剪强度试验。

6.5.2.1 无侧限抗压强度

表 6.5-2 为按照 96%和 100%的压实度制备的削坡土料重塑样无侧限抗压强度试验成果。表 6.5-3 为室内配比（新鲜掺拌、7d 龄期，下同）和现场取改性土原状样的无侧限抗压强度试验成果。

表 6.5-2 削坡土料重塑样无侧限抗压强度试验成果

试　样	压实度/%	试样含水率状态	抗压强度/kPa	初始切线模量/MPa	破坏应变/%
弱膨胀改性土	96	天然	260.7	19.2	1.8
		饱和	64.0	9.1	0.7
	100	天然	401.9	24.8	2.5
		饱和	144.7	10.2	2.4
中膨胀改性土	96	天然	293.3	20.0	1.7
		饱和	60.8	10.2	0.8
	100	天然	427.9	29.6	1.7
		饱和	140.1	12.3	1.4

表 6.5-3 室内配比和现场原状样无侧限抗压强度试验成果

试验类型		压实度/%	试样含水率状态	抗压强度/kPa	初始切线模量/MPa	破坏应变/%
室内配比（新鲜掺拌、7d 龄期）	弱膨胀土 3%	95	饱和	268.1	52.8	0.55
	中膨胀土 6%	93	饱和	181.4	39.2	0.48
现场原状样	弱膨胀土 3%	96～100	饱和	468.8	36.1	1.30
	中膨胀土 6%	96～100	饱和	718.6	71.9	1.0

以弱膨胀改性土、压实度 95%～96%、饱和状态的试样强度为例，削坡土料重塑样的无侧限抗压强度为 64kPa，室内配比和现场原状样的无侧限抗压强度分别为 268.1kPa 和 468.8kPa，说明在压实度相近的情况下，削坡土料重塑样的无侧限抗压强度显著低于室内配比试验和现场原状样强度。这里除了与室内配比试验试样和现场原状样均有养护龄期有关外，与削坡土料重塑样已经终止水泥水化反应也有很大关系。

6.5.2.2 三轴抗剪强度

削坡土料重塑样三轴试验成果见表 6.5-4、图 6.5-3～图 6.5-8。从应力-应变关系上看，小围压时弱膨胀改性土的破坏应力明显高于中膨胀改性土，随着围压的增大，这种差别逐渐减小，到 200kPa 围压时，破坏应力接近一致。由于膨胀土渠坡处理层厚度一般为 2m，换算成压力不超过 50kPa，考虑到土的强度的非线性问题，小应力状态下的强度更值得工程关注。

表 6.5-4　　削坡土料重塑样三轴试验成果

序号	土样		制样条件		三轴试验	
			含水率/%	压实度/%	c/kPa	φ/(°)
1	削坡土料重塑样	弱膨胀水泥改性土	25.0	100	103.6	18.2
2		中膨胀水泥改性土	26.7	100	54.7	25.5
3	室内配比（新鲜掺拌7d龄期）	弱膨胀土3%	—	95	93.8	18.8
4		中膨胀土6%	—	93	33.7	25.6

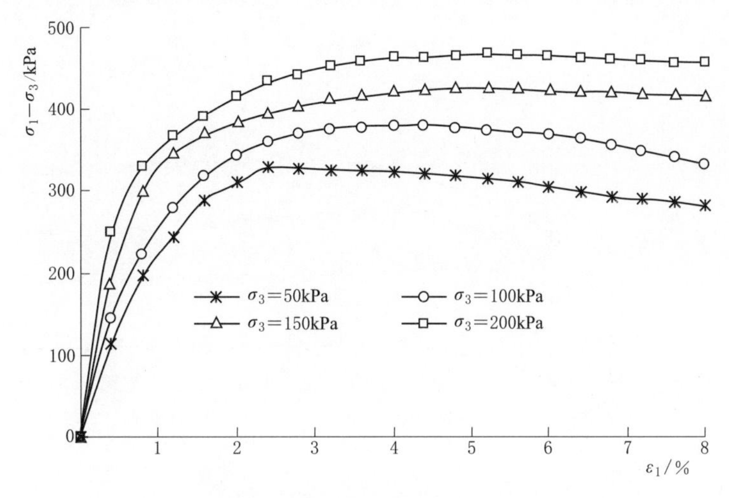

图 6.5-3　弱膨胀削坡土料重塑样应力-应变关系曲线

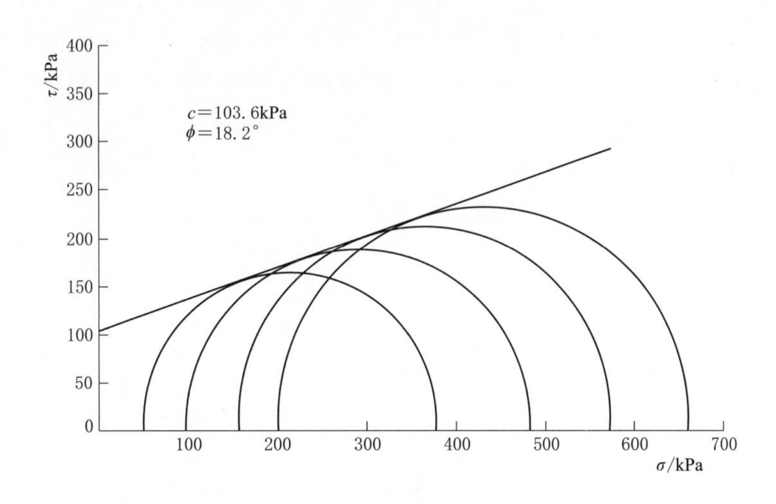

图 6.5-4　弱膨胀削坡土料重塑样强度包线

从削坡土料重塑样和室内配比试样三轴抗剪强度指标的对比可见，两者的差别不大。

图 6.5-5　弱膨胀削坡土料重塑样三轴试验破坏形式

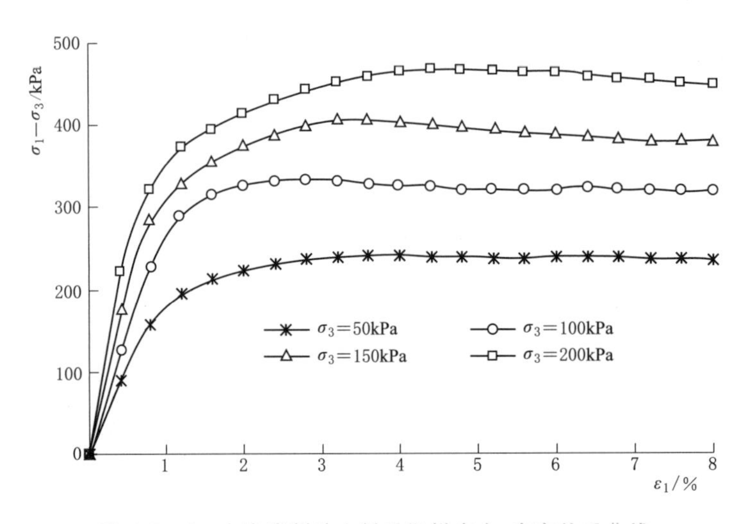

图 6.5-6　中膨胀削坡土料重塑样应力-应变关系曲线

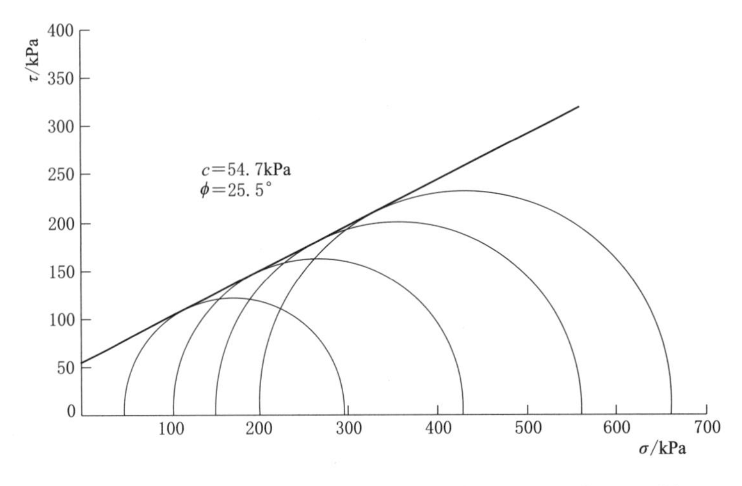

图 6.5-7　中膨胀削坡土料重塑样强度包线（压实度=100%）

图 6.5-8　中膨胀削坡土料重塑样三轴试验破坏形式
（围压分别为 50kPa、100kPa、150kPa、200kPa）

6.5.3　胀缩性

6.5.3.1　有荷膨胀率

削坡土料重塑样有荷膨胀率试验成果见表 6.5-5、图 6.5-9 和图 6.5-10。成果显示：与改性前相比，中、弱膨胀水泥改性土削坡料重塑样的有荷膨胀率有明显改善，说明掺入水泥以后土料的膨胀性已基本消失；但与室内配比试验相比，有荷膨胀率指标还有一定的差距，主要是由于现场和室内配比试验的试验条件、备样的均匀性等都有所不同，此外，两者在龄期上也不完全相同。

表 6.5-5　削坡土料重塑样有荷膨胀率试验成果

序号	土样		制样条件		不同压力下膨胀率/%				
			含水率/%	压实度/%	1kPa	6.25kPa	12.5kPa	25kPa	50kPa
1	弱膨胀土		21.0	95	—	1.970	1.480	0.550	—
2	弱膨胀水泥改性土	削坡土料重塑样	25.0	100	0.945	0.600	0.350	0.050	−0.240
3		室内配比（新鲜掺拌、7d龄期）	21.0	95	—	0.120	0.090	0.040	—
4	中膨胀土		21.0	93	—	6.050	4.250	2.220	—
5	中膨胀水泥改性土	削坡土料重塑样	26.7	100	0.485	0.295	0.145	0.100	0.050
6		室内配比（新鲜掺拌、7d龄期）	21.0	93	—	0.640	0.440	0.320	—

6.5.3.2　收缩性能

削坡土料重塑样收缩试验成果见表 6.5-6、图 6.5-11 和图 6.5-12。与室内配比试验相比，削坡土料重塑样线缩率略大，但均小于改性前的线缩率；收缩系数则比改性前小很多。

6.5.4　变形（压缩）特性

削坡土料重塑样压缩试验成果见表 6.5-7、图 6.5-13 和图 6.5-14。削坡土料重塑样的压缩系数均小于 0.1MPa^{-1}，为低压缩性土。

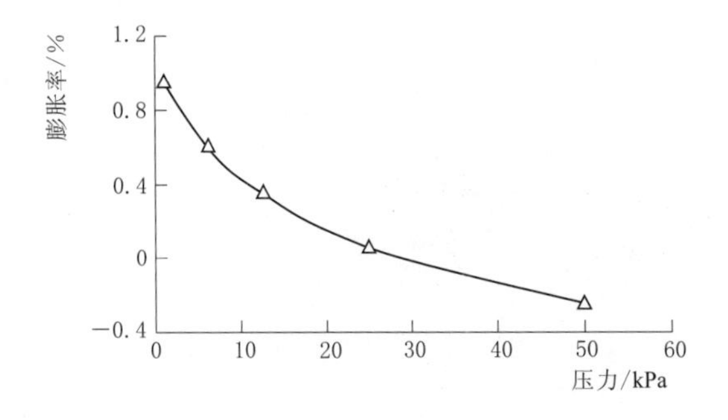

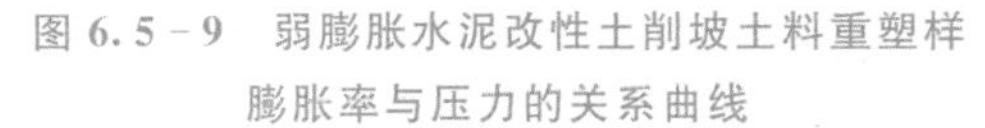
图 6.5-9 弱膨胀水泥改性土削坡土料重塑样膨胀率与压力的关系曲线

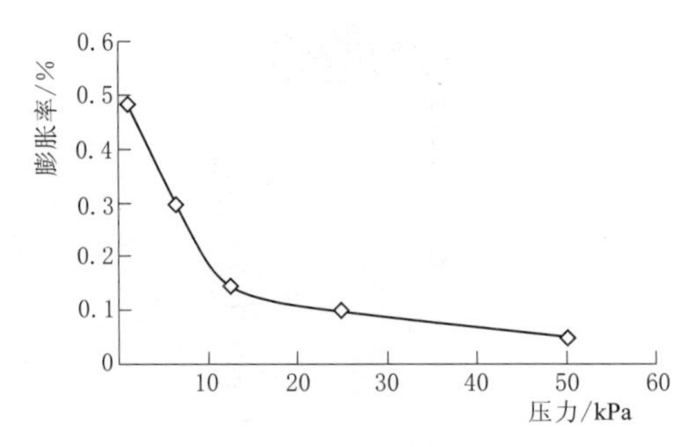

图 6.5-10 中膨胀水泥改性土削坡土料重塑样膨胀率与压力的关系曲线

表 6.5-6 水泥改性土削坡土料重塑样收缩试验成果

序号	土样		制样条件		收缩试验			
			含水率/%	压实度/%	缩限含水率 w_s/%	收缩系数 λ_s/%	线缩率 δ_{st}/%	体缩率 δ_V/%
1	弱膨胀土		21.0	95	—	0.393	3.60	12.02
2	弱膨胀水泥改性土	削坡土料重塑样	25.0	100	12.2	0.186	2.43	9.20
3		室内配比（新鲜掺拌、7d 龄期）	21.0	95	—	0.111	1.31	—
4	中膨胀土		21.0	93	—	0.420	5.01	15.45
5	中膨胀水泥改性土	削坡土料重塑样	26.7	100	16.5	0.118	1.45	5.00
6		室内配比（新鲜掺拌、7d 龄期）	21.0	93	—	0.164	1.34	—

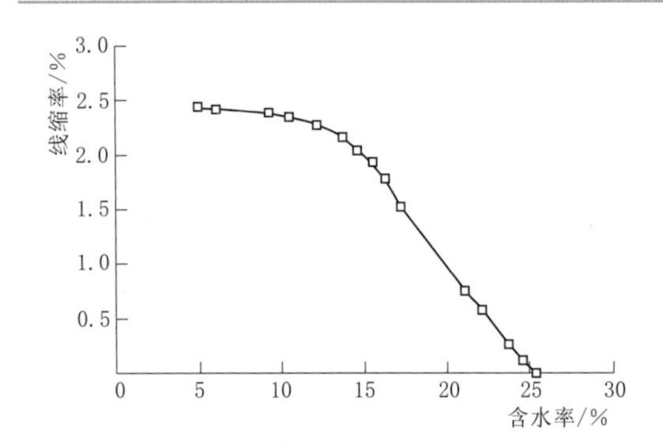

图 6.5-11 弱膨胀改性土击实样线缩率与含水率的关系曲线

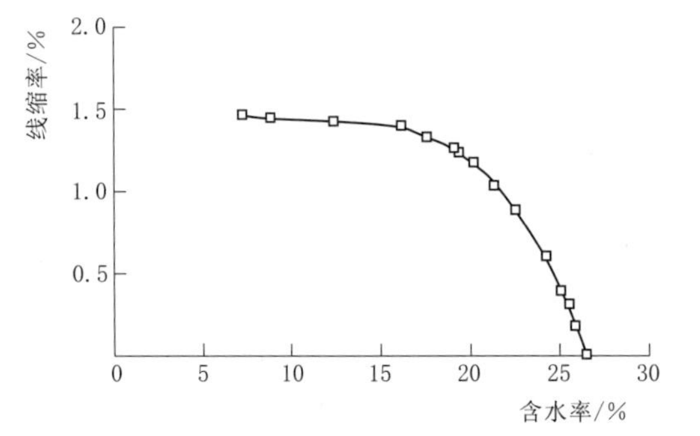

图 6.5-12 中膨胀改性土击实样线缩率与含水率的关系曲线

6.5.5 渗透特性

削坡土料重塑样渗透试验成果见表 6.5-8。弱膨胀改性土削坡土料重塑样的渗透系数非常小，为 10^{-8}cm/s 量级；中膨胀改性土削坡土料重塑样的渗透系数偏大，为 10^{-5}cm/s 量级，较现场改性土的渗透系数（10^{-7}cm/s 数量级）大 2 个量级。

表 6.5-7　　削坡土料重塑样压缩试验成果

序号	土　样	制样条件		压　缩　指　标			
				天然状态		饱和状态	
		含水率/%	压实度/%	压缩系数 a_{v1-2}/MPa^{-1}	压缩模量 E_{s1-2}/MPa	压缩系数 a_{v1-2}/MPa^{-1}	压缩模量 E_{s1-2}/MPa
1	弱膨胀水泥改性土	25.0	100	0.050	33.9	0.075	22.7
2	中膨胀水泥改性土	26.7	100	0.039	48.8	0.052	37.0

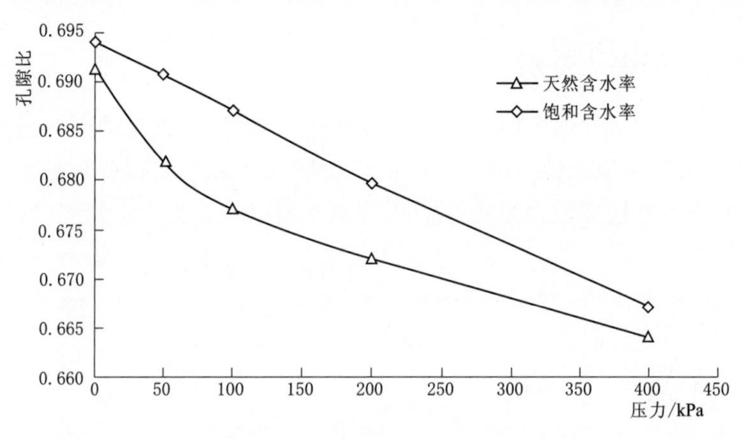

图 6.5-13　弱膨胀削坡土料重塑样孔隙比与压力的关系曲线

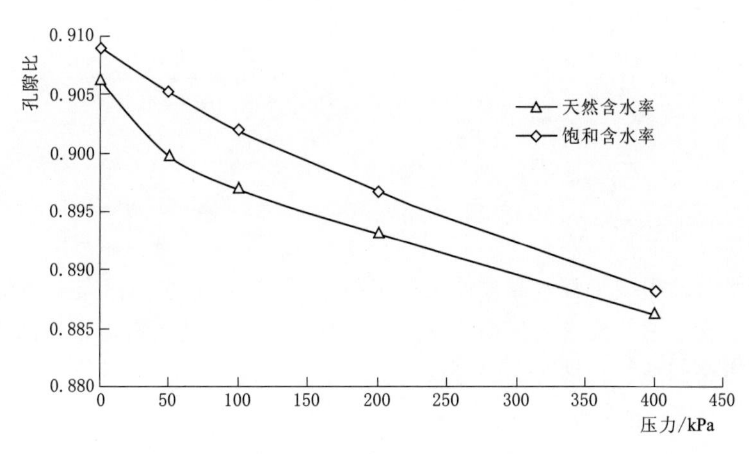

图 6.5-14　中膨胀削坡土料重塑样孔隙比与压力的关系曲线

表 6.5-8　　削坡土料重塑样渗透试验成果

序号	土　样	制样条件		饱和渗透系数
		含水率/%	压实度/%	K_{20}/(cm/s)
1	弱膨胀水泥改性土	25.0	100	2.07×10^{-8}
				2.63×10^{-8}
				1.99×10^{-8}
				5.73×10^{-8}

续表

序号	土　样	制样条件		饱和渗透系数
		含水率/%	压实度/%	K_{20}/(cm/s)
2	中膨胀水泥改性土	26.7	100	2.14×10^{-5}
				3.19×10^{-5}
				3.06×10^{-5}
				3.01×10^{-5}

6.5.6　削坡土料的碾压性能

为研究削坡土料的实际碾压性能，在现场进行了4%水泥掺量的削坡土料碾压试验。表6.5-9为渠道回填改性土削坡土料的自由膨胀率和击实试验成果。从试验成果可见，土料的自由膨胀率指标最大为30%，说明该土料已完全失去了膨胀性。

表6.5-9　　渠道回填改性土削坡土料自由膨胀率和击实试验成果

序号	取样部位（桩号）	自由膨胀率/%	击　实　试　验	
			最大干密度/(g/cm³)	最优含水率/%
1	44+700～45+941	27	1.58	23.1
2	45+941～47+242	26	1.59	23.0
3	47+242～47+975	28	1.56	23.8
4	47+975～48+631	25	1.57	23.4
5	49+171～49+536	27	1.58	23.2
6	49+536～50+182	26	1.56	23.9
7	50+182～50+693	30	1.58	23.4
8	50+693～51+166	25	1.56	24.0

对照《南水北调中线工程水泥改性土施工技术要求》，上述指标完全满足回填土料的膨胀性和密度、含水率的要求。根据相关规定，从工程安全角度考虑，该部分削坡土料已应用于堤顶、道路回填、背坡等非关键部位。

6.6　本章小结

本章分析了改性土填筑施工中的若干关键技术问题，提出了满足水泥掺拌均匀性控制标准的改性土料的粒径、含水率指标等，研究了膨胀土开挖料含水率速降工艺和土团破碎工艺，研究了改性土碾压时效与碾压机械配置等填筑工艺问题。此外，还研究了超填削坡土料的压实性、力学性以及膨胀性等，提出了改性土弃料的再利用原则。归纳得出如下主要结论：

(1) 改性土团径和含水率控制标准。为满足水泥掺量EDTA检测指标标准差0.7的设计要求，土料土团最大团径应小于100mm，且小于20mm团径的含量应大于70%；土料含水率宜控制低于该土的塑限含水率。

(2) 开挖料破碎施工工艺。

1) 含水率速降工艺。推荐采用旋耕机旋耕翻晒。按 20m×20m 场地计，一次作业时间 30～40min，翻晒 6～8 遍，含水率能降至塑限含水率 w_P 以下。

2) 土团破碎施工。

工法一：当开挖料天然含水率＜塑限含水率 w_P，可直接采用破碎机碎土。

工法二：当塑限含水率 w_P＋2%＞开挖料天然含水率＞塑限含水率 w_P，采用条筛＋破碎机组合碎土。

工法三：当开挖料天然含水率＞塑限含水率 w_P＋2%，采用旋耕机＋破碎机组合碎土。

(3) 改性土碾压施工时间要求。改性土水泥掺拌后应在 4h 以内完成碾压填筑施工，同时，还需完成对施工层面水泥掺量的质量检测。

(4) 施工碾压参数。水泥改性土碾压施工应采用 20t 以上凸块振动碾，摊铺厚度不大于 30cm，碾压不少于 6 遍，碾压含水率应略高于最优含水率。

(5) 水泥拌和施工工序。开挖料碎土工序的土料含水率应控制在塑限含水率 w_P 以下，碾压施工过程中，应先完成掺拌工艺，并可在碾压前增补 2%～3%水分以满足碾压需要。

(6) 超填碾压削坡土料可以作为填料再次使用，但是在再填筑之前，应重新论证该土料的膨胀性和压实特性，并根据检测指标决定是否需要再次掺拌水泥。同时，还应根据土料的压实性能，通过现场碾压试验，选择合理的压实机具、压实功能和碾压工艺。

第 7 章

水泥改性土填筑质量检测及质量控制

膨胀土的水泥改性处理及填筑施工工艺要求高，其间任何一个环节控制不严格都可能影响改性效果和换填层的处理效果。此外，膨胀土水泥改性的原理是水泥与膨胀土中的亲水黏粒发生的一系列化学反应，其过程具有一定的时效性，因此，改性土的填筑施工和质量检测均要求在一定时间内完成。与常规的黏性土填筑相比，为保障工程建设进度、质量和安全，更需要简易、快速的检测技术，为大面积填筑施工提供质量控制保证。

影响水泥改性土填筑质量的因素较多，而直接影响改性效果和填筑质量的指标有膨胀土破碎后的土团尺寸、水泥掺量、改性土的填筑密度和含水率等。其中，土团尺寸可沿用筛分法进行检测，水泥掺量检测已在第 5 章内容中详细叙述，填筑密度和含水率的常规检测方法在相关的规程规范中也有论述，本章主要针对水泥改性土碾压后的密度、含水率的快速检测进行讨论。

7.1 水泥改性土填筑质量检测

7.1.1 填筑土体含水率和密度检测

7.1.1.1 土的含水率检测

《土工试验方法标准》(GB/T 50123—2019) 和《土工试验规程》(SL 237—1999) 中将烘干法作为室内含水率测试的标准方法。该方法一般需要较长的时间才能完成含水率的测定，效率低下，难以满足填筑施工快速检测的要求。为此，需要研究现场含水率的快速检测方法。

目前，现场含水率快速测定应用较为广泛的方法主要有核子测定含水率法、酒精燃烧法和比重法等。核子测定含水率方法一般因仪器设备成本较高和需要专人操作等，一般工程现场使用较少，而比重法也因试验设备难以满足大规模工程施工的批量、快速检测的要求，且准确度较差而较少采用。规程规范中对要求快速进行含水率检测的场合，一般建议采用酒精燃烧法。另外，长江水利委员会长江科学院在长江堤防检测中曾经使用过微波炉法快速检测土样含水率，较好地解决了烘干法历时长、效率低的问题，积累了一定的经验。

7.1.1.2 土的密度检测

土的密度是指单位体积的土的质量。测定土的密度的方法主要有环刀法、蜡封法、灌砂法和灌水法等，原位快速测量土的密度试验方法主要有核子射线法等，上述试验均可参考《土工试验方法标准》(GB/T 50123—2019) 或《土工试验规程》(SL 237—1999) 进行。

对于一般黏质土，规程规范中一般建议采用环刀法；对于易碎裂，难以切削的土样，一般建议采用蜡封法。相对而言，蜡封法对试验操作要求较高，需要较好地控制蜡的温度、试样浸入蜡的速率等；现场砾类土的密度检测，一般采用灌砂法或灌水法；核子射线法适用于细粒土，但仪器设备成本较高，且需标定计数率，试验步骤较复杂。对于改性土，上述规程规范均未指明采用何种检测方法，鉴于其仍属于细粒类土，一般在工程中仍以环刀法为主，也符合简易、快速，满足施工进度的要求。

本书重点介绍一种现场快速检测密度的方法，该方法采用法国某大学研制的便携式可变能量动力触探仪（简称PANDA），在法国广泛应用于回填土的密实度检测（法国检测标准：XPP 94-105），并已应用于诸如已有建筑物地基、隧道和大型设备难以进点就位的各类工程勘察。

轻型圆锥动力触探仪PANDA利用一定的锤击能量，将一定尺寸、一定形状的圆锥探头打入土中，根据打入土中的阻力来判别土层分层，并根据一定的经验数据确定土层的物理力学性质，评价地基土的工程地质。

PANDA动力触探仪因用可变动能取代势能作为贯入能量，因而可以小型化，使用非常方便灵活，可一人操作，勘探方法简便快速，并可现场显示试验结果。近年来，我国已有一些工程技术人员将其应用于土层分类、密实度检测等，并做了一些有益的尝试。

7.1.2　现场填筑含水率快速检测

《土工试验方法标准》（GB/T 50123—2019）中规定，土的含水率检测可以采用烘干法和酒精燃烧法。烘干法是将土样在温度105℃下烘干12h以后进行测试；酒精燃烧法是将试样浸没在酒精中，经2～3次完全燃烧后进行测试。规程规范中一般推荐采用酒精燃烧法进行含水率快速检测，但酒精燃烧法存在水分残留和操作不够精细等问题，尤其对于高塑性黏土更为明显。鉴于目前微波炉已广泛应用，因此，本书重点研究了微波烘干法进行改性土的含水率快速检测。

微波烘干法以常规烘干法为比对基础。首先，根据以往的经验进行标定试验，即采用不同含水率的弱膨胀土，先进行常规烘干法测试土样含水率，然后，再按照两种微波烘干的方法进行测试：①采用微波炉的最大功率（功率1300W）微波烘干4次，每次3min，每2次间隔3min，试验结束后冷却称重；②采用微波炉的最大功率（功率1300W）微波烘干3次，每次5min，每2次间隔3min，试验结束后冷却称重。标定试验结果见表7.1-1。

表7.1-1　含水率微波烘干法标定试验结果

弱膨胀土控制含水率	常规烘干法实测含水率/%	微波次数	方法①含水率/%	方法②含水率/%
$w_{op}-2\%$	18.4	1	10.5	17.3
		2	18.3	19.9
		3	19.7	20.1
		4	19.9	——

续表

弱膨胀土控制含水率	常规烘干法实测含水率/%	微波次数	方法①含水率/%	方法②含水率/%
w_{op}	19.7	1	9.4	18.4
		2	18.7	20.7
		3	20.3	20.5
		4	20.6	——
$w_{op}+2\%$	22.0	1	10.6	20.0
		2	21.3	23.3
		3	23.0	23.5
		4	23.2	——

在不同含水率条件下，常规烘干法与两种微波烘干法测得的含水率关系曲线如图 7.1-1 所示。

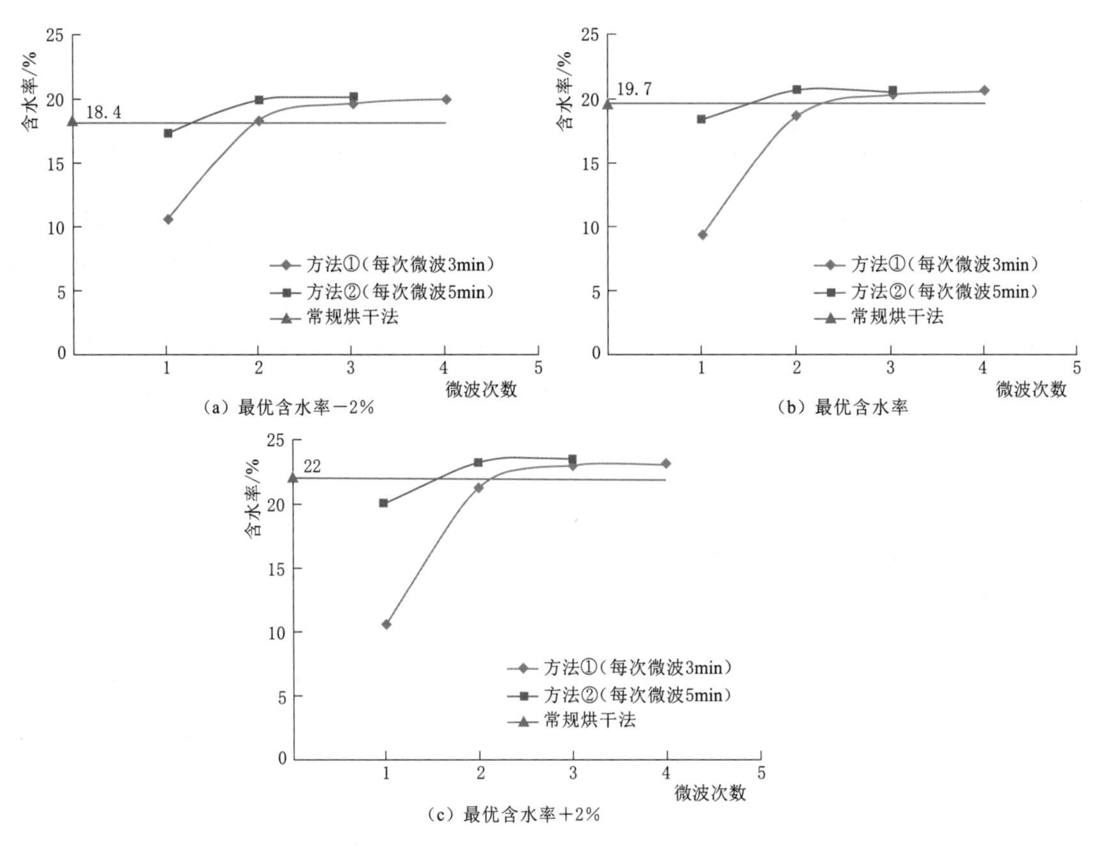

图 7.1-1 常规烘干法与微波烘干法对比曲线

试验成果可见，2 种微波烘干法在烘干 2 次的过程中，含水率仍有一定程度的变化，而 3 次烘干以后，含水率测试结果已经趋于稳定。比较常规烘干法和微波烘干法的试验成果可见，微波烘干法的测试结果普遍高于常规烘干法，这可能是微波烘干过程中土样中的某些有机成分走失所引起，实际操作中可通过调整微波功率解决。无论如何，本试验证明采用微波烘干法可以快速地进行土的含水率测定。

按照上述微波烘干测试方法，对不同水泥掺量的弱膨胀水泥改性土进行了常规烘干法、微波烘干法和酒精燃烧法的对比测试，分析三种测试方法对测试结果的影响。考虑到水泥与水的交换作用，还进行了改性土掺拌水泥后不同静置时间的对比试验。

弱膨胀水泥改性土按照最优含水率和98%的压实度进行击实制备，然后分别在保湿缸中静置0h、2h、4h、6h，试验组合见表7.1-2。

表7.1-2 含水率检测方法试验研究

土 样	水泥掺量/%	试验时间	试验方法
弱膨胀水泥改性土	0	0h、2h、4h、6h (保湿缸养护)	常规烘干法、酒精燃烧法、微波烘干法
	2		
	4		

三种含水率测试方法对比检测试验结果见表7.1-3。含水率与掺拌水泥后静置时间的关系曲线如图7.1-2～图7.1-4所示。

表7.1-3 常规烘干法、微波烘干法、酒精燃烧法测得含水率成果表

水泥掺量/%	掺拌水泥后静置时间/h	含水率/%		
		常规烘干法	微波烘干法	酒精燃烧法
0	0	18.4	19.7	20.7
	2	16.7	16.8	19.0
	4	16.4	17.6	18.1
	6	16.8	18.0	18.2
2	0	17.4	19.0	19.0
	2	16.8	17.0	20.1
	4	16.4	17.2	19.1
	6	17.9	18.5	19.5
4	0	16.9	17.4	18.3
	2	16.8	15.4	17.7
	4	15.5	16.3	17.3
	6	15.4	17.9	18.6

分析可见，未掺水泥的素膨胀土随着静置时间的增长，含水率测试结果呈下降趋势，而水泥改性土的含水率测试结果呈波动趋势。说明改性土的含水率测试结果相对稳定，三种测试方法与静置时间没有特定的规律。素膨胀土的含水率降低是由于静置时水分蒸发，在保湿薄膜上有一部分水分凝固所致，而改性土在静置时水分已经与水泥充分反应，测试结果属于试验真值的正常波动。

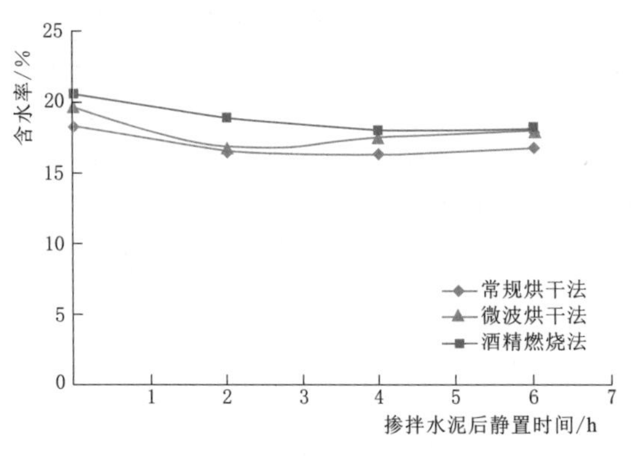

图 7.1-2　三种含水率检测方法比较（水泥掺量 0%）

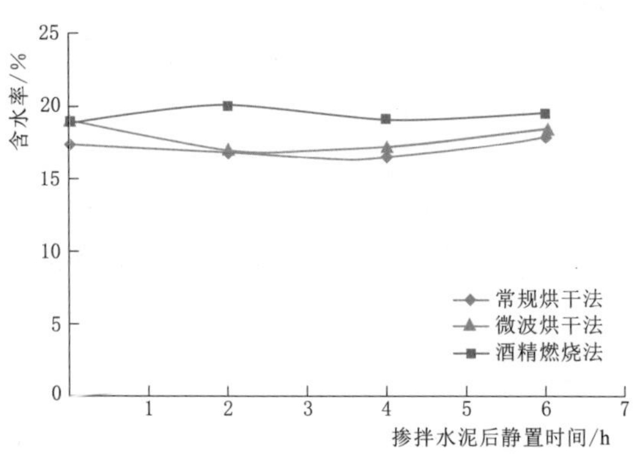

图 7.1-3　三种含水率检测方法比较（水泥掺量 2%）

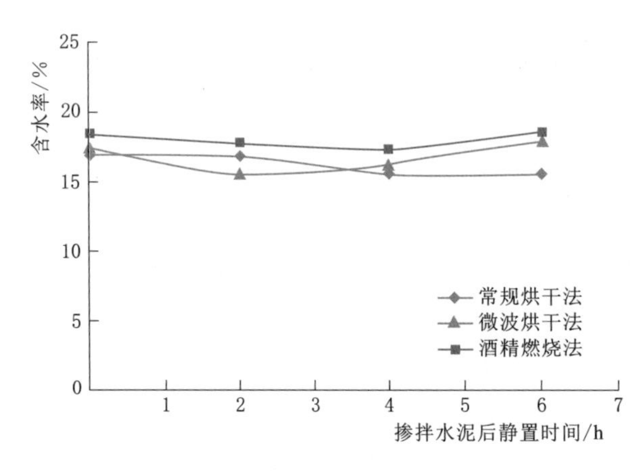

图 7.1-4　三种含水率检测方法比较（水泥掺量 4%）

三种含水率测试方法对比可见，微波烘干法处于常规烘干法和酒精燃烧法测试结果之间，微波烘干法与常规烘干法试验结果更为接近，其测得的土样含水率比常规烘干法的含水率约大 0.8%，而酒精燃烧法测得含水率比常规烘干法约大 2.0%，说明微波烘干法较酒精燃烧法更为接近真实含水率。

7.1.3　核子密度仪快速检测

核子密度仪是利用同位素放射原理快速进行土方填筑密度和含水率检测的仪器。该仪器通常安装有一个密封的铯 137 伽马源和一个密封的镅 241/铍中子源，仪器中还安装有密度和湿度两种射线探测器，分别与伽马源和中子源共同对被测材料的密度和湿度进行测量，能够在数分钟内完成一次检测。其优势是快速、相对准确和对填筑体不产生破坏，而缺点是仪器使用、保管要求严格，需要有资质的人员专人操作，且其精确度需要进行一定的率定。

以南水北调鲁山南工程为依托，分别在渠道改性土填筑完成后，采用核子密度仪法和环刀法进行对比检测试验，共完成了 20 个测点的检测工作，并对其检测数据进行了对比分析。

20 组对比试验的平均值统计见表 7.1-4。分析表明，20 个测点有 4 个测点干密度检测误差达 0.05g/cm^3，3 个测点误差大于等于 0.03g/cm^3，超过了规程对密度检测平行差值不大于 0.03g/cm^3 的要求。其余 13 个测点均满足规程要求，说明核子密度仪法具备快速检测的能力。

表 7.1-4　　核子密度仪法和环刀法检测结果

测点	干密度/(g/cm³)			测点	干密度/(g/cm³)		
	核子密度仪法	环刀法	误差		核子密度仪法	环刀法	误差
1	1.54	1.54	0.00	11	1.52	1.56	−0.04
2	1.57	1.52	0.05	12	1.65	1.68	−0.03
3	1.66	1.65	0.01	13	1.61	1.61	0.00
4	1.66	1.65	0.01	14	1.63	1.61	0.02
5	1.64	1.59	0.05	15	1.46	1.41	0.05
6	1.68	1.67	0.01	16	1.66	1.65	0.00
7	1.67	1.67	0.00	17	1.53	1.54	−0.02
8	1.55	1.58	−0.03	18	1.63	1.65	−0.01
9	1.67	1.68	−0.01	19	1.52	1.58	−0.05
10	1.68	1.68	0.00	20	1.63	1.63	0.00

7.1.4　PANDA 动力触探密度快速检测

7.1.4.1　动力触探机理

动力触探（dynamic penetration test，DPT）是利用一定的落锤能量，将一定尺寸、一定形状的探头打入土中，根据打入的难易程度（可用贯入度、锤击数或单位面积动贯入阻力来表示）判定土层性质的一种原位测试方法。动力触探可分为圆锥动力触探和标准贯入试验两类。

圆锥动力触探是利用一定的锤击能量，将特定的圆锥探头打入土中，根据打入土中的阻抗大小判别土层的变化，对岩土层进行力学分层，并确定土层的物理力学性质，对地基土作出工程地质评价。圆锥动力触探的优点是设备简单、操作方便、工效较高、适应性广，并具有连续贯入的特性。对难以取样的强风化、全风化的硬质岩层、碎石、各类软岩以及对静力触探难以贯入的土层，圆锥动力触探是十分有效的原位测试手段。缺点是不能采样并对样品进行直接鉴别描述。

如将圆锥探头换为标准贯入器，则称标准贯入试验（standard penetration test，SPT）。标准贯入试验适用于砂土、粉土及一般黏性土。

动力触探试验从锤击发生碰撞至探头贯入结束这一过程中，其影响因素很多、机理很复杂。在一次锤击作用下的功能转换，按能量守恒原理，其关系可写成

$$E_M=E_k+E_c+E_f+E_P+E_e \tag{7.1-1}$$

式中：E_M 为重锤下落能量；E_k 为锤与触探器碰撞时损失的能量；E_c 为触探器弹性变形所消耗的能量；E_f 为贯入时用于克服杆侧壁摩阻力所耗能量；E_P 为由于土的塑性变形而消耗的能量；E_e 为由于土的弹性变形而消耗的能量。

各项能量计算如下：

（1）落锤能量。

$$E_M=Mgh \tag{7.1-2}$$

式中：M 为重锤质量；h 为重锤落距；g 为重力加速度。

（2）碰撞时能耗。

$$E_k=mMgh(1-k^2)/(M+m) \tag{7.1-3}$$

式中：m 为触探器质量；k 为与碰撞体材料性质有关的碰撞作用恢复系数。

（3）触探器弹性变形的能耗。

$$E_c=R^2l/(2Ea) \tag{7.1-4}$$

式中：R 为土对探头的贯入总阻力；l 为触探器长度；E 为探杆材料截面模量；a 为探杆截面积。

（4）土的塑形变形能。

$$E_P=RS_P \tag{7.1-5}$$

式中：S_P 为每锤击后土的永久变形量（可按每锤击时实测贯入度计）。

（5）土的弹性变形能。

$$E_c=0.5RS_e \tag{7.1-6}$$

式中：S_e 为每锤击时土的弹性变形量。

将式（7.1-1）～式(7.1-6）合并并整理得

$$R=Mgh/(S_P+0.5S_e)(M+mk^2)/(M+m)-q_d^2l/(2Ea)-f \tag{7.1-7}$$

式中：f 为土对探杆侧壁摩擦力。

将探杆假定为刚性体（即杆无变形）以及不考虑杆侧壁摩擦力影响，则式（7.1-7）变成海利动力公式：

$$R=Mgh/(S_P+0.5S_e)(M+mk^2)/(M+m) \tag{7.1-8}$$

在海利公式的基础上作进一步简化：假定锤、杆为绝对非弹性碰撞（$k=0$）；探头下土层无弹性变形，即 $S_e=0$。

则变为荷兰公式：

$$R=M^2gh/[(M+m)S_P] \tag{7.1-9}$$

7.1.4.2 PANDA 设备工作原理

便携式可变能量动力触探仪 PANDA 是一种轻型圆锥动力触探仪，主要依靠锤子锤击的能量将探杆压入土内进行测试。根据锤击的能量、深度来得出贯入深度的贯入阻力，再由贯入阻力与土体密度的相互关系，推测贯入土层部位的土的密度。

PANDA 以荷兰公式为基础，通过应变桥来测量传感器的变形，以得出锤击能量（可根据锤子的不同得到不同的锤击能量）。系统自动计算动力触探动贯入阻力（即锥尖阻力），计算公式如下：

$$q_d=M^2gh/[(M+m)Ae] \tag{7.1-10}$$

式中：q_d 为动力触探动贯入阻力（即锥尖阻力），MPa；M 为落锤质量，kg；m 为触探器（包括探头、触探杆、锤座和导向杆）的质量，kg；g 为重力加速度，m/s^2；h 为落距，m；A 为圆锥探头截面积，cm^2；e 为每击贯入度，cm，$e=D/N$（D 为一阵击的贯入深度，N 为相应的一阵击锤击数）。

数据处理结果为锥尖阻力 q_d 与总贯入深度 H 的关系曲线。

试验终止条件：①到达设定的测试深度时，每隔1s响4声；②单次贯入深度小于1mm时，系统认为上次测试数据无效，1声短响，连续几次后，系统报警。

7.1.4.3 室内试验测试

将弱膨胀土掺拌一定量的水泥，制备成不同水泥掺量、不同含水率的水泥改性土，在直径101mm、高250mm的击样筒中击实，再在恒温、恒湿的环境进行水泥改性土的养护。养护2h后，按照不同的压实度，使用PANDA动力触探仪在试样中心位置进行动力触探试验。

采用环刀法对试样的密度和含水率进行直接测量，建立改性土的密度与动力触探仪锥尖阻力之间的关系，探索采用轻型动探法进行水泥改性土密度检测的可行性及准确性。试验方案组合见表7.1-5。

表7.1-5 密度检测技术试验研究

土 样	含水率	压实度	养护时间	试验方法
弱膨胀掺4%水泥改性土	$w_{op}-2\%$	95%、98%	2h	环刀法和动力触探法
	w_{op}	93%、95%、98%、100%		
	$w_{op}+2\%$	95%、98%		

7.1.4.4 成果分析

根据PANDA触探曲线（即动贯入阻力与深度的关系曲线）的形态，为尽可能排除试样顶部及底部的边界效应影响，本试验以触探曲线变化比较均匀的一段的算术平均值作为该试样的锥尖阻力。

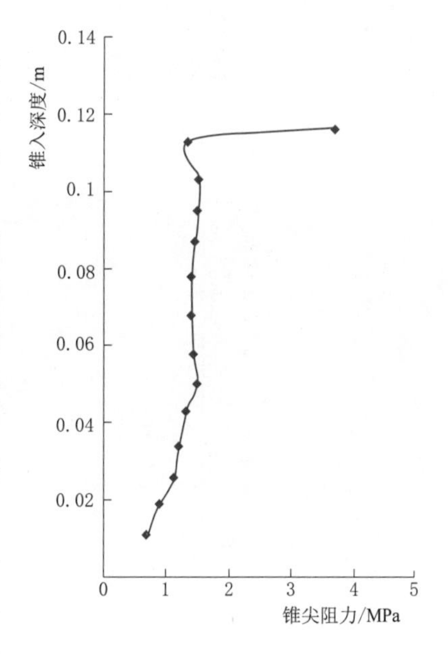

图7.1-5 水泥改性土动力触探曲线

图7.1-5所示为某试样的动力触探曲线。分析可见，当锥头刚进入试样时，锥尖阻力随着锥深的增大而增大，而在接近试样底部时，锥尖阻力有一个突变的现象。通过综合比较，认为触探深度在6～10cm时，锥尖阻力变化幅度较小，锥尖阻力较为稳定，因此，统一取这一深度范围的锥尖阻力的均值作为该试样的锥尖阻力。

将相同水泥掺量，不同含水率、不同干密度的水泥改性土试验成果进行整理，得到弱膨胀水泥改性土轻型动探试验锥尖阻力与干密度、含水率的关系见表7.1-6。绘制不同干密度、含水率，如图7.1-6、图7.1-7所示。

表7.1-6 水泥改性弱膨胀土锥尖阻力与干密度、含水率的关系成果表

含水率/%	水泥掺量/%	压实度/%	干密度/(g/cm^3)	锥尖阻力/MPa
18.1	4	95	1.64	2.23
		98	1.7	2.29

续表

含水率/%	水泥掺量/%	压实度/%	干密度/(g/cm³)	锥尖阻力/MPa
19.3	4	93	1.6	1.79
		95	1.64	1.80
		98	1.7	1.97
		100	1.73	2.17
21.8	4	95	1.64	1.39
		98	1.7	1.60

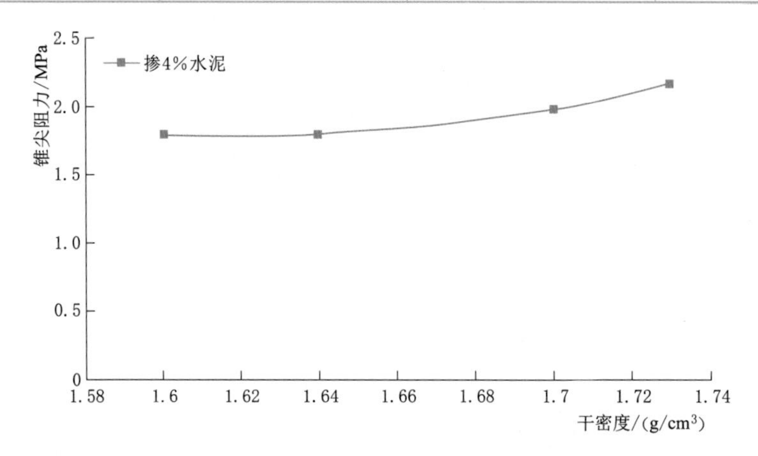

图 7.1-6 水泥改性弱膨胀土锥尖阻力与干密度的关系曲线

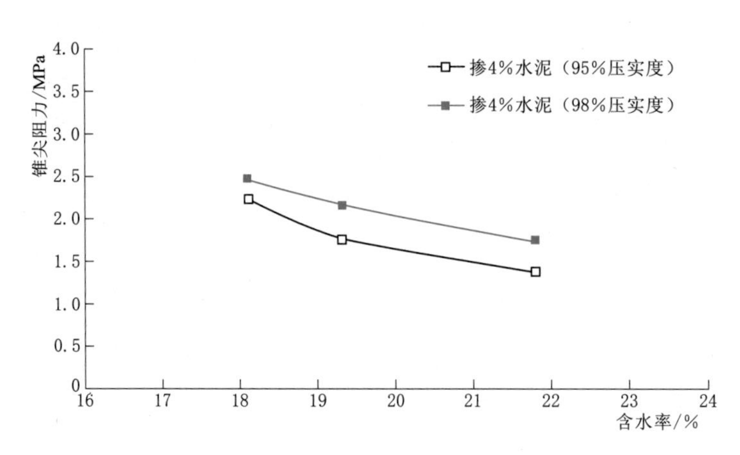

图 7.1-7 水泥改性弱膨胀土锥尖阻力与含水率的关系曲线

由图 7.1-6 分析可见，相同一含水率条件下，采用轻型动力触探法检测水泥改性土的密度，锥尖阻力随密度的增大而增大。图 7.1-7 分析可见，同一压实度条件下，随着含水率增大，改性土锥尖阻力逐渐减小，不同压实度的规律一致。

根据上述试验成果不难发现，轻型动力触探的锥尖阻力与改性土的密度有较好的相关关系，并且，对于不同压实度也能有较好关系，采用轻型动力触探法能快速、准确地进行改性土的密度测试。

7.1.5　密度、含水率检测小结

通过上述研究，对水泥改性土现场填筑质量快速检测方法归纳如下：

(1) 含水率检测可采用微波烘干法。现场实际操作中，可参照本节提供的试验方法进行对比试验，在一定的微波功率、微波烘干时间和间隔标准下，比对标准方法测量的含水率成果，确定具体的微波烘干方法。

(2) 水泥改性土不同的静置时间（0～6h）对测试结果影响不大。

(3) 采用PANDA动力触探仪可实现现场填筑密度的快速检测，其锥尖阻力与土体密度、含水率存在一定的关系。采用该方法进行现场密度检测之前，应预先进行不同含水率、不同压实度条件下的碾压标定试验。

(4) 采用核子密度仪进行填筑土体密度检测，其误差可以通过事先率定来消除。

7.2　水泥改性土施工质量控制

水泥改性土施工质量控制属于工程管理范畴，其重点是对施工过程中的人员、材料、机械设备和工艺流程等影响施工质量的各类因素进行监督和控制，对施工过程中的重要环节、节点等进行规范化管理。

渠道工程水泥改性土施工主要流程包括料场开采、土料破碎、水泥掺拌、摊铺、碾压及削坡等主要环节（见图7.2-1）。

(a) 料场开采　(b) 土料破碎　(c) 水泥掺拌

(d) 摊铺　(e) 碾压　(f) 削坡

图7.2-1　水泥改性土主要施工流程

7.2.1　施工准备

水泥改性土施工前，施工单位应提前对拟投入施工的人员、机械设备、工艺环节、工程质量检测等关键环节进行策划和检查，并提前向监理单位报送详细的施工组织设计方案（或施工计划），内容如下：

（1）工程项目概况。主要介绍项目名称、合同工程量、施工标段及桩号、地基土基本条件等工程基本情况，以及换填部位的平面图、剖面图等。

（2）施工场地规划。包括施工场地布置、车辆运输方式以及进出场道路规划等。

（3）料源情况及土方平衡计划。对设计文件提出的料场进行复核，了解土料储量、含水率、颗粒级配及膨胀性情况。如为利用开挖料改性换填，应再次对开挖料堆场的土料进行含水率和膨胀性测试，提出高含水率及超径块体的处理方法。

根据换填（回填）土料需求及土料储备情况进行土方平衡，对土料不足的情况及时进行料源补充安排，合理利用料场土料，并拟订改性土削坡土料的利用措施。

（4）水泥改性土拌和系统布置和试生产。根据换填（回填）土料工程量合理选择水泥改性土拌和系统的数量和规模，按照最大日填筑量安排改性土碎土和拌和装置，进行水泥改性土的试生产运转。

水泥改性土相关生产性试验应针对具体料源及其开采方式、改性土生产和填筑碾压设备进行。上述条件一旦发生变化，应针对变化情况由相关试验重新核定相应的生产工艺和施工控制参数。

（5）碾压参数及工艺。开展现场改性土碾压试验，根据设计确定的压实度，通过试验拟定碾压碾压机械、铺土厚度、碾压遍数等碾压参数和工艺，拟定主要施工方法及资源配置。

（6）施工期安全措施。明确基坑防水、排水或降水方案，编制基坑施工安全监测及度汛方案。

（7）施工进度安排。根据换填（回填）工程量以及总体工程进度安排，合理安排施工进度。

（8）质量保证体系和质量控制措施。建立完善的施工质量保证体系，落实各项质量控制措施。严格控制水泥改性土的粒径（团径）、水泥掺量、填筑压实度、含水率和均匀性等关键指标。

施工单位在完成所有施工准备工作以后，向监理单位提交开工申请报告，由监理单位按照施工合同有关条款，对施工各项准备工作进行全面检查，并签发开工令。

7.2.2 水泥改性土厂拌施工质量控制

渠道工程等大面积水泥改性土施工一般采用机械化流水作业，水泥改性土生产采用性能稳定的混凝土站进行集中厂拌（见图 7.2-2），改性土的生产设备、生产能力应满足高峰填筑强度的要求。厂拌施工质量主要把握原材料（土料、水泥、水）、掺拌工艺（水泥掺量、碎土工艺、掺拌设备）、填筑和碾压、质量检测等关键工艺流程。

7.2.2.1 水泥改性土原材料

1. 土料

（1）水泥改性土施工前，施工单位应对设计提出的土料料源进行复勘，并通过室内试验查明料源各土层土料的基本物理力学指标，包括自由膨胀率、天然含水率、粒径及颗粒级配、黏粒含量、塑性指数等，必要时还需要进行抗剪强度指标测定。此外，还应选取有代表性的土料，针对不同的料源及水泥掺量进行室内击实试验，并根据设计压实度确定施工控制的含水率和干密度。

图 7.2-2　改性土集中厂拌

一般而言，自由膨胀率大于65%的天然土料不能用于水泥改性，除非设计认可，并经专门论证以后方可考虑。

（2）料场的开采应根据复勘成果按批准的开采范围、方式和深度进行分区开采。对于地下水位较高的料场，应开挖排水沟网，结合周边排水条件，及时疏通并排除取土坑及沟网内的积水，降低料场周边地下水位；对于利用渠道开挖料进行改性土填筑的地段，应事先选择地势较高的堆放场地，对开挖料进行有序堆放。

（3）土料堆放场应结合土料含水率及改性土生产需要备有防雨、排水或遮阳设施，周边应做好截水沟，对制备完成的土料也应进行妥善的堆存和保护。

（4）土料运输应与料场开采、装料和卸料、铺料等工序持续和连贯进行，以免周转过多而导致含水率的过大变化。

（5）应按预订的施工方案以及现场生产性试验确定的水泥掺量进行改性土制备。对于含水率过高的黏性土料，应在料场进行含水率翻晒。进入拌制设备和填筑仓面的土块粒径应满足水泥掺拌均匀性的要求。根据南水北调中线工程的经验，黏性土（弱膨胀土）的土团团径应不大于10cm，其中5～10cm粒径的含量不大于5%，5mm～5cm粒径的含量不大于50%（不计姜石含量）。如土料级配不满足上述要求，则应进行剔除或破碎至满足粒径要求，方可使用。

（6）定期对料场土料应进行核查，当土质发生变化或更换取土场时应重新进行上述基本特性试验。当天然土料中含有姜石或砾石时应测定其含量。

2. 水泥

（1）水泥改性土宜采用42.5普通硅酸盐水泥，采用其他强度等级水泥时必须经过改性试验专题研究确定。

（2）所用的水泥必须经过进场报验，严禁使用过期水泥或不合格水泥。

（3）注意水泥的初凝、终凝时间。其时间与水泥品种、凝结条件、掺用外加剂的品种和数量等因素有关，应由试验确定。当施工环境气温较高时，还应考虑气温对水泥初凝、终凝时间的影响。

3. 水

改性土施工用水水质应符合工程用水标准。

7.2.2.2　水泥改性土生产

1. 水泥改性土掺量确定

（1）改性土水泥掺量应根据被改性土的膨胀特性由水泥掺量配比试验确定。根据南水北调中线工程经验，以改性后土料的自由膨胀率低于40%为控制指标，初始自由膨胀率为51%的弱膨胀土，在水泥掺量为5%的条件下即可成为无膨胀土，如果考虑到改性效果随龄期增长的因素，水泥掺量可以降低到3%～4%。表7.2-1为南阳弱膨胀土水泥掺量与龄期的关系。

表7.2-1　南阳弱膨胀土水泥掺量与龄期的关系

水泥掺量/%	龄期/d	改性土自由膨胀率/%	水泥掺量/%	龄期/d	改性土自由膨胀率/%
2.0	0	48	4.0	0	42
	3	40		3	39
	7	38		7	36
	14	35		14	34
	28	34		28	32
3.0	0	42	5.0	0	40
	3	40		3	36
	7	37		7	34
	14	35		14	31
	28	33		28	30

(2) 水泥改性土的水泥掺量以被改性土的干土重和水泥重量比的百分数计。如天然含水率为w、重量为G的被改性土的水泥掺量为

$$G_s = SG_c/(1+w) \tag{7.2-1}$$

式中：G_s为掺入水泥重量；G_c为被改性土重量；S为根据设计或水泥掺量配比试验确定的水泥掺量百分数，%；w为被改性土的天然含水率，%。

(3) 确定改性土水泥掺量时，天然土料的自由膨胀率应通过料场采样试验确定（见图7.2-3），确定改性土水泥掺量时料场土样采集按以下要求执行：

1）每个不同的开采区采样点平面控制范围不大于100m×100m，地形、地层结构复杂时应适当加密；每个开采区采样点不少于9个。采样点竖直方向应结合料区地层特点分层取样测定土料的自由膨胀率。

2）当开采层为单一土层时，膨胀性试验土样采集原则为：当开采厚度小于1m时可在土层厚度中部取样；当开采厚度为1～2m时在距开采层顶、底1/3厚度处取样按等体积混合；当厚度大于2m时，在距开采层顶、底0.3m处以及其间等距离多点（高差不大于1m）采样等体积混合。

3）当开采层为多个不同性状土层混合开采时膨胀性试验土样采集原则为：在各土层厚度中部取样，各土层土样重量按开采层范围内各土层天然厚度与相应的天然容重之积的比例进行混合。

4）将每个开采区各开采层土样的试验成果按自由膨胀率大小排序，并将其按试样数量进行分组，每组试样自由膨胀率平均值由小到大分别记为A组、B组、C组。

5）各料区A组、B组、C组各自平均自由膨胀率之差不宜大于20%，否则应适当调整开采分区。

(4) 被改性土中含有姜石或砾石时，应根据姜石含量适当调整改性土的水泥掺量，具

体掺量按以下要求确定：

1）剔除被改性土中的姜石，按要求确定不含姜石土的改性土所需的水泥掺量。

2）按要求对含姜石土进行碎土。

（5）由于地基处理或其他方面特殊要求，设计需要加大改性土水泥掺量时，可直接按设计文件要求执行，并开展相关生产性试验。

图 7.2-3　料场机械化开采

2. 碎土

膨胀性土料宜采用液压破碎机破碎，破碎机主要由破碎系统、皮带输送系统两部分组成，破碎机的功率应满足最大日填筑效率需要，表 7.2-2 为某型号破碎机的技术参数。

表 7.2-2　某型号破碎机技术参数

技术要求	参　数
最大生产能力/(t/h)	600
进料斗容积/m^3	7
进料粒径/mm	200～400
成品料粒径及占比	≤15mm 的占 90%以上，15～37mm 占比不大于 10%
整机功率/kW	110

（1）碎土施工前，应针对不同料场、不同含水率的土料，结合土料开采及堆存方式进行生产性碎土工艺试验（见图 7.2-4、图 7.2-5），并根据试验结果，明确对应料场、对应土料的开采方式及碎土生产工艺。

（2）土料适宜的碎土含水率及其变化范围由碎土工艺性试验确定。应密切监测进入碎土场土料的含水率变化情况，含水率偏高时应通过翻晒、风干等措施降低含水率，含水率偏低时应适当洒水湿润。

（3）碎土生产工艺确定后，不得随意改变与之相关的取土料场、开采和堆存方式。当取料场或土料开采方式发生变化时，应结合生产试验，调整碎土生产工艺，必要时应另行开展生产性试验。

图 7.2-4　旋耕机碎土

图 7.2-5　破碎机碎土

（4）碎土生产的成品料宜直接进入拌和设备生产改性土。碎土成品料需要堆存时，堆存最长允许时间、堆存最大允许高度、防雨遮阳等措施应经通过相关试验确定。受雨淋或造成板结的碎土成品料，应重新破碎至满足土料级配质量要求才能用于生产改性土。

（5）碎土质量由碎土成品料土粒粒径级配控制，碎土粒径级配采用筛分法检测，级配应满足设计要求。对不符合设计要求的土块，应采取调整筛孔尺寸、筛分剔除、改变碎土生产工艺及控制参数等措施进行调整。

7.2.2.3　水泥掺量标准曲线

选用现场有代表性的被改性土按照不同的水泥掺量、不同龄期进行室内 EDTA 滴定试验。水泥掺量应以施工配比为依据适当增减，掺入水泥后的检测时间，以开始掺入水泥后 30min、1h、2h、4h、6h、12h 为时间参变量，点绘 EDTA 消耗量和水泥掺量的关系曲线作为水泥掺量检测的标准曲线，如图 7.2-6 所示。

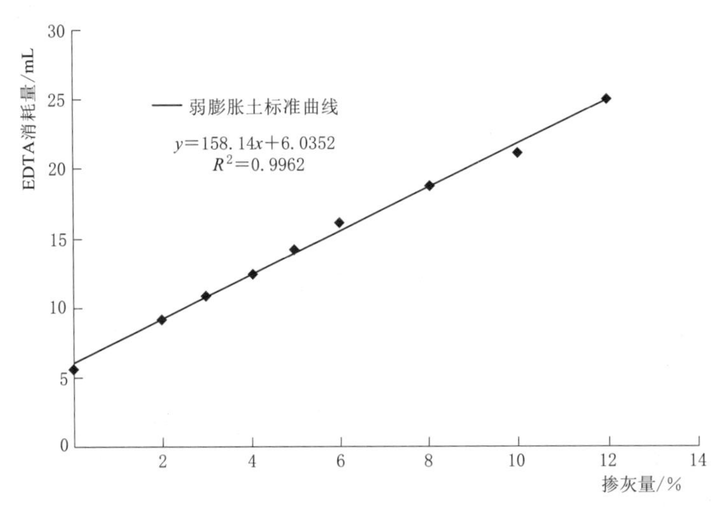

图 7.2-6　水泥掺量与 EDTA 消耗量标准曲线

7.2.2.4　改性土拌制

（1）改性土采用稳定土拌和系统拌制，稳定土拌和机具有操作简便、工效高的特点，可以连续拌和，适合大规模的改性土换填施工。

（2）稳定土拌和机一般由集料系统、计量传送系统、拌制系统、水泥罐体四部分组成。集料系统用于盛放土料，根据机械的类型可以配置多个料斗（类似于混凝土拌和站的砂石料集料斗），为保证土料质量，集料斗上口一般加工成带坡度的型式，并在上口设置筛网，每个小网格边长不宜大于10cm，以过滤掉粒径不合格的土料；在集料斗下部有电子计量系统，通过控制液压斗门开启或关闭来确定土料的重量，土料落至皮带机上后，传送至拌和机内；在拌和系统运行后，拌和称量系统按试验参数控制土料、水泥和水的质量，电脑自动控制水泥罐添加水泥至拌和机内，并适当添加水充分拌和，时间一般不少于2min，拌制完成后经皮带机卸料。由装载机拢堆并覆盖或直接运至填筑工作面。

（3）根据水泥含量标准曲线开展水泥改性土拌和生产性试验（见图7.2-7），以选定拌和时机械的运行控制参数，确定实际水泥掺量、被改性土含水率与改性土含水率之间的关系。

（4）根据改性土现场碾压试验确定的最优改性土含水率，适当考虑改性土运输、辅料等施工环节的水量损失确定的改性土含水率，结合试验成果选择改性土生产时加水量。

图7.2-7　水泥改性土拌制

（5）拌和称量系统根据土料重量，按确定的水泥掺量比例、水泥改性土成品料含水率要求添加水泥和水，按生产性试验确定的机械运行控制参数充分拌和，并取样进行均匀性检测，不合格时应分析原因，必要时调整设备控制参数。

（6）水泥改性土拌和出料口成品料检测频率及数量视工程规模而定，施工初期每拌和批次不大于600m^3，水泥改性土抽测不少于6个样（每个样品重量不少于300g），施工中、后期可适当减少检测频次。监理平行检测数量不应少于施工检测数量的5%，跟踪检测数量不应少于施工检测数量的10%。

（7）水泥改性土成品料的质量通过样品水泥含量的平均值与水泥含量标准差评价评定。成品料水泥含量采用EDTA滴定法测定，其水泥掺量平均值不得小于设计掺量，标准差不大于0.7。不合格的改性土拌制品不得用于主体工程填筑施工。

7.2.2.5　水泥改性土填筑与碾压

拌和合格后的水泥改性土料，应及时上堤填筑。从拌和站出口到碾压完成时间，不宜超过4h。施工过程中，应按要求抽样检查改性土成品材料的质量，发现改性土产品质量不满足设计相关要求时不得用于填筑；同时应分析原因及时处置，并通过相关试验调整相应的生产工艺及施工参数。

水泥改性土填筑与碾压主要质量控制要点如下。

1. 运输

应采用大吨位自卸车运输，拌和好的混合料应尽快运送到铺筑现场。混合料在运送过程中应加以覆盖，减少水分损失。

2. 摊铺

在填筑场地按照每车土方的数量及摊铺厚度，控制自卸车倒土密度，同时，埋桩挂线做标记，标示松铺厚度；在铺料过程中，严格按照碾压试验的参数控制铺料厚度，必要时应进行补料或减料，可用插钎检测。

混合料摊铺完后，先用平地机初平和整形，再用压路机快速碾压 1～2 遍。对于出现的坑洼应进行平整。并设专人及时铲除离析混合料，补以新混合料。分层填筑压实厚度根据压实机具和试验段确定的方法进行。

3. 填筑碾压

（1）填筑应分层连续填筑、分层碾压。每层填筑层都应按规定进行质量检测并填写记录。填筑的压实度不得小于设计压实度。碾压时要防止漏压、欠压，下层不合格不能进行上层的施工，不合格土料不得使用。“金包银”填方渠段，堤身内部采用弱膨胀土填筑时，堤身外表面水泥改性土保护层施工宜与堤身填筑同时上升；由于特殊原因难以实现同时上升时，应经设计单位同意，并采取措施减少不均匀沉降变形，并确保分期填筑体结合面结合良好。

（2）水泥改性土填筑宜采用凸块振动碾碾压。施工前应结合设计边坡坡度、改性土填筑体结构尺寸，并结合换填作业面的施工条件，对换填土料进行碾压试验，选择碾压设备（见图 7.2-8）。

图 7.2-8　填筑碾压

（3）填筑及碾压参数一旦确定不得随意更改。当检测结果不满足要求时应分析原因，必要时应通过碾压试验调整铺料厚度及碾压参数。

（4）为确保外坡角压实度，并适当考虑到碾压机械的工作面要求，改性土铺料时需超填。超填土料宜按照 1∶1.5 坡比放坡，并严格按照碾压试验的参数控制铺料厚度。根据不同的换填厚度，同一层以设计外坡脚为基准，顶部超填宽度不小于 30cm（见图 7.2-9）。超填部分可作为换填层的保护层，在渠道衬砌施工前削坡修整到设计边坡轮廓。

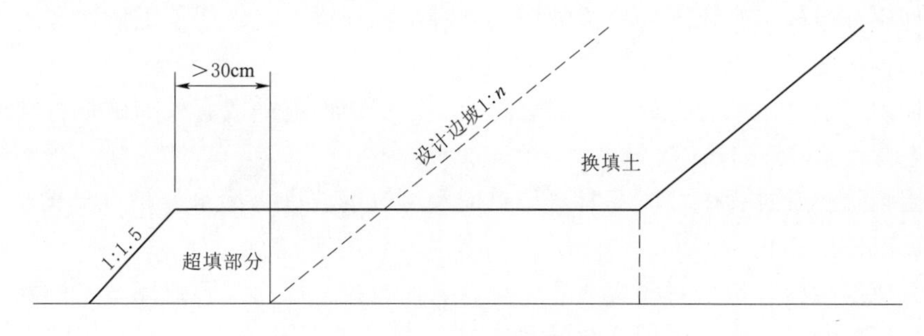

图7.2-9 改性土换填超填示意图

(5) 碾压机械沿渠道轴线方向前进、后退全振错距法碾压，前进、后退一个来回按2遍计，碾迹重叠不小于20cm。碾压速度控制在2～4km/h范围内，开始碾压时宜用慢速，凸块振动碾最少碾压遍数不少于6遍。碾压层间需根据天气和层面干燥情况，洒水湿润。对边角接头处大型机械碾压不到、易漏压的地带，需由人工采用蛙夯或冲击夯等小型设备夯实。

(6) 改性土填筑施工超填的土料不得用于渠坡换填部位及渠堤外包填筑体部位。如用于设计指定的次要部位时，应将其运输至指定位置堆存，土料填筑前应进行碾压试验确定削坡土料的碾压参数。

(7) 每层填土完成碾压后，应在4h内完成质量检测，在6～8h内完成上层土覆盖。如不能及时跟进的，应对填筑面和建基面做好防雨和保湿等施工期的保护措施，并防止大型施工设备在其上行驶。

4. 结合面处理

改性土换填层沿渠道轴线方向填筑渠段或不同标段之间的衔接部位的填筑除满足上述各条款要求外，结合面处理应满足以下要求：

(1) 衔接部位填筑应在渠道断面方向超填土料削坡之前完成；填筑时应清除较早填筑体沿渠道方向的超填土料。

(2) 被改性土料和改性土水泥掺量相同的渠段之间结合面坡度不应小于1∶6，不同被改性土料、不同水泥掺量的改性土结合面坡度不应小于1∶10。

(3) 结合面处早期填筑的填筑体需开挖成小台阶，台阶高为每一层铺土碾压厚度。

(4) 结合面处压实度应满足设计压实度要求。

(5) 水泥改性土在分层填筑上升过程中，应结合气候条件及土体含水率情况对填筑面采取妥善保护措施。当表层土含水率偏低时，应及时对填筑面及填筑边坡进行洒水养护，以防止水泥改性土沙化，洒水量应根据填筑面及填筑边坡土体含水率实际情况控制，洒水后应待填筑层表面自由水被土体吸收后方能进入下一道作业程序，避免车辆立即进入作业面作业；当填筑土料含水率偏高时，应采取必要的摊铺风干及翻晒措施降低填筑土料含水率，碾压过程中如有弹簧土、松散土、起皮现象应及时挖除。

5. 养护

改性土碾压完成后，如不能连续施工应进行养护（洒水、覆盖），使改性土表面保湿养护龄期大于7d。养护期间勿使改性土过湿，更不能忽干忽湿，除洒水车外应封闭交通。

当改性土分层施工时，下层检验如压实度等指标合格后，上层填土能连续施工时可不进行专门的养护期。

为保证层与层之间结合良好，上层填筑前，下层层面应采取有效措施进行刨毛、湿润处理，刨毛深度不小于3cm。

在分层填筑上升过程中，应及时对填筑面及填筑边坡进行洒水养护（见图7.2-10），以防止水泥改性土沙化。

终压完成经检验合格后封闭交通，在填料表面覆盖一层土工膜或摊铺一层素土进行养护，以防止填料裂缝，洒水采用雾化喷洒方式，养护周期不少于7d。当分层施工时，下层碾压合格后可立即进行上层施工，不需专门的养护期。

图7.2-10　洒水养护

6. 质量检测

(1) 每层水泥改性土施工完成后，应进行摊铺厚度、填筑干密度和含水率等项目自检，自检完成验收合格后方可进行下一道工序施工。

(2) 改性土料摊铺厚度检测：施工检测每层每100m测3个断面，每个断面不少于3点；不足100m的也同样检测。监理平行检测数量不应少于施工检测数量的5%；跟踪检测数量不应少于施工检测数量的10%。

(3) 填筑体干密度和含水率应满足设计文件要求。

7. 成品保护

(1) 改性土填筑应尽量避开雨天施工，渠道开挖施工前，应对穿越工程场地的地表和地下水采取妥善的截排措施，保证作业面干地施工条件。

(2) 改性土换填施工应加强施工组织、连续作业，保护层开挖应结合换填层施工进度分区进行，并对开挖面和填筑面及时采取妥善保护措施，防止雨淋冲刷或坡面土体失水。

(3) 雨季施工应特别注意天气变化，避免土料受到雨淋。降雨时应停止施工，对已摊铺的工作面应尽快碾压密实、封面并进行防雨覆盖，以防止表面积水。

8. 削坡

换填水泥改性土边坡填筑碾压并养护成型后，可采用人工配合挖掘机或削坡机按照设计坡比进行削坡（见图 7.2－11、图 7.2－12）。

图 7.2－11　削坡机削坡

图 7.2－12　人工配合挖掘机削坡

人工配合挖掘机进行削坡，由有经验的挖掘机操作人员按样槽进行削坡，削坡方向垂直于渠道轴线，由上至下顺坡进行。削坡土料拢集于坡下后，装车运至拌和场进行再次拌和，用于设计或有关技术要求允许使用的部位，使削坡土料得到最大限度的利用。

削坡时应预留 5～10cm 的薄土层。预留的薄土层削坡时，将挖掘机斗齿前焊接一块厚约 20mm 的钢板作为“刮板”，长度同挖掘机斗宽，宽度约为 15cm，前缘与斗齿齐平，开挖方向垂直于渠道轴线，沿坡长自上而下地将预留的薄土层刮除，人工用平头铁锹将坡面遗留的松土清至挖掘机附近，随“刮板”拢堆。在坡面上钉木桩，每 5m 作为一个断面，按坡度放样，在桩位上固定尼龙线，挂线后进行钉桩加密，人工进行坡面整理，直至坡面平整度和坡度符合规范要求。

7.2.3　集中路拌施工质量控制

大面积水泥改性土施工一般采用性能稳定的混凝土站进行集中厂拌，施工前应结合被改性土料源特点选择合适的改性土生产设备，其生产能力应满足高峰填筑强度要求。对于填筑方量较小或条状施工带（局部道路）等情况下，可考虑采用集中路拌施工（见图 7.2－13）。

图 7.2－13　路拌机施工

集中路拌施工的优点是机械化程度高，施工速度快，但缺点也是十分突出：①由于设备的产能因素，使路拌机的日填筑量较为低下，因此对于大面积施工往往不利；②路拌机土料处理量有限，每批次土料的含水率和膨胀性若有较大变化，则水泥掺拌均匀性难以保证，导致最终的施工质量不易掌控；③集中路拌机机械设备昂贵，要满足大规模施工填筑要求，势必需要更多的设备配置。因此，在填筑工程量较大的场合，一般不采用集中路拌施工。

集中路拌的施工流程为：施工工艺试验及确定施工参数，基础处理及检查验收，测量放线，水泥改性土集中拌制，水泥改性土堆拢及运输，摊铺、整平与测量检验，碾压，取样检测。

在改性土施工之前，应先通过室内试验取得膨胀土土料的物理指标参数，包括黏粒含量、塑性指数、膨胀率等。根据室内试验取得的参数，进行水泥掺量配比，并开展现场碾压施工工艺试验，确定碾压机械及铺土厚度、碾压遍数、压实机械等参数。

7.2.3.1 土料开采运输

土料的开采根据现场施工组织和施工场地的不同，可分为临时性堆放和直接堆放。临时性堆放，是指从渠道开采的膨胀土土料运至指定地点分区堆放，在进行改性土制备前，用挖掘机挖装、自卸汽车运输，将土料转运至拌和场。直接堆放，是指在渠道施工过程中工作面能够做到连续作业，将从渠道开挖出来的土料直接运至拌和场堆放。

7.2.3.2 碎土

由于路拌机自身具有碎土功能，土料可不单独进行碎土，但从质量控制角度出发，碎土宜在拌和场内采用液压破碎机进行，并剔除膨胀土土料内粒径大于10cm的钙质结核或土块。碎好的土料，粒径含量要满足有关技术要求。

7.2.3.3 路拌机集中拌制及运输

(1) 拌和场地面采用推土机平整后，用平碾碾压，每次碾压均测定沉降，直至连续两次碾压的沉降量之差在3mm以内为止。

(2) 将土料用轮式装载机装车、自卸车运输至拌和场内。一般情况下，拌和场至少要划出3个区才能满足路拌机拌制流水作业的要求。拌制程序为：土料摊铺、水泥摊铺、路拌机拌制（同时洒水）3～4遍、拌和料滴定检测、成品拢堆覆盖。

为保证土料拌和用水，拌和场要设置专用水源。

(3) 土料摊铺根据铺料厚度的不同，掺拌的水泥量也不同。土料摊铺采用人工配合推土机进行，铺土厚度由施工工艺试验确定。在拌和场附近设置高程点作为控制铺土厚度的基准点。用圆钢制作插钎，并在插钎上标出长度标记，检查铺土厚度，局部采用人工平整，保证摊铺厚度均匀。土料平整后，用钢尺在土料上面定出网格，用石灰做出标记。每个网格的面积根据铺土厚度不同而划定。为便于控制，采用固定铺土厚度、一袋水泥的掺入量来控制网格面积，便于控制水泥掺量。打开水泥袋将水泥倒在网格中心，用刮板将水泥均匀摊开，使每袋水泥的摊铺面积相等，做到土料表面没有空白位置，亦无水泥集中点。

(4) 采用路拌机拌制混合。在拌制前，可将路拌机后压斗改装，将洒水设备接至后压斗顶部，在拌制中同时洒水，保证洒水均匀。拌制时必须做到拌和均匀、不留死角。根据土料的特性，一般拌制3～4遍即可，每一遍之间的时间间隔要根据现场检验而定。

(5) 采用路拌机拌制改性土时，土料摊铺后，要用路拌机在摊铺层上均匀行走1～2

遍，这样既可整平表面又可对土料进行破碎。水泥摊铺工序非常关键，摊铺时要均匀，不得在土面上形成空白。路拌机拌和至少3遍。对于稳定土拌和机，为保证拌和的均匀性，除严格控制土料粒径外，拌和时间对均匀性的影响很大。拌和时间要通过试验确定。

（6）拌制完成后，做滴定检测，进行水泥含量和均匀性检测。合格后拢堆，临时覆盖保湿或直接运至填筑工作面；对于滴定检测不合格的土料，要分析原因，重新进行拌和并检测。

（7）采用轮式装载机装料、自卸车运输至填筑工作面，采用“进占法”卸料。

7.2.3.4　改性土填筑及碾压

采用推土机铺料、平土。为保证碾压机械的工作面、确保边角压实度，铺土边线在水平距离上要进行超填。在摊铺的同时，采用推土机在坡面上推出台阶以保证土体的结合，台阶高度与铺土层厚相同。在铺料过程中，严格按照碾压试验的参数控制铺料厚度，可用插钎检测。

采用凸块振动碾进行碾压，碾压结束后，环刀法取样检测压实度，合格后进行下一层的填筑。

7.2.3.5　削坡

按照上节方式采用人工配合挖掘机或削坡机进行削坡，削坡土料可二次利用。

7.2.4　质量标准及检验

7.2.4.1　换填水泥改性土单元工程质量评定标准

合格标准：铺填边线偏差合格率不小于70%，水泥均匀度合格率不小于80%，检测土体压实度合格率达到表7.2-4要求，其余检查项目达到标准。

优良标准：铺填边线偏差合格率不小于90%，水泥均匀度合格率不小于90%，压实度最小值不小于设计值，不合格样不得集中在局部范围内，其余检查项目达到标准。

7.2.4.2　建立监理质量监督制度

在施工过程中，现场监理人员应督促施工单位质检负责人、质检员、施工员加强现场质量管理，对各工序质量进行“三检”，合格后填报工序质量检查合格证，报监理工程师现场检验签证。

现场监理人员应对土料质量、含水率、铺料厚度、铺料宽度碾压机具、碾压方式、碾压编数进行检查，发现问题立即通知施工单位，采取相应措施进行整改。对压实干密度检查，监理的平行检测应数不小5%，跟踪检测数应不少于10%。

现场监理工程师指示返工的部位拆除后，施工单位应通知监理工程师进行拆除范围复查。复查经签证后，方可重新施工。对于返工整改通知下达后，施工单位不认真执行的，监理工程师应及时向总监理工程师报告，请示建管单位批准签发停工整改令。

现场监理人员在检查施工过程中，应做检查记录作为单元工程质量评定的支持资料。

7.2.4.3　质量控制检查要点

（1）土料。

重点检查改性土土料的天然含水率、自由膨胀率、矿物成分、黏粒含量、有机质含量等指标是否满足设计要求。

（2）水泥。

检查水泥强度等级是否满足设计要求，对采用其他强度等级水泥时必须经过改性试验专题研究确定。所用的水泥必须经过进场报验，严禁使用过期水泥或不合格水泥。

（3）水泥改性土均匀度。

检查改性土水泥掺拌均匀性是否满足设计要求。水泥改性土拌和时要保证拌和遍数及拌和时间，检测频率及数量视工程规模而定。根据南水北调中线工程经验，施工初期每拌和批次不大于600m^3水泥改性土抽测不少于6个样（每个样品质量不少于300g）。用EDTA滴定法测定水泥含量，平均值不得小于设计掺量，弱膨胀水泥改性土水泥含量标准差不大于0.7，中膨胀水泥改性土水泥含量标准差不大于0.5。施工中、后期可适当减少检测频次。

（4）结合面处理。

结合面处理包括基础面处理、层面结合面处理和开挖边坡结合面处理。基础面按规定进行联合验收后方可开始填筑作业的施工；应采用凸块碾进行碾压，并要注意结合面的保湿，以保证层面结合效果；渠坡面要求逐层开蹬，台阶高为每一层铺土的厚度。

（5）检验。

1）水泥改性换填土碾压完成后，取样检验压实度，压实不足要立即补压，直到满足压实要求为止。监理平行、跟踪取样点次应满足规范要求。取样部位应位于填筑层的下1/3处。

2）存在弹簧、轮迹明显、表面松散、起皮严重、土块超标等缺陷的不准验收，填筑层面标高控制不符合要求时，高出部分用平地机（推土机）刮除，低的部分不准贴补。

（6）设计文件要求检查的其他项目。

7.2.4.4 水泥改性土换填施工质量检查

水泥改性土换填一般项目施工质量检查主要包括清基清理、清基范围、不良地质土体处理、基面处理、铺土厚度、填筑断面外形尺寸、高程等，相应的质量标准和检查（测）方法、数量见表7.2-3。

表7.2-3　一般项目施工质量标准和检查（测）方法、数量

项次	检查项目	质量标准	检查（测）方法	检查（测）数量
1	清基清理	基面表层树木、草皮、树根、垃圾、弃土、淤泥、腐殖质土、废渣、泥炭土等不合格土全部清除	观察、查阅施工记录（录像或摄影资料收集备查）	全数检查
2	清基范围	清理边界符合设计要求，清除表土厚一般为30cm	尺量或经纬仪测量	每个单元不少于3个断面
3	不良地质土体处理	不合格土全部清除；对粉土、细砂、乱石、坡积物、井等应按设计要求处理	观察、查阅施工记录	全数检查
4	基面处理	范围内的坑、槽、井等应按设计要求处理	观察、查阅施工记录	全数检查

续表

项次	检查项目	质量标准	检查（测）方法	检查（测）数量
5	铺土厚度	允许偏差：±2cm	水准仪、尺量测量	每层不少于3点
6	铺填边线	允许偏差：人工作业+10～+20cm，机械作业≥+30cm	尺量、仪器测量	每层不少于3点
7	渠顶宽度	允许偏差：±5cm	水准仪、全站仪测量	每个单元不少于3个断面
8	渠道边坡	不陡于设计边坡	水准仪测量	每个单元不少于3个断面
9	渠顶高程	允许偏差：0～+5cm	尺量、全站仪测量	每个单元各3个断面，每个断面不少于3点
10	渠底宽度	允许偏差：0～+5cm	全站仪测量	每个单元不少于3个断面
11	渠道开口宽度	允许偏差：0～+8cm	全站仪测量	每个单元不少于3个断面
12	中心线位置	允许偏差：±2cm	尺量	每个单元不少于3个断面

水泥改性土换填主控项目主要包括：渗水处理、原材料、水泥改性土均匀度、压实度、渠底高程等，主控项目施工质量标准、检查（测）方法及数量见表7.2-4。

表7.2-4　　水泥土换填主控项目施工质量标准和检查（测）方法及数量

项次	检查项目	质量标准	检查（测）方法	检查（测）数量
1	渗水处理	渠底及边坡渗水（含泉眼）妥善引排或封堵，建基面清洁无积水	观察、测量与查阅施	全数检查
2	原材料	水泥：普通硅酸盐水泥，强度等级42.5 土料：自由膨胀率≤65%，土粒最大粒径不大于10cm，5～10cm粒径含量不大于5%，5mm～5cm粒径含量不大于50%（不计姜石含量）		
3	水泥改性土均匀度	平均水泥含量不小于试验确定值；水泥含量标准差不大于0.7		
4	压实度	合格率≥95%，最小值≥0.98倍的设计值，不合格样不得集中在局部范围内	取样试验，采用环刀法	1次/（100～200m^3）；且每层不少于3个测点
5	渠底高程	允许偏差：-5～0cm	水准仪测量	每个单元测3个断面，每个断面不少于3个测点

7.3　水泥改性土施工质量现场验证

膨胀土的水泥改性施工在以往的大规模工程中尚未有过实际工程经验，相应的施工工艺和质量并未得到工程的检验，为此，“十一五”期间，在南水北调中线工程河南南阳段进行了水泥改性土的现场试验性施工，并进行了2年的蓄水观察。中线工程正式开工后，需要开挖拆除原试验段，为此，在渠道开挖过程中进行了水泥改性土处理层的现场取样和工程质量检验，以进一步分析水泥改性土的施工质量，总结施工技术。本节为现场取样试验分析结果。

7.3.1 现场基本情况

根据研究计划，试验渠道分别位于南阳中膨胀土试验区和弱膨胀土试验区，水泥改性土分别用中膨胀土掺6%水泥干粉，弱膨胀土掺3%水泥干粉，其中，中膨胀土试验区为全断面水泥改性土处理，处理层厚度1m；弱膨胀土试验区为一级马道以下采用改性土处理，处理层厚度0.6m。

图7.3-1 挖掘机开槽

分别在中膨胀土试验区和弱膨胀土试验区各选取一典型断面，用挖掘机开挖长约7m、深度达到处理层底部的坑槽（见图7.3-1～图7.3-4）。其中，中膨胀土分别在左岸一级马道以上、一级马道以下；右岸一级马道以上、一级马道以下，弱膨胀土分别在左岸一级马道以下、右岸一级马道以下各开1个槽，然后，在槽的两侧处理层内由人工进行取样（见图7.3-5～图7.3-7）。现场取样试验项目安排见表7.3-1。

图7.3-2 弱膨胀土试验区左岸

图7.3-3 中膨胀土试验区左岸

图7.3-4 中膨胀土区右岸

图7.3-5 水泥改性土方块样取样

图 7.3－6　水泥改性土环刀样取样

图 7.3－7　水泥改性土扰动样取样

表 7.3－1　现场取样及室内试验计划

试验项目	中膨胀区（掺6%水泥）		弱膨胀区（掺3%水泥）	备　注
	一级马道以上	一级马道以下	一级马道以下	
自由膨胀率试验	8组	8组	8组	1. 对中膨胀掺6%水泥与弱膨胀掺3%水泥各选取一典型断面，进行开槽，现场照相、描述、现场崩解试验及取样，进行改性效果初判。 2. 对典型断面，一级马道以上2点，以下2点，沿深度2点进行取样，每处用塑料袋取扰动样5kg。 3. 在断面的典型部位进行20cm边长的方块样取样，每处取方块样20块。 4. 在方块样附近用编织袋取扰动样150kg。 5. 取未改性的中、弱素膨胀土扰动样各20kg
含水率	8组	8组	8组	
密度	8组	8组	8组	
颗分	8组	8组	8组	
界限含水率	8组	8组	8组	
EDTA滴定试验	4组	4组	4组	
矿物化学成分	1组	1组	1组	
原状样有荷膨胀率试验	4组	—	4组	
原状样收缩试验	4组	—	4组	
原状样无侧限抗压强度试验	2组	—	2组	
原状样渗透试验	2组	—	2组	
原状样不饱和三轴CU试验	1组	—	1组	
原状样干湿循环下的力学特性	7组	—	7组	
击实试验	1组	—	1组	
击实样有荷膨胀率试验	2组	—	2组	
击实样无侧限抗压强度试验	2组	—	2组	
击实样压缩试验	2组	—	2组	
击实样渗透试验	2组	—	2组	
击实样三轴CU试验	1组	—	1组	
取样数量	20块方块样；8个5kg扰动样；方块样附近150kg扰动样	6块方块样；8个5kg扰动样	20块方块样；8个5kg扰动样；方块样附近150kg扰动样	

值得提出的是，弱膨胀水泥改性土是采用路拌机拌和、20t 振动平碾碾压；中膨胀水泥改性土是采用液压破碎机碎土后再由稳定土破碎机拌和，一级马道以上采用 20t 振动平碾碾压，一级马道以下采用 20t 振动凸块碾碾压。

7.3.2 水泥改性土施工均匀性分析

7.3.2.1 处理层密度检测

现场通过改性土层的颜色、硬度和松散性等外观情况，可以很直观地发现改性土施工的质量，结合取样干密度检测，可以较全面地分析水泥改性土施工均匀性。

开挖修整后的渠坡剖面如图 7.3-8～图 7.3-10 所示，图中白色标点为改性土的分层碾压的标记。观测发现，无论中、弱膨胀改性土试验区，水泥改性土处理层在碾压层之间可见分层，改性土无明显水泥结块或松散现象，但在姜石的外表均有水泥包裹的痕迹。

图 7.3-8 中膨胀土区左岸一级马道以下剖面（拼接断面）

通过在中膨胀土区、弱膨胀土区处理层的不同高程、不同埋深分别取环刀样，测试改性土层的密度如图 7.3-11、图 7.3-12 所示。

从两区试验成果统计数据上看，两个试验区改性土的填筑密度波动幅度较大，其中中膨胀土区水泥改性土干密度最小值为 1.34g/cm^3，最大值为 1.59g/cm^3，密度差值达 0.25g/cm^3；弱膨胀土区水泥改性土干密度最小值为 1.44g/cm^3，最大值为 1.62g/cm^3，密度差值达 0.18g/cm^3，分析认为，其原因一是碾压施工控制不严，二是现场掺拌骨料中姜石含量较多，此外，水泥掺拌不匀也可能导致密度差异。中膨胀土区左岸一级马道以下有 1 个碾压层存在水泥风干后的痕迹（见图 7.3-13），可能是碾压时间间隔过长，未及时采取保湿措施导致。

图 7.3-9　中膨胀土区右岸一级马道以上剖面（拼接断面）

图 7.3-10　弱膨胀土区左岸一级马道以下剖面（拼接断面）

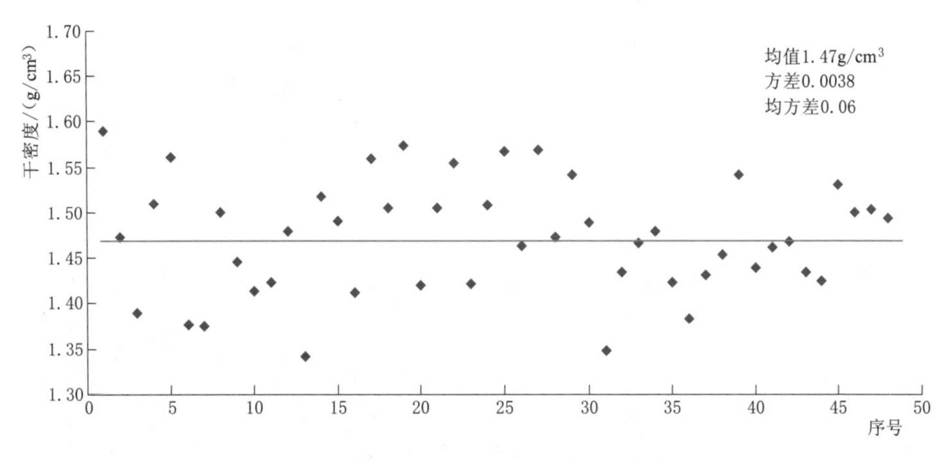

图 7.3-11 中膨胀土区水泥改性土干密度分布

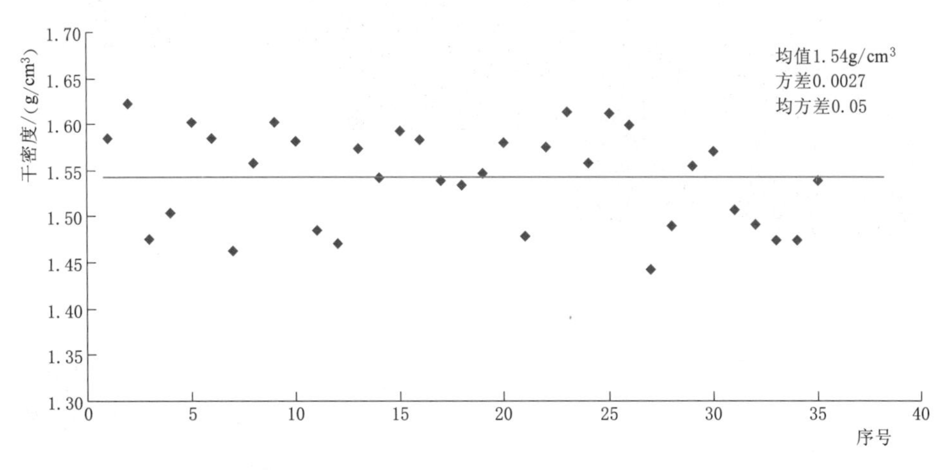

图 7.3-12 弱膨胀土区水泥改性土干密度分布

图 7.3-13 中膨胀土区左岸一级马道以下1个碾压层有显著水泥风干后的痕迹

7.3.2.2　处理层水泥掺量检测

采用 EDTA 滴定试验对碾压完成 2 年后的改性土进行了水泥掺量检测，试样分别取自弱膨胀土试验区和中膨胀土试验区，施工时水泥掺量控制为 3%、6%，取样方式为随机取样。现场试样 EDTA 滴定试验成果见表 7.3-2。

表 7.3-2　弱、中膨胀水泥改性土现场试样 EDTA 滴定试验成果

检测项目	序号	试样编号	EDTA 消耗量/mL	水泥剂量/%
弱膨胀水泥改性土	1	5	7.9	0.75
	2	11	7.7	0.7
	3	16	8.4	1
	4	21	7.6	0.65
	5	22	7.8	0.7
	6	23	8.5	1
	7	28	7.9	0.75
	8	35	7.8	0.7
中膨胀水泥改性土	1	64	9	1.2
	2	69	6.5	0.34
	3	70	7.5	0.67
	4	75	8	0.85
	5	80	6.9	0.49
	6	92	8.6	1.05
	7	96	7.1	0.52
	8	114	8.1	0.86

注　试验时，试样搅拌时间均为 3min，沉淀时间均为 10min，pH 值均为 12～13。

由表 7.3-2 可知，根据施工期的标准曲线换算的当前龄期（20 个月）条件下的水泥掺量仅为 0.34%～1.2%。究其原因，主要是因为标准曲线未考虑水泥龄期对标定结果的影响导致成果失真，说明采用 EDTA 滴定试验测定当前龄期（20 个月）的水泥掺量时，需预先制作水泥改性土标准试件，进行长龄期的掺量测试，以得到不同龄期掺量变化的标准曲线。

从本试验成果可知，现场水泥掺量若采用 EDTA 滴定试验进行检测，需要注意标准曲线的龄期与施工抽样检测的龄期相同的问题。

7.3.2.3　水泥改性土的矿化分析

表 7.3-3 为水泥改性土矿物分析成果。由表可知，水泥改性土的矿物成分以碎屑矿物为主。根据前期的南水北调中线膨胀土的研究成果，中弱膨胀土的黏土矿物含量一般为 24%～29%，中、弱膨胀水泥改性土的黏土矿物含量分别为 18%、15%，相对改性前膨胀土，黏土矿物含量显著减少。另外，改性土中蒙脱石和伊蒙混层的含量相对改性前也大幅减少，说明改性效果显著。

表 7.3-4 为水泥改性土的阳离子交换量和化学分析的成果统计表。中膨胀水泥改性土的阳离子交换量为 44.25mmol/100g，弱膨胀水泥改性土的阳离子交换量为 36.25mmol/

100g。已有的南水北调中线膨胀土研究成果中，中膨胀土的阳离子交换量为 31.25～45.76mmol/100g，弱膨胀土的阳离子交换量为 24.47～33.84mmol/100g。分析认为，水泥改性后膨胀土的阳离子交换量略有增大，可能是其 pH 值发生了变化。水泥改性中、弱膨胀土的化学成分以 SiO_2、Fe_2O_3、Al_2O_3 为主，对比水泥改性前的膨胀土化学分析成果，Al_2O_3 与 CaO 的含量有所增加。

表 7.3-3　　水泥改性土矿物分析成果表

试样名称	矿物相对含量/%								
	碎屑矿物				黏土矿物				
	石英（Q）	碱性长石（fs）	斜长石（Pl）	方解石（Cc）	蒙脱石（S）	伊蒙混层（I/S）	伊利石（I）	高岭石（K）	小计
中膨胀水泥改性土	65	4	5	8	—	8	7	3	18
弱膨胀水泥改性土	69	5	8	3	—	6	6	3	15

表 7.3-4　　水泥改性土阳离子交换量和化学成分试验成果表

试样名称	阳离子交换量/(mmol/100g)	化学全量分析/%						
		SiO_2	Fe_2O_3	Al_2O_3	CaO	MgO	Na_2O	SiO_2/R_2O_3
中膨胀水泥改性土	44.25	58.88	5.97	14.73	8.02	1.81	1.87	2.84
弱膨胀水泥改性土	36.25	65.31	6.13	14.43	2.84	1.47	2.04	3.18

7.3.3　水泥改性土处理层碾压施工质量分析

通过现场开挖剖面，可以很直观地观测到改性土碾压施工的分层情况。图 7.3-14、

图 7.3-14　弱 2 区左岸一级马道以下剖面

图 7.3-16 分别为弱、中膨胀土区左岸一级马道以下水泥改性土处理层剖面。现场观测发现，水泥改性土碾压层存在明显的分层界面特征，如图中粗体实线为碾压层界面，细虚线为碾压层内软硬分界线位置，粗体虚线表示处理层与原膨胀土边坡交界面。

该图片清晰地显示水泥改性土碾压分层的情况，即分层表面比较光滑、分层中部密度较低，处理层与原土坡界面呈台阶状良好结合的特点。

图 7.3-15(a) 为弱膨胀土区左岸一级马道以下碾压层分层界面情况，图 7.3-15(b) 为处理层沿深度方向的密度分布曲线。该处理层设计厚度 0.6m，采用 20t 振动平碾碾压，施工过程每层铺土厚度为 30cm（±2cm），碾压后实际层厚为 20～25cm。

从现场开挖取样的密度与深度的分布曲线可见，在最终形成的 60cm 厚的处理层中，每 20cm 均出现很有规律的上层密度大，下层密度小的情况，其密度相差达 0.08～0.11g/cm^3，疑为水泥改性土的碾压层铺土厚度偏大，导致处理层密度上下极不均匀。

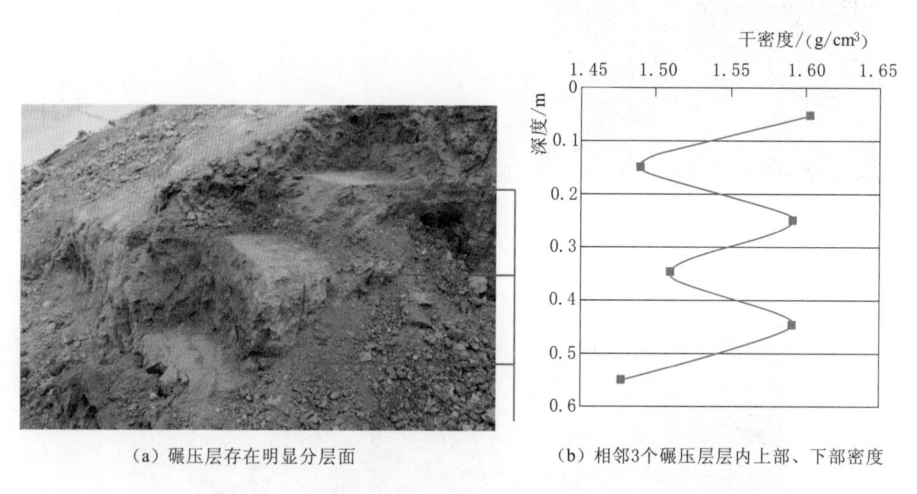

(a) 碾压层存在明显分层面　　(b) 相邻3个碾压层层内上部、下部密度

图 7.3-15　弱膨胀土区左岸一级马道以下碾压层

图 7.3-16、图 7.3-17 为中膨胀土试验区左岸一级马道以下剖面和密度分布图。该处理层厚度仍为 60cm，采用 20t 振动凸块碾碾压，每层铺土厚度为 30cm（±2cm）。现场取样成果显示，处理层内同样存在表层密度大与下部密度小的情况，而且密度差值达到 0.07～0.16g/cm^3。

图 7.3-18 为中膨胀改性土一级马道以上碾压层界面，图片显示碾压层面呈光面的现象，原因在于该部位处理层采用 20t 振动平碾碾压，说明改性土的碾压不应采用振动平碾。类似现象在弱膨胀改性土碾压层也有发生，如图 7.3-15(a) 所示。

从碾压层压实度分析，按照设计要求，弱、中膨胀水泥改性土控制最大干密度分别为 1.67g/cm^3、1.61g/cm^3，一级马道以下压实度控制标准为 96%～100%。本次实测弱、中膨胀水泥改性土碾压层上部压实度分别为 95%～99%、95%～96%，下部压实度分别为 85%～89%、89%～90%。可以看出，两种碾压机具在碾压层下部均未达到压实度要求，说明处理层的碾压施工控制存在一定的不足。

图 7.3-16　中 2 区左岸一级马道以下剖面图

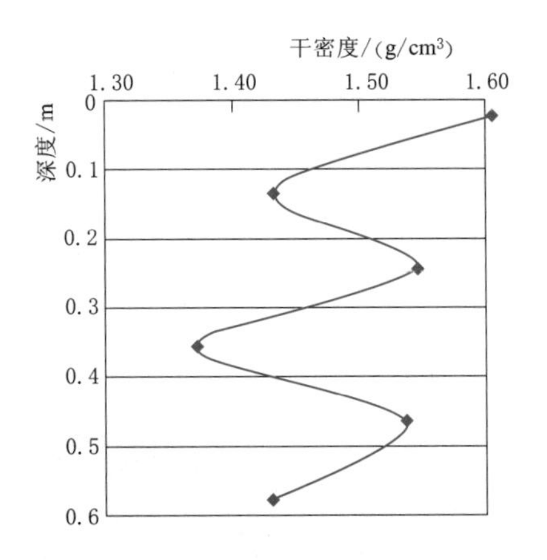

图 7.3-17　中 2 区左岸一级马道以下相邻 3 个碾压层层内上部、下部密度

图 7.3-18　中膨胀土区左岸一级马道以上碾压层界面

7.3.4　水泥改性土改性效果验证

为验证工程施工 2 年以后水泥改性土的改性效果，根据表 7.3-1 所列试验计划，分别在中、弱膨胀土试验区取水泥改性土原状或扰动试样进行相关室内物理性试验，分析水泥改性土的改性效果如下。

7.3.4.1 水泥改性土的崩解试验

分别选取中、弱膨胀改性土进行土样的室内崩解试验，具体试验过程详见第3章相关内容。成果显示：试验过程中，中、弱膨胀水泥改性土试样仅有表面细小颗粒掉落，两组改性土均在24h内无崩解现象，说明改性土水泥掺拌均匀，改性效果良好。

7.3.4.2 水泥改性土的物理性

中、弱膨胀土试验区水泥改性土试样室内物理性试验成果见表7.3-5、表7.3-6。分析成果可知：现场水泥改性施工近2年后，改性土的膨胀性、界限含水率以及颗粒级配等物理特性明显改善。

1. 中膨胀土

(1) 改性前中膨胀土的自由膨胀率为68%，现场取样的改性土的自由膨胀率普遍低于40%，属非膨胀土，而相应的室内配比试验中，相同水泥掺量（6%）对应28d龄期的击实水泥改性土样的自由膨胀率为42%，说明随着龄期增长，改性土的自由膨胀率仍有一定的变化，但实际工程中仍可以用28d龄期的自由膨胀率作为改性控制标准。

(2) 中膨胀土改性前的液限含水率为60.1%，塑性指数为32.5，现场改性土的液限含水率为48.8%～51.6%，平均为50.0%，塑性指数为15.7～23.9，平均为19.6。该规律与室内配比试验规律一致，改性土的液限含水率和塑性指数均明显低于原土，表明中膨胀土经改性后土中结合水含量减小，土的含水率的可变化幅度显著减小。

(3) 中膨胀土改性前的胶粒含量为23.1%，改性土的胶粒含量为2.5%～16.0%，平均为9.9%，胶粒含量明显降低，这正是水泥改性土效果显著的主要原因。

2. 弱膨胀土

表7.3-6为弱膨胀改性土现场取样物理性质试验成果。由成果可知：

(1) 弱膨胀土改性前的自由膨胀率为48%，改性后土的自由膨胀率为31%～41%，平均为37%，属非膨胀土。室内配比试验中，弱膨胀掺拌3%水泥后，对应28d龄期击实土样的自由膨胀率为30%，分析认为是室内掺拌效果更佳导致。

(2) 弱膨胀土改性前的液限含水率为56.3%，塑性指数为33.0，改性后土的液限含水率为47.5%～51.7%，平均为49.8%，塑性指数为20.1～23.9，平均为22.4。其规律与室内配比试验一致，改性土的液限含水率略小于原土，但塑性指数明显较原土小，表明弱膨胀土经改性后土中结合水含量的可能变化范围显著减小。

(3) 弱膨胀土改性前的胶粒含量为34.5%，改性后土的胶粒含量为10.7%～16.3%，平均为13.6%，胶粒含量明显降低。

7.3.4.3 压缩性及胀缩性

1. 改性土的压缩性

现场填筑施工近2年以后，将现场取回的方块样进行切削，再在室内进行水泥改性土的压缩试验，成果显示：中膨胀改性土的压缩系数为0.079MPa^{-1}，弱膨胀改性土的压缩系数为0.102MPa^{-1}，均属于低压缩性土，表明经过现场碾压改性后，土的压缩性能明显改善。同时，对比室内配比试验成果可见，现场填筑试样的压缩系数偏高，压缩模量偏低，说明现场填筑质量难以达到室内击实的制样标准，如考虑到龄期的影响，其差异将更大。

现场改性土的压缩试验及成果曲线详见本书第4.2节相关内容。

表 7.3-5　中膨胀土水泥改性现场取样物理性试验成果

序号	取样位置	埋深 /m	液限含水率 w_{L17} /%	塑限含水率 w_P /%	塑性指数 I_{P17}	颗粒组成/%									自由膨胀率 δ_{ef} /%
						中砾		细砾	砂粒			粉粒	黏粒	胶粒	
						10～20mm	5～10mm	2～5mm	0.5～2mm	0.25～0.5mm	0.075～0.25mm	0.005～0.075mm	<0.005 mm	<0.002 mm	
1	中膨胀土(原土)		60.1	27.6	32.5			3.1	1.7	0.8	0.9	54.7	38.8	23.1	68
2	改性土方块样	0.5	48.9	33.2	15.7		8.3	22.1	14.1	5.8	9.3	30.6	9.8	6.1	27
3	改性土扰动样		50.0	33.8	16.2		3.1	10.5	13.7	6.4	7.6	43.0	15.7	9.9	33
4	左岸一级马道以上 1.5m	0.3						13.0	17.1	6.5	9.1	38.4	15.9	9.1	30
		0.7	51.6	29.5	22.1			2.6	6.2	4.3	7.0	52.9	27.0	15.4	43
5	左岸一级马道以上 3m	0.3					4.7	17.2	14.3	4.7	5.3	38.8	15.0	8.6	39
		0.7						6.8	9.7	5.1	5.3	52.3	20.8	11.8	30
6	左岸一级马道以下 1.5m	0.3						7.4	8.6	4.6	7.0	51.9	20.5	12.3	31
		0.5							1.8	1.1	1.4	65.9	29.8	16.0	39
7	左岸一级马道以下 3m	0.3	50.3	26.6	23.7			2.9	2.7	2.2	3.4	63.9	24.9	14.1	33
		0.5	50.7	26.8	23.9				2.2	2.2	3.4	65.8	26.4	15.1	31
8	右岸一级马道以上 1.5m	0.3				5.9	13.0	28.3	15.1	4.6	9.1	17.9	6.1	2.5	30
		0.6					6.4	21.1	14.9	4.8	8.9	31.8	12.1	6.9	28
9	右岸一级马道以上 3m	0.3						6.4	32.1	9.4	10.9	32.1	9.1	5.2	29
		0.6	50.6	34.2	16.4		7.4	10.9	12.7	4.9	7.1	44.5	12.5	7.5	33
10	右岸一级马道以下 1.5m	0.3	48.8	32.6	16.2		5.0	7.3	10.2	4.2	6.5	47.8	19.0	9.6	31
		0.7						14.8	19.1	6.3	10.3	35.0	14.5	9.0	35
11	右岸一级马道以下 3m	0.3					5.9	11.8	15.1	5.0	7.1	38.3	16.8	8.6	30
		0.7	49.1	26.2	22.9			7.5	11.7	5.9	7.9	49.6	17.4	9.8	31

表 7.3-6　　弱膨胀土水泥改性现场取样物理性质试验成果

序号	取样位置	埋深/m	液限含水率 w_{L17}/%	塑限含水率 w_P/%	塑性指数 I_{P17}	颗粒组成/%									自由膨胀率 δ_{ef}/%
						中砾		细砾	砂粒			粉粒	黏粒	胶粒	
						10～20mm	5～10mm	2～5mm	0.5～2mm	0.25～0.5mm	0.075～0.025mm	0.005～0.075mm	<0.005mm	<0.002mm	
1	弱膨胀土（原土）		56.3	23.3	33.0			1.1	2.1	0.9	3.0	49.4	43.5	34.5	48
2	改性土扰动样		50.4	28.1	22.3				3.2	3.6	4.2	64.8	24.2	13.1	35
3	改性土方块样		47.5	27.4	20.1			1.2	7.5	4.7	4.4	57.4	24.8	13.1	41
4	弱膨胀土区左岸一级马道以下 1.2m	0.3	51.7	27.8	23.9			1.9	5.0	3.1	5.3	56.3	28.4	16.3	37
		0.5						3.8	6.5	3.4	4.7	56.5	25.1	14.4	40
5	弱膨胀土区左岸一级马道以下 3m	0.3	49.5	26.1	23.4			6.2	8.8	4.0	7.4	53.8	19.8	10.7	31
		0.5						2.3	2.5	2.0	5.1	63.7	24.4	14.0	36

2. 改性土的有荷膨胀率

中膨胀改性土有荷膨胀率成果见图 7.3-19、表 7.3-7，弱膨胀改性土的有荷膨胀率成果见图 7.3-20、表 7.3-8。

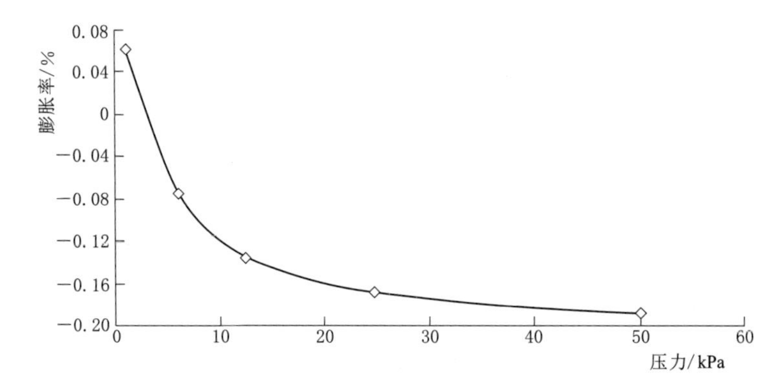

图 7.3-19　中膨胀土水泥改性膨胀率与压力的关系曲线

表 7.3-7　水泥改性土现场取样有荷膨胀率试验成果

序号	土　样	天然状态物理性指标						压力/kPa				
		含水率 w/%	比重 G_s	湿密度 ρ /(g/cm³)	干密度 ρ_d /(g/cm³)	孔隙比 e	饱和度 S_r/%	1	6.25	12.5	25	50
								不同压力下膨胀率/%				
1	中膨胀改性土方块样	23.9	2.73	1.98	1.60	0.708	92.1	0.05	0.01	−0.04	−0.09	−0.10
2	弱膨胀改性土方块样	24.8	2.70	1.837	1.47	0.834	80.3	0.06	−0.08	−0.13	−0.17	−0.19

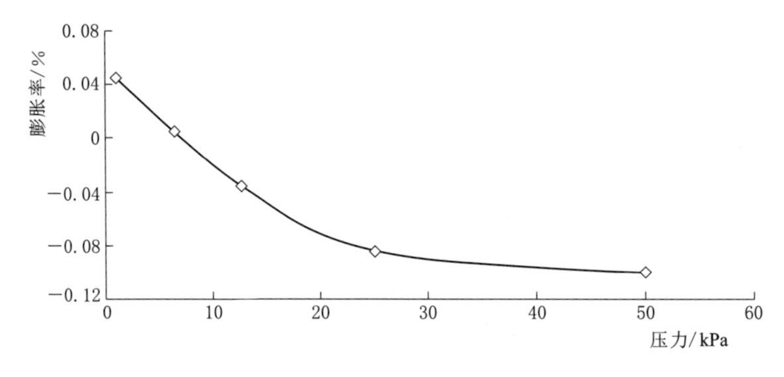

图 7.3-20　弱膨胀土水泥改性膨胀率与压力的关系曲线

表 7.3-8　水泥改性土现场取样收缩试验成果

序号	土　样	天然状态物理性指标						胀缩特性试验			
		含水率 w/%	比重 G_s	湿密度 ρ/(g/cm³)	干密度 ρ_d /(g/cm³)	孔隙比 e	饱和度 S_r/%	缩限含水率 w_s/%	收缩系数 λ_s	线缩率 δ_{st}/%	体缩率 δ_V/%
1	中膨胀改性土方块样	23.9	2.73	1.98	1.60	0.708	92.1	11.2	0.088	1.14	8.95
2	弱膨胀改性土方块样	24.8	2.70	1.837	1.47	0.834	80.3	12.0	0.273	2.41	6.53

改性土的有荷膨胀率在上部荷载由 1kPa 增大到 25kPa 之间发生陡降，之后随压力的

增加降低幅度变缓。说明无论是中膨胀改性土或是弱膨胀改性土，只要略为施加一点表面荷载，其土体变形将从膨胀转换为压缩，外加荷载对膨胀变形的抑制作用显著。

3. 改性土收缩试验

中、弱膨胀水泥改性土收缩试验成果见表7.3-8、图7.3-21、图7.3-22。

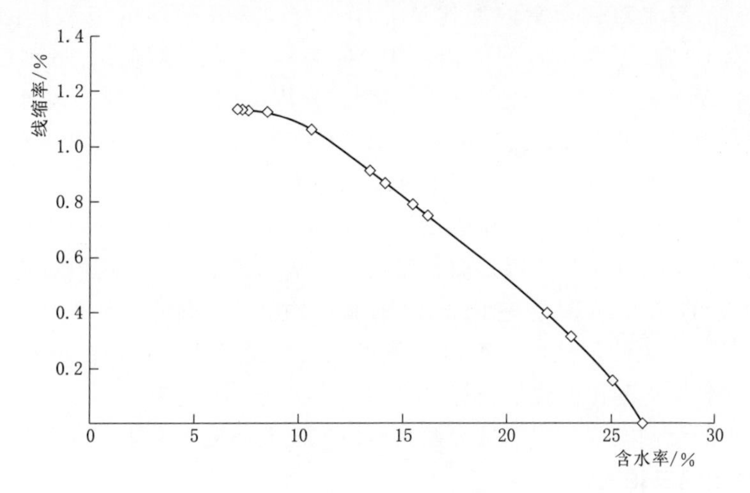

图7.3-21 中膨胀土水泥改性线缩率与含水率的关系曲线

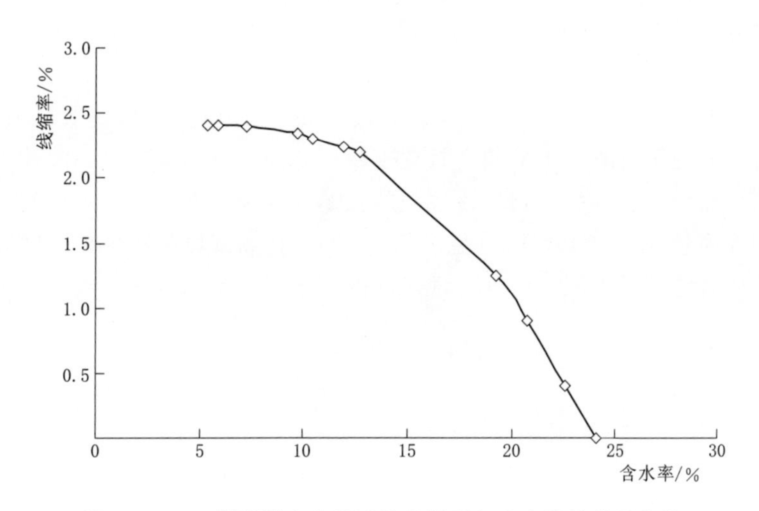

图7.3-22 弱膨胀土水泥改性线缩率与含水率的关系曲线

室内配比试验显示，中膨胀改性土样28d龄期的线缩率为1.23%，收缩系数为0.105。对比表7.3-8可见，现场中膨胀改性土的线缩率为1.14%，收缩系数为0.088，现场中膨胀土的改性效果较好。

弱膨胀改性土样室内配比试验28d龄期的线缩率为0.88%，收缩系数为0.082。同样对比表7.3-8可见，现场弱膨胀改性土的线缩率为2.41%，收缩系数为0.273，现场弱膨胀土的改性效果在收缩特性方面不如室内试验理想，据分析是因为弱膨胀土水泥掺量少，难以掺拌均匀所致。

7.3.4.4 改性土的无侧限抗压强度

将取自现场的中、弱膨胀改性土原状方块样，在室内制作成直径 101mm 的标准圆柱形试样，在压力试验机上，分别进行了天然状态和饱和状态的抗压强度试验。试验成果分析如下：

（1）中膨胀改性土试样的饱和抗压强度为 718.6kPa，初始切线模量为 71.9MPa，破坏应变为 1.0%，与之对比，室内配比试验中，对应 28d 龄期的饱和样的抗压强度为 247.2kPa，初始切线模量为 46.4MPa，破坏应变为 0.62%。现场试样的强度是室内试验强度的近 3 倍，现场施工与室内配比差值巨大。分析原因认为，现场改性土的龄期近 2 年，历时更长，因而强度更高；现场改性土中含较多姜石，姜石的存在一方面增加了土颗粒的骨架作用，另一方面也间接提高了改性土的强度。

（2）弱膨胀改性土饱和样的抗压强度测量值为 118.5～468.8kPa，平均值 328.8kPa，强度指标变化幅度大，其主要原因是弱膨胀改性土水泥掺量少，现场填筑施工时水泥难以掺拌均匀。对应的 28d 龄期的室内配比试验，弱膨胀改性土饱和样的抗压强度为 370.0kPa。比较两者无侧限抗压强度测量值可见，在现场掺拌均匀的前提下，弱膨胀改性土基本可以达到室内配比的强度指标。

现场改性土的无侧限抗压强度试验及其他研究成果详见本书第 4 章有关内容。

7.3.4.5 改性土的三轴试验

改性土的三轴试验采用 100kN 全自动土工试验三轴仪，试样取自现场原状方块样，在室内切削成直径 101mm 的标准圆柱形试样，采用固结不排水剪切的试验方法。试验成果显示如下特点：

（1）中膨胀改性土强度指标比室内 28d 龄期试样的强度指标更大，其峰值应变在 1%～2%出现，低围压下改性土的应变软化现象较高围压时更为明显，改性土的初始切线模量随围压增大而增大，其中，现场改性土的初始切线模量为 75～100MPa，室内配比改性土的初始切线模量为 20～40MPa（见表 7.3-9）。现场试样和室内配比试样强度不同的原因主要在于两者的龄期不同，此外，现场的碾压施工和室内制样控制干密度也存在一定的差异。

表 7.3-9　　中膨胀土水泥改性三轴试验成果

龄　期	水泥掺量/%	压实度/%	试样干密度/(g/cm^3)	c'/kPa	φ'/(°)
2 年（现场取样）	6	95～96	1.34～1.59（实测）	360.7	34.9
28d（室内制备样）	6	93	1.49（控制）	36.9	27.0

（2）弱膨胀改性土试验成果显示，低围压下水泥改性土应变软化现象明显，改性土初始切线模量随围压增大而增大，峰值应变在 1%～3%出现，弱膨胀现场水泥改性土的摩擦角随龄期增大显著（见表 7.3-10）。

表 7.3-10　　弱膨胀水泥改性土三轴试验成果

龄　期	水泥掺量/%	压实度/%	试样干密度/(g/cm^3)	c'/kPa	φ'/(°)
2 年（现场取样）	3	95～96	1.44～1.62（实测）	103.4	26.2
28d（室内制备样）	3	95	1.59（控制）	104.0	22.6

现场改性土的三轴强度试验及成果曲线详见本书第4章相关内容。

7.3.5 水泥改性土质量控制因素分析

从上述现场试验段开挖检测的成果来看，膨胀土水泥改性的效果是明显的，但是也暴露了水泥改性土现场施工存在如下的问题：

（1）水泥掺拌均匀性问题。膨胀土是一种黏粒含量高、透水性差的高塑性黏土，水泥不易掺拌均匀主要受两个因素的影响：首先，由于开挖土料含水率普遍偏高，土块板结，在水泥掺拌的过程中，水泥干粉很难进入到土团内部；其次，采用大型机具开挖，存在大量超径土团，而在高含水率下，土团的破碎也存在困难。因此，水泥掺拌均匀性问题包括：①要解决土料的破碎问题，而快速降低开挖料的含水率则是提高施工效率、保证碎土效果的关键；②弱膨胀土改性从室内配比试验上分析只需要水泥掺量2%～3%即可，但过低的水泥掺量使得现场施工几乎无法实现掺拌均匀，因此，现场施工应考虑适当增大水泥掺量。

（2）改性土碾压施工问题。水泥改性土填筑、碾压施工不同于一般土方施工，应重点控制填料掺拌均匀性、铺土厚度、填筑的时间、碾压方式、层间结合面处理等，从现场检测成果可见，膨胀土水泥改性处理施工技术复杂、难度大，中间任何一个环节控制不好都可能影响最终的施工质量，为此，对具体的工程、具体工程的不同部位，以及考虑土料料源的不同等因素，在大面积施工前，应开展改性土的现场碾压试验，以获取相关的施工控制参数。

第 8 章

膨胀土水泥改性填筑施工技术要求

膨胀土水泥改性填筑施工是指在膨胀土地区由于缺乏合适的换填土料料源，需要采用膨胀土料进行改性后的填筑施工。大规模水泥改性施工工程实例较少，由于膨胀土物理力学性质特殊，施工过程中不仅应按照一般黏性土的要求进行填筑，而且要结合膨胀土的特点开展施工，严格保证填筑质量，控制料源和改性土生产、碾压、质量检测等关键工艺。通过前述试验研究，归纳提出了以下大型水利工程膨胀土水泥改性填筑施工技术要求，该项技术适用于渠道工程、路基、堤坝等填方工程，以及膨胀土边坡换填防护等。

8.1 一般规定

（1）水泥改性土填筑施工应在确保工程质量及施工安全前提下结合料源条件，因地、因时制宜，统筹安排、协调不同部位和不同施工环节之间的关系。

（2）用于改性的土料一般应满足自由膨胀率不大于65%的要求，对于超过该自由膨胀率的土料，应做专门的试验论证。

（3）水泥改性土的改性标准宜根据自由膨胀率或膨胀率指标或设计要求制订。改性土的水泥掺量应根据被改性土的室内配比试验确定。

（4）水泥改性土拌制宜在稳定土拌和站内拌制生产，并结合土料源特点选择合适的生产设备，其生产能力应满足高峰填筑强度要求。

（5）水泥改性土拌和与碾压工艺应通过相关的现场试验确定，应针对具体土料进行改性土拌和生产试验、填筑碾压设备选择与压实试验。现场施工条件一旦发生变化，应针对变化情况重新进行相关试验，核定相应的生产工艺和施工控制参数。

（6）水泥改性土碾压施工过程中，应按要求抽样检查改性土拌和成品和碾压施工的质量，发现不满足相关的要求时，应立即开展原因分析，并通过调整生产工艺和施工参数及时进行改进。

（7）水泥改性土施工应遵守以下标准及规程、规范：

1）《岩土工程勘察规范》（GB 50021—2001）。

2）《膨胀土地区建筑技术规范》（GB 50112—2013）。

3）《土工试验方法标准》（GB/T 50123—2019）。

4）《建筑地基与基础工程施工及验收规范》（GB 50202—2002）。

5）《工程建设标准强制性条文（水利工程部分）》

6）《堤防工程施工规范》（SL 260—2014）。

7）《渠道防渗工程技术规范》（SL 18—2004）。

8）《碾压式土石坝施工规范》（DL/T 5129—2013）。

9）《公路工程无机结合料稳定材料试验规程》（JTG E51—2009）。

10）《土工试验规程》（SL 237—1999）。

11）其他设计文件提出的适用的标准、规程和规范。

8.2　建基面开挖及保护

8.2.1　建基面开挖

（1）换填改性土建基面开挖应尽可能避免雨天施工，建基面开挖施工前，应对施工现场的地表和地下水采取妥善的截排措施，尽可能保证作业面干燥施工。

（2）对于膨胀土边坡换填工程，为保证换填层稳定，建基面开挖宜采取台阶状“开蹬”型式，并预留一定厚度的保护层。

（3）对于中、强膨胀土的建基面，应特别加强施工组织，保证连续作业。预留保护层厚度应大于弱膨胀土保护层，保护层开挖应结合换填层施工进度分区进行，并对开挖面和填筑层及时采取妥善防护措施，防止雨淋冲刷或坡面土体失水。

8.2.2　建基面保护

（1）建基面开挖除预留一定厚度的保护层外，还应尽快采取防雨淋、防土体水分蒸发的临时防护措施，防止建基面出现饱水或干裂等情况。建基面二次开挖（保护层开挖）后，应尽快完成改性土层填筑施工，对于中、强膨胀土，应采用随挖（保护层）随填（改性土）的施工工艺。

（2）建基面临时防护措施宜采用防渗土工合成材料（土工膜或经编土工布）进行保护。防渗土工合成材料应沿纵向水平敷设，上层布压下层布，搭接宽度不小于0.5m，并应延伸到开挖面边线外1～2m，在搭接部位和四周边界处应采用土袋压牢。同时，还要做到全面覆盖不留空白，且尽量平整，避免雨水积聚产生渗漏。严防雨淋或风吹日晒产生龟裂、雨水浸泡滑坡等现象的发生。

（3）边坡防护工程改性土填筑施工过程中，应配合填筑上升高度，自下而上逐层揭除临时防护，并使换填层填筑面以上裸露边坡高度不大于2m。在高温季节施工时，更应严格控制裸露边坡高度。

（4）边坡防护工程换填层建基面形成后，应迅速进行后续处理措施施工。

8.3　水泥改性土原材料

8.3.1　土料

（1）水泥改性土所用土料的自由膨胀率应严格控制在65％以内。

（2）水泥改性土施工前，施工单位应对土料料源进行复勘，查明料源土层结构及土料天然密度、天然含水率、颗粒级配、自由膨胀率等物理性指标。根据复勘成果进行分区开采规划；根据料源具体条件开展施工组织设计，确定其土料开采、运输、混合、翻晒等施工作业流程。

（3）对不同取土区域，采用不同开采方式开采的土料，应开展改性土的室内配比试验，根据设计要求（自由膨胀率或膨胀率），确定水泥掺量，并通过室内试验取得改性土的物理力学参数，包括：界限含水率、颗粒级配、自由膨胀率、膨胀率、压缩系数、压缩模量、变形模量、抗剪强度和最优含水率、最大干密度等。

（4）对天然含水率较大、地下水位较高的料场，应结合料场排水条件，疏挖料场排水沟网，及时排除取土坑及排水沟网内的积水，降低地下水位。

（5）应根据开挖料土质条件，分区堆存开挖料。无论是料场土料或现场开挖料，在土料堆场应根据土料的含水率采取妥善的堆存及保护措施，在堆场周边做好截水沟，并在堆场顶部备有防雨布。

8.3.2 水泥

水泥改性土的水泥宜采用强度等级 42.5 普通硅酸盐水泥，采用其他强度等级水泥时应经过专门试验确定。严禁采用过期水泥或不合格水泥。

8.3.3 水

水泥改性土掺拌用水应符合地表水Ⅲ类标准，严禁采用基坑蓄水掺拌。

8.4 水泥改性土生产

8.4.1 基本要求

水泥改性土生产宜采用机械化流水作业。改性土生产前应进行生产性试验，以确定水泥掺拌方式、土料破碎工艺、拌制工艺，掺拌合适的含水率范围，并对改性土成品的改性效果进行分析评价。

8.4.2 水泥掺量计算

（1）水泥掺量计算公式。水泥改性土的水泥掺量按水泥质量和土料的干土质量比的百分数计。含水率为 w、质量为 W 的土料在改性时掺入水泥质量 W_s 按式（8.4-1）计算：

$$W_s = SW/(1+w) \tag{8.4-1}$$

式中：W_s 为掺入水泥质量；W 为土料质量；S 为水泥掺量百分比，一般通过配比试验确定，建议值见表 8.4-1；w 为土料的含水率。

表 8.4-1　　不同自由膨胀率的土料水泥掺量建议值

序号	土料自由膨胀率/%	建议水泥掺量（重量比）/%
1	21～35	3
2	36～45	4
3	46～55	5
4	56～65	6

（2）确定改性土水泥掺量时，土料的自由膨胀率应通过料场取样室内试验确定，试验方法应严格按《土工试验方法标准》（GB 50123—2019）中的有关自由膨胀率试验或相应的试验规程执行。

（3）土料试样采集按以下要求执行：

1）每个不同的开采区采样点平面控制范围不大于500m×500m，地形、地层结构复杂时应适当加密；每个开采区采样点不少于6个。采样点竖直方向应结合料区地层特点分层取样测定土料的自由膨胀率。

2）当开采层为单一土层时膨胀性试验土样采集原则为：当开采厚度小于1m时可在土层厚度中部取样；当开采厚度为1～2m时在距开采层顶面、底面1/3厚度处取样按等体积混合；当厚度大于2m时，在距开采层顶面、底面0.3m处以及其间等距离多点（高差不大于1m）采样等体积混合。

3）当开采层为多个不同性状土层混合开采时，膨胀性试验土样采集原则为：在各土层厚度中部取样，各土层土样重量按开采层范围内各土层天然厚度与相应的天然容重之积的比例进行混合。

4）将每个开采区，各开采层土样自由膨胀率试验成果按自由膨胀率大小排序，并按试样数量进行分组，按每组试样自由膨胀率平均值由小到大分别记为A组、B组、C组。

5）各料区A组、C组各自平均自由膨胀率之差不宜大于20%，否则应适当调整开采分区。

6）采用C组试样组相应的土料按等体积混合料进行试验确定改性土水泥掺量。

（4）由于地基处理或其他方面特殊要求需加大改性土水泥掺量时，可直接按设计要求执行，并按设计要求完成相关生产性试验。

8.4.3 土料破碎

（1）应针对不同土料场料源、不同含水率进行碎土工艺试验，根据试验结果确定相应料场土料的碎土生产工艺。

（2）土料适宜的碎土含水率及其变化范围由碎土工艺性试验确定。应密切监测进入碎土场土料的含水率变化情况，含水率偏高时应通过翻晒、掺料、强制干燥等措施降低含水率。

（3）碎土生产工艺确定后，不得随意改变与之相关的取土料场、开采和堆存方式。当取料场或土料开采方式发生变化时应结合生产试验成果调整碎土生产工艺，必要时应另行开展生产性试验。

（4）碎土生产的成品料宜直接进入拌和设备生产改性土。受雨淋或造成板结的碎土成品料应重新破碎至满足碎土质量要求才能用于生产。

（5）对于黏粒含量较高、含水率高于塑限值时的土料，为了提高碎土效率，必要时进行预筛分。

（6）碎土质量由碎土成品料土块粒径级配控制，碎土粒径级配采用筛分法检测，合格土块粒径级配为：最大粒径不大于10cm，2cm以下粒径土块的含量不小于70%。如土块颗粒不满足上述要求，则应采取调整筛孔尺寸、筛分剔除、调整碎土生产工艺及控制参数等措施，直至满足土块粒径要求。

8.4.4 改性土拌制

改性土拌制生产工艺应由拌和生产试验确定，改性土填筑施工参数应由现场碾压试验确定。各项试验应严格执行相关技术操作规程和技术标准，各项试验过程应实行现场监督机制，确保试验成果的科学合理、真实可靠。

（1）在水泥改性土拌和前，应选用现场有代表性的素土做室内EDTA滴定试验，试验方法严格按《公路工程无机结合料稳定材料试验规程》（JTG E51—2009）执行，并符合以下要求：

1）所用试剂材料需有出厂合格证明。

2）试验过程中，水泥改性土试样所加的水应与工地实际用水水质相同，试样含水率宜为最优含水率。

3）水泥改性土滴定标准曲线试验所用的素土、试验用水、水泥厂家、强度等级必须与施工用素土的料源和土体的膨胀性、水源、水泥厂家、强度等级相一致。当上述条件发生变化时，应重新试验制作水泥改性土标准曲线。

以开始掺入水泥后0.5h、2h、4h为时间节点，测绘3条水泥含量标准曲线，以便检测后续生产的水泥改性土水泥含量。

（2）水泥含量标准曲线确定后应开展水泥改性土拌和生产性试验，以选定拌和的机械运行控制参数，确定水泥掺量、素土含水率与改性土含水率之间的关系。

（3）根据本书第8.4.2节要求确定改性土水泥掺量；根据改性土现场碾压试验确定的最优改性土含水率，适当考虑改性土运输、铺料等施工环节的水量损失确定的改性土含水率，结合现场碾压试验成果选择改性土生产时加水量。

（4）拌和称量系统根据土料重量，分别按确定的水泥掺量比例、水泥改性土成品料含水率要求添加水泥和水，按生产性试验确定的机械运行控制参数充分拌和，并取样进行均匀性检测，不合格时应分析原因，必要时调整设备控制参数。

（5）水泥改性土拌和出料口成品料检测频率及数量视工程规模而定，施工初期每拌和批次不大于600m^3，水泥改性土抽测不少于6个样（每个样品质量不少于300g）。

（6）在改性土拌和过程中应间隔均匀取样，约每100m^3取1个样。

（7）水泥改性土成品料的质量通过样品水泥含量的平均值与水泥含量标准差评定。成品料水泥含量采用EDTA滴定法测定，测定工作宜在拌和完成后2h内完成，其水泥掺量平均值不得小于设计掺量，标准差不大于0.7。不合格的改性土成品料不得用于主体工程填筑施工。

对于其他工程，一般可参照上述团径控制标准，对于特别重要的工程，建议根据设计提出的水泥掺拌均匀性控制指标，在现场经过土料团径级配与水泥掺量的均匀性现场试验来确定。

8.5　水泥改性土填筑碾压试验

（1）水泥改性土填筑前，应选取有代表性的土料，并对不同的料源及水泥掺量的水泥改性土分别进行室内标准击实，并分别确定水泥改性土的最优含水率及最大干密度。标准击实试验应根据现场碾压机具的功能，并严格按照相关土样和试样制备及试验操作规程执行。

（2）施工前应开展现场碾压试验。通过试验确定施工初期最佳含水率、碾压机具吨位、铺土厚度、碾压遍数等施工参数。并分别取样测定碾压遍数为6遍、8遍、10遍、12遍时填筑土干密度。改性土现场碾压试验时，初拟水泥改性土含水率宜控制在超过最优含水率（1%～3%），铺土厚度30cm（±2cm）。

（3）碾压试验应分块进行，有效试验区域不宜小于6m×10m，同一层试验用土只能进行1组碾压遍数试验，不得在同一层试验用土上连续碾压做两组以上（含2组）的碾压遍数试验。

（4）碾压机械沿长边采用前进、后退错距法碾压，碾迹重叠10～20cm，碾压速度控制在2～4km/h范围内。

（5）1组碾压试验完成后，应均匀分布取样，检测干密度和含水率，取样个数不宜小于12个。

（6）取样采用环刀法取样，取样部位位于碾压厚度的下部1/3处。

8.6　水泥改性土填筑施工

（1）水泥改性土宜根据土料含水率及拌和生产能力将数台（一般为2台）破碎机配一台稳定土破碎机配套生产。

（2）水泥改性土碾压宜采用凸块振动碾碾压。应结合设计边坡坡度、改性土填筑体结构尺寸，并结合换填作业面的施工条件，选择碾压设备。

（3）进入填筑仓面的改性土料应为满足质量要求的合格改性土料。拌和合格后的水泥改性土料，应及时填筑。从拌和站出口到碾压完成时间，不宜超过4h。

（4）改性土碾压质量应同时满足以下要求：

1）除设计文件明确外，凸块振动碾最少碾压遍数不少于6遍。

2）填筑体干密度γ应满足式（8.6-1）要求：

$$\left.\begin{aligned}\gamma &\geqslant \beta\gamma_m \\ \gamma_m &= \max(\gamma_s, 1.02\gamma_6)\end{aligned}\right\} \tag{8.6-1}$$

式中：β为设计根据工程需要确定的改性土压实度；γ_m为标准击实试验最大干密度γ_s与最优含水率下20t凸块振动碾振动碾压6遍对应的干密度γ_6两者中的大值。

（5）填筑及碾压参数一旦确定不得随意更改。当检测结果不满足要求时，应分析原因，必要时应通过碾压试验调整铺料厚度及碾压参数。

（6）对于开挖天然渠坡换填层，为提高处理层与被保护坡面结合质量，被保护边坡面需开挖成小台阶，台阶高为每一层铺土碾压厚度。

（7）水泥改性土在分层填筑上升过程中，应结合气候条件及土体含水率情况对填筑面采取妥善保护措施。

当表层土含水率偏低时，应及时对填筑面及填筑边坡进行洒水养护，以防止水泥改性土沙化，洒水量应根据填筑面及填筑边坡土体含水率实际情况控制，洒水后应待填筑层表面自由水被土体吸收后方能进入下一道作业程序，避免车辆立即进入作业面作业。

（8）为确保外边角压实度，考虑到碾压机械的工作面要求，改性土铺料时需超填一定宽度。超填土料宜按照 1∶1.5 坡比放坡，并严格按照碾压试验的参数控制铺料厚度。根据不同的换填厚度，同一层以设计外坡脚为基准，顶部超填宽度不小于30cm（见图 6.5－1）。超填部分可作为换填层的保护层，在渠道衬砌施工前削坡修整到设计边坡轮廓。

（9）碾压机械沿渠道轴线方向前进、后退全振错距法碾压，前进、后退一个来回按 2 遍计，碾迹重叠不小于 20cm。碾压速率控制在 2～4km/h 范围内，开始碾压时宜用慢速。碾压层间需根据天气和层面干燥情况，洒水湿润。对边角接头处大型机械碾压不到、易漏压的地带，需采用蛙夯或冲击夯等小型设备夯实。

（10）每层填土完成碾压后，宜在 4h 内完成质量检测，在 6～8h 内完成上层土覆盖。如不能及时跟进，要对填筑面和建基面做好防雨和保湿等施工期的保护措施，并防止大型施工设备在其上行驶。

（11）每层水泥改性土施工完成后，应进行质量检查和验收，验收合格后方可进行下一道工序施工。

（12）雨季施工应特别注意天气变化，避免土料受到雨淋。降雨时应停止施工，对已摊铺的工作面应尽快碾压密实、封面并进行防雨覆盖，以防止表面积水。

（13）改性土换填层沿渠道轴线方向填筑渠段或不同标段之间的衔接部位的填筑除满足上述各条款要求外，结合面处理应满足以下要求：

1）衔接部位填筑应在渠道断面方向超填土料削坡之前完成；填筑时应清除较早填筑体沿渠道方向的超填土料。

2）素土和改性土水泥掺量相同的渠段之间结合面坡度不应小于 1∶6；不同素土、不同水泥掺量的改性土结合面坡度不应小于 1∶10。

3）结合面处压实度应满足设计压实度要求。

（14）填方渠段采用弱膨胀土填筑时，堤身外表面水泥改性土保护层施工宜与堤身填筑同时上升；由于特殊原因难以实现同时上升时，应采取措施减少不均匀沉降变形，并确保分期填筑体结合面结合良好。

8.7 削坡土料的使用

改性土碾压填筑一般按照 1∶1.5 坡比放坡，再在渠道衬砌施工前用削坡机修整到设计边坡轮廓，如图 8.7－1 所示，如此将产生一定方量的削坡土料，对削坡土料的使用，应注意以下几点：

图 8.7-1　改性土削坡机

（1）由于改性土原材料、水泥掺量、含水率不同，其削坡土料的碾压最优含水率亦有所差别。因此，对于准备利用的改性土削坡土料，应按不同水泥掺量分区堆存。

（2）在削坡土料使用前应对削坡土料开展室内试验，测试土料的自由膨胀率、最优含水率、最大干密度和抗剪强度。

（3）应根据室内试验成果，对削坡土料按最优含水率、最大干密度和自由膨胀率进行归类。合格的削坡土料自由膨胀率不大于改性土原样本自由膨胀率。

（4）按不同削坡土料开展现场碾压试验，确定达到预定压实度所要求的铺土层厚、碾压遍数、碾压机具吨位等碾压施工参数。一般渠堤压实度不小于98%，20t凸块振动碾压实遍数不少于8遍。

（5）通过试验或施工经验总结，确定改性土重塑施工工艺，包括：堆存方式、碎土工艺、是否掺拌水泥和掺量、洒水量、焖料时间及碾压参数。

（6）合格的削坡土料填筑完后，抗剪强度指标不小于设计填筑材料的抗剪强度指标或被保护材料的抗剪强度指标1.3倍。

（7）满足质量要求的削坡土料既可以用于挖方渠段一级马道以上的坡面、坡顶换填、地面清基回填以及防洪堤的填筑，也可以用于填方渠堤外坡的换填、路堤外包换填以及作为一般性土用于其他部位。

（8）其他技术要求根据削坡土料使用情况，分别参照相应的施工技术要求执行。如：用于指定区域膨胀土坡面保护按换填土相关施工技术要求执行，用于路基、路堤、坡顶填筑、基坑回填的参照相应的施工技术要求执行。

（9）在进行削坡土料填筑前，应提出改性土削坡土料使用试验研究及实施报告，报告内容应包括：

1）原改性土的料源、自由膨胀率、水泥掺量、拌制时间，含水率、最大干密度等主要数据。

2）削坡土料室内试验及现场碾压试验成果。

3）计划使用部位。

4）削坡土料填筑施工工艺，包括：洒水、碎土、碾压等施工作业程序及施工控制参数。

（10）其他质量要求及评定根据削坡土料使用情况，分别参照相应的施工技术要求执行。

8.8 水泥改性土施工检测及质量评定

（1）水泥改性土压实度采用环刀法在试坑中下部取样进行检测，宜按渠堤填筑检验长度或挖方渠段换填水泥改性土，每100～150m为一个单元进行质量检验评定。施工质量检查一般项目见表8.8-1，主控项目见表8.8-2。

表8.8-1　一般项目施工质量标准和检查（测）方法及数量

项次	检查项目	质量标准	检查（测）方法	检查（测）数量
1	清基清理	基面表层树木、草皮、树根、垃圾、弃土、淤泥、腐殖质土、废渣、泥炭土等不合格土全部清除	观察、查阅施工记录（录像或摄影资料收集备查）	全数检查
2	清基范围	清理边界符合设计要求，清除表土厚一般为30cm	尺量或经纬仪测量	每个单元不少于3个断面
3	不良地质土的处理	不合格土全部清除；对粉土、细砂、乱石、坡积物、井等应按设计要求处理	观察、查阅施工记录	全数检查
4	基面处理	范围内的坑、槽、井等应按设计要求处理	观察、查阅施工记录	全数检查
5	铺土厚度	允许偏差：±2cm	水准仪、尺量测量	每层不少于3点
6	铺填边线	允许偏差：人工作业为10～20cm，机械作业≥30cm	尺量、仪器测量	每层不少于3点
7	渠顶宽度	允许偏差：±5cm	水准仪、全站仪测量	每个单元不少于3个断面
8	渠道边坡	不陡于设计边坡	水准仪测量	每个单元不少于3个断面
9	渠顶高程	允许偏差：0～5cm	尺量、全站仪测量	每个单元各3个断面，每个断面不少于3点
10	渠底宽度	允许偏差：0～5cm	全站仪测量	每个单元不少于3个断面
11	渠道开口宽度	允许偏差：0～8cm	全站仪测量	每个单元不少于3个断面
12	中心线位置	允许偏差：±2cm	尺量	每个单元不少于3个断面

表 8.8-2　　水泥土换填主控项目施工质量标准和检查方法及数量

项次	检查项目	质　量　标　准	检查（测）方法	检查（测）数量
1	渗水处理	渠底及边坡渗水（含泉眼）妥善引排或封堵，建基面清洁无积水	观察、测量与查阅资料	全数检查
2	原材料	水泥：普通硅酸盐水泥，强度等级 42.5 土料：自由膨胀率≤65%，最大土团尺寸≤10cm，土团尺寸小于 2cm 的含量>70%（不计姜石含量）		
3	水泥改性土均匀度	平均水泥含量不小于试验确定值 水泥含量标准差不大于 0.7		
4	压实度	检测合格率≥95%，最小值≥0.98 倍的设计值，不合格样不得集中在局部范围内	取样试验，采用环刀法	1 次/（100～$200m^3$）；且每层不少于 3 个点
5	渠底高程	允许偏差：-5～0cm	水准仪测量	每个单元测 3 个断面，每个断面不少于 3 点

（2）换填土体单元工程质量评定标准应符合以下规定：

1）合格标准：铺填边线偏差合格率不小于 70%，土体压实度合格率达到表 8.8-2 要求，其余检查项目达到标准。

2）优良标准：铺填边线偏差合格率不小于 90%，压实度最小值不小于设计值，不合格样不得集中在局部范围内；其余检查项目达到标准。

第 9 章

膨胀土水泥改性防护材料

9.1 概述

膨胀土边坡或基坑施工通常是逐级开挖形成，在下一道工序施工前，往往需要经过长达半年甚至更久的时间。开挖初期土体完整性较好，但随着时间的增长，土体长期暴露在大气环境中，特别是在雨季，土体极易吸水饱和，使原土的结构逐渐破坏。在干湿循环作用下，土体强度逐渐降低，土体表层将出现风化、剥蚀，导致雨水入渗，最终引起溜坍、滑坡。图 9.1-1 所示为南水北调中线工程新乡和南阳等地渠道开挖后未进行保护的弱膨胀岩边坡冲刷的情形。据观测，即使在降雨并不显著的冬季，开挖 1 个月后，边坡表层风化深度也能达到 16mm，3 个月以后，形成明显的雨淋沟。可见，若不及时进行膨胀土（岩）开挖边坡防护，极易造成岩土体表层风化，进而对边坡稳定造成不利影响。

鉴于水泥对膨胀性黏土的改性效果，运用水泥基材与膨胀性岩土开挖料配制成流塑状防护材料，对膨胀土边坡进行喷护，是膨胀土临时（永久）防护的最佳途径。

(a) 膨胀岩边坡雨淋沟

(b) 膨胀土边坡雨淋沟

图 9.1-1 膨胀土开挖边坡冲刷破坏形态

目前，膨胀土的坡面防护材料可分为无骨料防护材料和有骨料防护材料两种。有骨料防护材料主要以水泥砂浆为主，配合锚杆挂网、钢纤维喷锚等形成对膨胀土（岩）面的保护。单一的水泥砂浆保护主要应用于弱膨胀性的土或岩石边坡，从工程应用上看，处理效果不佳，其主要原因是护坡材料本身与坡面岩土的黏结性不好，难以与土、岩形成整体，使得抹面基本上都有脱落现象。无骨料防护材料目前工程应用较少，这种材料主要以流塑状黏性土或溶液组成，应用于膨胀土表面后，与岩土体有较好的亲和性，能够快速浸入土体一定深度，并在表面形成防护膜，起到阻止水分蒸发和外部水分进入的作用。

本章重点论述了一种适用于膨胀土边坡改性防护的材料研发过程，提出了相应的专利配比，并以南水北调中线工程为背景，开展了该改性防护材料防护效果的室内外验证。

9.2　改性防护材料配合比试验研究

9.2.1　无骨料改性防护材料

作为无骨料防护材料的一种，工程上常用的气硬性胶凝材料——硅酸钠（俗称泡花碱，是一种无机物，化学式为 $Na_2O \cdot nSiO_2$，其水溶液俗称水玻璃，下同）是一种可溶性的无机硅酸盐，具有广泛的用途。水玻璃具有良好的成膜性能，具有一定的黏结力和较好的渗透性，无毒无害，且一般价格低廉，经济实用。因此，可考虑选择水玻璃作为膨胀土边坡开挖后的无骨料改性防护材料研究的原材料，配合水泥使用，可较好地解决膨胀土改性和土体表面成膜的问题。但水玻璃的黏结强度是否能够满足工程需要，目前尚缺乏研究，单独使用水玻璃还是需要添加一种或几种其他物质才能满足要求也需要进一步分析。

9.2.1.1　试验思路与选材原则

无骨料改性防护材料应用于开挖后的膨胀土边坡后，应当与膨胀土有较好的亲和性，能够快速浸透进坡面一定深度，并在表面形成防护膜，以起到阻止膨胀土表面水分蒸发和外部水分进入的作用。根据这一防护要求，无骨料改性防护材料需符合以下原则：

（1）良好的成膜性能：能够在膨胀土表面形成不透水的薄膜，从而能够有效阻隔膨胀土内部水分的蒸发及外部水分的进入。

（2）黏结力好：材料必须具有比较高的黏结强度，保证喷射到膨胀土上的成膜材料能够较好地黏附于膨胀土表面。

（3）快速凝结硬化：材料在空气中必须具有快速凝结硬化性能。

（4）材料的渗透性、流动性好：保证适宜喷涂。

（5）材料的环保性：材料必须无毒、无污染、不对环境造成危害。

（6）材料的经济性：来源广泛、价格便宜。

水玻璃具有良好的成膜性能，在空气中与二氧化碳作用，析出无定形二氧化硅凝胶，并逐渐干燥而硬化，具有一定的黏结力和较好的渗透性，水玻璃的性能基本满足上述选材原则。

将水玻璃配合水泥应用于膨胀土的改性防护是一种新的尝试，水玻璃虽具有良好的成膜性能，但它的黏结强度是否能够满足工程需要，由“老化”现象引起的黏结强度的降低给水玻璃的应用带来怎样的影响，单独使用水玻璃还是需要添加一种或几种其他物质才能满足要求都需要进一步研究。另外，水玻璃应用于膨胀土的防护时，能否将膨胀土含水率的变化值保持在工程允许的范围之内，也需要通过试验来检验。因此，选择水玻璃为改性防护材料，展开相关试验研究。

9.2.1.2　水玻璃的特性及应用

水玻璃是一种水溶性的硅酸盐胶质溶液，是各种硅酸盐水溶液的总称，可分为钠水玻璃、钾水玻璃、锂水玻璃等，它们的通式为

$$M_2O \cdot nSiO_2 \cdot mH_2O$$

式中：M 为 Na^+、K^+、Li^+；n 为 SiO_2/M_2O 的摩尔比，俗称为模数，n 越大水玻璃的

浓度越小；m 为含水率。

水玻璃的主要性能参数为模数（n）、密度（ρ）及杂质含量。n 值越大，水玻璃中胶体组分越多，水玻璃的黏性越大，越难溶于水，容易分解硬化，黏结能力较强。工程中常用的水玻璃 n 值在 2.5～3.5 之间。相同模数的液态水玻璃，其密度较大（即浓度较稠）者，黏性较大，黏结性能较好。由于钾水玻璃和锂水玻璃的价格比较昂贵，在实际应用中使用较少，制备钠水玻璃的原料便宜，使钠水玻璃的价格较低，在实际应用中被广泛使用。

（1）作为灌浆材料以加固地基：用水玻璃溶液与氯化钙溶液交替灌于地基中，反应生成的硅胶起胶结作用，将土壤颗粒包裹并填实其空隙，氢氧化钙也起胶结和填充空隙的作用，不仅可以提高基础的承载力，而且可以增强不透水性。另外，水泥-水玻璃双液灌浆凝胶时间从几秒到几百秒可调节，凝结后结石率达 100%，结石抗压强度高，可以迅速填充、堵漏、加固等。

（2）涂刷建筑材料表面，提高抗风化能力：将水玻璃溶液涂刷于混凝土、砖、石、硅酸盐制品等材料的表面，使其渗入材料缝隙，可以提高材料的密实性和抗风化能力。但不能用水玻璃涂刷石膏制品，因为硅酸钠能与硫酸钙反应生成硫酸钠，结晶时体积膨胀，使制品破坏。

（3）配制特殊砂浆及特殊混凝土：水玻璃能抵抗大多数无机酸（氢氟酸除外）的作用，故常与耐酸填料和骨料配制耐酸砂浆和耐酸混凝土。水玻璃的耐热性较好，可用于配制耐热砂浆和耐热混凝土。

（4）配制水玻璃矿渣砂浆，修补砖墙裂缝：将液体水玻璃、粒化高炉矿渣粉、砂和氟硅酸钠按适当比例配合，压入砖墙裂缝。粒化高炉矿渣粉不仅起填充及减少砂浆收缩的作用，还能与水玻璃化学反应，成为增大砂浆强度的一个因素。

（5）配制防水剂：以水玻璃为基料，加入两种、三种或四种矾配制而成的防水剂称为二矾、三矾或四矾防水剂。四矾防水剂是以蓝矾（硫酸铜）、明矾（钾铝矾）、红矾（重铬酸钾）和紫矾（铬矾）各一份，溶于 60 份 100℃的水中，降温到 50℃投入 400 份水玻璃溶液中，搅拌均匀而成。这种防水剂凝结迅速，一般不超过 1min，适用于与水泥浆调和，堵塞漏洞、缝隙等进行局部抢修。因为凝结过快，其不宜调配水泥防水砂浆做屋面或地面的刚性防水层。

（6）配制混凝土养护剂：在水玻璃中添加三乙醇胺、尿素、氟硅酸钠等化工原料进行改性，通过正交实验确定的配方配制成一种水泥混凝土养护剂，该养护剂具有良好的成膜性能，能够在混凝土表面形成一层不透水的薄膜，防止表面水分蒸发，还具有一定的渗透性，能够与表层混凝土发生化学反应，堵塞孔隙使水分子迁移困难。此外还具有一定的黏度、稳定性保证良好的施工性能。

由于新制纯净的水玻璃无光散射现象，属于真溶液，在存放过程中，它会逐渐出现光散射的丁泽尔现象，表现为水玻璃溶液的黏度和黏结强度逐渐下降，凝胶化速度加快，这种现象称作“水玻璃的老化”。因此通过对水玻璃的改性以改善水玻璃的性能，从而拓宽水玻璃的应用范围。水玻璃的化学改性是一种较实用的水玻璃改性方法，这种方法花费不多但对水玻璃黏结强度的增强效果明显，且具有较好的经济效益，因而被广泛使用。

水玻璃化学改性的方法主要有以下几种：

(1) 在水玻璃中加入一定量的磷酸盐、硼酸盐、铝酸盐等搅拌加热使其反应。水玻璃中加入一定量的磷酸盐后，黏结强度可明显增强，但由于磷酸盐易潮解会使水玻璃的抗吸湿性大大降低。加入硼酸盐不但可以提高水玻璃的黏结强度还可以提高水玻璃的抗吸湿性。

(2) 在水玻璃中加入多元醇，如丁四醇、戊五醇、乙六醇等。添加多元醇，可以提高水玻璃的黏结强度，高达30%左右。这些多元醇吸附在硅酸胶粒表面上，阻碍后者增大。胶粒愈细，硅酸凝胶单位体积内黏结点也愈多，强度提高，但有机物的分解可能对水玻璃的后期强度有影响；其次这些多元醇具有很强的吸水性，能够使水玻璃在固化过程快速脱水，所以硬化速度大大提高，而且有机醇分子的存在，必然影响硅酸凝胶的结构。从结果来看，这种改变显然有利于水玻璃的黏结强度和其他性质。

(3) 在水玻璃中加入少量的聚丙烯酸、聚丙烯酰胺、聚乙二醇等水溶性高分子。将这些水溶性高分子加入到水玻璃中，在水玻璃固化时，限制硅酸凝胶胶粒的长大，这可以通过在凝胶胶粒表面形成高分子保护层来达到。高分子改性剂靠静电引力或氢键吸附在胶粒的表面，改变其表面位能和溶剂化能力，使水玻璃固化时获得细小的凝胶胶粒，从而提高水玻璃的黏结强度。但是高分子的分解可能对水玻璃的后期强度有影响。这些水溶性高分子改性水玻璃的工艺往往比较复杂，如往水玻璃内直接加入聚丙烯酰胺溶液往往发生胶凝化，变成弹性的半固体。用聚丙烯酰胺改性水玻璃时，一般是往水玻璃内加入聚丙烯酰胺粉末，然后在热压釜内加热，高温和水玻璃的强碱性使聚丙烯酰胺发生水解反应，最多可有70%酰胺基水解成羧酸基（高分子的立体阻碍效应），所起改性作用的实际是丙烯酸与丙烯酰胺共聚物。

(4) 在水玻璃中加入含有纳米颗粒的超细粉末材料。纳米超细粉末材料加入到水玻璃中，粉末材料的层状结构里面可以扩散进入水玻璃，这样水玻璃硬化后其胶粒更加细小，总而大大提高水玻璃的黏结强度。由于分散性的纳米尺寸效应、大比表面和强界面结合，纳米超细粉末改性材料具有其他改性剂不具备的优异性能，目前已大量研究并推广使用的纳米超细粉末水玻璃改性剂有膨润土、超细蒙脱石粉、超细云母粉、粉末磷酸铝等。

9.2.1.3 试验方案、内容及方法

依据上述选材原则及水玻璃胶凝材料在建筑工程中的应用，试验时采用逐渐深入的方法。首先，选取建筑工程中常用的与水玻璃混合应用的材料，进行改性防护材料的试配试验，主要考察指标为材料的成膜性。在大量适合与水玻璃混合使用的材料中初步得到满足成膜性能要求的材料。然后，以材料的强度为主要指标进行下一步的测试。主要采用膨胀土的无侧限抗压强度表征材料黏结强度的方法，测试材料的强度，并与水玻璃单液的黏结强度进行比较，最终选择成膜性能好且黏结强度大的为优化配方。

试验内容及方法如下：

(1) 试剂：液体水玻璃（模数3.2～3.6，波美度40～53°Be)；分析纯级氯化钙，蓝矾、明矾、紫矾、红矾；三乙醇胺、尿素；超细钠基膨润土、四硼酸钠、戊五醇等。

(2) 试验仪器：电子天平（量程0～3100g，最小读数值0.001g)、玻璃器皿若干（容

量瓶、烧杯、玻璃干燥器等)、温湿度计、30cm×20cm 的长方形玻璃板、20cm×20cm 的透明玻璃块若干个、恒温磁力搅拌器。

(3) 氯化钙等固体原材料溶液的配制。用物理天平分别称量 50g 氯化钙、矾等固体物质于 100mL 的烧杯中,加水,配制成一定浓度的溶液。

(4) 改性防护材料溶液的配置。将盛有 100g 水玻璃的烧杯放在恒温磁力搅拌器上,打开搅拌器,慢慢倒入称量好的硼砂、膨润土、戊五醇等粉末材料,使之与水玻璃均匀混合。搅拌时间一般为 0.5h,至水玻璃中无明显粉末颗粒即可使用。

(5) 材料成膜性能及密封性能试验。将准备好的玻璃板放在实验台上,把玻璃板划分为 8 个小试验区,在每个小试验区上喷洒标准剂量 200g/m^2 的每种溶液,制成风干的薄膜。观察成膜后材料的厚度、均匀程度,以及能否形成封闭的密水薄膜,有无漏水汽的孔隙等。

(6) 改性防护材料的黏结强度的表征方法。根据成膜性能试验结果,在筛选了实验原材料的基础上,对材料的黏结强度进行表征。选取试验段内的泥灰岩扰动样为试验对象,泥灰岩扰动样的制备,根据最优含水率与最大干密度的试验成果,按照《土工试验方法标准》(GB/T 50123—2019) 里土样和试样制备的要求,用击实法制备 70mm×70mm×70mm 的立方体试样,试样控制干密度为 1.55g/cm^3,制备含水率为 16%。用泥灰岩试样的无侧限抗压强度来表征水玻璃的黏结强度,抗压强度越大表明黏结强度越大,黏结性能越好。试验时,用不同配方的溶液对试样进行浸泡 12h,浸泡完成后拿到应变式无侧限压缩仪上进行抗压强度测试。另外,在这种对比中也能说明各种材料对膨胀土无侧限抗压强度的影响。

9.2.1.4 材料成膜试验研究

依据上述材料在工程中的应用,设计了 1 组试验方案 (见表 9.2-1),试验时严格按照试验内容和试验方法进行。方案 B、C 中氯化钙和矾的加入量均参考了工程上常用的掺入量;方案 D 中三乙醇胺、尿素的加入量参考了工程上相关经验;方案 E 中膨润土的加入量参考水玻璃改性内容;方案 F 中根据 $B_2O_3=12\%$,$SiO_2=79\%\sim80\%$ (质量百分比) 设计硼砂的加入量;方案 G 中根据水玻璃改性知识,确定戊五醇的加入量。所有方案材料配比均以水玻璃组分为 1 计算。

表 9.2-1 成膜试验方案

试验方案	材料配比(质量比)						
	氯化钙	矾	三乙醇胺	尿素	膨润土	硼砂	戊五醇
A							
B	15%						
C		1%					
D			1%~5%	0.1%~0.5%			
E					1%~2.5%		
F						1%~3.5%	
G							1%~2.5%

试验时，将A组水玻璃单液作为对比组，其他的试验组跟A组进行对照，该方案一次实施完成，以保证有相同的试验条件。试验条件为：环境温度20℃，湿度60%，风干时间均为2h为宜，需要较长时间才能风干凝固的材料不宜作为改性防护的材料使用，凝固时间范围为不短于45min，不长于10h。各方案成膜性能见表9.2-2。

表9.2-2 各方案成膜性能

编号	材料掺入量	成膜性能
A	—	成膜性能良好，风干30min后即可成膜，将模板竖立不再流动即已失去流动性，但做了喷水的实验，成膜后的水玻璃膜很快溶解在水中，说明其耐水性能较差
B	15%氯化钙	两种物质一经在烧杯中混合即迅速反应，生成白色霜状物质，搅拌后仍有大量物质不能溶解，凝固时间约为8h
C	1%矾	两种物质混合搅拌后在1min之内凝结，反应特别迅速以致来不及在玻璃板上制成风干薄膜
D1	2%三乙醇胺 0.5%尿素	经1h后即可制成风干的薄膜，有轻微的絮状沉淀，经搅拌后絮状沉淀可溶解
D2	3%三乙醇胺 1%尿素	随着三乙醇胺量的增加，混合时絮状沉淀越来越多，经搅拌有些不能溶解
D3	4%三乙醇胺 1.5%尿素	絮状沉淀更加严重，不宜使用
E1	1%膨润土	搅拌30min后静置，有轻微分层现象，风干2.5h后成膜，密闭性较好，无孔隙，膜表面可见有微小颗粒
E2	2.5%膨润土	搅拌30min后静置，有稍微严重的分层现象，风干2.5h后成膜，密闭性较好，无孔隙，但膜表面有较多微小颗粒
F1	1.0%硼砂	溶液混合后有固体团块出现，经搅拌后团块消失，最后溶液变透明。风干1h后失去流动性
F2	1.5%～ 3.5%硼砂	加入量小于3.0%时，硼砂可基本上溶解在水玻璃中，超过3.0%时，需加热才能溶解，且刚加入时出现的团块需较长时间搅拌后消失
G1	1%戊五醇	戊五醇是少数能与水玻璃与任意比例混合的改性材料，成膜性能同水玻璃单液相同
G2	2.5%戊五醇	戊五醇是少数能与水玻璃与任意比例混合的改性材料，成膜性能同水玻璃单液相同

理论上讲，水玻璃是一种较好的成膜物质，在试验中也充分证明了这一点。加入其他材料后，有的对水玻璃的成膜性能没有影响，如水玻璃改性材料中的戊五醇、尿素；有的虽然开始出现固体团块或微小分层，但经搅拌后可消除这种现象，如硼砂、膨润土；有的则反应较为剧烈，几种材料一经混合便迅速凝固，如氯化钙、矾，这也是这些材料广泛用于堵漏、灌浆等工程中的原因；另外，还有像三乙醇胺等材料，随着掺入量的增加，会发生严重的絮状沉淀。因此，在总结了上述材料的试验成果的基础上，选择膨润土、硼砂、尿素作为进一步试验的材料。

9.2.1.5 提高防护材料黏结强度试验研究

通过上节中成膜试验部分，初步选出了水玻璃、膨润土、硼砂、尿素四种材料为进一步实验的材料，同时上述试验过程中对各种材料的掺入量进行了简单的判断，下面设计了一组试验方案做进一步试验，见表 9.2-3（以水玻璃组分为 1 计算）。

表 9.2-3　试验方案

试验方案	材料配比（质量比）		
	膨润土	硼砂	尿素
1	1.0%		
	1.5%		
	2.0%		
	2.5%		
2		1.0%	
		1.5%	
		2.0%	
		2.5%	
3	1.5%	2.0%	
	1.5%	2.5%	
	2.0%	2.0%	
	2.0%	2.5%	
4	1.5%		2.0%
	1.5%		2.5%
	2.0%		2.0%
	2.0%		2.5%

1. 超细钠基膨润土的试验研究（方案 1）

超细钠基膨润土是以蒙脱石为主要成分的黏土类矿物，由于其结构比较特殊，比表面积大，因而具有诸如黏结性、吸附性、催化活化性、触变性、悬浮性和阳离子交换性等多种性能。下面的试验只添加膨润土来测试膨润土对水玻璃黏结强度的影响。添加的膨润土粉末的平均厚度在 2μm，长度约为 10μm，通过试验确定膨润土的添加范围以及它在水玻璃里面的悬浮情况。

试验时，环境温度为 25℃，湿度为 60%，膨润土的加入量分别为 1.0%、1.5%、2.0%、2.5%，试验成果整理见表 9.2-4。

表 9.2-4　膨润土加入量的不同对水玻璃黏结强度的影响

配　方	黏结强度/MPa	溶解情况
①水玻璃+1.0%膨润土	0.78	没有分层
②水玻璃+1.5%膨润土	0.88	有少量沉淀

续表

配　　方	黏结强度/MPa	溶解情况
③水玻璃+2.0%膨润土	0.91	沉淀较多
④水玻璃+2.5%膨润土	0.83	沉淀较多
⑤水玻璃	0.72	没有沉淀

超细钠基膨润土的加入量对水玻璃黏结强度的影响曲线如图 9.2-1 所示。从图中可以看出，当只考虑 12h 黏结强度这个评定指标时，随着膨润土的加入量的不断增大，水玻璃的黏结强度在增大，其图像的走势满足在常温情况提高水玻璃黏结能力的要求。同时可以看出，在膨润土加入量为 2.0%时，水玻璃 12h 黏结强度达到最大值（比 1.5%加入量略高），溶液的溶解悬浮情况却不理想。综合 12h 黏结强度和溶液悬浮情况，认为在加入量为 1.5%～2%都是合适的。考虑到经济因素，加入的物质越少越经济，而且加入过多的超细粉末，容易使膨润土粉末的分散困难而产生很多的沉淀物，因此可见，膨润土加入量为 1.5%时的效果最好。可以看出，在添加了 1.5%的膨润土后，水玻璃的黏结强度比水玻璃单液提高了 22%。因此，可以认为膨润土是水玻璃的一种良好的添加剂，可以有效提高水玻璃的黏结强度，美中不足的地方是粉末的粒度比较大，在水玻璃的密度（波美度）比较低的情况下，容易发生分层现象，所以必须要考虑采用添加其他的物质或使用粒度更加细小的颗粒来改善它的悬浮性能。

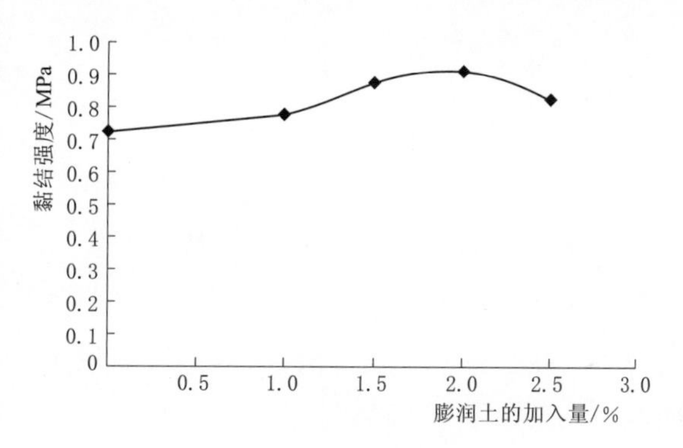

图 9.2-1　膨润土加入量对水玻璃黏结强度的影响曲线

2. 四硼酸钠的试验研究（方案 2）

四硼酸钠是无色半透明的晶体或白色结晶粉末，它是最重要的硼酸盐，俗称硼砂。它在干燥的空气中易失水风化，加热到较高温度时可失去全部结晶水成为无水盐，易溶于水，水溶液显示强碱性。在水玻璃中加入硼砂可提高水玻璃的黏结强度和抗吸湿性，试验重点研究硼砂在水玻璃中的加入量对水玻璃黏结强度的影响。试验时，环境温度为 25℃，湿度为 60%，硼砂加入量分别为 1.0%、1.5%、2.0%、2.5%，试验成果整理见表 9.2-5。

表 9.2-5　　四硼酸钠加入量的不同对水玻璃黏结强度的影响

配　　方	黏结强度/MPa	配　　方	黏结强度/MPa
①水玻璃+1.0%硼砂	0.79	④水玻璃+2.5%硼砂	0.96
②水玻璃+1.5%硼砂	0.82	⑤水玻璃	0.72
③水玻璃+2.0%硼砂	0.90		

四硼酸钠加入量的不同对水玻璃黏结强度的影响曲线如图 9.2-2 所示。从图中可以看出，当只考虑 12h 黏结强度这个只要评定指标时，加入少量四硼酸钠可以提高水玻璃的

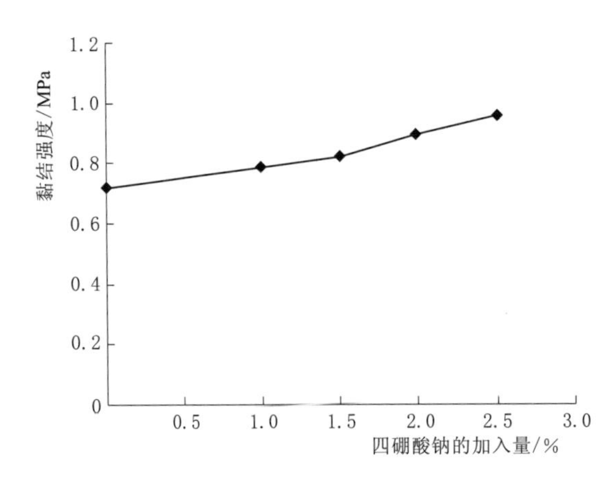

图 9.2-2　四硼酸钠加入量对水玻璃黏结强度的影响曲线

黏结强度，且黏结强度随着四硼酸钠加入量的增加而增大。但这个趋势应该是有极限的，因为B在碱硅系统中能起到增强的作用的关键在于加入的B是以四配位进入玻璃结构网络中。研究表明：在 Na_2O 含量足够的情况下，$Na_2O-B_2O_3-SiO_2$ 系统中，要使B在此系统中全部进入坚固的四配位结构网络（即不使部分的B成［BO_3］低配位结构），B在此系统中的含量有一定的极限，即 $B_2O_3=12\%$，$SiO_2=79\%\sim80\%$（重量百分比）。

本次硼砂的最大加入量为2.5%。从理论上讲，远没有达到上述B形成四配位的极限加入值，所以所加入的B全部以四配位的形式进入网络与［SiO_4］形成复合、统一的网络，使原有的网络结构更加完整，从而在一定程度上提高水玻璃的黏结强度。但如表9.2-2方案F试验成果中的分析，受四硼酸钠溶解度的影响，硼砂的加入量不超过3.0%时，加入的硼砂基本上能溶解在水玻璃中。因此综合上述分析，下面的试验中，四硼酸钠的加入量为2.0%、2.5%。

3. 膨润土+硼砂试验研究（方案3）

试验时，环境温度为25℃，湿度为60%，膨润土加入量为1.5%，硼砂加入量分别为2.0%、2.5%，试验成果整理见表9.2-6。

表 9.2-6　硼砂加入量对水玻璃黏结强度的影响（膨润土加入量1.5%）

配　方	黏结强度/MPa	溶解情况
①水玻璃+1.5%膨润土	0.88	有沉淀
②水玻璃+1.5%膨润土+2.0%硼砂	0.92	基本无沉淀
③水玻璃+1.5%膨润土+2.5%硼砂	0.96	基本无沉淀

对比同时添加1.5%膨润土和2.0%或2.5%硼砂与只添加1.5%膨润土的水玻璃溶液，对比试验结果。如表9.2-6所示，试验数据中可以清楚看到，②号配方、③号配方的黏结强度比①号配方的黏结强度高，原因是硼砂提高了膨润土在水玻璃中的分散效果，让膨润土对水玻璃性能的改善效果更加容易发挥出来。所以添加硼砂起到的作用是比较多的，不仅可以提高水玻璃的黏结强度，还能有效改善膨润土在水玻璃中的分散效果，更好地将膨润土的作用发挥出来。

表9.2-7对比的是同时添加2.0%的膨润土和2.0%与2.5%的硼砂与只添加2.0%膨润土的试验结果，从表中可以得出和表9.2-2相同的结果：在水玻璃中加入硼砂不仅可以提高水玻璃的黏结强度，还能有效改善膨润土在水玻璃中的分散效果。

表 9.2-7　　硼砂加入量对水玻璃黏结强度的影响（膨润土加入量 2.0%）

配　方	黏结强度/MPa	溶解情况
①水玻璃+2.0%膨润土	0.91	沉淀较多
②水玻璃+2.0%膨润土+2.0%硼砂	0.97	有少量沉淀
③水玻璃+2.0%膨润土+2.5%硼砂	0.99	沉淀较多

通过对比表 9.2-6 和表 9.2-7 不难发现，表 9.2-6 中的③号配方和表 9.2-7 中的②号配方表现出较好的性能。③号配方的溶解情况良好，基本没有沉淀，但黏结强度稍微小了点；②号配方有少量的沉淀，但是得到的黏结强度比③号配方大 0.01MPa。

表 9.2-6 中的③号配方和表 9.2-7 中的②号配方基本上达到了无骨料改性防护材料对成膜性能和黏结能力的要求。

将表 9.2-6 中的③号配方命名为 KS1 改性材料，表 9.2-7 中的②号配方命名为 KS2 改性材料。

4. 膨润土+尿素试验研究（方案 4）

试验时，环境温度为 25℃，湿度为 60%，膨润土加入量为 1.5%，尿素的加入量为 2.0%、2.5%，试验成果整理见表 9.2-8。

表 9.2-8　　尿素加入量对水玻璃黏结强度的影响（膨润土加入量 1.5%）

配　方	黏结强度/MPa	溶解情况
①水玻璃+1.5%膨润土	0.88	有沉淀
②水玻璃+1.5%膨润土+2.0%尿素	0.88	基本无沉淀
③水玻璃+1.5%膨润土+2.5%尿素	0.88	基本无沉淀

从表 9.2-8 可见，添加尿素对水玻璃溶液的悬浮情况和黏结强度几乎没有影响，有文献研究，尿素可起到分散剂稳定剂，促进水玻璃中的硅酸钠迅速溶于水并起到稳定作用，促进水玻璃形成的液膜向材料内部渗透。从上面试验成果中也可以看出这一点，表 9.2-8 中②号、③号配方基本上没有沉淀；表 9.2-9 中②号配方基本上没有沉淀，比表 9.2-7 中加同量的硼砂后的溶解情况好；表 9.2-9 中的③号配方在加入尿素后也只有少量沉淀，比表 9.2-7 中加同量的硼砂的溶解情况好。从 12h 黏结强度这个指标上看，尿素作为一种分散剂，几乎对水玻璃的黏结强度没有提高作用，如表 9.2-8 和表 9.2-9 中②号、③号配方的黏结强度与①号配方没有加尿素的黏结强度几乎没有差别。

表 9.2-9　　尿素加入量对水玻璃黏结强度的影响（膨润土加入量 2.0%）

配　方	黏结强度/MPa	溶解情况
①水玻璃+2.0%膨润土	0.91	沉淀较多
②水玻璃+2.0%膨润土+2.0%尿素	0.91	基本无沉淀
③水玻璃+2.0%膨润土+2.5%尿素	0.91	有少量沉淀

综合分析，认为在水玻璃中加入膨润土的基础上加入硼砂不仅可以改善溶液的溶解情况，而且还能有效提高其黏结强度；而使用尿素时，虽然可以比平时更好改善溶液的溶解

情况，但对其黏结强度几乎没有提高作用。

9.2.1.6 小结

在全面筛选可以改善水玻璃性能的物质的基础上，试验测试了氯化钙溶液、矾、三乙醇胺＋尿素、超细钠基膨润土、硼砂、戊五醇等对水玻璃的成膜性能、黏结性能的影响，得出了以下结论：

（1）氯化钙溶液、矾与水玻璃混合后迅速反应，凝结过快，不易操作。

（2）适量的三乙醇胺可以与水玻璃混合制成风干的薄膜，但三乙醇胺的环保性有待进一步研究；尿素能够改善膨润土、三乙醇胺在水玻璃中的悬浮情况，但不如硼砂效果好。

（3）超细钠基膨润土可以提高水玻璃的成膜性能和黏结强度，加入量为1.5%时效果最好，此时水玻璃的12h黏结强度比普通水玻璃的强度提高了22%。

（4）硼砂不仅自身可以改善水玻璃的黏结强度，而且配合膨润土使用可以改善膨润土在水玻璃中的悬浮状态。

（5）戊五醇是少有的几种可以与水玻璃以任意比例混合的改性材料，对水玻璃成膜性能没有影响。

（6）本试验条件下得到的最佳配方如下：

1）KS1改性防护材料：1份水玻璃加1.5%膨润土、2.5%硼砂。

2）KS2改性防护材料：1份水玻璃加2.0%膨润土、2.0%硼砂。

两种配方溶液的溶解悬浮状态最好且黏结强度较高，基本满足改性防护的要求。

9.2.2 有骨料改性防护材料

9.2.2.1 防护材料性能要求及选材原则

根据工程实际情况，有骨料的防护材料以水泥砂浆为研究思路出发，试制的防护材料应具备以下性能：

（1）在工艺状态下，适宜喷护，有一定的流动性、浸润性，喷护过程中无干斑。膨胀土开挖后表面立即暴露在空气中，极易受光照、阴雨等干湿循环作用的影响而表面风化、剥落，且多裂隙，防护材料浸润到膨胀土内部，增加防护层与膨胀土的接触面积，提高防护能力，另外，防护材料会填充岩体的裂隙，阻碍岩体内部水分的进一步流失。

（2）耐水性及抗渗性。防护层的用途主要是杜绝膨胀土与外部水分的接触，在防护层作用期间防止水汽的渗透作用，同时防护层在水的长期作用下不能改变其固有的性能以致溃解。因此，要求防护材料具有一定的耐水性。但耐水标准目前尚无技术规范要求，通常是以防护材料在水中的体积膨胀或吸水率进行检测。本实验要求防护材料渗透系数小于10^{-7}cm/s。

（3）耐久性。选用材料的耐久性应尽可能与建筑物的运行状况相适应，尽可能做到使用的防护材料经久耐用。

（4）防护层厚度。防护材料应具有一定的厚度才能运行较好，发挥较好的防护效果。它有一定厚度可以减少自身原因引起的开裂对膨胀土内部的浸润影响，厚度以15～25mm为宜。

9.2.2.2　防护材料配合比试验

1. 试验原材料

（1）水泥。水泥的细度显著影响防护材料抗渗性，故应严格控制水泥的质量，强度的性能和质量应分别符合现行国家标准《通用硅酸盐水泥》（GB 175—2007）、《快硬硅酸盐水泥》（GB 199—1990）的规定；水泥的细度宜小于 380m^2/kg；不能使用过期、受潮、有结块以及无出厂合格证和未经进场检验合格的水泥。

（2）砂。细骨料应选用洁净的中砂，细度模数大于 2.5。

（3）石料。粗骨料应选用洁净的石料，粒径 5～8mm。

（4）泥灰岩。试验所用的泥灰岩为试验段开挖后的泥灰岩弃料，经风干、碾压后过 2mm 筛。

（5）液体水玻璃。模数 3.2～3.6，波美度 40～53°Be。

2. 材料配合比试验方案

试验时借鉴普通水泥砂浆坡面防护的配合比进行试验设计，设计原则是在尽量减少水泥用量的前提下加入当地开挖弃料泥灰岩作为一种原材料，从而大大节约工程造价，以期产生很好的社会经济效益。试验时以水灰比和泥灰岩的掺入量为研究重点，配合比试验计划见表 9.2-10。

表 9.2-10　防护材料配比试验计划

试验方案		材料配比（重量比）/%						
		水泥	砂	石	水	膨润土	泥灰岩	水玻璃
KF1	砂浆喷护	1	1～2	1～2	0.38～0.45			
KF2	砂浆喷护	1	1～2	1～2	0.45～0.75	0.3～0.5		
KF3	防护剂喷护	1	1～2	1～2	0.45～1.0		1	1～3
KF4	防护剂喷护	1	1～2	1～2	0.45～1.0		2	1～3

3. 试验成果分析

按照上述试验方案进行了下面一组配比试验，试验成果见表 9.2-11。

防护材料抗压强度试验的试件尺寸为 70.7mm×70.7mm×70.7mm，试验成果见表 9.2-12。

由表 9.2-11、表 9.2-12 可以看出，编号为 KF32 的配比在试验过程中只有很少的裂纹出现，掺拌了泥灰岩后 1d 抗压强度就能达到 2.0MPa 以上，大大节省了水泥的用量，具有较好的经济效益。

表 9.2-11　防护材料配比试验成果

序号	水泥/kg	砂/kg	砂率	石/kg	膨润土/kg	泥灰岩/kg	水玻璃/%	水灰比	加水量/kg	备　注
KF11	1000	1925	55					0.4	1170	未养护，出现裂纹
KF12	1000	1925	55	1575				0.6	600	未养护，出现裂纹
KF21	1000	2200	55		400			0.45	450	未养护，出现裂纹
KF22	1000	1925	55	1575	400		2	0.45	450	未养护，出现裂纹

续表

序号	水泥/kg	砂/kg	砂率	石/kg	膨润土/kg	泥灰岩/kg	水玻璃/%	水灰比	加水量/kg	备　注
KF31	1000	1500				1000	2	0.9	900	出现较多裂纹
KF32	1000	1000		1500		1000	2	0.95	950	未养护，裂纹少
KF41	1000	1050				2000	2	0.8	800	有裂纹，不宜喷护
KF42	1000	1050		1950		2000	2	0.8	800	有裂纹，不宜喷护

表 9.2-12　　防护材料抗压强度试验结果

编号	抗压强度/MPa			编号	抗压强度/MPa		
	1d	7d	28d		1d	7d	28d
KF31	2.38	3.49	5.44	KF41	2.25	3.32	4.89
KF32	2.67	4.45	7.53	KF42	2.46	3.19	4.43

根据上述结果，按照水泥∶细砂∶泥灰岩∶水∶水玻璃＝1∶1∶1∶0.95∶0.02进行了下面一组防护层厚度的实验，厚度分别为5mm、10mm、15m、20mm、25mm，通过观察记录防护剂开裂情况得出防护层厚度不小于15mm。但限于施工要求，现场的防护层厚度可以控制在15～20mm。该组中防护剂试样室内凝固时间一般为2～4h，见表9.2-13和图9.2-3～图9.2-6。

表 9.2-13　　防护层厚度试验成果

序号	水泥/g	细砂/g	泥灰岩/g	水玻璃/g	水/g	厚度/mm	备　注
1	10	10	10	0.2	9.5	5	出现多处细小裂纹
2	20	20	20	0.4	19	10	少许细小裂纹
3	30	30	30	0.6	28.5	15	有一两处细小裂纹
4	40	40	40	0.8	38	20	基本无裂纹
5	50	50	50	1.0	47.5	25	基本无裂纹

图 9.2-3　防护层厚度 5mm

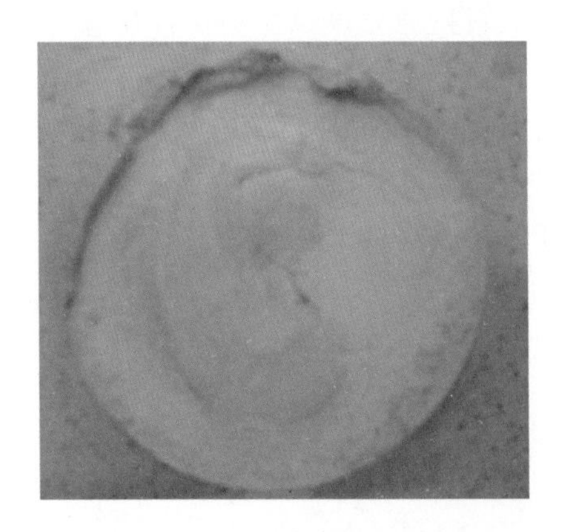

图 9.2-4　防护层厚度 10mm

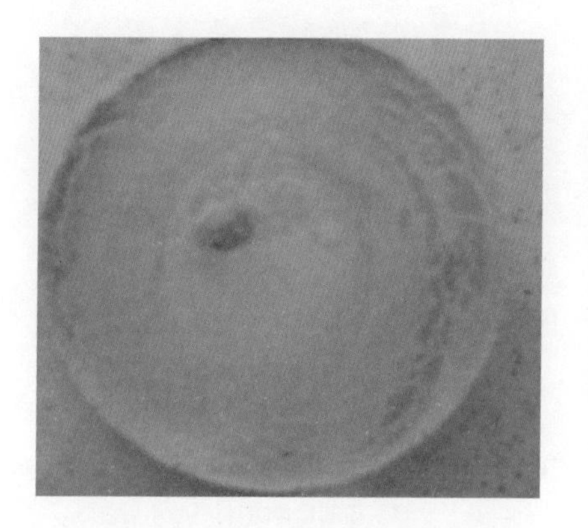

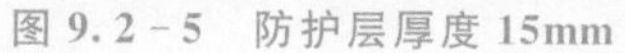

图9.2-5 防护层厚度15mm

图9.2-6 防护层厚度20mm

通过水玻璃掺入量对比实验得出：防护剂配比中水玻璃掺入量为水泥质量的2%为最佳，防护剂试样室内凝固时间一般为1～2h，见表9.2-14和图9.2-7、图9.2-8。

表9.2-14 水玻璃掺入量试验成果

编号	水泥/g	细砂/g	泥灰岩/g	水玻璃/g	备　注
K1	10	5	4	0.1（1%）	风干裂纹小，喷水后成形一般，可成膜
K2	10	5	4	0.2（2%）	裂纹小而少，喷水后成形，可成膜
K3	10	5	4	0.3（3%）	风干后裂纹较多且大，喷水后表面被冲刷，难以成膜
K4	10	5	4	0.4（4%）	风干后裂纹较多且大，喷水后不成形，不成膜

注 试验时的水灰比均为0.95。

（a）水玻璃掺入量2%

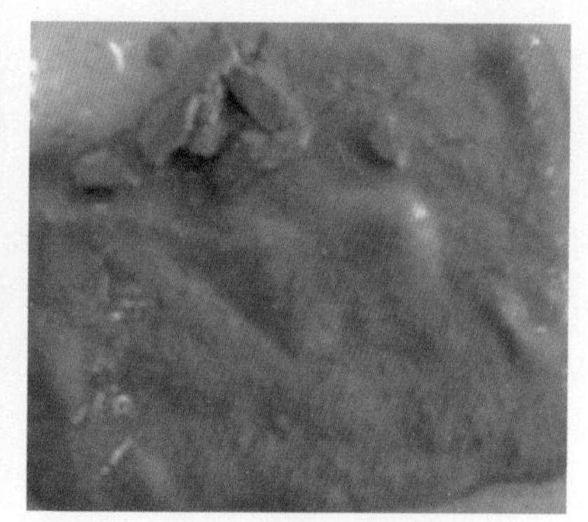

（b）水玻璃掺入量2%的材料喷水后

图9.2-7 水玻璃掺入量为2%的材料

9.2.2.3 小结

（1）改性防护材料中水玻璃速凝剂的最佳掺入量为水泥质量的2.0%。

（2）结合现场施工要求，改性防护层厚度以15～20mm为宜。

（3）表9.2-12中的KF32配方材料的7d抗压强度大于4.0MPa，28d强度大于4.0MPa，满足工程需要。

(a) 水玻璃掺入量4%

(b) 水玻璃掺入量4%的材料喷水后

图 9.2-8 水玻璃掺入量为 4%的材料

(4) 本试验条件下得到的最佳配方为表 9.2-11 中的 KF32 配方，结合第 9.2.1 节中无骨料材料的命名方法，将上述配方材料命名为 KS3 改性防护材料。

9.3 改性防护材料防护效果室内验证

为评价改性防护材料的实际效果，设计了一套试验方案，以前述初步选择的几种防护材料，在室内进行涂抹防护试验，以材料的保水作用、试样的收缩变形等指标作为评判材料优劣的标准，具体试验内容如下。

9.3.1 试验材料及仪器设备

本试验以河南新乡泥灰岩、河南南阳中膨胀土、河北邯郸强膨胀土三种不同膨胀土为试验对象，采用 70mm×70mm×70mm 的立方体扰动试样，以时间坐标轴下土样收缩量为对比指标做土样的收缩试验。由于受试验仪器的限制，试验首先进行有骨料材料的验证试验，分别测试土样在裸露、喷水泥砂浆、喷 KS3 改性材料时的收缩率。该实验完成后，进行无骨料材料的验证，分别将土样在 KS1 改性材料和 KS2 改性材料浸泡 12h 后，做收缩试验。通过上述两个收缩试验，得出每种土在不同防护措施下试样的体缩量与时间的关系曲线，以此对比说明防护材料的防护效果。

根据《土工试验方法标准》(GB/T 50123—2019)，试验仪器及土料要求如下：

(1) 试验所需材料及仪器详细情况见表 9.3-1。

表 9.3-1 试验材料及仪器表

试验材料及仪器	质量或份数
南阳中膨胀土	风干、碾散、过 5mm 筛后各取 5kg
邯郸强膨胀土	
新乡泥灰岩	
30mm 量程百分表	18 支

续表

试验材料及仪器	质量或份数
自制固定百分表座（每套可装 3 个试样，需 6 支百分表）	3 套
物理天平	1 台
温湿度计	1 支
环刀	2 个
凡士林	1 盒

（2）三种土料基本物理性质：

1）新乡泥灰岩：天然含水率为 9.6%～18.6%，湿密度为 1.86～2.49g/cm^3，干密度为 1.7～2.1g/cm^3，孔隙比为 0.310～0.606，塑性指数为 16.7～37.5，黏粒含量 5.6%～58.2%，胶粒含量为 2.9%～34.3%，主要颗粒成分为黏粒和胶粒，占到总质量的 5.6%～58.2%，自由膨胀率为 39%～50%。

2）南阳中膨胀土：天然含水率为 17.4%～24.5%，液限含水率为 52.5%～65.0%；塑性指数为 26.9～38.4，平均为 32.4；黏粒含量为 20.9%～51.8%；胶粒含量为 10.8%～38.4%；自由膨胀率为 56%～90%。

3）邯郸强膨胀土：天然含水率为 36%，液限含水率为 79.9%～83.9%；塑性指数为 47.7～52.3；黏粒含量为 44.0%～47.8%；胶粒含量为 28.3%～30.9%；自由膨胀率 120%～131%。

9.3.2　试验步骤

（1）依据《土工试验方法标准》（GB/T 50123—2019）中扰动土试样制备方法制备试样，试样制备含水率均为 16.0%，干密度控制在 1.55g/cm^3，每种土均制备 3 个试样备用。

（2）按照上节提出的防护材料的配比制备防护材料，水泥砂浆的配比参照有关工程实例定为水泥∶砂∶水＝1∶2∶0.6。

（3）在木制模具周围涂一层凡士林，把编号分别为 1 号、2 号、3 号的三种制备样放在木制模具中，在试样周围小心地填注水泥砂浆，如图 9.3－1 所示。完成后用湿毛巾盖住，放置 24h。

（a）水泥砂浆防护

（b）KS3改性材料防护

图 9.3－1　在木制模具中成模的试样

(4) 取环刀2个放在试验台上，分别注满水泥砂浆和防护材料，静置，观察并记录水泥砂浆和KS3改性材料的凝固时间。

(5) 安装百分表，将3套自制固定百分表的表座放在试验台上，分别沿水平和竖直方向各安装百分表一支。

(6) 试样拆模，拆模时要特别小心仔细，以免造成试样的损坏，拆模过程中发现试样的某个面的材料残缺不全的，应立即补救，待材料凝固后再进行试验。

(7) 将南阳1号、2号、3号试样安装在第一套装置上，同样的方法安装邯郸试样和新乡试样，记下百分表初始读数及该时刻的温湿度。以每套装置为组装试样，分别命名为南阳试验组、邯郸试验组、新乡试验组，整个试验装置如图9.3-2所示。

图9.3-2 试验装置图

(8) 控制室温不高于30℃条件进行试验。根据室内温度及收缩速度，试验初期每隔1h测记百分表读数，并称量试样质量，准确至0.1g；2d后，每隔2h测记百分表读数并称质量，连续读数20d以上，直到百分表读数稳定（间隔24h百分表读数不变）。每次称量后应保持百分表读数不变或记下每次的初始值，依次读数，但需计算保证读数连贯。

(9) 百分表读数稳定后，试样结束，拆除仪表，取出试样，将水泥砂浆和防护材料敲掉，测记每块试样试验后的含水率及自由膨胀率，与未进行防护的膨胀土的相应性质指标进行对比。

(10) 上述实验完成后，继续进行KS1、KS2改性材料浸泡后试样的收缩试验，试验步骤基本同上。试样在KS1、KS2改性材料中浸泡12h，如图9.3-3所示。

9.3.3 有骨料改性材料验证试验成果分析

依据《土工试验方法标准》(GB/T 50123—2019) 和《土工试验规程》(SL 237—1999) 中有关收缩试验的稳定标准：每隔16～24h测记百分表读数一次，直至2次百分表读数不变。本试验经过628h的观察记录，认为在600h时，所有试样变形已趋于稳定，在

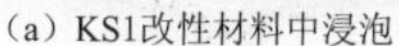
(a) KS1改性材料中浸泡

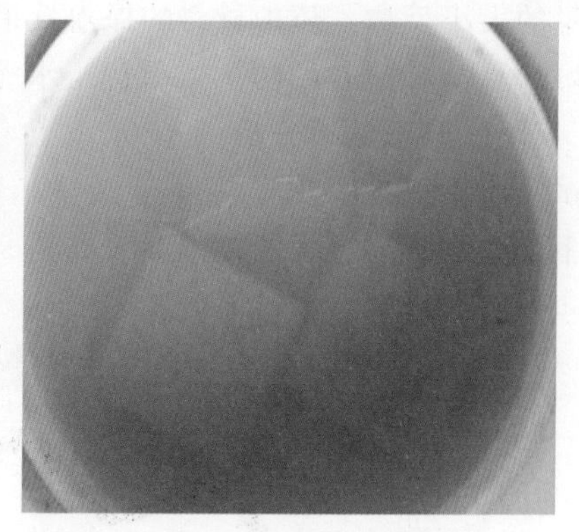
(b) KS2改性材料中浸泡

图 9.3-3　浸泡试样

628h 时可以结束试验。

试样体缩量的计算：裸露试样体缩量为横向线缩量的平方乘以竖向线缩量；有防护材料试样，假定防护材料自身为刚性材料，没有变形，其被保护试样的体缩量为竖向线缩量的立方。图 9.3-4～图 9.3-6 为三种土在不同防护措施下的体缩量随时间的变化曲线。

9.3.3.1　新乡试验组成果分析

新乡试验组土样自由膨胀率为 39%～50%，为弱膨胀性的泥灰岩，试样在三种不同的防护条件下的体缩量与时间的关系曲线如图 9.3-4 所示。

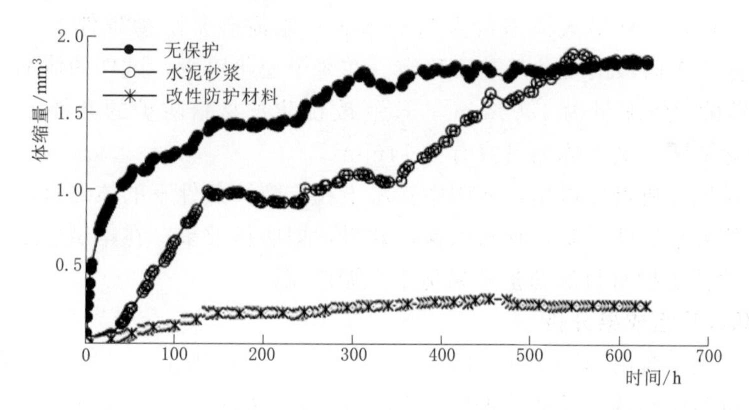

图 9.3-4　不同防护措施下新乡泥灰岩体缩量与时间的关系曲线

从图 9.3-4 中可以看出，无防护的条件下，试样的体缩量经历了三个阶段的变化：近似直线上升阶段、曲线过渡阶段和近似水平阶段，体缩量随时间的增加变化是非常明显的，其最大体缩量为 1.82mm^3；水泥砂浆防护的条件下，试样的体缩量也经历了上述三个阶段的变化后趋于稳定。在前两个变化阶段中，体缩量均小于无防护的情况，其值大约是无防护时的 1/2，在第三个变化阶段后期，水泥砂浆防护的试样体缩量略大于无防护的试样，在这种防护措施下试样最大体缩量为 1.88mm^3。其中，KS3 改性防护材料防护的条件下，试样体缩量变化最小且变化平缓，最大体缩量只有 0.28mm^3。

通过上述对比分析可以得出，新乡泥灰岩在有防护条件下的体缩量均小于无防护的情况，体缩量的大小反映了防护材料的保水效果，即防护效果。在本试验组中，同等试验环境下，KS3 改性防护材料的防护效果优于水泥砂浆。

9.3.3.2 南阳试验组成果分析

南阳试验组土样自由膨胀率为 63%～65%，为中偏弱膨胀性土，试样在三种不同的防护条件下的体缩量与时间的关系曲线如图 9.3-5 所示。

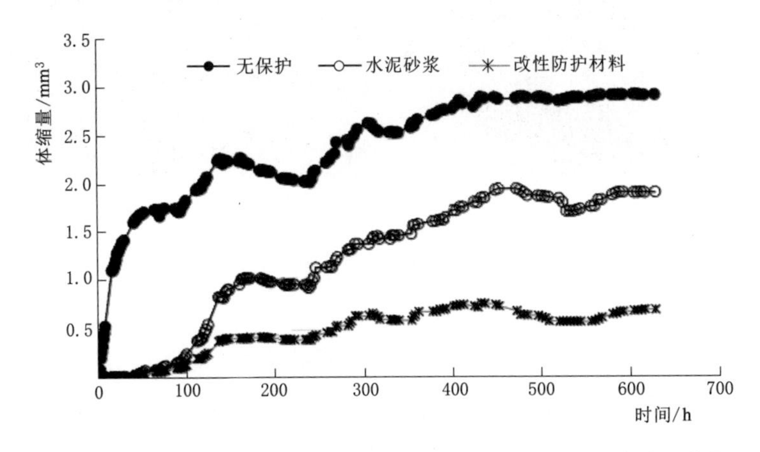

图 9.3-5 不同防护措施下南阳中膨胀土体缩量与时间的关系曲线

从图 9.3-5 中可以看出，无防护条件下，类似新乡泥灰岩试样的体缩量变化阶段，南阳中膨胀土试样体缩量也大体经历了三个阶段的变化：近似直线上升阶段，曲线过渡阶段和近似水平阶段，试样最大体缩量为 2.91mm³；水泥砂浆防护条件下，试样的体缩量也在经历了上述三个阶段的变化后趋于稳定。在每个变化阶段，试样的体缩量大约是无防护的 1/2，试样最大体缩量为 1.93mm³；KS3 改性防护材料防护的条件下，试样体缩量变化最小且变化平缓，最大体缩量只有 0.74mm³。

通过上述对比分析可以得出，南阳中膨胀土在有防护条件下的体缩量均小于无防护的情况，体缩量的大小反映了防护材料的保水效果，即防护效果。在本试验组中，同等试验环境下，KS3 改性防护材料的防护效果优于水泥砂浆。

9.3.3.3 邯郸试验组成果分析

邯郸试验组土样自由膨胀率为 110%～130%，为强膨胀土，试样在三种不同的防护条件下的体缩量与时间的关系曲线如图 9.3-6 所示。从图 9.3-6 中可以看出，邯郸强膨胀土的体缩量变化曲线与新乡泥灰岩和南阳中膨胀土均不同，前 262h，KS3 改性防护材料防护试样的体缩量小于无防护时的，而改性材料试样的体缩量一直都大于水泥砂浆防护试样的，改性材料防护试样的最大体缩量达到了 21.81mm³，水泥砂浆防护试样最大体缩量仅为 5.7mm³，与无防护试样最大体缩量 5.42mm³ 基本相当。

通过上述对比分析可以得出，KS3 改性防护材料对于强膨胀性岩土的防护问题有待进一步研究。

9.3.3.4 改性防护条件下三种土体缩量对比

改性防护材料防护条件下，三种膨胀性不同的膨胀性岩土的体缩量与时间的关系曲线如图 9.3-7 所示，从图中可以看出，随着自由膨胀率的增大，土样体缩量逐渐增大；

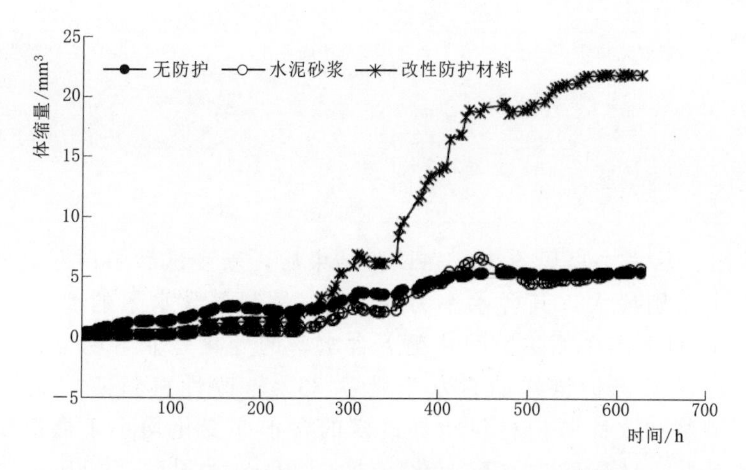

图 9.3-6 不同防护措施下邯郸强膨胀土体缩量与时间的关系曲线

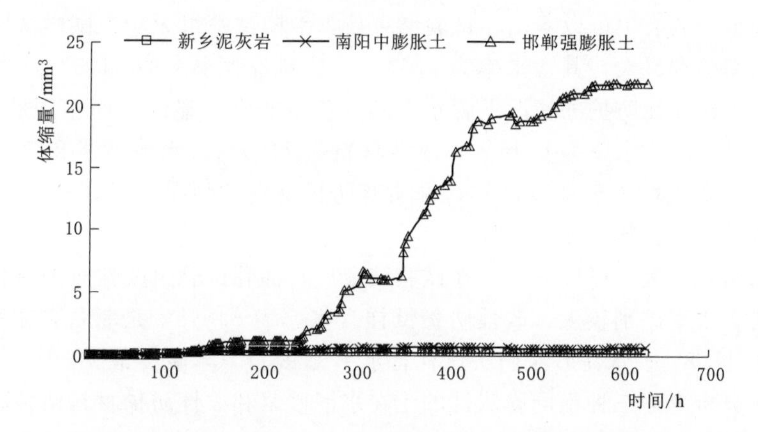

图 9.3-7 改性防护材料防护条件下三种不同膨胀性岩土的体缩量与时间的关系曲线

KS3 改性防护材料对于强膨胀性岩土的防护效果较差，表明强膨胀性岩土的改性防护问题有待进一步研究。

9.3.3.5 试样含水率对比分析

收缩试验结束后，将整块试样烘干，测试土样含水率及自由膨胀率，试验成果见表 9.3-2。

表 9.3-2 不同防护措施下膨胀土含水率、自由膨胀率统计表

对比项目	新乡泥灰岩			南阳中膨胀土			邯郸强膨胀土		
防护条件	无防护	水泥砂浆防护	改性材料防护	无防护	水泥砂浆防护	改性材料防护	无防护	水泥砂浆防护	改性材料防护
制备样含水率/%	15.85	15.85	15.85	16.05	16.05	16.05	15.9	15.9	15.9
测试含水率/%	3.6	5.83	6.68	5.53	6.14	7.29	8.1	9.21	8.0

续表

对比项目	新乡泥灰岩			南阳中膨胀土			邯郸强膨胀土		
含水率减小/%	77.3	63.2	57.8	65.5	61.7	54.6	49.0	42.0	49.7
自由膨胀率/%	39～50			63～65			110～130		

新乡试验组：从表中可以看出，在试验结束后，新乡试验组裸露试样的含水率与土样制备含水率差别最大，其含水率为3.6%，是制备含水率的22.7%，含水率减少了77.3%，说明土样在无防护的情况下含水率的变化是非常明显的；而相同的试验环境下，水泥砂浆防护试样的含水率是5.83%；改性材料防护试样的含水率为6.68%。水泥砂浆和改性防护材料防护试样的含水率变化均小于裸露试样，说明有防护材料的情况下，试样的含水率变化较小，而且与水泥砂浆相比，改性防护材料的效果更佳。

南阳试验组：从表中可以看出，试验结束后，南阳试验组无防护试样试样的含水率与土样制备含水率差别最大，其含水率为5.53%，是制备含水率的34.5%，含水率减少了65.5%，说明土样在无防护的情况下含水率的变化是非常明显的；而相同的试验环境下，水泥砂浆防护试样的含水率为6.14%，改性材料为7.09%。水泥砂浆和改性防护材料防护试样的含水率变化均小于裸露试样，说明有防护材料的情况下，试样的含水率变化较小，同样是改性防护材料的效果更佳。

邯郸试验组：从表中可以看出，在试验结束后，邯郸试验组改性防护材料试样的含水率与土样制备含水率差别较大，改性防护试样含水率为8.0%，是制备含水率的50.3%，含水率减少了49.7%；水泥砂浆防护试样含水率为9.21%，减少最少。

通过对比分析上述三种不同膨胀性的土在水泥砂浆和改性防护材料两种防护条件下试样水分散失的效果可见，对于中、弱膨胀土，改性防护材料防护效果最好，而对于强膨胀土，其防护问题有待进一步研究。

9.3.3.6 小结

本节进行了KS3改性防护材料与水泥砂浆对新乡泥灰岩、南阳中膨胀土、邯郸强膨胀土三种不同膨胀性岩土的防护效果的室内验证试验。室内试验成果表明，KS3改性防护材料的凝固时间大约为4h，水泥砂浆的凝固时间大约为6h。中、弱膨胀土在有防护条件下的体缩量均小于无防护的情况，且改性防护材料的防护效果优于水泥砂浆，但改性防护材料对于强膨胀性土的防护问题有待进一步研究。

9.3.4 无骨料改性材料验证试验成果分析

依据《土工试验方法标准》（GB/T 50123—2019）中有关收缩试验的相关要求，每隔16～24h测记百分表读数1次时，2次百分表读数不变即可停止试验。试验至400h时，试样变形已有明显稳定的趋势，认为可结束试验。

图9.3-8～图9.3-10为三种土在不同防护措施下的竖向线缩率与时间的关系曲线。从线缩率的大小看，在无防护、有防护的情况下，随着自由膨胀率的增大，土的竖向线缩

率随之增大，新乡弱泥灰岩最大线缩率在1.5%左右，南阳中膨胀土最大线缩率约为2.5%，邯郸强膨胀土的最大线缩率达到了3.5%。对比图9.3-8～图9.3-10可知，在前100～200h，KS1和KS2改性防护材料浸泡后的试样的线缩率明显小于裸露试样，但200h之后，前者的线缩率逐渐增大，新乡试验组三种条件下的最终线缩率基本上一致，南阳和邯郸试验组KS1、KS2浸泡试样线缩率是裸露样的1.6倍。从线缩率上分析：两种改性防护材料初期防护效果较好，且越早防护越好；随着膨胀性的增强，KS1和KS2改性防护材料的有效防护时间缩短，本试验中对于新乡、南阳、邯郸试验组试样的有效防护时间分别约200h、100h、60h；两种改性防护材料后期保水性能较差。因此，对于开挖初期的膨胀土边坡，若处理措施不能及时实施，可考虑用KS1和KS2改性防护材料作临时防护。

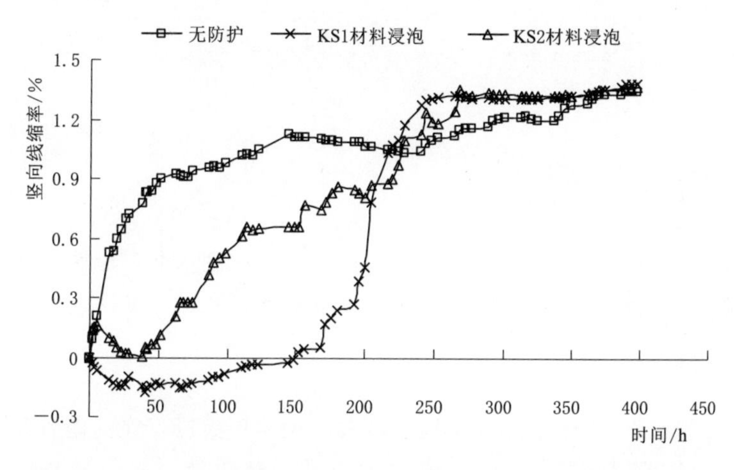

图9.3-8 不同防护措施下新乡泥灰岩竖向线缩率与时间的关系曲线

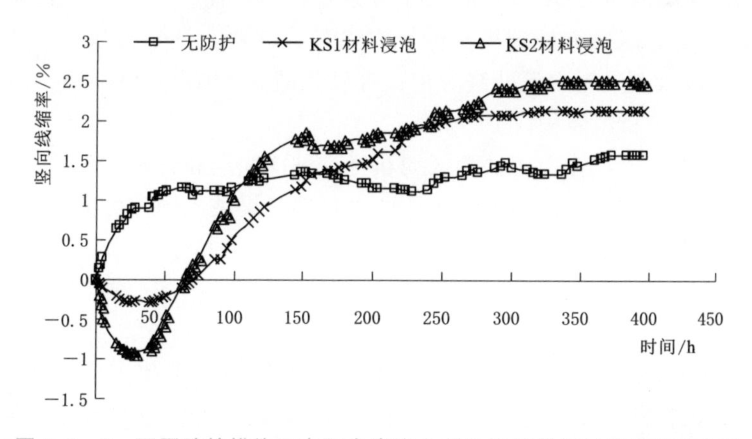

图9.3-9 不同防护措施下南阳中膨胀土竖向线缩率与时间的关系曲线

室内试验成果表明，KS1、KS2改性防护材料浸泡后的土样收缩率在开始阶段有明显减小，但随着时间的推移其线缩率反而比裸露试样的大得多，这说明要想使材料达到要求的保水效果，还需进一步研究材料配比，但可以用作临时防护材料。

综上可以认为，KS3改性防护材料对膨胀土的处理防护效果是最佳的。

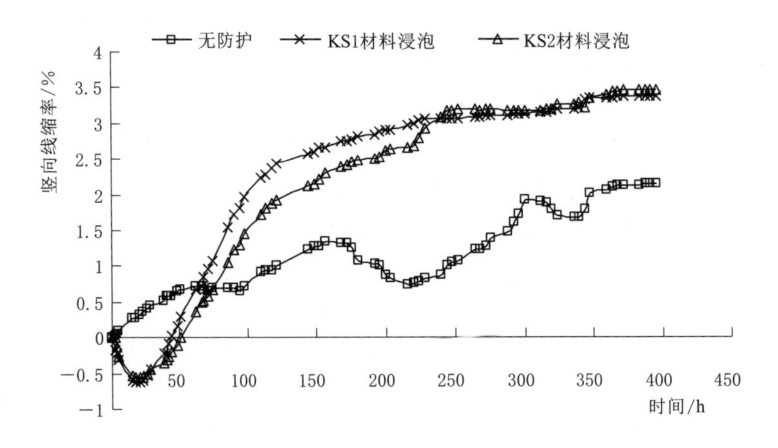

图 9.3-10　不同防护措施下邯郸强膨胀土竖向线缩率与时间的关系曲线

9.4　改性防护材料现场对比试验

为比较水泥砂浆与改性防护材料的实际防护效果，在南水北调中线工程新乡膨胀岩试验段进行水泥砂浆和改性防护材料防护效果的现场对比试验。

9.4.1　试验设计

新乡膨胀岩试验段位于南水北调中线工程总干渠第Ⅳ渠段，在河南省新乡市潞王坟乡人民政府附近，该试验段全长 1.5km。根据试验段总体设计，共分 8 个试验区分别进行换填黏性土、土工格栅加筋边坡、坡面水泥砂浆喷护、坡面改性防护材料喷护、土工膜、植草、砌石拱、混凝土框格等处理措施的比较试验。其中，桩号范围为 SY0＋208～SY0＋268 右岸一级马道以上采用水泥砂浆防护；桩号范围为 SY0＋620～SY0＋680 右岸一级马道以上采用改性防护材料防护。

为评价分析防护效果，在上述试验区均布置有坡内变形和含水率观测设备和探头，重点观测被保护层以下一定深度范围内岩土体的含水率、渠坡不同部位的变形以及地下水位的变化。现场试验渠段及观测布置如图 9.4-1～图 9.4-4 所示。

9.4.2　现场观测

现场试验的水平向变形观测和地下水位观测均采用测斜管和固定测斜仪两种观测设备。测斜管为 PVC 管材，外径为 70mm，内径为 60mm，管内壁开有呈轴对称的四个导槽，可以方便测斜仪导轮顺畅滑动。地下水位观测利用测斜管在孔内观测，如图 9.4-5 所示。

固定测斜仪采用国产 IC35000 型数字式测斜仪系统，包括：数字式测斜仪探头、电线电缆收放系统、线滚（含电池）和掌上电脑。RST 数字测斜仪的探头精度高，可以精确地测量测斜管的位移变化。数字测斜仪现场监测如图 9.4-6 所示。

图 9.4-1　水泥砂浆喷护试验区正面图

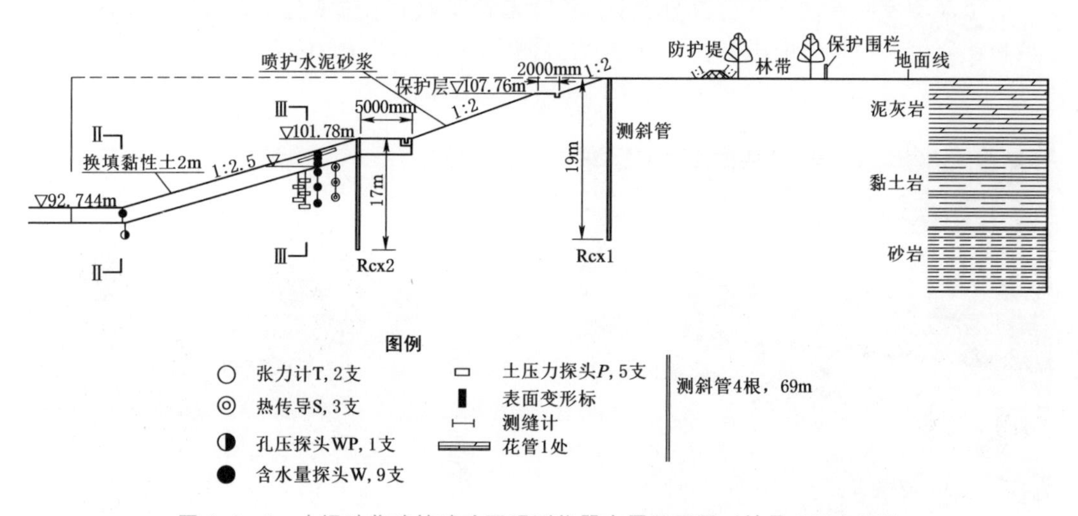

图 9.4-2　水泥砂浆喷护试验区观测仪器布置平面图（桩号 SY0+650）

图 9.4-3　改性防护材料喷护试验区正面图

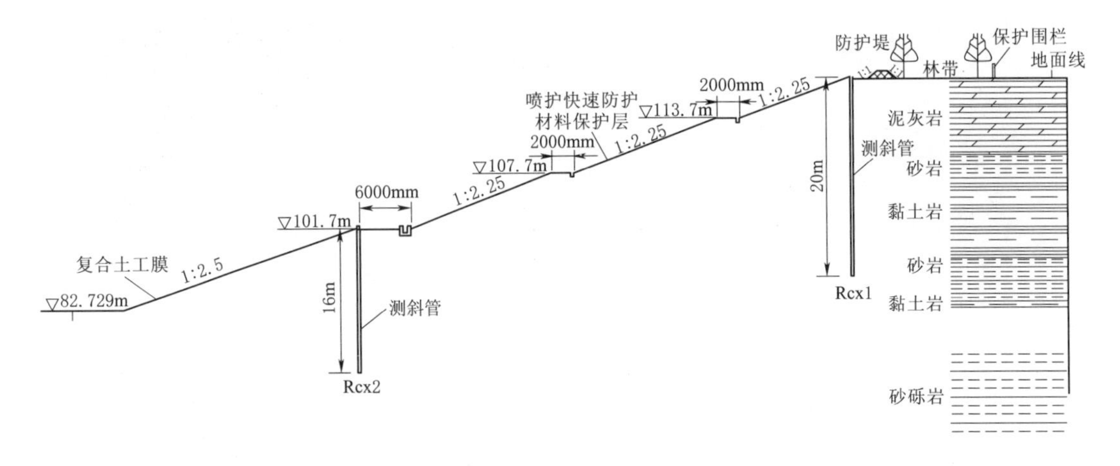

图 9.4－4　改性防护材料喷护试验区观测仪器平面布置图

为了观测不同处理方案边坡的水平位移变形量及地下水位变化，在每个试验区各布置了两根测斜管，每根管的深度在 20m 左右。测斜管布置在试验区右岸一级马道和二级马道处，观测仪器布置详如图 9.4－2、图 9.4－4 所示。

图 9.4－5　测斜管

图 9.4－6　RST 数字测斜仪现场测试

9.4.3　试验过程

水泥砂浆喷护按照《水电水利工程锚喷支护施工规范》（DL/T 5181—2003）中水泥砂浆的湿喷法选择配比和施工工艺（见表 9.4－1）。

表 9.4－1　水泥砂浆喷护材料配比

喷射方法	水泥与砂石质量比	水灰比	砂率/%
湿喷法	1.0：（3.5～4.0）	0.42～0.5	50～60

改性防护材料根据室内试验成果，结合现场实际条件，将现场改性防护材料配合比现调整为：①水泥：石子：泥灰岩＝1：2：1.5；②水泥：水＝1：0.9；③水玻璃掺量为水

泥掺量的2%。

试验材料水泥选用普通硅酸盐水泥，强度等级42.5，水泥的性能指标符合现行的水泥国家标准。水玻璃质量符合以下规定：当使用温度不大于100℃时，钾水玻璃的模数为2.7～2.9，密度为1.42～1.46g/cm³，SiO_2 的含量为27%～29%；当使用温度大于100℃时，钾水玻璃的模数为2.6～2.8，密度为1.4～1.46g/cm³，SiO_2 的含量为25%～28%。

为更好地利用当地材料，添加了一部分开挖的砾石和泥灰岩材料最为骨料。其中，砾石采用3～8mm的开挖料，使用前过10mm筛；泥灰岩碾磨并过5mm筛掺拌作为细料。

试验分为五个阶段进行：

(1) 选取试验区一级马道至二级马道坡面作为试验边坡，按照试验设计埋设仪器设备、布置变形观测点，进行开挖期观测。

(2) 根据设计配合比配制喷护材料，包括水泥砂浆和改性防护材料。

(3) 按照试验要求进行喷护施工：①喷射前清除喷面上的岩粉、岩渣和其他杂物；②用高压风清扫受喷面；③埋设控制喷射混合料厚度的标志；④混合料必须拌和均匀，运输过程中防止雨淋、滴水和石块等杂物混入，全部用水量一次与水泥、砾石、泥灰岩拌和均匀，拌好的混合料应在20min之内使用完毕；⑤喷射时，混合料不得出现"离析"和"脉冲"现象；⑥喷护完成后养护48h，进行施工期观测。

(4) 按照预定计划进行定期观测。

(5) 观测资料分析。

9.4.4 观测成果分析

从2007年9月15日至2008年9月8日，分三个阶段对测斜管进行观察，分别为开挖前期、施工期及施工后期。

(1) 水泥砂浆试验区右岸测斜管在各时期的最大变形量及相应深度见表9.4-2。成果分析如下：

表9.4-2 水泥砂浆试验区测斜管水平位移各时期正向最大变形量及相应深度

测斜管编号	地基土岩性	累积变化		开挖期		施工期		施工后期	
		变化量/mm	最大变形距离孔口深度/m	变化量/mm	最大变形距离孔口深度/m	变化量/mm	最大变形距离孔口深度/m	变化量/mm	最大变形距离孔口深度/m
238_Rcx1	黏土岩	7.6	1.0	3.6	1.0	2.2	3	3.7	0
238_Rcx2		9.4	0	5.83	0	6.89	0	7.5	0

1) Rcx1：孔口标高110.1m，测斜管埋深19m，位于右岸二级马道，变形方向在高程98.5m偏向渠道中轴线，高程98.5m至管底偏向渠外，在高程108m处（深度1m）累积正向最大变形量7.6mm。

2) Rcx2：孔口标高101.0m，该测斜管开挖后期埋设，埋深17m，位于右岸一级马道，变形方向偏向渠道中轴线，在高程100m处（管口）累积最大变形量9.4mm。

(2) 改性防护材料试验区右岸测斜管在各时期的最大变形量及相应深度见表9.4-3。成果分析如下：

表 9.4-3　改性防护材料试验区测斜管水平位移各时期正向最大变形量及相应深度

测斜管编号	地基土岩性	累积变化		开挖期		施工期		施工后期	
		变化量/mm	最大变形距离孔口深度/m	变化量/mm	最大变形距离孔口深度/m	变化量/mm	最大变形距离孔口深度/m	变化量/mm	最大变形距离孔口深度/m
650_Rcx1	黏土岩	4.15	1.0	1.998	1.0	2.0	3.0	2.24	0
650_Rcx2		7.38	0.5	0.34	0.5	1.38	2.0	1.55	2.0

1）Rcx1：孔口标高 110.0m，测斜管埋深 20m，位于右岸二级马道，变形方向在高程 96.5m 偏向渠道中轴线，高程 96.5m 至管底偏向渠外，在高程 106.7m 处（深度 1m）累积正向最大变形量 4.15mm。

2）Rcx2：孔口标高 101.5m，该测斜管开挖后期埋设，埋深 16m，位于右岸一级马道，变形方向偏向渠道中轴线，在高程 101.5m 处（管口）累积最大变形量 37.78mm。

（3）变形观测成果对比分析。

从两个试验区施工约 3 个月后的外观情况来看，水泥砂浆防护坡面局部有较严重的水泥砂浆脱落、开裂等现象，导致被保护层裸露在空气中；相比之下，改性材料防护坡面无开裂，整体防护效果较好。

试验区内的膨胀岩的水平位移变形量较小，大多在 0～20mm 之间变化，从水平位移与深度相关曲线看，开口线处测斜管变化较小，呈左右摇摆状，开口线以下测斜管，虽变化量较小，但大多有向渠道中轴变形的趋势。

对比表 9.4-2 和表 9.4-3 中的观测成果，分析水泥砂浆喷护试验区和改性材料喷护试验区的测斜管在各个时期的累计最大变形量不难发现，水泥砂浆喷护试验区 238-Rcx1 测斜管的变形量明显大于改性材料喷护试验区 650-Rcx1 测斜管的变形量，表明改性防护材料在不同时期内的防护效果均优于水泥砂浆的防护效果。

（4）地下水位变化成果。

对水泥砂浆喷护试验区和改性材料喷护试验区水位进行了长期的观测，时间为 2008 年 7 月 19 日至 2009 年 4 月 4 日，地下水位与时间的关系曲线如图 9.4-7、图 9.4-8 所示。观测成果显示，水泥砂浆喷护试验区内水位变化幅度较大，同时，在同样高程处，水位值明显高于改性材料喷护试验区。在时间坐标一致的基础上，改性材料喷护试验区 SY0+650 桩号地下水位曲线比较平缓，变幅较小，且都在均值上下波动。

水泥砂浆喷护试验区水位曲线变幅剧较大，波动剧烈，说明喷护水泥砂浆防护层对外界环境变化作用欠佳，导致边坡膨胀岩土体含水率变化较大，而改性防护材料能有效地阻隔降雨或蒸发等大气环境对地下水位的影响，从而防止坡内土体水分的变化。

从图中还可以看出，改性材料喷护试验区地下水位随时间的变化在均值附近徘徊，这说明土层中的含水率基本稳定，这对保持膨胀岩土体的工程性质是很有帮助的。因为，膨胀岩土体的含水率变化在 1%范围内时就会引起岩土体工程性质的较大变化，对工程是非常不利的。

对比两种材料的试验结果发现，采用改性防护材料防护的效果明显优于水泥砂浆喷护的防护效果。更重要的是，改性防护材料减少了水泥和膨润土的用量，更多地利用了当地

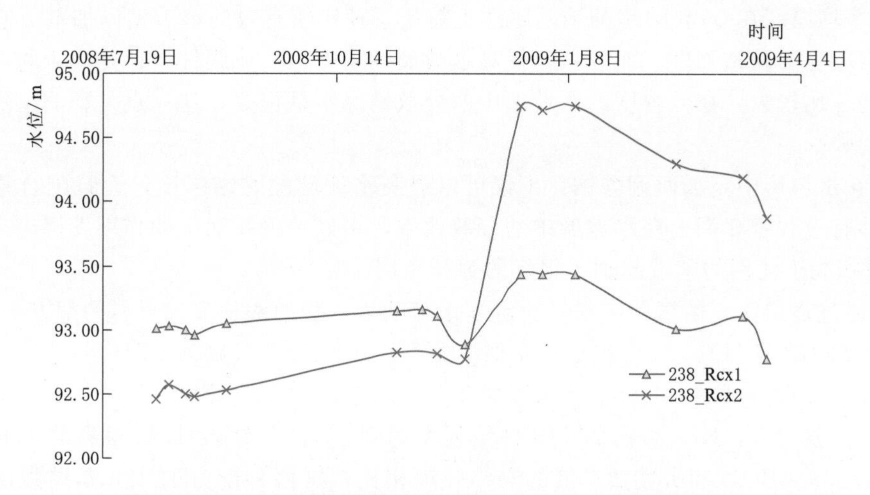

图 9.4-7 水泥砂浆喷护试验区地下水位与时间的关系曲线

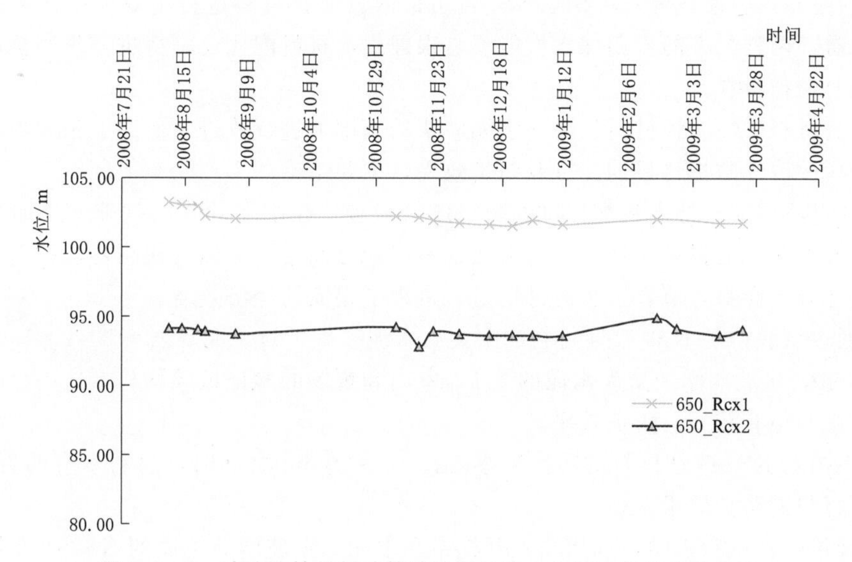

图 9.4-8 试验改性材料喷护试验区地下水位与时间的关系曲线

开挖料，在经济、环保的角度更具有优势。

9.5 本章小结

（1）选用具有成膜性能的水玻璃为基材，并添加其他扶助材料改善水玻璃的某些性能，以材料的黏结强度为试验指标，通过无骨料选型试验，结论如下：

1）工程上常用的氯化钙溶液、矾等，由于与水玻璃的反应太迅速，不能满足本试验中成膜性能的要求。水玻璃中三乙醇胺的加入量最大值为水玻璃质量的3%，2%为三乙醇胺的最佳掺入量，尿素的加入量对其成膜性能没有影响，但三乙醇胺的环保性有待进一步验证。

2）平均厚度在 2μm 的超细钠基膨润土粉是一种比较有效的水玻璃添加剂，它不仅能够提高水玻璃的黏结强度，而且可以提高水玻璃的附着力、成膜性。但是由于膨润土粉末的颗粒还是比较大，在低浓度的水玻璃中的分散情况不是很好，这一点是膨润土优势发挥中很大的弊端。

3）在水玻璃中添加四硼酸钠，不仅可以提高水玻璃的黏结强度，而且配合膨润土使用，能够有效改善膨润土在水玻璃中的分散效果，更好地将膨润土的作用发挥出来，对结论 2）中膨润土使用的弊端起到了很好的弥补作用。

4）通过逐层深入的试验方法，得到了水玻璃为基材的两种改性材料的配方：

（a）KS1 改性材料：1 份水玻璃添加 1.5％膨润土、2.5％硼砂。

（b）KS2 改性材料：1 份水玻璃添加 2.0％膨润土、2.0％硼砂。

经过试验验证，KS1 材料的 12h 黏结强度达到了 0.96MPa，KS2 材料的 12h 黏结强度达到了 0.97MPa，和水玻璃单液的黏结强度相比，这两种配方的 12h 黏结强度提高了 33.3％～34.7％，而且两种配方中溶液的溶解情况较好。

5）通过室内收缩试验对 KS1、KS2 配方的改性防护材料进行了效果验证试验，从试验成果上看，两种配方的长期保水性能不是很理想，材料配比还有待进一步调整，但是可以用作临时防护材料。

（2）有骨料改性防护材料主要在水泥砂浆的基础上进行改进，研究了添加当地开挖弃料泥灰岩后的改性防护材料的配方及防护效果，主要结论如下：

1）通过不同膨胀性土料配比试验防护效果来看，在水泥砂浆的基础上添加当地开挖弃料研制改性防护材料是一种可行的方法，不仅能够满足了坡面的快防要求，而且能够合理利用当地开挖弃料，节省了水泥的用量，带来了很大的经济效益。

2）通过试验得到 KS3 改性材料的配方为水泥∶砂∶石∶泥灰岩＝1∶1∶1.5∶1，水灰比为 0.95，水玻璃添加量为水泥的 2％，室内和现场的验证试验均显示这一组改性材料对泥灰岩试验组有较好的防护效果。

3）室内对 KS3 改性材料的防护层厚度在 15～20mm 之间时，材料本身的裂隙较小，能够保证材料的防护效果。

4）现场喷护试验表明，利用当地开挖料和水泥、水玻璃等组成的 KS3 改性材料配方具有经济、环保的特性，且防护效果比一般的水泥砂浆喷护效果更好，具有较好的推广前景。

参 考 文 献

[1] 程展林，龚壁卫. 膨胀土边坡 [M]. 北京：科学出版社，2015.

[2] 刘特洪. 工程建设中的膨胀土问题 [M]. 北京：中国建筑工业出版社，1997.

[3] 李庆鸿. 新建时速 200 公里铁路改良膨胀土路基施工技术 [M]. 北京：中国铁道出版社，2007.

[4] 郑健龙，杨和平. 公路膨胀土工程 [M]. 北京：人民交通出版社，2009.

[5] 王保田，张福海. 膨胀土的改良技术与工程应用 [M]. 北京：科学出版社，2008.

[6] 李法虎. 土壤物理化学 [M]. 北京：化学工业出版社，2006.

[7] 谭罗荣，孔令伟. 特殊岩土工程地质学 [M]. 北京：科学出版社，2006.

[8] 申爱琴. 水泥与水泥混凝土 [M]. 北京：人民交通出版社，2016.

[9] 陈仲颐，周景星，王洪瑾. 土力学 [M]. 北京：清华大学出版社，1997.

[10] 窦宜，盛树磬，马梅英. 土工实验室测定技术 [M]. 北京：水利电力出版社，1987.

[11] MITCHELL J，KENISHI S. Fundamentals of Soil Behavior 3rd Edition [M]. Hoboken：John，Wiley & Sons，Inc.，2005.

[12] NELSON D J，CHAO C K，OVERTON D D，et al. Foundation Engineering for Expansive Soils [M]. Hoboken：John，Wiley & Sons，Inc. 2015.

[13] 中华人民共和国国家质量监督检验检疫总局，中国国家标准化管理委员会. 原子吸收光谱分析法通则：GB/T 15337—2008 [S]. 北京：中国标准出版社，2008.

[14] ASTM D 7503 - 10，Standard tests method for measuring the exchange complex and cation exchange capacity of inorgranic fine - grained soils [S]. West Conshohocken：ASTM International.

[15] 长江水利委员会长江科学院，长江勘测规划设计研究有限责任公司，南水北调中线干线工程建设管理局，等. 国家“十二五”科技支撑计划课题研究报告“膨胀土水泥改性处理施工技术研究总报告”[R]. 2014.

[16] 长江水利委员会长江科学院，河海大学. 掺灰剂量检测标准研究（国家“十二五”科技支撑计划课题专题报告）[R]. 2014.

[17] 长江水利委员会长江科学院，水利部岩土力学与工程重点实验室. 南水北调中线工程南阳膨胀土水泥改性长期效果验证试验研究报告 [R]. 2011.

[18] 长江水利委员会长江科学院，水利部岩土力学与工程重点实验室. “十一五”科技支撑课题专题报告“膨胀土（岩）处理技术研究”[R]. 2010.

[19] 长江水利委员会长江科学院. 膨胀土（岩）物理及化学处理措施室内试验研究（国家“十一五”科技支撑课题研究专题三子题 1 研究报告）[R]. 2010.

[20] 赵红华，等. 膨胀土改性机理及耐久性试验研究报告 [R]. 2014.

[21] 弗里昂特-克恩. 渠道的石灰加固 [C]//膨胀土边坡加固文集. 黄庚祖，译. 武汉：长江水利委员会长江科学院，1992.

[22] 贺行洋，陈益民，等. 膨胀土化学固化现状及展望 [J]. 硅酸盐学报，2003，31（11）：1101 - 1106.

[23] 孙增生. 控制膨胀土膨胀处理方法 [J]. 路基工程，1998（5）：77 - 81.

[24] 李志祥，胡瑞林，熊野生，等. 改性膨胀土路堤填筑含水率优化试验研究 [J]. 工程地质学报，2005，13（1）：113 - 116.

[25] 邹开学，李玉峰，韩会增. 南昆铁路膨胀岩（土）改良研究 [J]. 路基工程，2000，91（4）：

1－4.
[26] 陈涛，顾强康，郭院成．石灰、水泥、粉煤灰改良膨胀土对比试验［J］．公路，2008，6（6）：164－168.
[27] 查甫生，刘松玉，杜延军．石灰-粉煤灰改良膨胀土试验［J］．东南大学学报（自然科学版），2007，37（2）：339－344.
[28] 黄斌，聂琼，徐言勇，等．膨胀土水泥改性试验研究［J］．长江科学院院报，2009，26（11）：27－31.
[29] 黄新，周国钧．水泥加固土硬化机理初探［J］．岩土工程学报，1994，16（1）：62－68.
[30] 樊恒辉，吴普特，高建恩，等．水泥基土壤固化剂固化土的微观结构特征［J］．建筑材料学报，2010，13（5）：669－675.
[31] 刘志彬，施斌，王宝军．改性膨胀土微观孔隙定量研究［J］．岩土工程学报，2004，26（4）：526－530.
[32] 王兵，杨为民，李占强．击实水泥土强度随养护龄期增长的微观机理［J］．北京科技大学学报，2008，30（3）：233－238.
[33] 顾小安，徐永福，董毅．EDTA滴定法测定水泥含量存在的问题［J］．西部交通科技，2008，3（1）：26－29.
[34] 梁雪森，罗海．EDTA滴定法测定水泥含量的龄期条件与校正探讨［J］．广东公路交通，2003（1）：64－66.
[35] 罗海，谢宏云．EDTA滴定法在公路水泥稳定层施工中的应用探讨［J］．广东公路交通，2003（coo）：136－139.
[36] 宜启铭．路基石灰土灰剂量含义及压实度检测参数取用方法的讨论［J］．现代交通技术，2006，（3）：21－23.
[37] 向文俊，刘爱兰，吴育琦，等．改良土二次掺灰工艺的石灰剂量检测方法［J］．河海大学学报，2004，32（3）：313－315.
[38] 陈保平．EDTA滴定法在石灰处理膨胀土中的应用研究［J］．中外公路，2007，27（3）：218－220.
[39] 李香庭，曾毅，钱伟君，等．扫描电镜的试样制备方法及应用［J］．电子显微镜学报，2004，23（4）：514.
[40] 张小平，施斌．石灰膨胀土团聚体微结构的扫描电镜分析［J］．工程地质学报，2007，15（5）：654－660.
[41] SCHOONHEYDT A R，JOHNSTON T C. The surface properties of clay minerals［J］. EMU Notes in Mineralogy 2011，11（10）：337－373.
[42] CHAPMAN D L. A contribution to the theory of electrocapillarity［J］. Philosophical Magazine，1913，25：475－481.
[43] GOUY M. Sur la constitution de la charge électrique a la surface d'un électrolyte［J］. Journal de Physique，1910，9：457－468.
[44] KAMRUZZAMAN H A，CHEW H S，LEE H F. Structuration and destructuration behavior of cement－treated singapore marine clay［J］. Journal of Geotechnical and Geoenvironmental Engineering，2009，135（4）：573－589.
[45] 李计彪，武书彬，徐绍华．木质素磺酸盐的化学结构与热解特性［J］．林产化学与工业，2014，34（2）：23－28.
[46] 曹绪龙，吕凯，崔晓红，等，阴离子表面活性剂与阳离子的相互作用［J］．物理化学学报，2010，26（7）：1959－1964.
[47] 王保田，张福海，张文慧．改良膨胀土的施工技术与改良土的性质［J］．岩石力学与工程学报，

2006，25（增 1）：3157－3161.

[48] 张海彬．石灰改良膨胀土的理论和实践［J］．铁道建筑，2005（10）：38－40.

[49] 李小青，张耀庭，邹冰川．铁路路基膨胀土填料的石灰改良试验研究［J］．铁道工程学报，2006（6）：24－28，58.

[50] 陈善雄．中膨胀土路堤包边方案及其试验验证［J］．岩石力学与工程学报，2006，25（9）：1777－1783.

[51] 王艳萍，胡瑞林，等．膨胀土路堤的化学改性试验研究［J］．工程地质学报，2007，16（1）：124－129.

[52] 赵旻．电化学土壤处理剂 Condor SS 的性能及应用［J］．人民长江，2001，32（2）：45－46.

[53] 刘清秉，项伟，等．离子土壤固化剂改性膨胀土的试验研究［J］．岩土力学，2009，30（8）：2286－2290.

[54] 汪益敏，刘小兰，等．离子型土固化材料对膨胀土的加固机理试验研究［J］．公路交通科技，2009，26（10）：6－10.

[55] 刘鸣，刘军，龚壁卫，等．水泥改性膨胀土施工工艺关键技术［J］．长江科学院院报，2016，33（1）：89－94.

[56] 张恒晟，龚壁卫，文松霖，等．水泥改性土削坡弃料利用问题研究［J］．长江科学院院报，2021，38（2）：86－92.

[57] 程培峰，吕鹏磊，陈景龙，等．PANDA2 在公路路基强度检测中的应用［J］．公路，2013（3）：34－37.

[58] 周树华，周绪利．PANDA 动力贯入仪在路面基层强度检测中的应用［J］．公路，2000（7）：74－77.

[59] 刘鸣，龚壁卫，刘军，等．膨胀土水泥改性及填筑施工方法：ZL201410148202.0［P］．2016－01－13.

[60] 龚壁卫，李青云，谭峰屹，等．膨胀岩渠坡变形和破坏特征研究［J］．长江科学院院报，2009，26（11）：47－52.

[61] 刘军，龚壁卫，徐丽珊，等．膨胀岩土的快速防护材料研究［J］．长江科学院院报，2009，26（11）：72－74.

[62] 侯雪梅．膨胀岩的基本特性和快速防护材料研究［D］．武汉：长江水利委员会长江科学院，2009.

索　　引

膨胀土地段渠道破坏机理 …… 2
水泥改性土 …… 2
水泥土 …… 2
加固原理 …… 2
同晶代换 …… 9
膨胀变形机理 …… 10
晶格扩张理论 …… 10
黏土颗粒的侵蚀 …… 13
扫描电镜图像 …… 13
硅酸钙水化物 …… 24
铝酸钙水化物 …… 24
无定型态的水化产物 …… 24
X 射线衍射图谱 …… 24
孔隙水中阳离子浓度 …… 29
黏土结构的阳离子浓度 …… 31
硬凝反应 …… 48
木质素磺酸钾 …… 59
木质素磺酸铵 …… 59
膨胀土水泥改性的机理 …… 90
水泥改性评价指标 …… 94
改性土的耐久性 …… 119
细观结构扫描 …… 127
标准击实试验 …… 130
湿掺法 …… 132
干掺法 …… 132
闷料时间 …… 135
应力-应变关系曲线 …… 141
现场试验 …… 147
EDTA 滴定法 …… 164
水泥掺量的标准曲线 …… 168
溶液沉淀时间 …… 172
掺灰量检测 …… 175
龄期效应 …… 175
龄期对 EDTA 滴定的影响 …… 187
水泥掺量的标准差 …… 203
单一团径 …… 203
敏感团径 …… 203
改性土团径控制标准 …… 211
含水率快速降低 …… 212
破碎工艺 …… 212
碾压时效 …… 225
超填削坡土料 …… 232
现场快速检测密度的方法 …… 245
微波烘干法 …… 245
轻型动力触探法 …… 252
稳定土拌和系统 …… 259
水泥改性土填筑与碾压 …… 259
合格标准 …… 265
优良标准 …… 265
施工质量检查 …… 266
改性土换填主控项目 …… 267
风化深度 …… 298
膨胀土临时（永久）防护 …… 298
改性防护材料 …… 298

后　记

在《膨胀土水泥改性机理及技术》出版过程中，突闻郑守仁院士与世长辞的噩耗，我的内心无比震惊与悲痛。郑守仁院士曾长期担任长江水利委员会总工程师，主持和领导了三峡、葛洲坝、隔河岩以及南水北调等多项工程的规划、设计和研究工作，并曾多次作为国务院南水北调建设委员会的特邀专家，参与工程建设的咨询和项目评审等工作，对于南水北调工程有着深入的了解和丰富的经验。

回想起郑守仁院士为本书欣然作序的经历，至今仍历历在目。

那是2019年春，《膨胀土水泥改性机理及技术》初稿终于完成，此书凝聚了长江水利委员会南水北调科研工作者多年的科研成果和工程经验，我一直期望能请郑守仁院士为此书作序。恰好我的爱人朱虹曾负责三峡升船机的土建设计，并在三峡水利枢纽作为驻点设代，长期在郑守仁院士的指导下工作，加之郑守仁院士一直以来非常关注南水北调中线工程的工作，遂通过郑守仁院士的秘书转达了希望郑院士为本书作序的愿望，没想到，郑守仁院士很快答复，并欣然应允。

2019年3月的一天，我与爱人朱虹前往武汉同济医院，拜望正在那里进行例行身体检查的郑守仁院士。一进病房，郑守仁院士就十分热情地接待了我们，并认真询问了著作涉及的领域、主要内容和编著目的等细节，还嘱托秘书龚国文安排好后续的对接。随后，郑守仁院士给我们讲起了他的求学经历以及工作中的一些往事，讲到了他在乌江渡水电站导流施工时曾经历的一次生死险境，也正是这次的死里逃生，给郑守仁院士打上了刻骨铭心的印记，让他深刻领会到大自然的无情，也使他在以后的水电工程建设中更加谨慎与科学严谨。当讲到三峡工程的建设时，郑守仁院士一改他平日里不苟言笑的态度，滔滔不绝地讲起工程建设的许多细节，从二期围堰截流到RCC围堰渗漏处置，从坝体混凝土裂缝的控制到五级船闸高边坡的加固，郑守仁院士把他在三峡工程建设中的每一次重大决策都镌刻在心。他也是希望通过这样的言传身教，提醒我们这一代的水利工作者在工作中，要时刻牢记周恩来总理在葛洲坝工程建设时所说的“战战兢兢、如临深渊、如履薄冰”。

不知不觉之中，时间在飞快地流逝。我们担心影响郑守仁院士的休息便起身告辞，郑守仁院士把我们一直送到病房门口。

回首与郑守仁院士见面的情景，我深深感受到他对待工作的严谨和对待科研工作者的满腔热忱。郑守仁院士为中国的水利事业贡献了自己一生的精力，也为水利工作者树立了楷模。在本书即将付梓之际，我想借此机会向郑守仁院士表示最深切的怀念和最崇高的敬意。希望本书能够为读者带来一些启示和帮助，也希望郑守仁院士的精神能够激励一代又一代的水利工作者在科学的道路上不断探索和前进！

2023年9月

《中国水电关键技术丛书》编辑出版人员名单

总 责 任 编 辑：营幼峰

副总责任编辑：黄会明　刘向杰　吴　娟

项 目 负 责 人：刘向杰　冯红春　宋　晓

项 目 组 成 员：王海琴　刘　巍　任书杰　张　晓　邹　静　李丽辉　夏　爽　郝　英　范冬阳　李　哲　石金龙　郭子君

《膨胀土水泥改性机理及技术》

责任编辑：张　晓

文字编辑：张　晓

审稿编辑：丛艳姿　孙春亮　柯尊斌

索引制作：龚壁卫

封面设计：芦　博

版式设计：芦　博

责任校对：梁晓静　王凡娥

责任印制：崔志强　焦　岩　冯　强

排　　版：吴建军　孙　静　郭会东　丁英玲　聂彦环

5.6 Summary ······ 197

Chapter 6 Modified soil material and construction technology of modified soil ······ 199

6.1 Field test of modified soil ······ 200

6.2 Analysis of factors affecting the uniformity of cement mixing ······ 203

6.3 Crushing process of modified soil material ······ 212

6.4 Construction technology of modified soil rolling ······ 225

6.5 Reuse of modified soil ······ 232

6.6 Summary ······ 240

Chapter 7 Quality inspection and control of cement - modified soil filling ······ 243

7.1 Quality inspection of cement - modified soil filling ······ 244

7.2 Construction quality control of cement - modified soil ······ 253

7.3 Verification of Construction Quality of Cement - modified Soil on Site ······ 267

Chapter 8 Technical requirements for cement - modified filling construction ······ 285

8.1 General provisions ······ 286

8.2 Foundation surface excavation and protection ······ 287

8.3 Requirements for raw materials of modified soil ······ 287

8.4 Modified soil production ······ 288

8.5 Modified soil filling and rolling test ······ 291

8.6 Construction of modified soil filling ······ 291

8.7 Use of slope cutting modified soil ······ 292

8.8 Construction quality detection and evaluation of modified soil ······ 294

Chapter 9 Cement modified protective material of expansive soil ······ 297

9.1 General ······ 298

9.2 Experimental research on mix proportion of modified protective materials ······ 299

9.3 Laboratory test of protective effect of modified protective materials ······ 312

9.4 Demonstration test of the modified protective materials ······ 320

9.5 Summary ······ 325

References ······ 327

Index ······ 330

Postscript ······ 331

Contents

General Preface

Chapter 1 Introduction ······ 1
1.1 Background ······ 2
1.2 Research status ······ 3

Chapter 2 Mechanism of chemical modification of expansive soil ······ 7
2.1 Mechanism of swelling and shrinkage deformation of expansive soil ······ 8
2.2 Microstructure and mineralization analysis of expansive soil modified by cement ······ 10
2.3 Microstructure and mineralization analysis of expansive soil modified by lime ······ 41
2.4 Microstructure and mineralization analysis of expansive soil modified by anionic surfactant ······ 59
2.5 Comparative analysis of cation exchange capacity of different modified materials before and after modification ······ 86
2.6 Modification mechanism of expansive soil with different modified materials ······ 90

Chapter 3 Effect of the expansive soil by cement modified ······ 93
3.1 Expansion characteristics of modified soil ······ 95
3.2 Relationship between cement content and physical properties and expansibility of modified soil ······ 110
3.3 Research of long term effect of modified soil ······ 119
3.4 Meso - scale research on soil structure before and after modification ······ 127
3.5 Summary ······ 128

Chapter 4 Mechanical and Permeability Properties of Cement - modified Soil ······ 129
4.1 Compactibility of modified soil ······ 130
4.2 Strength characteristics of modified soil ······ 138
4.3 Compressibility and Permeability of Modified Soil ······ 158

Chapter 5 Testing method for cement content of modified soil ······ 163
5.1 EDTA titration method ······ 164
5.2 Testing of cement content in cement - modified of the Nanyang expansive soil ······ 167
5.3 Age issue of modified soil EDTA titration ······ 174
5.4 Influence of moisture content of expansive soil on the detection results of EDTA titration method ······ 188
5.5 Modified soil cement content detection ······ 195

of China.

As same as most developing countries in the world, China is faced with the challenges of the population growth and the unbalanced and inadequate economic and social development on the way of pursuing a better life. The influence of global climate change and extreme weather will further aggravate water shortage, natural disasters and the demand & supply gap. Under such circumstances, the dam and reservoir construction and hydropower development are necessary for both China and the world. It is an indispensable step for economic and social sustainable development.

The hydropower engineering technology is a treasure to both China and the world. I believe the publication of the *Series* will open a door to the experts and professionals of both China and the world to navigate deeper into the hydropower engineering technology of China. With the technology and management achievements shared in the *Series*, emerging countries can learn from the experience, avoid mistakes, and therefore accelerate hydropower development process with fewer risks and realize strategic advancement. The *Series*, hence, provides valuable reference not only to the current and future hydropower development in China but also world developing countries in their exploration of rivers.

As one of the participants in the cause of hydropower development in China, I have witnessed the vigorous development of hydropower industry and the remarkable progress of hydropower technology, and therefore I am truly delighted to see the publication of the *Series*. I hope that the *Series* will play an active role in the international exchanges and cooperation of hydropower engineering technology and contribute to the infrastructure construction of B&R countries. I hope the *Series* will further promote the progress of hydropower engineering and management technology. I would also like to express my sincere gratitude to the professionals dedicated to the development of Chinese hydropower technological development and the writers, reviewers and editors of the *Series*.

Ma Hongqi

Academician of Chinese Academy of Engineering

October, 2019

river cascades and water resources and hydropower potential. 3) To develop complete hydropower investment and construction management system with the aim of speeding up project development. 4) To persist in achieving technological breakthroughs and resolutions to construction challenges and project risks. 5) To involve and listen to the voices of different parties and balance their benefits by adequate resettlement and ecological protection.

With the support of H. E. Mr. Wang Shucheng and H. E. Mr. Zhang Jiyao, the former leaders of the Ministry of Water Resources, China Society for Hydropower Engineering, Chinese National Committee on Large Dams, China Renewable Energy Engineering Institute, and China Water & Power Press in 2016 jointly initiated preparation and publication of *China Hydropower Engineering Technology Series* (hereinafter referred to as "the *Series*"). This work was warmly supported by hundreds of experienced hydropower practitioners, discipline leaders, and directors in charge of technologies, dedicated their precious research and practice experience and completed the mission with great passion and unrelenting efforts. With meticulous topic selection, elaborate compilation, and careful reviews, the volumes of the *Series* was finally published one after another.

Entering 21st century, China continues to lead in world hydropower development. The hydropower engineering technology with Chinese characteristics will hold an outstanding position in the world. This is the reason for the preparation of the *Series*. The *Series* illustrates the achievements of hydropower development in China in the past 30 years and a large number of R&D results and projects practices, covering the latest technological progress. The *Series* has following characteristics. 1) It makes a complete and systematic summary of the technologies, providing not only historical comparisons but also international analysis. 2) It is concrete and practical, incorporating diverse disciplines and rich content from the theories, methods, and technical roadmaps and engineering measures. 3) It focuses on innovations, elaborating the key technological difficulties in an in-depth manner based on the specific project conditions and background and distinguishing the optimal technical options. 4) It lists out a number of hydropower project cases in China and relevant technical parameters, providing a remarkable reference. 5) It has distinctive Chinese characteristics, implementing scientific development outlook and offering most recent up-to-date development concepts and practices of hydropower technology

General Preface

China has witnessed remarkable development and world-known achievements in hydropower development over the past 70 years, especially the 4 decades after Reform and Opening-up. There were a number of high dams and large reservoirs put into operation, showcasing the new breakthroughs and progress of hydropower engineering technology. Many nations worldwide played important roles in the development of hydropower engineering technology, while China, emerging after Europe, America, and other developed western countries, has risen to become the leader of world hydropower engineering technology in the 21st century.

By the end of 2018, there were about 98,000 reservoirs in China, with a total storage volume of 900 billion m^3 and a total installed hydropower capacity of 350GW. China has the largest number of dams and also of high dams in the world. There are nearly 1000 dams with the height above 60m, 223 high dams above 100m, and 23 ultra high dams above 200m. There are also 4 mega-scale hydropower stations with an individual installed capacity above 10GW, such as Three Gorges Hydropower Station, which has an installed capacity of 22.5 GW, the largest in the world. Hydropower development in China has been endeavoring to support national economic development and social demand. It is guided by strategic planning and technological innovation and aims to promote project construction with the application of R&D achievements. A number of tough challenges have been conquered in project construction and management, realizing safe and green development. Hydropower projects in China have played an irreplaceable role in the governance of major rivers and flood control. They have brought tremendous social benefits and played an important role in energy security and eco-environmental protection.

Referring to the successful hydropower development experience of China, I think the following aspects are particularly worth mentioning. 1) To constantly coordinate the demand and the market with the view to serve the national and regional economic and social development. 2) To make sound planning of the

Informative Abstract

This book is one of *China Hydropower Engineering Technology Series*, funded by the National Publication Foundation. Based on the background of the Middle Route Project of the south to North Water Transfer Project, this book comprehensively discusses the technology of the cement modification of expansive soil on the basic theory, engineering characteristics and engineering application. The whole book is divided into nine chapters, mainly including the mechanism of cement modification of expansive soil, the effect and influencing factors of cement modification, the evaluation standard of expansive soil modification, the mechanical properties and strength, deformation and permeability characteristics of modified soil, the detection method of cement content, the particle size control standard and construction technology of modified soil, the construction quality detection and quality control of cement modified soil, the technical requirements for the construction quality of cement modified soil Expansive soil cement modified protective materials, etc. While highlighting the key points, this paper systematically discusses the latest application of cement modified soil in expansive soil engineering.

This book can be used as a reference for scientific research, design and construction personnel engaged in the construction of water conservancy and hydropower projects, especially those related to expansive soil engineering, as well as teachers and students in relevant colleges and universities.

China Hydropower Engineering Technology Series

Technology and Modification Mechanism on Cement Treatment of Expansive Soils

Gong Biwei Hu Bo et al.

· Beijing ·